Dieter Müller/Wolfgang Winkler
Elektro-Installationen planen und kalkulieren

Der **Onlineservice InfoClick** bietet unter www.vogel-professional-education.de/infoclick nach Codeeingabe zusätzliche Informationen und Aktualisierungen zu diesem Buch.

InfoClick

In zwei Schritten zum Onlineservice

1. Einfach www.vogel-professional-education.de/infoclick aufrufen.

2. Den unten stehenden Zugangscode eingeben.

Ihr persönlicher Zugang zum Onlineservice ⇨ 305455790002

Dieter Müller/Wolfgang Winkler

Elektro-Installationen planen und kalkulieren

VOGEL COMMUNICATIONS GROUP

Dieter Müller
Jahrgang 1952, absolvierte nach der Meisterprüfung (1985) im Elektroinstallateurhandwerk 1990 noch die Prüfung zum staatlich geprüften Elektrotechniker. Seit 1987 arbeitet er freiberuflich u.a. als Unterrichtsleiter und Berater z.B. für die Anwendung elektrotechnischer Normung im Bereich der Installationstechnik. Seit 1990 unterrichtet Dieter Müller auch in Frankfurt im BTZ der HWK Rhein-Main in Meisterkursen für das Elektrotechnikerhandwerk.

Wolfgang Winkler
Jahrgang 1957, absolvierte 1981 die Meisterprüfung als Elektroinstallateur, 1988 die Prüfung zum staatlich geprüften Elektrotechniker, Fachrichtung Energieelektronik. Nach mehrjähriger Tätigkeit in verschiedenen Elektroinstallationsbetrieben unterrichtet er seit 1988 als Ausbildungsmeister im Berufsbildungszentrum der Handwerkskammer Rhein-Main in Frankfurt. Wolfgang Winkler ist in der überbetrieblichen Lehrlingsunterweisung, der Umschulung und der Meistervorbereitung in folgenden Bereichen tätig: Prüfung von Schutzmaßnahmen, Speicherprogrammierbare Steuerungen, Planung und Kalkulation von Elektroinstallationen.

Weitere Informationen:
www.vogel-professional-education.de

ISBN 978-3-8343-3054-3
ISBN E-Book: 978-3-8343-6044-1
2. Auflage. 2006
Nachdruck 6, 2025

Druck: General Nyomda Kft.
6728 Szeged, Kollegiumi ut 11/H
Gedruckt auf zertifiziertem Papier mit mineralölfreien Druckfarben

Umschlaggrafik: Michael M. Kappenstein, Frankfurt/M.

Vogel Communications Group GmbH & Co. KG
Max-Planck-Straße 7/9
97082 Würzburg
Tel.: +49 931 418-0

Fragen zur Produktsicherheit:
produktsicherheit@vogel.de

Vorwort

Um die Elektroinstallation von Gebäuden richtig planen zu können, bedarf es neben fachlichem Können vor allem der Kenntnis von Vorschriften und Verordnungen. In diesem Buch werden anhand von ausführlichen Beispielen die wichtigsten Grundsätze der Planung im Einklang mit den einschlägigen Gesetzen und Bestimmungen behandelt. Den Schwerpunkt bildet dabei die Installation in Wohngebäuden und kleineren Werkstätten. Der behandelte Stoff ist insofern nicht nur für den angehenden Meister des Elektrotechnikerhandwerkes wichtig, auch bauleitende Monteure und Meister finden hier wichtige Informationen für die Praxis. Techniker und Ingenieure, die nur selten die Elektroinstallation von Wohngebäuden planen, bekommen eine Hilfestellung. Ziel ist es, anhand von überschaubaren Objekten die wichtigsten Themen zu behandeln. Alle Beispiele sind komplett durchgerechnet und in jedem einzelnen Schritt nachvollziehbar.

Das Buch selbst besteht im Wesentlichen aus 2 Teilen. In Kapitel 1 werden die einzelnen Planungsaufgaben in sich geschlossen behandelt und enden teilweise mit einer projektbezogenen Kalkulation. Diese zusammenhängende Darstellung verhindert, dass der Leser durch längere Textpassagen zu Normen und Verordnungen die Übersicht verliert. Deshalb gibt es jeweils entsprechende Verweise auf die Kapitel 2 und 3, in denen die rechtlichen und sachbezogenen Themen besprochen werden. Aufgrund der Hinweise auf einschlägige Gesetze, Normen, Richtlinien, Bestimmungen, Vorschriften und Verordnungen eignet sich das Buch auch als Nachschlagewerk für die tägliche Praxis.

Normen unterliegen einem ständigen Wandel. Deshalb wird hier besonders darauf hingewiesen, dass der Fachmann rechtlich verpflichtet ist, den aktuellen Stand von Normen und Richtlinien zu berücksichtigen (s. Anhang).

Bruchköbel

Dieter Müller
Wolfgang Winkler

Danksagung

Als ich meinen Kollegen Wolfgang Winkler fragte, ob er bereit wäre, mit mir zusammen dieses Buch zu schreiben, war mir der dazu nötige und beachtliche Arbeitsaufwand nicht in vollem Umfang bewusst. Ihm danke ich für die erfolgreiche Zusammenarbeit.
Im Nachhinein musste ich feststellen, dass es mir ohne die große Unterstützung meiner Frau Monika unmöglich gewesen wäre, in der vorgegebenen Zeit dieses Buchprojekt zu bewältigen. Deshalb möchte ich mich bei ihr besonders herzlich bedanken.
Dem Verlag und seinem Team danke ich für die vorzügliche Unterstützung bei der Herstellung des Buches.

Dieter Müller

Inhaltsverzeichnis

1 Planung, Dimensionierung und Kalkulation

Damit ein ausführliches Leistungsverzeichnis und somit ein Angebot für eine elektrische Anlage erstellt werden kann, muss eine vollständige Planung und Dimensionierung erfolgen. Um dies durchzuführen, müssen Kundenwünsche, Leistungsbedarf der elektrischen Verbraucher, sicherheitsrelevante Bestimmungen sowie entsprechende Normen und Gesetze bekannt sein. Neben den notwendigen Berechnungen für Querschnitte von Kabeln und Leitungen sind vom Planer entsprechende Übersichtsschaltpläne für Verteilungen sowie Grundrisspläne mit Lage der einzelnen Betriebsmittel und der Anschlüsse zu erstellen.

An einigen Beispielen aus den Bereichen Wohnungsbau und Kleingewerbe wird die Vorgehensweise von der Planung bis zur Kalkulation gezeigt. Hauptsächlich wird hier auf die energietechnische Installation eingegangen. Antennen-, Breitbandkommunikations- und Telekommunikationsanlagen werden hier nicht berücksichtigt. Aus Platzgründen sind nur einzelne Grundrisse von Gebäuden ohne die kompletten Seiten- und Geschossansichten gezeigt. Notwendige Angaben, wie z. B. Geschosshöhen oder Längenangaben, findet man innerhalb der einzelnen Projekte.

1.1 1-Familien-Haus mit Einliegerwohnung

Technische Vorbemerkungen zur Elektroinstallation

Für die Elektroinstallation gelten die Bestimmungen der DIN VDE 0100 in allen Teilen. Arbeiten und Materialien müssen den einschlägigen Normen, Richtlinien und Bestimmungen der jeweils letztgültigen Fassung entsprechen, insbesondere den Vorschriften nach VDE und DIN, den Unfallverhütungsvorschriften der Berufsgenossenschaft für Feinmechanik und Elektrotechnik und den Vorschriften und zusätzlichen Auflagen des zuständigen örtlichen Verteilungsnetzbetreibers (VNB).

Sämtliche Fundamente, Mauer- und Erdarbeiten, Dachdecker-, Klebe- und Isolierarbeiten und baulicher Schallschutz werden bauseits hergestellt. Die Raumhöhe beträgt 2,50 m, Tür und Fensterhöhe 2,00 m, Fensterbrüstung 1,00 m. Außenwände sind 36 cm, Innenwände 24 cm dick.

Hauptzuleitungen und Verteilungen

Alle Verteilungen müssen gemäß den Richtlinien des VNB und den VDE-Vorschriften aufgebaut werden. Der innere Aufbau erfolgt mittels Normfeldeinsätzen im Rastersystem. Mindestens 30 % der eingebauten Geräte sind als Leerplatz für spätere Erweiterungen vorzusehen. Der Verteilungsnetzbetreiber stellt am Übergabepunkt das TN-C-System zur Verfügung. Die Hauptleitung wird auf Putz mit Abstandsschellen verlegt, Leitungslänge 9 m. Die Zuleitung zur Unterverteilung (UV) der Hauptwohnung wird im Rohr auf Putz verlegt, die zur UV der Einliegerwohnung unter Putz.

Allgemeine Elektroinstallation
Es sind grundsätzlich Kunststoffmantelleitungen zu verwenden. Eine Stegleitung ist nur in Ausnahmefällen zulässig. Die Leitungsführung hat in Anlehnung an DIN 18 015 Teil 3 (s. Abschnitt 2.1.2.5) zu erfolgen. Da die Decken mit Holzpanelen verkleidet werden, sind die Leitungen dort auf Putz zu verlegen. Licht und Steckdosenstromkreise sind grundsätzlich zu trennen. Leitungsquerschnitte sind nach den zu erwartenden Belastungen und unter Berücksichtigung von Verlegeart und Leitungslänge zu berechnen. Die 1-phasigen Stromverbraucher sind so auf die 3 Phasen L1, L2, und L3 aufzuteilen, dass eine möglichst gleichmäßige Belastung gewährleistet ist. Für Klemmarbeiten müssen Schalterklemmdosen verwendet werden, Abzweigdosen u.P. sind nicht gestattet. Aufputzinstallationen (AP) können in Rohr, in Kanal oder mit Abstandsschellen ausgeführt werden. Bei mehreren parallelen Leitungen ist PVC-Kanal oder PVC-Stangenrohr zu verwenden. In technischen Betriebsräumen ist eine Feuchtraum-Aufputzinstallation vorzusehen. Die Anlage ist als TN-S-System auszuführen; als Schutz gegen den elektrischen Schlag ist der Schutz durch automatische Abschaltung mittels Überstrom-Schutzeinrichtung zu realisieren (s. Abschnitt 3.2 und 3.3). Als Zusatzschutz werden noch Fehlerstromschutzeinrichtungen mit $I_{\Delta n} \leq 30$ mA eingesetzt. Aus Gründen der Betriebssicherheit sollen 2 kurzzeitverzögerte RCDs verwendet werden (s. Abschnitt 3.10). Bild 1.1a zeigt den Grundriss der Hauptwohnung vom Projekt «1-Familien-Haus mit Einliegerwohnung», Bild 1.1b den Grundriss vom Keller mit Einliegerwohnung.

Anschlussleistungen elektrischer Verbraucher der Hauptwohnung
(Zuleitung zur UV: l = 13 m)
1 Durchlauferhitzer im Bad 400 V, 21 kW, l = 14,8 m;
1 Durchlauferhitzer in der Küche 400 V, 18 kW, l = 10,5 m;
1 Elektroherd 400 V, 11,9 kW, l = 9 m;
1 Waschmaschine 230 V, 3,1 kW, l = 7 m;
1 Geschirrspüler 230 V, 2,9 kW, l = 8,5 m;
1 Wäschetrockner 230 V, 2,8 kW, l = 7 m;
1 Heizstrahler Bad 230 V, 1,5 kW, l = 6,5 m;
1 Mikrowelle 230 V, 1,2 kW, l = 8 m;
Schuko einfach 200 W und Schuko mehrfach 300 W, s. Abschnitt 2.2.3.1;
pro Leuchtenauslass 300 W, s. Abschnitt 2.2.3.2;

Anschlussleistungen elektrischer Verbraucher der Einliegerwohnung
(Zuleitung zur UV: l = 7 m, für die Ausstattung soll DIN 18 015 Teil 2 zu Grunde gelegt werden)

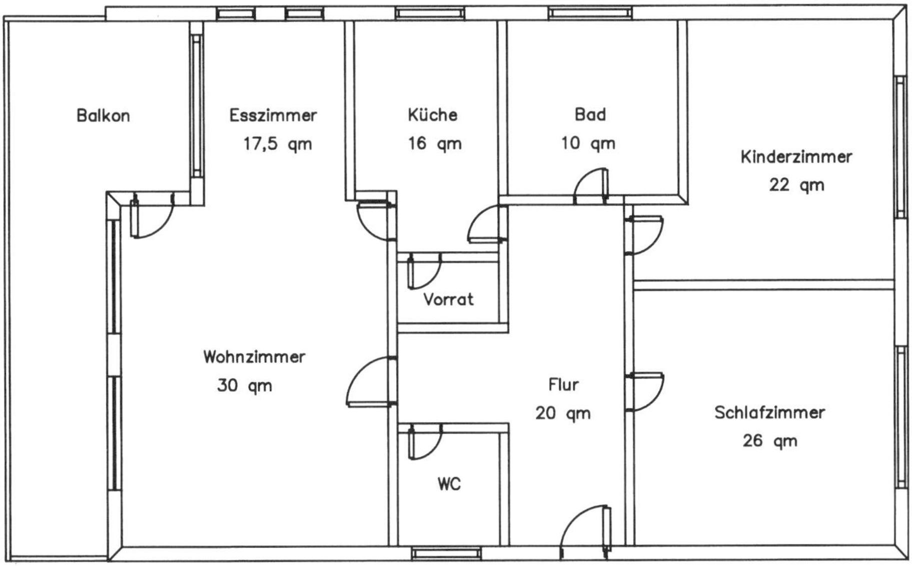

Bild 1.1a Grundriss der Hauptwohnung von Projekt 1-Familien-Haus mit Einliegerwohnung

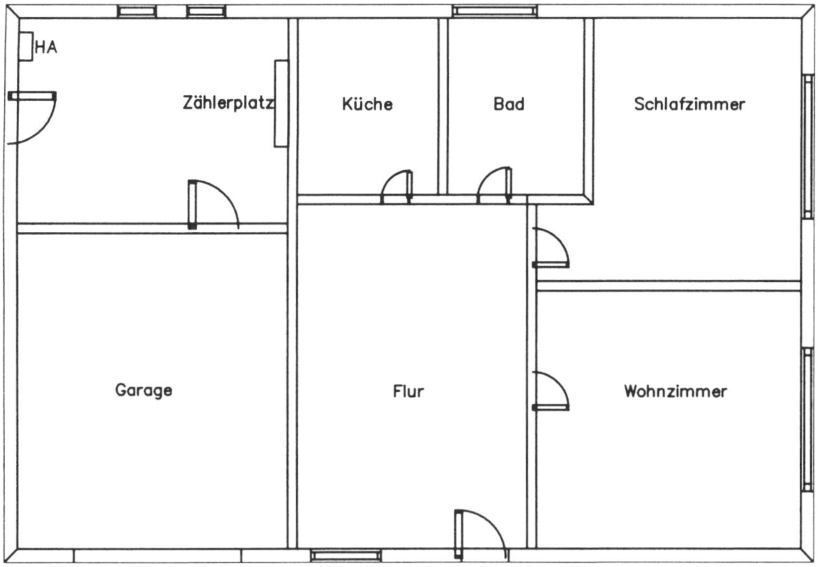

Bild 1.1b Grundriss des Kellergeschosses vom Projekt 1-Familien-Haus mit Einliegerwohnung

1 Durchlauferhitzer 400 V, 21 kW, $l = 6{,}5$ m;
1 Elektroherd 400 V, 9,0 kW, $l = 5{,}5$ m;
1 Waschmaschine 230 V, 3,1 kW, $l = 7{,}5$ m;

1 Heizstrahler Bad 230 V, 1,8 kW, l = 4,0 m;
2 Beleuchtungsstromkreise à 1,0 kW, l = 8,0 m;
3 Steckdosenstromkreise à 1,4 kW, l = 12 m;

Anschlussleistungen elektrischer Verbraucher der Allgemeinbenutzung
1 Heizungsanlage 230 V, 0,3 kW, l = 8,0 m
1 Stromkreis für Treppenbeleuchtung 230 V, 0,5 kW, l = 4,0 m
1 Stromkreis für Außenbeleuchtung 230 V, 0,5 kW, l = 15 m

1.1.1 Festlegung der Anzahl von Anschlüssen und Stromkreise nach DIN 18 015 und HEA

Am Projekt «1-Familien-Haus mit Einliegerwohnung» soll gezeigt werden, wie nach DIN 18 015 Teil 2 und nach HEA, Ausstattungswert 3, die Anzahl der Steckdosen, Auslässe für Beleuchtung, Anschlüsse für besondere Verbrauchsmittel (Bild 2.7) und Anzahl der Stromkreise ermittelt wird. Anschlussmöglichkeiten für Telefon (TAE) und Antenne sind entsprechend der Wohnungsgröße festgelegt worden. Beispiel: Wohnzimmer mit Essecke, Raumgröße ca. 47,5 m². Nach DIN wird zwischen Wohnraum und Wohnraum mit Essecke unterschieden, was nach HEA keine Berücksichtigung findet. Danach müssen bei DIN mindestens 1 Steckvorrichtung 3-fach, 5 weitere Steckvorrichtungen und 3 Leuchtenauslässe installiert werden. Nach HEA, würde 1 Steckvorrichtung 3-fach, 1 2-fach, 11 weitere Steckvorrichtungen und 4 Leuchtenauslässe angebracht werden, was in Anbetracht der Raumgröße auch sicherlich sinnvoll ist. Die Steckvorrichtung neben der Antennensteckdose ist als 3-fach-Steckdose, die neben dem TAE-Anschluss als 2-fach-Steckdose vorzusehen, was aber als jeweils 1 Steckvorrichtung gezählt wird. Da sich nach DIN im Wohnzimmer mit Essecke, bezogen auf die Raumgröße, wenige Steckdosen befinden, könnte man sich eine Wand zwischen Wohn- und Essecke vorstellen, so dass diese dann als 2 Räume angesehen werden können. Dies würde nach DIN bedeuten: Im Wohnzimmer, jetzt ca. 30 m², 1 Steckvorrichtung 3-fach, 4 weitere Steckvorrichtungen und 2 Leuchtenauslässe, für das Esszimmer, jetzt ca. 17,5 m², 4 Steckvorrichtungen und 1 Leuchtenauslass. Würde man mit dieser Methode die Anzahl der Betriebsmittel nach HEA bestimmen, wäre dies sehr wahrscheinlich überdimensioniert. Im Wohnzimmer 1 Steckvorrichtung 3-fach, 1 2-fach, 11 weitere Steckvorrichtungen, 4 Leuchtenauslässe, im Esszimmer 1 Steckvorrichtung 2-fach, 9 weitere Steckvorrichtungen und 3 Leuchtenauslässe. Der Mittelweg ist sicherlich der beste, nach DIN die «2-Raum-Methode», nach HEA Wohnraum >20 m².

Tabelle 1.1 zeigt am Beispiel der Hauptwohnung die Anzahl der Steckdosen, Auslässe und sonstige Anschlüsse nach DIN 18 015 Teil 2 und dem Ausstattungswert 3 nach HEA. Die Steckvorrichtungen neben den Betten, nach HEA auch die neben den TAE-Anschlussdosen, sind mindestens als 2-fach-Steckvorrichtungen, neben den Antennensteckdosen mindestens als 3-fach-Steckvorrichtungen vorzusehen. Sie werden aber jeweils nur als 1 Steckdose gerechnet. Bei der Leistungsberechnung werden sie als Mehrfachsteckdose betrachtet, da dort ja auch mehrere Geräte angeschlossen sein können.

Tabelle 1.1 Anzahl der Anschlüsse von der Hauptwohnung nach DIN und HEA (in Anlehnung an DIN 18015 Teil 2 und HEA RAL RG 678/1)

DIN 18 015-2				**Ausstattungswert 3 nach HEA**			
	Anzahl				Anzahl		
Art des Verbrauchsmittels	Steckdosen	Auslässe	bes. Verbrauchsmittel	Art des Verbrauchsmittels	Steckdosen	Auslässe	bes. Verbrauchsmittel
Wohnzimmer ca. 30 m^2				**Wohnzimmer mit Essecke ca. 47,5 m^2**			
Steckdosen	5			Steckdosen	13		
Beleuchtung		2		Beleuchtung		4	
Esszimmer ca. 17,5 m^2							
Steckdosen	4						
Beleuchtung		1					
Schlafzimmer ca. 26 m^2							
Steckdosen	5			Steckdosen	13		
Beleuchtung		2		Beleuchtung		4	
Kinderzimmer ca. 22 m^2							
Steckdosen	5			Steckdosen	13		
Beleuchtung		2		Beleuchtung		4	
Küche							
Steckdosen	5			Steckdosen	12		
Beleuchtung		2		Beleuchtung		3	
Dunstabzug		1[x]					
E-Herd			1				
Spülmaschine			1[***]				
Warmwassergerät			1				
Kühlgerät	1						
Gefriergerät	1						
Mikrowelle			1[xxx]				1[xxx]

Vorrat							
Steckdosen	1			Steckdosen	2		
Beleuchtung		1		Beleuchtung		1	
Bad							
Steckdosen	2			Steckdosen	5		
Beleuchtung		2		Beleuchtung		3	
Heizgerät	1[xx]						
Waschmaschine			1 [xxx]				
Wäschetrockner			1 [xxx]				
Warmwassergerät			1				
WC							
Steckdosen	1			Steckdosen	2		
Beleuchtung		1		Beleuchtung		2	
Flur (Länge >3 m)							
Steckdosen	1			Steckdosen	4		
Beleuchtung		2		Beleuchtung		2	
Balkon				**Balkon (Breite >3 m)**			
Steckdosen	1			Steckdosen	3		
Beleuchtung		1		Beleuchtung		2	
Gerätestromkreise							
				E-Herd mit Backofen			1
				Spül-maschine			1 [xxx]
				Warm-wassergerät			2
				Wäsche-trockner			1 [xxx]
				Wasch-maschine			1 [xxx]
[x] der Auslass für den Dunstabzug wird als Steckvorrichtung ausgeführt							
[xx] die Steckdose für ein Heizgerät wird als Festanschluss mit eigenem Stromkreis installiert							
[xxx] wird mit einer Steckvorrichtung angeschlossen							

Beispiel: Schlafzimmer

Nach DIN sind hier 5 Steckdosen zu installieren. Neben den Betten jeweils eine 2fache à 300 W, unter dem Lichtschalter eine 1fache mit 200 W, neben dem Fenster eine 1fache mit 200 W und neben dem Antennenanschluss eine 3fache mit 300 W: macht zusammen 5 Steckdosen mit einer Gesamtleistung von 1300 W (2 · 200 W + 3 · 300 W). In der Küche soll nach DIN ein Auslass für eine Dunstabzugshaube, im Bad und im WC ein Lüfter installiert werden, wenn eine Einzellüftung vorzusehen ist. Da sich im Bad und WC Fenster befinden, wird dort auf die Lüfter verzichtet. Die Steckvorrichtung im Bad für ein Heizgerät wird als Festanschluss mit eigenem Stromkreis ausgeführt.

Zusätzlich können noch Anschlüsse für Geräte vorgesehen werden, die in vielen Haushalten heutzutage üblich, aber nicht in den Ausstattungswerten aufgeführt sind. Der Heizstrahler im Bad ist in der Mindestausstattung nach DIN berücksichtigt, aber im Ausstattungswert 3 nach HEA nicht. Auch hier ist es durchaus sinnvoll, dafür einen Anschluss vorzusehen.

In Tabelle 1.2 sind allgemeine Angaben über Anschlüsse enthalten, die sich nicht einem bestimmten Raum zuordnen lassen.

Bild 1.2 zeigt Anzahl und Lage der Betriebsmittel nach DIN 18 015 Teil 2, Bild 1.3 Anzahl und Lage nach HEA Ausstattungswert 3. Nun muss die Anzahl der Stromkreise ermittelt werden. Für eine 1fach-Schukosteckdose wird nach Abschnitt 2.2.3.1 eine Leistung von 200 W, für eine Mehrfach-Schukosteckdose 300 W, für einen Leuchtenauslass ca. 300 W nach Abschnitt 2.2.3.2 angenommen. Für die

Tabelle 1.2 Allgemeine Angaben über Anschlüsse die räumlich nicht zuzuordnen sind (in Anlehnung an DIN 18 015 Teil 2 und HEA RAL RG 678/1)

Allgemeines			
DIN 18 015-2		**Ausstattungswert 3 nach HEA**	
Nützliche Geräte:		Nützliche Geräte:	
		Heizgerät	1[xx]
Stromkreise für Beleuchtung und Steckdosen bei Wohnungsgröße > 125 m^2	7	Stromkreise für Beleuchtung und Steckdosen	9
Stromkreisverteiler	min. 2-reihig	Stromkreisverteiler	min. 4-reihig
Antennensteckdosen	5	Antennensteckdosen	7
Telekommunikationsanschluss	4	Telekommunikationsanschluss	6
[xx] die Steckdose für ein Heizgerät wird als Festanschluss mit eigenem Stromkreis installiert			
[xxx] wird mit einer Steckvorrichtung angeschlossen			

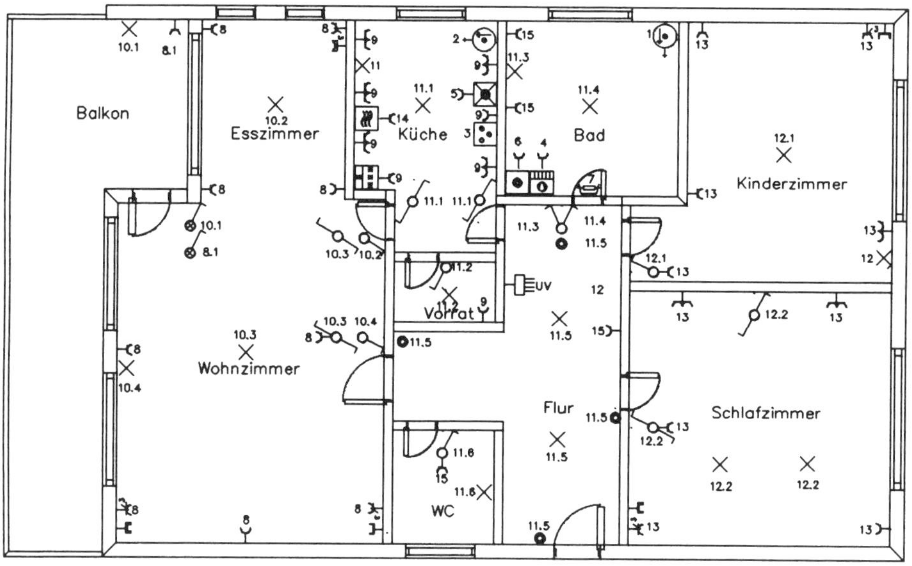

Bild 1.2 Ausstattung der Hauptwohnung nach DIN 18 015 Teil 2

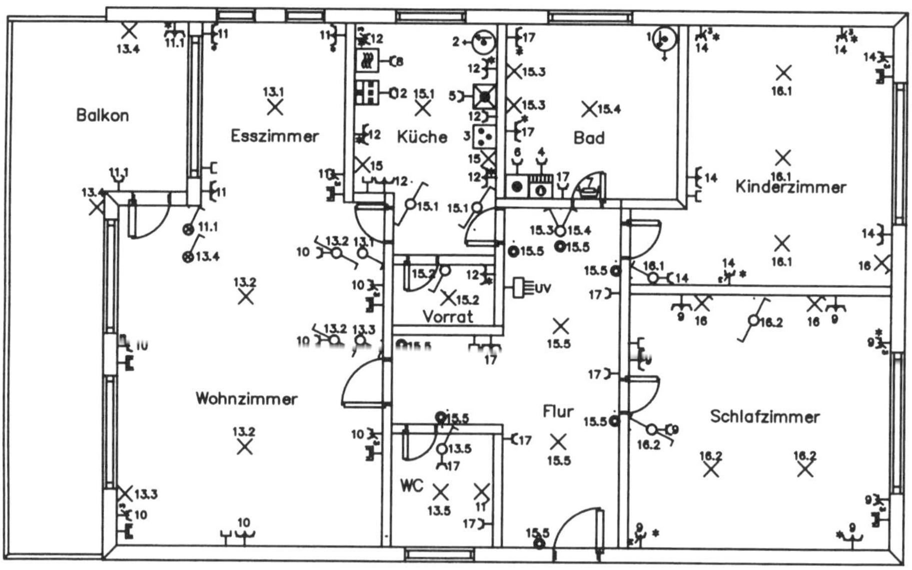

Bild 1.3 Ausstattungswert 3 nach HEA der Hauptwohnung

Gefrier-Kühl-Kombination soll nach Abschnitt 2.1.2.2 ein Leistungsbedarf von 400 W gelten. Bei Räumen ab 20 m² Raumgröße müssen 2 Beleuchtungsauslässe vorhanden sein, über deren Schaltungsmöglichkeit aber keine Angaben gemacht werden. Im Kinderzimmer ist ein Auslass über dem Bett angeordnet, der Schalter befindet sich direkt an der Leuchte. In Tabelle 1.3 wird nach Bild 1.2 die Anzahl der notwendigen Stromkreise berechnet.

Nach der Leistung würde man nur 5 Stromkreise à 16 A (230 V · 16 A = 3680 W) benötigen, aber laut Tabelle 2.19 aus Abschnitt 2.2.2.3 müssen nach DIN 18015-2 ab einer Größe von 125 m^2 mindestens 7 Stromkreise für Steckdosen und Beleuchtung vorgesehen werden. Die Aufteilung kann deswegen großzügiger sein, was einen Vorteil bei Erweiterungen hat. Da Licht- und Steckdosenstromkreise grundsätzlich getrennt sein sollen (s. Vorbemerkungen) wird folgende Aufteilung vorgenommen:

1 Steckdosenstromkreis für Wohn-, Esszimmer und Balkon,
1 Steckdosenstromkreis für Küche,
1 Steckdosenstromkreis für Bad, Flur und WC,
1 Steckdosenstromkreis für Schlaf- und Kinderzimmer,
1 Beleuchtungsstromkreis für Wohn-, Esszimmer und Balkon,
1 Beleuchtungsstromkreis für Küche, Bad, Flur und WC und
1 Beleuchtungsstromkreis für Schlaf- und Kinderzimmer.

Tabelle 1.3 Berechnung der Stromkreise nach DIN

	Steckdosen 1-fach à 200 W	Steckdosen mehrfach à 300 W	Leuchtenauslässe à 300 W
Wohnzimmer mit Balkon	4	2	3
Esszimmer	3	1	1
Küche mit Vorratsraum Dunstabzug Kühl- und Gefriergerät	1 1 400 W	5	3
Bad	2		2
Flur	1		2
WC	1		1
Kinderzimmer	3	2	2
Schlafzimmer	2	3	2
Summe:	18 · 200 W + 400 W = 4000 W	13 · 300 = 3900 W	16 · 300 = 4800 W
	4000 W + 3900 W = 7900 W 7900 W : 3680 W = 3 Stromkreise		4800 W : 3680 W = 2 Stromkreise

Anzahl der notwendigen Stromkreise nach HEA Ausstattungswert 3 nach Bild 1.3 in Tabelle 1.4. Aus optischen und auch wirtschaftlichen Gründen werden teilweise Einzelsteckdosen zu Mehrfachsteckdosen (2fach oder 3fach) zusammengefasst (in Bild 1.3 mit * markiert). In der Leistungsberechnung werden diese dann aber nicht als Mehrfachsteckdose, sondern z.B. bei 1 2fach- als 2 Einfachsteckdosen gerechnet. Beispiel Kinderzimmer: Es müssen hier 13 Steckdosen installiert werden. Die dem Bett zugeordnete muss als 2fach-, die der Antennensteckdose zugeordnete als 3fach-Schukosteckdosen ausgeführt werden. Beide sind jeweils aber nur als 1 zu zählen, werden aber bei der Leistung als Mehrfachsteckdosen gerechnet. Berechnung: 3 Mehrfachsteckdosen (neben Bett, TAE- und Antennenanschluss) à 300 W und 10 Einfachsteckdosen à 200 W = 2900 W (3 · 300 W + 10 · 200 W = 2900 W). Dieses Vorgehen ist der Freiheit des Planers überlassen, da es darüber keinerlei Vorgaben gibt. Man könnte auch alle 2- und 3fachen Steckdosen als Mehrfachsteckdosen betrachten, die Leistungsberechnung im Kinderzimmer würde dann 2000 W (6 · 300 W + 200 W) ergeben, was aber im Widerspruch zur Installation als Einzelsteckdosen steht. Deshalb wird in allen anderen Projekten die Leistung nach der vorhergehenden Weise ermittelt. Im Kinder- und Schlafzimmer wurde je 1 Bett 1 Leuchtenauslass zugeordnet, der direkt an der Leuchte schaltbar ist.

Nach dem Ausstattungswert 3 sollen mindestens 9 Stromkreise für Steckdosen und Beleuchtung vorhanden sein, die hier auch benötigt werden. Folgende Aufteilung wird vorgenommen:

Tabelle 1.4 Berechnung der Stromkreise nach HEA, Ausstattungswert 3

	Steckdosen 1-fach à 200 W	Steckdosen mehrfach à 300 W	Leuchtenauslässe à 300 W
Wohn- und Essz., Balkon	9	7	6
Küche mit Vorratsraum	13	1	4
Bad	5		3
Flur	3	1	2
WC	2		2
Kinderzimmer	10	3	4
Schlafzimmer	9	4	4
Summe:	51 · 200 = 10200 W	16 · 300 = 4800 W	25 · 300 = 7500 W
	10 200 W + 4800 W = 15 000 W 15 000 W : 3680 W = 5 Stromkreise		7500 W : 3680 W = 3 Stromkreise

1 Steckdosenstromkreis für Wohnzimmer,
1 Steckdosenstromkreis für Esszimmer und Balkon,
1 Steckdosenstromkreis für Küche und Vorratsraum,
1 Steckdosenstromkreis für Bad, Flur und WC,
1 Steckdosenstromkreis für Schlafzimmer,
1 Steckdosenstromkreis für Kinderzimmer,
1 Beleuchtungsstromkreis für Wohn-, Esszimmer, Balkon und WC,
1 Beleuchtungsstromkreis für Küche, Bad, Vorratsraum und Flur,
1 Beleuchtungsstromkreis für Schlaf- und Kinderzimmer.

1.1.2 Berechnung aller Leitungsquerschnitte

Ermittlung des Leiterquerschnitts wegen der Strombelastbarkeit:

Nach DIN VDE 0100 Teil 430 wird die Strombelastbarkeit ermittelt. Danach gilt:

$I_b \leq I_n \leq I_z$,

mit:

I_b Betriebsstrom des Verbrauchsmittels
I_n Nennstrom der Überstromschutzeinrichtung
I_z max. zulässige Strombelastbarkeit der Cu-Leitung (abhängig von der jeweiligen Verlegeart, s. Abschnitt 3.6.3)

Beispiel: Durchlauferhitzer im Bad
$P = 21$ kW; $U = 400$ V; Verlegeart C; Leitungslänge $l = 12$ m; $\gamma = 56$ m/(Ω · mm²)

$$I_b = \frac{P}{\sqrt{3} \cdot U} \rightarrow \frac{21\,\text{kW}}{\sqrt{3} \cdot 400\,\text{V}} = 30{,}31\,\text{A} \qquad \text{(Gl. 1.1)}$$

Hierfür wird eine Sicherung mit I_n 35 A gewählt, somit ist I_b mit 30,31 A < als I_n mit 35 A. Der Querschnitt der Leitung wird nach Tabelle 3.9 aus Abschnitt 3.6.3 mit 25 °C Umgebungstemperatur, der Verlegeart C und 3 belasteten Adern bestimmt. Danach muss ein Leiterquerschnitt von 4 mm² verlegt werden. Nochmalige Überprüfung:

$I_b = 30{,}31\text{ A} < I_n = 35\text{ A} \leq I_z = 35\text{ A}$

Die Forderung nach DIN 18 015-1, dass die Zuleitung für einen Durchlauferhitzer mit 35 A belastbar sein muss, ist ebenfalls erfüllt.

Überprüfung des Leiterquerschnitts wegen des Spannungsfalles: Maximaler Spannungsfall 2,5 % (10 V) von UV bis Verbraucher nach Abschnitt 2.2.3:

$$\Delta U = \frac{\sqrt{3} \cdot l \cdot I \cdot \cos\varphi}{\gamma \cdot A} = \frac{\sqrt{3} \cdot 12\ \text{m} \cdot 35\ \text{A} \cdot 1}{56 \frac{\text{m}}{\Omega \cdot \text{mm}^2} \cdot 4\ \text{mm}^2} = 3{,}25\ \text{V} \qquad \text{(Gl. 1.2)}$$

Nach DIN 18 015 Teil 1 ist für die Berechnung des Spannungsfalles der Nennstrom der vorgeschalteten Sicherung einzusetzen. Da der Spannungsfall mit 3,25 V < als 10 V ist, ist der Querschnitt von 4 mm^2 ausreichend.

Beispiel: Steckdosen in Schlaf- und Kinderzimmer (Stromkreis Nr. 13 aus Tabelle 1.5)
5 Schukosteckdosen einfach à 200 W = 1200 W, 5 Schukosteckdosen mehrfach à 300 W = 1200 W. Summe = 2400 W; Verlegeart C; längster Leitungsweg 21 m.

$$I_b = \frac{P}{U} = \frac{2500\ \text{W}}{230\ \text{V}} = 10{,}87\ \text{A} \qquad \text{(Gl. 1.3)}$$

Da es vorkommen kann, dass an einer dieser Steckdosen ein Verbraucher mit bis zu 3680 W angeschlossen wird (230 V · 16 A = 3680 W, max. Leistungsaufnahme bei einem Überstromschutzorgan von 16 A), sollte hierfür auch eine Sicherung von 16 A gewählt werden. Der Querschnitt der Leitung wird ebenfalls nach Tabelle 3.9 aus Abschnitt 3.6.3 für 25 °C Umgebungstemperatur, der Verlegeart C und 2 belasteten Adern bestimmt. Danach ist ein Leiterquerschnitt von 1,5 mm^2 ausreichend. Nochmalige Überprüfung:

$I_b = 10{,}43\ \text{A} < I_n = 16\ \text{A} < I_z = 21\ \text{A}$

Überprüfung des Leiterquerschnitts wegen des Spannungsfalles: Maximaler Spannungsfall 2,5 % (5,75 V) von UV bis Verbraucher nach Abschnitt 2.2.3; zur Berechnung muss die Länge der am weitesten entfernten Steckdose genommen werden.

$$\Delta U = \frac{2 \cdot l \cdot I \cdot \cos\varphi}{\gamma \cdot A} = \frac{2 \cdot 21\ \text{m} \cdot 16\ \text{A} \cdot 1}{56 \frac{\text{m}}{\Omega \cdot \text{mm}^2} \cdot 1{,}5\ \text{mm}^2} = 8\ \text{V} \qquad \text{(Gl. 1.4)}$$

Da der Spannungsfall bei 1,5 mm^2 zu hoch ist, muss 2,5 mm^2 verlegt werden , ΔU ist dann 4,8 V. Bei den anderen Stromkreisen wird genauso verfahren, s. Tabellen 1.5...1.8. Nach der alten TAB musste der gleichzeitige Betrieb von 2 Durchlauferhitzern ab einem Anschlusswert von 18 kW durch geeignete schaltungstechnische Vorkehrungen verhindert werden. Diese Forderung ist in der TAB 2000 nicht mehr enthalten. Trotzdem sollte man dies auch in Zukunft tun, denn sind die beiden Geräte gleichzeitig in Betrieb, fließt schon ein Gesamtstrom von 56,3 A. Durch weitere Verbraucher, die eingeschaltet sind, kann in der Zuleitung zum Stromkreisverteiler der Stromfluss über 63 A betragen. Ist aber ein grö-

Tabelle 1.5 Projekt: 1-Familien-Haus mit Einliegerwohnung / UV: Hauptwohnung, Ausstattung nach DIN 18 015 Teil 2 / Verlegeart C

Strom-kreis Nr.	Gerät Stromkreis	$\cos\varphi$	η	DS 3~	WS 1~	P_{ab} (kW)	P_{zu} (kW)	Strom I (A)	L_1 (A)	L_2 (A)	L_3 (A)	Siche-rungs-größe A	Quer-schnitt A (mm²)	Länge (m)	ΔU max. 2,5 % (V)	ΔU (V)
Hauptwohnung																
1	Durchlauferhitzer Bad	1	1	400		21	21	30,31	30,31	30,31	30,31	35	4	14,8	10	4,01
2	Durchlauferhitzer Küche	1	1	400		18	18	25,98				35	4	10,5	10	2,84
3	Elektroherd	1	1	400		11,9	11,9	17,18	17,18	17,18	17,18	20	2,5	9	10	2,23
4	Wäschetrockner	1	1		230	2,4	2,4	10,43	10,43			16	1,5	7	5,75	2,67
5	Geschirrspüler	1	1		230	2,9	2,9	12,61		12,61		16	1,5	8,5	5,75	3,24
6	Waschmaschine	1	1		230	3,1	3,1	13,48			13,48	16	1,5	7	5,75	2,67
7	Heizstrahler Bad	1	1		230	1,5	1,5	6,52	6,52			16	1,5	6,5	5,75	2,48
8	Schuko Wohn-Essz., Balk.	1	1		230	2,1	2,1	9,13		9,13		16	4	28	5,75	4,00
9	Schuko Küche u. Vorrat	1	1		230	2,3	2,3	10,00			10,00	16	2,5	19	5,75	4,34
10	Bel. Wohn- u. Essz.	1	1		230	1,2	1,2	5,22	5,22			16	2,5	23	5,75	5,26
11	Bel. Küche, Flur, Bad, WC	1	1		230	2,4	2,4	10,43		10,43		16	2,5	18	5,75	4,11
12	Bel. Kinder- u. Schlafz.	1	1		230	1,2	1,2	5,22			5,22	16	2,5	22	5,75	5,03
13	Schuko Schlaf-, Kinderz.	1	1		230	2,5	2,5	10,87	10,87			16	2,5	21	5,75	4,80
14	Mikrowelle	1	1		230	1,2	1,2	5,22		5,22		16	1,5	8	5,75	3,05
15	Schuko Bad, Flur, WC	1	1		230	0,8	0,8	3,48			3,48	16	1,5	12	5,75	4,57
	Summe:								80,53	84,88	79,67					

Tabelle 1.6 Projekt: 1-Familien-Haus mit Einliegerwohnung / UV: Hauptwohnung, Ausstattungswert 3 nach HEA / Verlegeart C

Strom-kreis Nr.	Gerät Stromkreis	$\cos\varphi$	η	DS 3~	WS 1~	P_{ab} (kW)	P_{zu} (kW)	Strom I (A)	L1 (A)	L2 (A)	L3 (A)	Siche-rungs-größe A	Quer-schnitt A (mm²)	Länge (m)	ΔU max. 2,5 % (V)	ΔU (V)
Hauptwohnung																
1	Durchlauferhitzer Bad	1	1	400		21	21	30,31	30,31	30,31	30,31	35	4	14,8	10	4,01
2	Durchlauferhitzer Küche	1	1	400		18	18	25,98				35	4	10,5	10	2,84
3	Elektroherd	1	1	400		11,9	11,9	17,18	17,18	17,18	17,18	20	2,5	9	10	2,23
4	Wäschetrockner	1	1		230	2,8	2,8	12,17	12,17			16	1,5	7	5,75	2,67
5	Geschirrspüler	1	1		230	2,9	2,9	12,61		12,61		16	1,5	8,5	5,75	3,24
6	Waschmaschine	1	1		230	3,1	3,1	13,48			13,48	16	1,5	7	5,75	2,67
7	Heizstrahler Bad	1	1		230	1,5	1,5	6,52	6,52			16	1,5	6,5	5,75	2,48
8	Mikrowelle	1	1		230	1,2	1,2	5,22		5,22		16	1,5	8	5,75	3,05
9	Schuko Schlafzimmer	1	1		230	3,0	3,0	13,04			13,04	16	2,5	22	5,75	5,03
10	Schuko Wohnzimmer	1	1		230	1,9	1,9	8,26	8,26			16	2,5	16	5,75	3,66
11	Schuko Essz., Balk.	1	1		230	2,0	2,0	8,70		8,70		16	2,5	24	5,75	5,49
12	Schuko Küche, Vorrat	1	1		230	2,9	2,9	12,61			12,61	16	2,5	19	5,75	4,34
13	Bel. Wohn-Essz., Balk., WC	1	1		230	2,4	2,4	10,43	10,43			16	2,5	23	5,75	5,26
14	Schuko Kinderzimmer	1	1		230	2,9	2,9	12,61		12,61		16	2,5	22	5,75	5,03
15	Bel. Küche, Bad, Flur	1	1		230	2,7	2,7	11,74			11,74	16	2,5	18	5,75	4,11
16	Bel. Kinder- u. Schlafz.	1	1		230	2,4	2,4	10,43	10,43			16	2,5	22	5,75	5,03
17	Schuko Bad, Flur, WC	1	1		230	2,3	2,3	10,00		10,00		16	1,5	12	5,75	4,57
	Summe:								95,30	96,63	98,36					

Tabelle 1.7 Berechnung aller Stromkreise der Einliegerwohnung, Ausstattung nach DIN

Projekt: 1-Familien-Haus mit Einliegerwohnung/UV: Einliegerwohnung, Ausstattung nach DIN 18 015 Teil 2/Verlegeart C																
Strom-kreis Nr.	**Gerät Stromkreis**	**cos φ**	**η**	**DS** (3~)	**WS** (1~)	**P_{ab}** (kW)	**P_{zu}** (kW)	**Strom I** (A)	**L1** (A)	**L2** (A)	**L3** (A)	**Siche-rungs-größe** (A)	**Quer-schnitt A** (mm^2)	**Länge** (m)	**ΔU max. 2,5 %** (V)	**ΔU** (V)
Einliegerwohnung																
1	Durchlauf-erhitzer: Bad	1	1	400		21	21	30,31	30,31	30,31	30,31	35	4	14,8	10	4,01
2	Elektroherd	1	1	400		9	9	12,99	12,99	12,99	12,99	16	1,5	9	10	2,97
3	Schuko 1	1	1		230	1,4	1,4	6,09	6,09			16	4	27,7	5,8	3,96
4	Schuko 2	1	1		230	1,4	1,4	6,09		6,09		16	4	28	5,8	4,00
5	Schuko 3	1	1		230	1,4	1,4	6,09			6,09	16	2,5	19	5,8	4,34
6	Beleuchtung 1	1	1		230	1	1	4,35	4,35			10	1,5	23	5,8	5,48
7	Heizstrahler Bad	1	1		230	1,5	1,5	6,52		6,52		16	1,5	6,5	5,8	2,48
8	Waschmaschine	1	1		230	3,1	3,1	13,48			13,48	16	1,5	11	5,8	4,19
9	Beleuchtung 2	1	1		230	1	1	4,35	4,35			10	1,5	18	5,8	4,29
	Summe:								58,10	55,92	62,87					

Tabelle 1.8 Berechnung aller Stromkreise des Allgemeinteils

Projekt: 1-Familien-Haus mit Einliegerwohnung/UV: Allgemein/Verlegeart C																
Strom-kreis Nr.	**Gerät Stromkreis**	cos φ	η	DS (3~)	WS (1~)	P_{ab} (kW)	P_{zu} (kW)	Strom I (A)	L1 (A)	L2 (A)	L3 (A)	**Siche-rungs-größe** (A)	**Quer-schnitt A** (mm²)	Länge (m)	ΔU **max. 2,5 %** (V)	ΔU (V)
Allgemein																
1	Außen-beleuchtung	1	1		230	0,5	0,5	2,17	2,17			16	1,5	15	5,75	5,71
2	Treppen-beleuchtung	1	1		230	0,5	0,5	2,17		2,17		16	1,5	4	5,75	1,52
3	Heizungsanlage	1	1		230	0,3	0,3	1,30			1,30	16	1,5	8	5,75	3,05
	Summe:								2,17	2,17	1,30					

ßerer Betriebsstrom als 60 A zu erwarten, ist nach TAB die Art der Zähl- bzw. Messeinrichtung mit dem VNB abzustimmen. Hier wird von einigen eine Wandlermessung gefordert, wodurch die Installationskosten steigen. Günstiger ist deshalb die in Bild 1.4 dargestellte Verriegelungsschaltung mit Lastabwurfrelais. Deshalb ist der Stromkreis Nr. 2, Durchlauferhitzer in der Küche, nicht in die Summe der Gesamtbelastung mit einbezogen.

Nach HEA, Ausstattungswert 3, ist für die Hauptwohnung mindestens eine 4-reihige Unterverteilung zu wählen. Es ist zu überprüfen, ob einerseits der Platz für die benötigten Einbaugeräte ausreicht, andererseits, ob die zulässige Verlustleistung im Stromkreisverteiler nicht überschritten wird (s. Abschnitt 2.2.2.4). Es wird eine Umgebungstemperatur von 25 °C angenommen, die Grenztemperatur im Verteiler 40 °C, somit ist $\Delta\vartheta = 15$ K. Die zulässige Verlustleistung eines 4-reihigen Verteilers für den Wandeinbau wird vom Hersteller bei 15 K mit 11 W angegeben. In Tabelle 1.9 wird die Berechnung für jede Schutzeinrichtung eines Stromkreises durchgeführt. Auch hier wird in der Summe der Durchlauferhitzer in der Küche nicht mit aufgeführt. Das gleiche gilt für das Lastabwurfrelais, denn wenn über dieses Strom fließt, geht Schütz K1 in Ruhestellung und erzeugt somit keine Verlustwärme. Da die Verlustwärme des 3-poligen Schützes größer ist als die des Lastabwurfrelais, kann die Verlustwärme von 9,8 W unberücksichtigt bleiben.

Da im Verteiler in jedem Außenleiter 8 Sicherungen sind, wird die Summe der Verlustleistungen mit $f^2 = 0{,}36$ (Nennbelastungsfaktor bei 6...9 Überstromschutzeinrichtungen je Außenleiter, s. Abschnitt 2.2.2.4, Tabelle 2.21) multipliziert. Somit beträgt die Verlustleistung 30,41 W (84,47 W · 0,36 = 30,41 W). Die Verlustleistung des 4-reihigen Verteilers ist somit überschritten. Da nach der Vorgabe für das Projekt bei Verteilern eine Platzreserve von 30 % zu berücksichtigen ist, entsprechen die notwendigen 39 TLE 70 %. Daraus folgt, dass noch rund 17 TLEs benötigt werden und somit muss ein 6-reihiger Verteiler mit 72 Teilungsein-

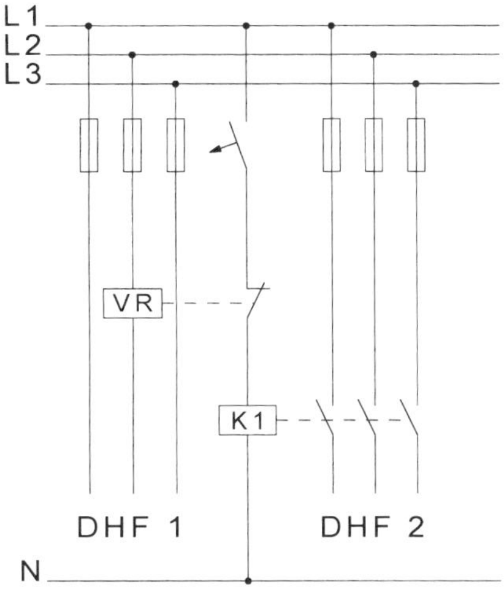

Bild 1.4
Verriegelungsschaltung mit Lastabwurfrelais für 2 Durchlauferhitzer

Tabelle 1.9 Berechnung der Verlustleistung in der UV-Hauptwohnung

Stromkreis Nr.	Typ	Teilungseinheit TLE	Verlustleistung P_n W	I_b A	I_n A	$P_a = P_n \cdot (I_b / I_n)^2$ W
1	D02 3-pol.	4,5	15,72	30,31	63	3,64
2	D02 3-pol.	4,5	15,72			
3	LS-B 20 A 3-pol.	3	14,40	17,18	20	10,63
4	LS-B 16 A 1-pol.	1	4,73	12,17	16	2,74
5	LS-B 16 A 1-pol.	1	4,73	12,61	16	2,94
6	LS-B 16 A 1-pol.	1	4,73	13,48	16	3,36
7	LS-B 16 A 1-pol.	1	4,73	6,52	16	0,79
8	LS-B 16 A 1-pol.	1	4,73	5,22	16	0,50
9	LS-B 16 A 1-pol.	1	4,73	13,04	16	3,14
10	LS-B 16 A 1-pol.	1	4,73	8,26	16	1,26
11	LS-B 16 A 1-pol.	1	4,73	8,70	16	1,40
12	LS-B 16 A 1-pol.	1	4,73	12,61	16	2,94
13	LS-B 16 A 1-pol.	1	4,73	10,43	16	2,01
14	LS-B 16 A 1-pol.	1	4,73	12,61	16	2,94
15	LS-B 16 A 1-pol.	1	4,73	11,74	16	2,55
16	LS-B 16 A 1-pol.	1	4,73	10,43	16	2,01
17	LS-B 16 A 1-pol.	1	4,73	10,00	16	1,85
	Schutz 3-pol.	3	27,83	30,31	40	15,98
	Lastabwurfrelais	1	9,80			
	Stromstoßschalter	1	3,23	3,91	16	0,19
	FI 40/0,03 4-pol.	4	11,8	40,00	40	11,80
	FI 40/0,03 4-pol.	4	11,8	40,00	40	11,80
Summe:		39				84,47

heiten eingesetzt werden. Laut Herstellerangaben hat dieser bei 15 K eine zulässige Verlustleistung von 27 W. Dies wäre bei 30,41 W immer noch nicht ausreichend. Da für diese Wohnung der 6-reihige Verteiler ausreichen soll, wird in

Anlehnung an Abschnitt 2.2.2.4 statt f^2 der Gleichzeitigkeitsfaktor g für die Berechnung der Verlustleistung herangezogen. Für die Wohnung gilt $g = 0{,}4$. Daraus ergibt sich die Verlustleistung zu $P_a \cdot g^2 = 84{,}47\ \text{W} \cdot 0{,}16 = 13{,}52\ \text{W}$, und somit wäre auch noch ausreichend Leistungsreserve von rund 13,5 W (50 % von 27 W) im Verteiler vorhanden.

1.1.3 Anordnung der Zähleranlage nach TAB

Der Aufbau der Zähleranlage ist bei jedem VNB anders auszuführen. Vor der Planung/ Montage sollte man sich deshalb in jedem Fall mit diesem in Verbindung setzen, um spätere Umbauten und somit unnötige Kosten zu vermeiden. Grundlage für die Ausführung der Zähleranlage sind die Technischen Anschlussbedingungen, TAB (Abschnitt 2.1.1.3). Mit Erscheinen der TAB 2000 hat, nach dem vom jeweiligen VNB vereinbarten Geltungsbeginn, nach einer einjährigen Übergangsfrist die TAB von 1991 ihre Gültigkeit verloren. Viele VNBs lassen aber noch den Aufbau nach der alten TAB zu. Sollte der Betriebsstrom mehr als 60 A betragen, so sind die Ausführungen des Zählerplatzes mit dem VNB abzustimmen, denn hier wird meist eine Wandlermessung verlangt. Hauptsächlich kommen 4 verschiedene Varianten zur Anwendung (Bild 1.5 und Tabelle 1.10)

Die Überstromschutzeinrichtung vor der Zähl- und Messeinrichtung darf bei Direktmessung einen Nennstrom von max. 100 A haben. Nach der alten TAB wurde für den Stromkreisverteiler eine Freischalteinrichtung für mindestens 63 A gefordert. Es ist möglich, diese Trennvorrichtung auch im oberen Anschlussraum anzuordnen. Dies kann z. B. ein Hauptschalter, eine Fehlerstromschutzeinrichtung oder eine Sicherung sein. Dies wird in der neuen TAB nicht mehr gefordert. Dort wird statt dessen im unteren Anschlussraum vor jedem Zählerfeld ein sperr- und plombierbarer, selektiver Hauptleitungsschutzschalter (SH-Schalter) mit einem Nennstrom von 63 A verlangt. Dadurch kann die Trennvorrichtung im oberen Anschlussraum entfallen, da der SH-Schalter die Forderung der Freischaltung des Stromkreisverteilers und somit das Inbetriebsetzen der Kundenanlage übernimmt (s. Variante 4). In diesem Projekt soll noch Variante 2 zur Anwendung

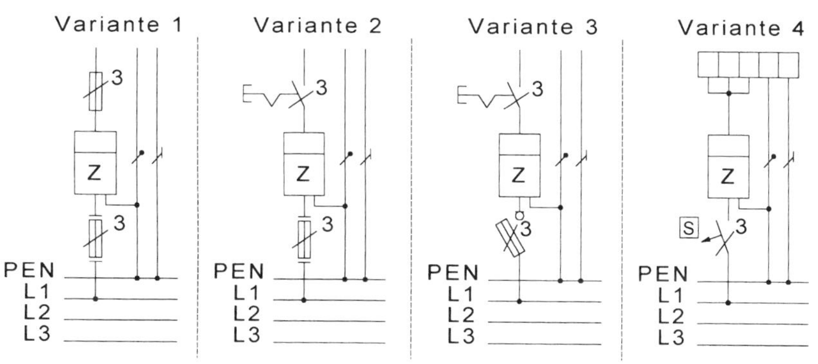

Bild 1.5 Aufbauvarianten der Zähleranlage

Tabelle 1.10 Beschreibung der einzelnen Varianten zu Bild 1.5

Variante 1	Variante 2	Variante 3	Variante 4
Oberer Anschlussraum: D02 Abgangs-sicherung Unterer Anschlussraum: Sammelschienen 4-pol., NH00-Vorsicherung	Oberer Anschlussraum: sperrbarer Hauptschalter Unterer Anschlussraum: Sammelschienen 4-pol., NH00-Vorsicherung	Oberer Anschlussraum: sperrbarer Hauptschalter Unterer Anschlussraum: Sammelschienen 4-pol., NH00-Lasttrennschalter	Oberer Anschlussraum: Hauptleitungsabzweig-klemme 5-pol. Unterer Anschlussraum: Sammelschienen 4-pol., selektiver Haupt-Leitungsschutz-schalter

kommen. Der Aufbau der Zähleranlage hat direkt auch Einfluss auf die Querschnittsdimensionierung der Zuleitungen zu den einzelnen Unterverteilungen sowie der Hauptleitung. Zur Berechnung der Stromkreiszuleitung zur Unterverteilung der Hauptwohnung nach HEA, Ausstattungswert 3, kommen 2 unterschiedliche Verfahren in Tabelle 1.11 zur Anwendung (s. auch Abschnitt 2.2.3.3): Stärkster belasteter Außenleiter L3 mit 98,36 A (s. Tabelle 1.6); Leitungslänge 13 m; Verlegung in Rohr (Verlegeart B2); Spannungsfall max. 0,5 %.

Der Nennstrom der Sicherung für die Zuleitung zur UV Hauptwohnung muss in beiden Fällen 63 A betragen. Nun ist noch die Selektivität zwischen der Sicherung für die UV und den Sicherungen/Leitungsschutzschaltern in der UV zu überprüfen. Größte Schmelzsicherung in der Unterverteilung ist die des Durchlauferhitzers mit 35 A, größter Leitungsschutzschalter der des Elektroherdes mit der Auslösecharakteristik B und einem Nennstrom von 20 A. Nach Abschnitt 3.7.1 ist Selektivität bei Schmelzsicherungen gegeben, wenn der Unterschied 2 Nennstromstufen beträgt: Sicherung in UV = gL 35 A → Vorsicherung 63 A. Zwischen Leitungsschutzschalter und Schmelzsicherung ist in der Regel Selektivität vorhanden, wenn die vorgeschaltete Schmelzsicherung 3 Nennstromstärken größer ist: Leitungsschutzschalter in UV = B 20 A → Vorsicherung gL 50 A (s. Abschnitt 3.7.2). Da in beiden Fällen Selektivität gegeben ist, kann nun mit der Sicherungsgröße von 63 A der Zuleitungsquerschnitt zur Unterverteilung bestimmt werden. Dabei ist, unabhängig von der Strombelastung, auch DIN 18015 Teil 1 zu berücksichtigen, nach der die Stromkreiszuleitung zu einer Wohnung als Drehstromleitung mit einer Mindestbelastbarkeit von 63 A ausgelegt sein muss. Der Querschnitt der Leitung wird nach der Tabelle 3.9 aus Abschnitt 3.6.3 für 25 °C

Tabelle 1.11 Berechnung des Zuleitungsstroms zur UV-Hauptwohnung

Verfahren 1	Verfahren 2
$I_{L3} = I_{ges} \cdot g = 98{,}36\ A \cdot 0{,}6 = 59{,}02\ A$	$I_{L3} = (I_{ges} - I_{DHF}) \cdot g + I_{DHF} =$ $(98{,}36\ A - 30{,}31\ A) \cdot 0{,}4 + 30{,}31\ A = 57{,}53\ A$

Umgebungstemperatur, der Verlegeart B2 und 3 belasteten Adern bestimmt. Danach muss ein Leiterquerschnitt von 16 mm² verlegt werden. Nochmalige Überprüfung: I_b = 57,53 A < I_n = 63 A < I_z = 66 A. Die Forderung nach der Belastbarkeit von 63 A ist erfüllt. Überprüfung des Leiterquerschnitts wegen des Spannungsfalles: max. Spannungsfall 0,5 % (2 V)

$$\Delta U = \frac{\sqrt{3} \cdot l \cdot I \cdot \cos\varphi}{\gamma \cdot A} = \frac{\sqrt{3} \cdot 13\ \text{m} \cdot 63\ \text{A} \cdot 1}{56\ \frac{\text{m}}{\Omega \cdot \text{mm}^2} \cdot 16\ \text{mm}^2} = 1{,}58\ \text{V} \qquad \text{(Gl. 1.5)}$$

Genauso wird verfahren, um den Querschnitt der Zuleitung zur Unterverteilung der Einliegerwohnung zu bestimmen (Tabelle 1.12): Stärkster belasteter Außenleiter L3 mit 62,87 A, Leitungslänge 7 m; Verlegung unter Putz (Verlegeart C); Spannungsfall 0,5 %.

Mit dem Verfahren 2 liegt man auf der sichereren Seite. (Wenn der Durchlauferhitzer als größter Verbraucher eingeschaltet ist, könnte nach Verfahren 1, ein Einschalten anderer Geräte in der Wohnung ein höherer Strom als 36,68 A fließen.) Nächstgrößere Sicherung wäre 50 A. Da aber der Durchlauferhitzer mit gL 35 A abgesichert ist, muss wegen der Selektivität die Zuleitung mit 63 A abgesichert werden. Nach Tabelle 3.9 aus Abschnitt 3.6.3 und der Verlegeart C kann hier ein Leiterquerschnitt von 10 mm² verlegt werden. Nochmalige Überprüfung: I_b = 44,31 A < I_n = 63 A ≤ I_z = 63 A. Überprüfung des Leiterquerschnitts wegen des Spannungsfalles: Maximaler Spannungsfall 0,5 % (2 V)

$$\Delta U = \frac{\sqrt{3} \cdot l \cdot I \cdot \cos\varphi}{\gamma \cdot A} = \frac{\sqrt{3} \cdot 7\ \text{m} \cdot 63\ \text{A} \cdot 1}{56\ \frac{\text{m}}{\Omega \cdot \text{mm}^2} \cdot 10\ \text{mm}^2} = 1{,}36\ \text{V} \qquad \text{(Gl. 1.6)}$$

Für die Berechnung der Hauptleitung ist neben den Technischen Anschlussbedingungen auch hier DIN 18 015 zu berücksichtigen. Der Querschnitt der Hauptleitung muss zunächst auf der Grundlage des Diagrammes aus DIN 18 015 Teil 1 vorgenommen werden, jedoch muss sie als Drehstromleitung mit mindestens 63 A belastbar sein und einen Mindestquerschnitt von 10 mm² haben. Als Orientierung der Kurve A aus DIN 18 015 dient die Tabelle 2.11 in Abschnitt 2.1.2.2, und zwar die Spalte mit Durchlauferhitzer. Danach ist die Scheinleistung bei 2 Wohnungen mit Warmwasserbereitung mit 52 kVA anzunehmen. Dies ergibt einen Betriebsstrom von 75,05 A (bei $\cos\varphi$ = 1) wofür im Hausanschlusskasten eine

Tabelle 1.12 Berechnung des Zuleitungsstroms zur UV-Einliegerwohnung

Verfahren 1	**Verfahren 2**
$I_{L3} = I_{ges} \cdot g$ = 62,87 A · 0,6 = 37,72 A	$I_{L3} = (I_{ges} - I_{DHF}) \cdot g + I_{DHF}$ = (62,87 A – 30,31 A) · 0,4 + 30,31 A = 43,33 A

Sicherung von 80 A erforderlich ist. Jetzt soll eine Berechnung der Belastbarkeit der Hauptleitung vorgenommen werden. In Tabelle 1.13 sind die max. Ströme der einzelnen Zuleitungen zu den Unterverteilungen addiert.

Für die Querschnittsbestimmung der Hauptleitung können verschiedene Wege zum Ergebnis führen (Tabelle 1.14): Stärkster belasteter Außenleiter L3 mit 162,53 A.

Um auf Nummer sicher zu gehen, wird hier Weg 2 benutzt. Dies liegt aber wiederum im Ermessen des Planers. Die Hauptleitung wird auf Putz mit Abstandsschellen verlegt (Verlegeart E), Leitungslänge 9 m (s. Vorbemerkungen). Stärkster belasteter Außenleiter L3 mit 102,16 A → Sicherung gewählt 125 A. Überprüfung der Selektivität: Größte Sicherung vor einem Zähler = 63 A → Hausanschlusssicherung 125 A, Selektivität ist gegeben. Bei der Querschnittsbemessung der Hauptleitung nach DIN 18015 wurde für 2 Wohnungen mit Warmwasserbereitung eine Sicherung im Hausanschlusskasten von 80 A erforderlich. Aber auch aus Gründen der Selektivität wäre diese Sicherung von 80 A nicht ausreichend gewesen, hier sind 100 A notwendig. Der Leitungsquerschnitt nach VDE 0298 Teil 4 für 25 °C Umgebungstemperatur, 3 belastete Adern und Verlegeart E, beträgt 35 mm². Überprüfung nach VDE 0100 Teil 430: I_b = 102,16 A < I_n = 125 A < I_z = 134 A. Auch hier muss der Leiterquerschnitt hinsichtlich des max. zulässigen Spannungsfalles überprüft werden. Die Grenze des zulässigen Spannungsfalles ist nach TAB vom Leistungsbedarf in kVA abhängig (s. Abschnitt 2.2.1.3). Nachfolgend wird der Leistungsbedarf errechnet: I = 125 A; U = 400 V

$$S = \sqrt{3} \cdot I \cdot U \rightarrow \sqrt{3} \cdot 125\ \text{A} \cdot 400\ \text{V} = 86{,}60\ \text{kVA} \quad \text{(Gl. 1.7)}$$

Bis 100 kVA ist ein Spannungsfall auf der Hauptleitung von max. 0,5 % der Nennspannung (2 V) zulässig.

Tabelle 1.13 Berechnung des Zuleitungsstroms der Hauptleitung

	I_{L1} in A	I_{L2} in A	I_{L3} in A
Zuleitung UV Hauptwohnung; nach HEA Ausstattungswert 3	95,30	96,63	98,36
Zuleitung UV Einliegerwohnung	58,09	55,91	62,87
Allgemein	2,17	2,17	1,30
Summe:	155,56	154,71	162,53

Tabelle 1.14 Querschnittsberechnung der Hauptleitung

Weg 1	Weg 2
$I_{L3} = (I_{ges} - I_{Allg}) \cdot g + I_{Allg}$ = (162,53 A – 1,30) · 0,6 + 1,30 = 98,04 A	$I_{L3} = (I_{ges} - I_{DHF} - I_{Allg}) \cdot g + I_{DHF} + I_{Allg}$ = (162,53 A – 60,62 A – 1,30) · 0,4 + 60,62 A + 1,30 A = 102,16 A

$$U_\text{v} = \frac{\sqrt{3} \cdot l \cdot I \cdot \cos\varphi}{\gamma \cdot \text{A}} \rightarrow \frac{\sqrt{3} \cdot 9\ \text{m} \cdot 125\ \text{A} \cdot 1}{56 \frac{\text{m}}{\Omega \cdot \text{mm}^2} \cdot 35\ \text{mm}^2} = 0{,}99\ \text{V} \qquad \text{(Gl. 1.8)}$$

Somit ist der Leitungsquerschnitt von 35 mm^2 ausreichend.

1.1.4 Zeichnung der Verteilungspläne und der Hauptstromversorgung

Bild 1.6 zeigt einen Übersichtschaltplan für die Unterverteilung der Hauptwohnung mit allen Stromkreisen nach HEA Ausstattungswert 3, Bild 1.7 zeigt den Plan des Hauptstromversorgungssystems inkl. Zähler. Nach der alten TAB musste zwischen Zähler und Stromkreisverteiler, um Verbrauchsgeräte zentral steuern zu können, eine Steuerleitung mit nummerierten Adern von mind. 7 × 1,5 mm^2 (ohne grüngelbe Ader) oder ein Leerrohr von 29 mm lichter Weite verlegt werden. Diese Forderung ist in der neuen TAB nicht mehr enthalten. Darüber hinaus haben vorher schon einige VNBs auf diese Steuerleitung bzw. dieses Leerrohr verzichtet, wenn keine Verbrauchsgerätesteuerung vorgesehen ist und die Zählerplätze zentral angeordnet sind. Statt dessen wird oft eine Vorverdrahtung für eine Tarifschaltung gefordert, die dem Stromkunden die Möglichkeit bietet, über einen 2-Tarif-Zähler etwa am Wochenende oder zu Abend- und Nachtzeiten günstiger Energie zu beziehen. Dazu ist für ein Tarifschaltgerät (TSG) / Tarifrundsteuerempfänger (TRE) ein Zählerfeld und die Verdrahtung zu jedem Zähler vorzusehen.

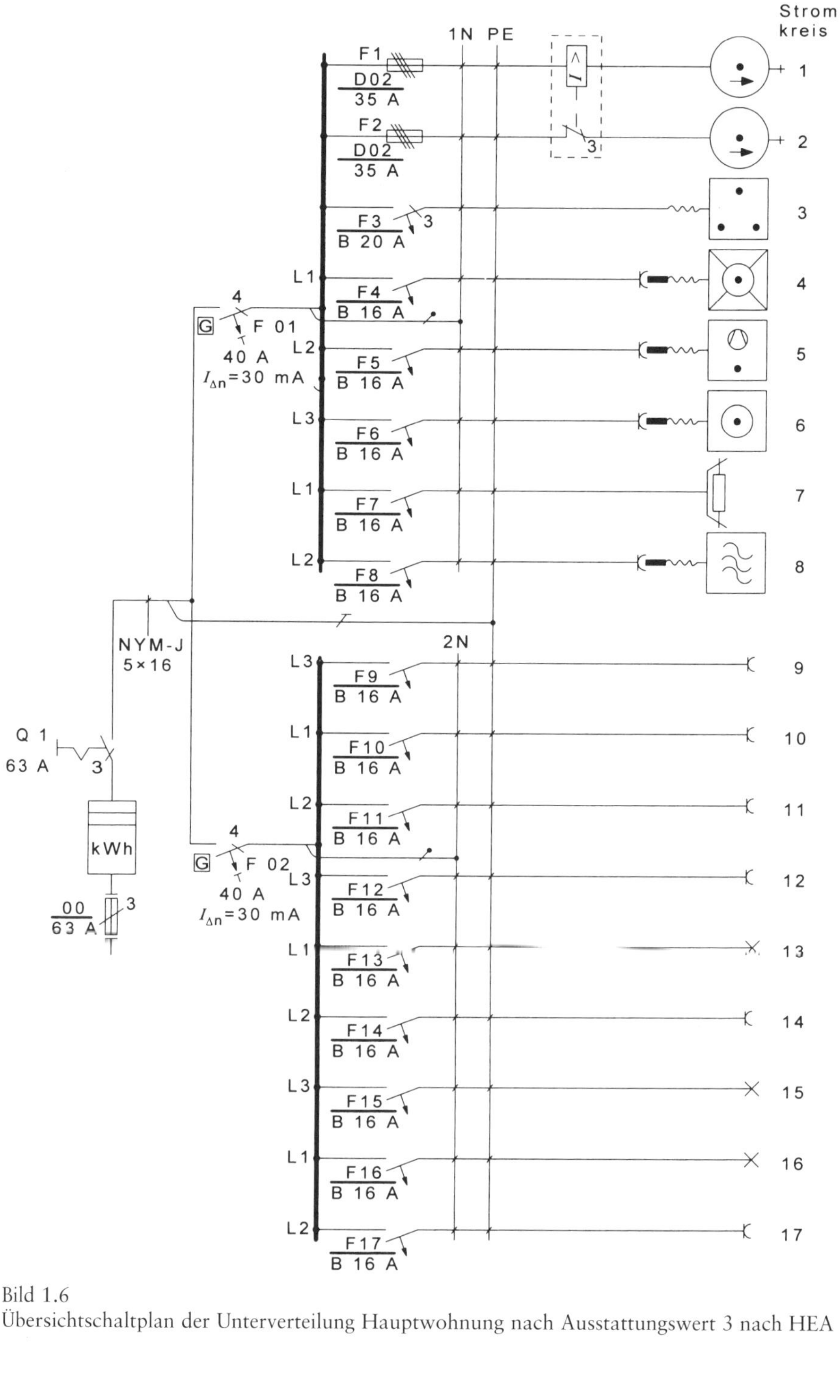

Bild 1.6
Übersichtsschaltplan der Unterverteilung Hauptwohnung nach Ausstattungswert 3 nach HEA

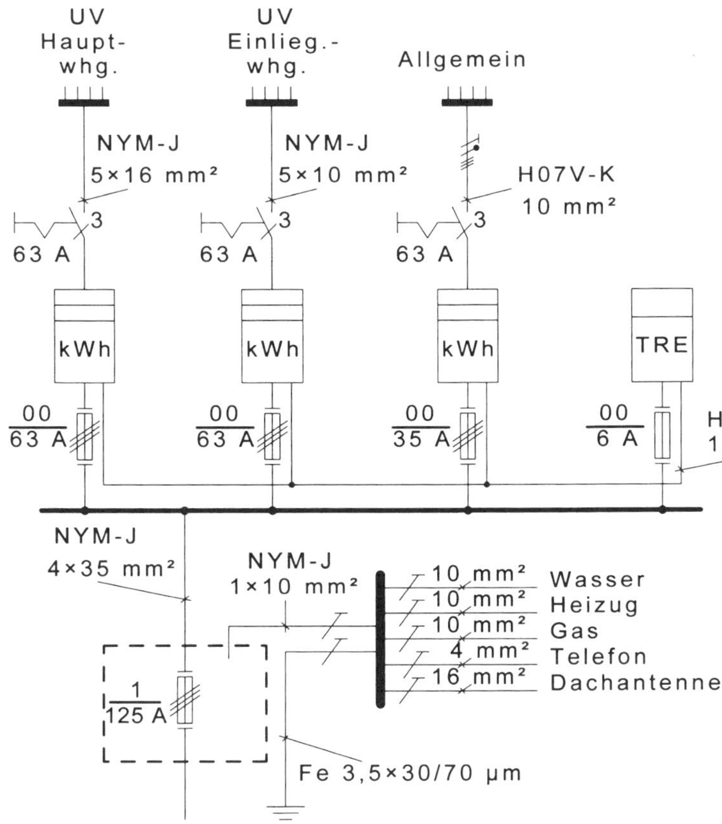

Bild 1.7 Übersichtschaltplan der Zähleranlage

1.1.5 Dimensionierung des Hauptpotenzialausgleiches

Der Querschnitt vom Hauptpotenzialausgleichsleiter wird nach dem von der Hauptverteilung (hier Zählerplätze) stärksten abgehenden Schutzleiterquerschnitt bestimmt (s. Abschnitt 3.4, Bild 3.29). Dies ist die Leitung zur Unterverteilung der Hauptwohnung mit dem Querschnitt von 16 mm^2. Der PE-Leiter hat ebenfalls den Querschnitt von 16 mm^2. Dimensionierung des Querschnittes vom Hauptpotenzialausgleichsleiter: $0{,}5 \cdot 16\ \text{mm}^2 = 8\ \text{mm}^2 \rightarrow$ nächster Normquerschnitt 10 mm^2.

1.1.6 Massenermittlung

Um für das Projekt «1-Familien-Haus mit Einliegerwohnung» das Angebot zu erstellen, müssen zunächst anhand eines Aufmaßplans die Massen des benötigten Installationsmaterials, unter Beachtung der Installationszonen (s. Abschnitt 2.1.2.5) aus DIN 18 015 Teil 3, ermittelt werden. Als Beispiel dient in Bild 1.8

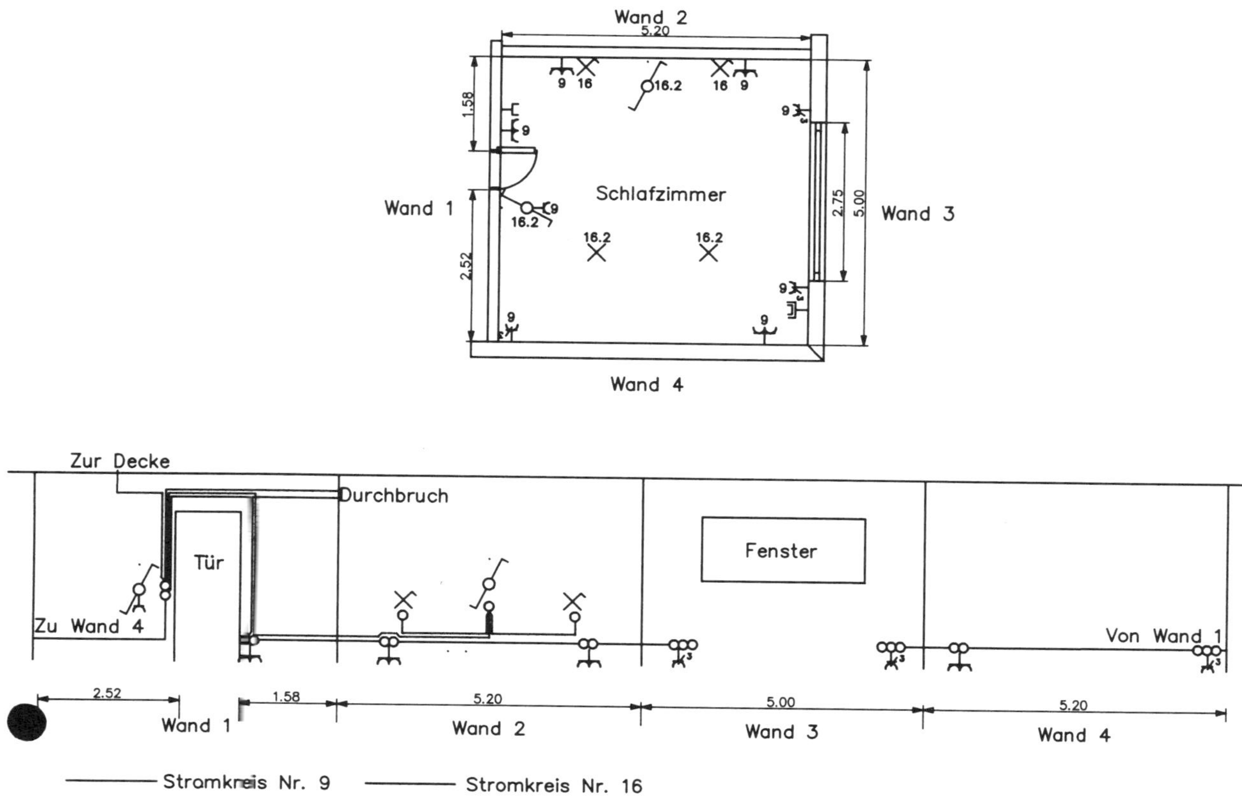

Bild 1.8 Drauf- und Seitenansicht des Grundrisses vom Schlafzimmer der Hauptwohnung

das Schlafzimmer der Hauptwohnung. Die 4 Wände aus der Draufsicht sind als Seitenansicht aufgeklappt dargestellt und die Leitungsführung der beiden Stromkreise eingezeichnet. In der Ecke der oberen Installationszone kommen die beiden Zuleitungen für die beiden Stromkreise Nr. 9 und Nr. 16 vom Nebenraum an. Aus der Vorbeschreibung des Projektes geht hervor, dass keine Unter-Putz-Abzweigdosen benutzt werden dürfen. Dort, wo Leitungen durchgeschleift werden, sind Schalterklemmdosen zu verwenden. Damit sind im Aufmaßplan neben U.-P.-Schalt-und-Steckgeräten mit Dose auch U.-P.-Schalt-und -Steckgeräte mit Schalterabzweigdose aufzuführen. Abdeckrahmen bei Kombinationen, müssen erst ab 4fach-Rahmen extra gezählt werden, da nach der Kalkulationshilfe (KfE, s. auch Abschnitt 3.1), die dann zur Kalkulation hinzugezogen wird, bei der Montage von 2- und 3fach-Kombinationen kein zusätzlicher Zeitwert anzusetzen ist. Da grundsätzlich NYM-Leitungen zur Anwendung kommen, sind die notwendigen Schlitz- und Fräsarbeiten mit zu berücksichtigen. Bei der Leitungsverlegung an der Decke kann darauf verzichtet werden, da diese mit Holzpaneelen verkleidet wird. In Tabelle 1.15 sind alle notwendigen Artikel für das Schlafzimmer aufgeführt.

In Tabelle 1.16 findet man alle Massen für die Hauptwohnung des Projektes «1-Familien-Haus mit Einliegerwohnung» Ausstattungswert 3 nach HEA zusammengestellt.

Tabelle 1.15 Material für das Schlafzimmer der Hauptwohnung nach HEA Ausstattungswert 3

Stromkreis	Steckdose mit u.P. Dose	Steckdose mit u.P. Schalterklemmd.	Universalschalter mit u.P. Schalterklemmd.	Wandauslassdose mit 3-pol. Klemme	NYM-J 3·2,5 mm² mit Mauerschlitz	NYM-J 5·2,5 mm² mit Mauerschlitz	NYM-J 3·2,5 mm² mit Nagelschellen	Leitungsschutz-schalter B 16 A
Nr. 9 Schukosteckdosen Schlafzimmer	17	1			26,5 m			1
Nr. 16 Beleuchtung Schlafzimmer			2	2	6,5 m	9 m	4 m	1

Tabelle 1.16 1-Familien-Haus mit Einliegerwohnung/Massenermittlung der Hauptwohnung, Ausstattungswert 3 nach HEA

Stromkreis Nr.	Gerät Bezeichnung	NYM-J 3 · 1,5 mm² mit Schlitz	NYM-J 3 · 2,5 mm² mit Schlitz	NYM-J 5 · 2,5 mm² mit Schlitz	NYM-J 5 · 4 mm² mit Schlitz	NYM-J 3 · 2,5 mm² mit Nagelschellen		Wandauslassdosen	LS-Automat B 16 A	LS-Automat B 20 A 3-pol.	Neozed D02 kompl. 3-pol. 35 A	Stromstoßschalter	Lastabwurfrelais (Vorrangschalter)	Schütz 3-pol.	Geräteanschlussdose mit Schalterdose	Schuko mit Schalterdose	Schuko mit Schalterklemmdose	Kontrollaussch. mit Schalterklemmdose	Universalschalter mit Schalterklemmd.	Serienschalter mit Schalterklemmdose	Taster mit Schalterklemmdose		FI-Schalter 4-pol. 40/0,03 A	Verteilung
1	DHF im Bad				8						1		1											
2	DHF in der Küche				7						1			1										
3	Elektroherd			7						1					1									
4	Wäschetrockner	4							1							1								
5	Spülmaschine	7							1							1								
6	Waschmaschine	8							1							1								
7	Heizstrahler Bad	6						1	1															
8	Mikrowelle	8							1							1								
9	Schuko Schlafzimmer		39						1							17	1							
10	Schuko Wohnzimmer		21						1							16								
11	Schuko Essz., Balk		32						1							10	2							
12	Schuko Küche, Vorrat		15						1							14	1							
13	Bel. Wohn-Essz., Balk, WC		42	6		15		3	1									1	5					
14	Schuko Kinderzimmer		41						1							16	1							
15	Bel. Küche, Flur, Bad		32			18		4	1			1							3	1	7			
16	Bel. Kinder- u. Schlafz.		24	12		15		3	1										3					
17	Schuko Bad, Flur, WC	21							1							11	1							
	Summe:	54	246	25	15	48		11	14	1	2	1	1	1	1	88	6	2	11	1	7		2	1

1.1.7 Kalkulation

Für die Installationsarbeiten der Hauptwohnung des Projektes «1-Familien-Haus mit Einliegerwohnung» ist ein Angebot zu erstellen. Die einzelnen Zeitwerte für die Installation werden der Kalkulationshilfe für das Elektrohandwerk entnommen, die Materialpreise aus einem Katalog eines Elektrofachhändlers. Als mittlerer Stundensatz inkl. Lohngemeinkostenzuschlag und Gewinn kommen 30,00 € zum Ansatz (→ 0,50 €/ min), in den aufgeführten Materialpreisen ist schon ein Materialgemeinkostenzuschlag von 30 % enthalten. Der Cu-Preis beträgt 150 €/ 100 kg. Da bei Leitungen im Materialpreis schon ein Cu-Preis von 150 €/100 kg enthalten ist, wird hier kein Cu-Zuschlag berücksichtigt (s. Abschnitt 3.1).

Vorgaben zur Kalkulation

Bei Unterputzinstallationen dürfen die Leitungen einschließlich Schellen max. 5 mm auftragen, über die genaue Putzstärke hat sich der Auftragnehmer im Einzelfall zu erkundigen. Als Befestigungsmaterial sind nur ISO-Nagelschellen oder Haft-Clips zugelassen, Befestigungsabstand ca. 25 cm. Es sind grundsätzlich nur Einbaudosen aus Isolierstoff mit Anreihstutzen und Schraubbefestigung zu verwenden, das Fräsen oder Stemmen der Aussparungen ist in den Einzelpreis (EP) mit einzukalkulieren. Im gekachelten Bereich hat der Auftragnehmer sich mit dem Fliesenleger abzustimmen, damit die Geräte entsprechend dem Fliesenmaß (Fugenkreuz) angeordnet sind. Außerdem ist dort die Befestigung der Dosen nur mit Mörtel auf Zementbasis zugelassen. Für das Durchschleifen von Leitungen bei Schalter und Steckdosen müssen Schalterklemmdosen verwendet werden, U.-P.-Abzweigdosen sind nicht gestattet. Für alle Schalter und Steckdosen ist nur 1 Fabrikat vorzusehen, die Ersatzteilbeschaffung muss für mindestens 5 Jahre gewährleistet sein, Auslaufmodelle dürfen nicht verwendet werden. In Tabelle 1.17 wird die Kalkulation der Hauptwohnung nach den in Tabelle 1.16 ermittelten Massen durchgeführt.

Tabelle 1.17
Kalkulation der Hauptwohnung des Projektes 1-Familien-Haus mit Einliegerwohnung

Pos.				Einzelpreis in €	Gesamtpreis in €
1.	**Kabel und Leitungen**				
		PVC Mantelleitung nach DIN VDE 0271 liefern, mit notwendigem Befestigungsmaterial unter Putz verlegen inkl. Erstellen des erforderlichen Mauerschlitzes			
1.1	54	NYM-J 3 × 1,5 mm^2			
		Lohn:	6,5 min·0,50 € /min = 3,25 €		
		Material:	1 m NYM-J 3 × 1,5 mm^2 = 0,47 €		
			4 Nagelschellen 7...12 mm à 0,09 € = 0,36 €	4,08	220,23
1.2	246	NYM-J 3 × 2,5 mm^2			
		Lohn:	7 min·0,50 € /min = 3,50 €		
		Material:	1 m NYM-J 3 × 2,5 mm^2 = 0,81 €		
			4 Nagelschellen 7...12 mm à 0,09 € = 0,36 €	4,67	1148,82

Tabelle 1.17 (Fortsetzung)

Pos.				Einzel-preis in €	Gesamt-preis in €
1.3	25	NYM-J 5 × 2,5 mm²			
		Lohn:	8,1 min·0,50 € /min = 4,05 €		
		Material:	1 m NYM-J 5 × 2,5 mm² = 1,26 €		
			4 Nagelschellen 10...14 mm à 0,13 € = 0,52 €	5,83	145,75
1.4	15	NYM-J 5 × 4 mm²			
		Lohn:	9,3 min·0,50 € /min = 4,65 €		
		Material:	1 m NYM-J 5 × 4 mm² = 3,36 €		
			4 Nagelschellen 10...14 mm à 0,13 € = 0,52 €	8,53	127,95
		PVC-Mantelleitung nach DIN VDE 0271 liefern, mit Iso-Nagelschellen oder Doppelschellen an Holzbalken, oder mit Nageldübel auf Mauerwerk verlegen			
1.5	48	NYM-J 3 × 2,5 mm²			
		Lohn:	5,9 min·0,50 € /min = 2,95 €		
		Material:	1 m NYM-J 3 × 2,5 mm² = 0,81 €		
			4 Nagelschellen 7...12 mm à 0,09 € = 0,36 €	4,12	197,76
		Summe Titel 1:			1840,60
2. Installationszubehör					
		Schalter-, Abzweigdosen, Abzweigkästen u.P. inkl. Stemmarbeit			
2.1	11	Wandgehäuse für Lampenauslässe mit 3-pol. Klemme			
		Lohn:	8,2 min·0,50 € /min = 4,10 €		
		Material:	Wandleuchtenanschlussdose = 0,90 €		
			3 Leuchtenklemmen à 0,26 € = 0,78 €	5,78	63,58
		Summe Titel 2:			63,58
3. Schalt- und Steckgeräte					
3.1		UP.-Schalt- und Steckgeräte Ausführung mit Dose			
	88	UP.-Schukosteckdose			
		Lohn:	13,2 min·0,50 € /min = 6,60 €		
		Material:	u.P. Schutzkontaktsteckdose = 4,59 €		
			Abdeckrahmen = 2,08 €		
			Schalterdose mit Schraubbefest. 0,55 €	13,82	1216,16
3.2		UP.-Schalt- und Steckgeräte Ausführung mit Schalterklemmdose			
	6	UP.-Schukosteckdose			
		Lohn:	21,4 min·0,50 € /min = 10,70 €		
		Material:	u.P. Schutzkontaktsteckdose = 4,59 €		
			Abdeckrahmen = 2,08 €		
			Schalterklemmdose mit Schraubbefest. 0,88 €		
			3 Steckkl. 5 × 1,5...2,5 mm² à 0,25 € = 0,75 €	19,00	114,00
3.3	2	UP.-Kontrollschalter			
		Lohn:	20,5 min·0,50 € /min = 10,25 €		
		Material:	u.P. Kontrollschalter = 17,03 €		
			Wippe = 2,76 €		
			Symbol für Wippe = 0,95 €		
			Abdeckrahmen = 2,08 €		
			Schalterklemmdose mit Schraubbefest. 0,88 €		
			5 Steckkl. 5 × 1,5...2,5 mm² à 0,25 € = 1,25 €	35,20	70,40

Tabelle 1.17 (Fortsetzung)

Pos.			Einzel-preis in €	Gesamt-preis in €
3.4	11	UP.-Universalschalter Lohn: 20,5 min·0,50 € /min = 10,25 € Material: u.P. Universalschalter = 6,85 € Wippe = 2,77 € Abdeckrahmen = 2,08 € Schalterklemmdose mit Schraubbefest. 0,88 € 5 Steckkl. 5 × 1,5…2,5 mm² à 0,25 € = 1,25 €	24,08	264,88
3.5	1	UP.-Serienschalter Lohn: 19,7 min·0,50 € /min = 9,85 € Material: u.P. Serienschalter = 10,36 € Wippe = 5,08 € Abdeckrahmen = 2,08 € Schalterklemmdose mit Schraubbefest. 0,88 € 5 Steckkl. 5 × 1,5…2,5 mm² à 0,25 € = 1,25 €	29,50	29,50
	7	UP.-Taster mit neutraler Wippe Lohn: 21,2 min·0,50 € /min = 10,60 € Material: u.P. Taster = 7,75 € Wippe = 2,77 € Abdeckrahmen = 2,08 € Schalterklemmdose mit Schraubbefest. 0,88 € 5 Steckkl. 5 × 1,5…2,5 mm² à 0,25 € = 1,25 €	25,33	177,31
	1	UP.-Geräteanschlussdose Lohn: 21,6 min·0,50 € /min = 10,80 € Material: u.P. Geräteanschlussdose = 8,52 € Schalterdose mit Schraubbefest. 0,55 €	19,87	19,87
		Summe Titel 3:		1892,12
4. Verteilungen				
		Reiheneinbaugeräte in Installationsverteiler mit allpoligem Anschluss		
	14	LS-Schalter 1-pol. 16 A Lohn: 11,2 min·0,50 € /min = 5,60 € Material: LS-Automat B 16 A = 6,05 € Anteil Phasensch. 3-pol. à 6,93 € = 0,58 €	12,23	171,22
	1	LS-Schalter 3-pol. 20 A Lohn: 20,1 min·0,50 € /min = 10,05 € Material: LS-Automat B 16 A = 88,26 € Anteil Phasensch. 3-pol. à 6,93 € = 1,73 €	100,04	100,04
	2	Neozed-Elemente D02 3-pol. kompl. mit Sicherungen 35 A Lohn: 51,9 min·0,50 € /min = 25,95 € Material: Neozed-Elemente D02 3-pol. = 10,01 € Schraubkappe D02 à 0,77 € = 2,31 € Sicherung 35 A à 0,82 € = 2,46 € Passhülse 35 A à 0,51 € = 1,53 € Anteil Phasensch. = 1,78 €	44,04	88,08
	1	Vorrangschalter 230 V, 48 A Dauerstrom bis 27 kW Lohn: 38,7 min·0,50 €/min = 19,35 € Material: Vorrangschalter = 21,80 €	41,15	41,15
	1	Stromstoßschalter 1-pol. 16 A Lohn: 34,1 min·0,50 €/min = 17,05 € Material: Stromstoßschalter = 21,58 €	38,63	38,63

Tabelle 1.17 (Fortsetzung)

Pos.			Einzelpreis in €	Gesamtpreis in €
	1	Installationsschütz 3-pol. 40 A brummfrei		
		Lohn: 34,1 min·0,50 €/min = 17,05 €		
		Material: Schütz 3-pol. 40 A = 141,79 €	158,84	158,84
	2	FI-Schalter 4-pol. 40/0,03 A		
		Lohn: 42 min·0,50 €/min = 21,00 €		
		Material: FI-Schalter 4-pol. 40/0,03 A = 75,27 €	96,27	192,54
		Installationsverteiler in vorhandene Mauernische einbauen, mit Mauereinputzkasten, Stahlblechtüre und Stromkreisverzeichnis in Schreibmaschinenschrift eingeklebt		
	1	UP-Verteiler 4-reihig		
		Lohn: 50,4 min·0,50 €/min = 25,20 € (Einbau		
		Lohn: 29,1 min·0,50 €/min = 14,55 € (Stemmarbeiten)		
		Material: UP-Verteiler 4-reihig = 123,50 €	163,25	163,25
		Summe Titel 4:		953,75
5.		**Abnahme**		
		Überprüfung der Wirksamkeit der angewendeten Schutzmaßnahmen nach DIN VDE 0100 Teil 610 je Verteilung, Erstellung des Übergabe- und Prüfprotokolls		
5.1	1	Besichtigung und Erprobung der gesamten Anlage		
		Lohn: 60 min·0,50 €/min = 30,00 €	30,00	30,00
5.2	1	Messung des Isolationswiderstandes aller Zu- und		
		Lohn: 80 min·0,50 €/min = 40,00 €	40,00	40,00
5.3	1	Messung der Schleifenimpedanz oder des Kurzschlussstroms		
		Lohn: 40 min·0,50 €/min = 20,00 €	20,00	20,00
5.4	2	Messung der Fehlerspannung beim Auslösen durch einen		
		Lohn: 10 min·0,50 €/min = 5,00 €	5,00	10,00
		Summe Titel 5:		100,00
		Summe Titel 1:		1840,60
		Summe Titel 2:		63,58
		Summe Titel 3:		1892,12
		Summe Titel 4:		953,75
		Summe Titel 5:		100,00
		Gesamt:		4850,05
		Mehrwertsteuer 16 %		776,01
				5626,06

1.2 Mechanische Werkstatt

Neben einem Wohnhaus mit 3 Wohnungen soll in einem Anbau eine mechanische Werkstatt neu installiert werden. Die Zähleranlage dafür wird neben dem schon im Wohnhaus vorhandenen Zählerschrank angebracht. Von dort wird die Zuleitung zur Unterverteilung im Maschinenraum der mechanischen Werkstatt auf Putz, teilweise in Rohr verlegt. Die 5 m lange Hauptleitung, verlegt auf Putz mit

Abstandsschellen, muss durch die Erweiterung neu dimensioniert werden. Das Gebäude der mechanischen Werkstatt ist teilweise unterkellert, hier befinden sich Sozialräume sowie die Heizungsanlage für den Anbau. Die Sicherungen dafür sind mit in der Unterverteilung im Maschinenraum eingebaut.

Technische Vorbemerkungen zur Elektroinstallation

Für die Elektroinstallation gelten die Bestimmungen in der DIN VDE 0100 in allen Teilen. Die Arbeiten und Materialien müssen den einschlägigen Normen, Richtlinien und Bestimmungen in der jeweils letztgültigen Fassung entsprechen. Insbesondere den Vorschriften nach VDE und DIN, den Unfallverhütungsvorschriften der Berufsgenossenschaft für Feinmechanik und Elektrotechnik und den Vorschriften und zusätzlichen Auflagen des zuständigen örtlichen VNB.

Die Raumhöhe der mechanischen Werkstatt beträgt 3,50 m, Tür und Fensterhöhe 2,50 m, Fensterbrüstung 1,20 m, Schalt- und Steckvorrichtungen sind auf 1,30 m zu montieren.

Hauptzuleitungen und Verteilungen

Alle Verteilungen müssen gemäß den Richtlinien des VNB und den VDE-Vorschriften aufgebaut werden. Der innere Aufbau erfolgt mittels Normfeldeinsätzen im Rastersystem. Mindestens 30 % der eingebauten Geräte sind als Leerplatz für spätere Erweiterungen vorzusehen. Der Verteilungsnetzbetreiber stellt am Übergabepunkt das TN-C-System zur Verfügung. Die Anschlussleistung bei 3 Wohnungen mit Durchlauferhitzer nach Tabelle 2.11 aus Abschnitt 2.1.2.2 beträgt 64 kVA, Zählervorsicherung pro Wohnung 63 A, der Allgemeinteil 2,5 kW, Zählervorsicherung 35 A.

Allgemeine Elektroinstallation

Es sind grundsätzlich Kunststoffmantelleitungen zu verwenden. Licht und Steckdosenstromkreise sind grundsätzlich zu trennen. Leitungsquerschnitte sind nach den zu erwartenden Belastungen unter Berücksichtigung von Verlegeart, Umgebungstemperatur und Leitungslänge zu berechnen. Die Umgebungstemperatur von 40 °C, die für Motorenstromkreise nach DIN VDE 0113-1 (s. auch Abschnitt 2.2.3.5) angenommen wird, kann hier auf 25 °C reduziert werden. Der Spannungsfall darf nach dieser VDE-Bestimmung, von der Netzanschlussstelle (Unterverteilung) bis zur Maschine max. 5 % betragen. Da hier nur die fest verlegten Leitungen zu dimensionieren sind, ist der Spannungsfall von der UV bis zum Anschlusskasten der Maschine mit höchstens 2,5 % anzunehmen. In Anlehnung an DIN 18 015 Teil 1 wird für die Steckdosen- und Beleuchtungsstromkreise ein max. Spannungsfall von 3 % zwischen Messeinrichtung und Verbraucher angenommen. Bei einer Einteilung von max. 0,5 % für die Zuleitung zur Verteilung verbleiben 2,5 % von dieser bis zum Verbraucher. In der Werkstatt und im Maschinenraum sind die Leitungen auf Putz, in offener Rohrverlegung (ohne Rohrbögen) zu verlegen (jede Leitung einzeln in 1 Rohr). Die Leitungen der Anschlüsse für die Einspeisung der Maschinen im Maschinenraum enden in Anschlusskästen, die direkt über der Maschine an der Decke anzubringen sind, von dort dann in Rohr mit flexiblen Leitungen zur Maschine. In der Werkstatt werden die Anschlusskästen an der Wand 0,50 m über dem Boden angebracht. Die einzelnen Maschinen sind gegen Überlastung durch Motorschutzrelais, die in ihnen eingebaut sind, geschützt. Das gleiche gilt für die erforderliche Netztrennvorrichtung (Hauptschalter) nach DIN VDE 0113-1 (s. auch Abschnitt 2.2.3.5) sowie für Anlassvorrichtungen, wie z. B. Stern-Dreieck-Schalter, wenn diese erforderlich wären. Die 1-phasigen Stromverbraucher sind so auf die 3 Phasen L1, L2, und L3 aufzuteilen, dass eine möglichst gleichmäßige Belastung gewährleistet ist. Die waagrechte Leitungsführung an den Wänden ist in einer Höhe von 3 m vorzunehmen. Die Leuchten sind als Lichtbänder direkt an der Decke zu montieren. Der Eingangsbereich sowie Büro und WC sind unter Putz zu installieren, die Decke ist auf 2,50 m abgehangen, die Leuchten sind hierin einzubauen. Die Verteilung soll im Maschinenraum auf Putz montiert werden, die Oberkante 2 m nicht überschreiten. Die Beleuchtung im Maschinenraum wird über beleuchtete Taster, die an jeder Tür anzubringen sind, geschaltet, in der Werkstatt über einen normalen Schalter.

Die Anlage der mechanischen Werkstatt ist als TN-S-System auszuführen. Als Schutz gegen den elektrischen Schlag ist der Schutz durch automatische Abschaltung mittels Überstromschutzeinrichtung zu realisieren. Für die Steckvorrichtungen in der Werkstatt und im Maschinenraum ist dies durch Fehlerstromschutzeinrichtungen mit $I_{\Delta n} \leq 30$ mA durchzuführen. Bild 1.9 zeigt den Grundriss der mechanischen Werkstatt mit Lage der einzelnen Betriebsmitteln.

Anschlussleistungen elektrischer Verbraucher des Maschinenraums
(Zuleitung vom Zähler zur UV: l = 19 m)

Stromkreis Nr. 1: Maschine 1, Säge 400 V, 2 kW, η = 0,74, cos φ = 0,78, l = 10,5 m
Stromkreis Nr. 2: Maschine 2, Schleifmaschine 400 V, 5,5 kW, η = 0,86, cos φ = 0,8, l = 16,5 m
Stromkreis Nr. 3: Maschine 3, Drehbank 400 V, 3,5 kW, η = 0,8, cos φ = 0,82, l = 9,5 m
Stromkreis Nr. 4: Maschine 4, Bohrmaschine 400 V, 2,2 kW, η = 0,78, cos φ = 0,81, l = 12,4 m
Stromkreis Nr. 5: Maschine 5, Fräsmaschine 400 V, 4 kW, η = 0,83, cos φ = 0,82, l = 15,5 m
Stromkreis Nr. 11: CEE-Steckdose 16 A, 5 pol., l = 17,7 m
Stromkreis Nr. 12: CEE-Steckdose 32 A, 5 pol., l = 12,5 m
Stromkreis Nr. 13: CEE-Steckdose 16 A, 5 pol., l = 17,7 m
Stromkreis Nr. 14: CEE-Steckdose 32 A, 5 pol., l = 12,5 m
Stromkreis Nr. 16: Beleuchtung = 3 Lichtbänder 6 × 2 × 58 W in Duo-Schaltung (Drossel 8 W), l = 8,5 m
Stromkreis Nr. 23: Schukosteckdosen 16 A, l = 22 m
Stromkreis Nr. 24: Schukosteckdosen 16 A, l = 22 m

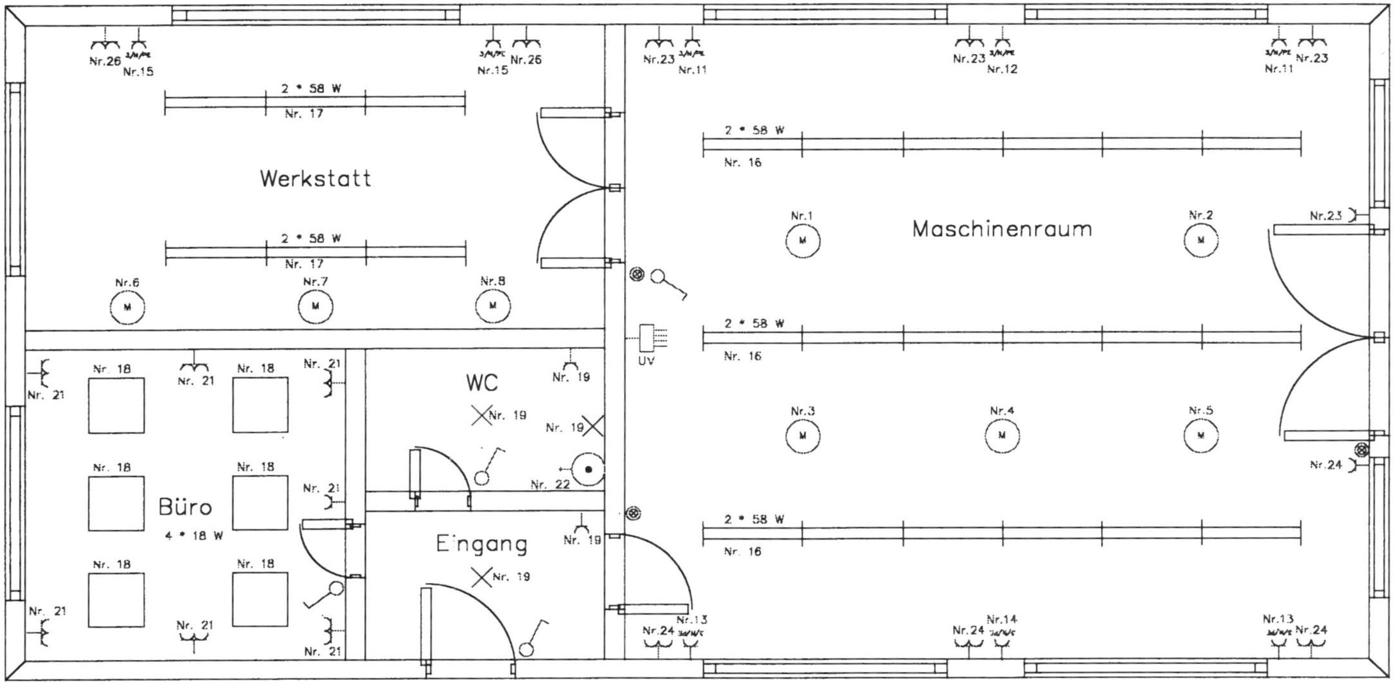

Bild 1.9 Grundriss der mechanischen Werkstatt mit Lage der einzelnen Betriebsmitteln

Anschlussleistungen elektrischer Verbraucher der Werkstatt

Stromkreis Nr. 6: Maschine 6, Drehbank 400 V, 2 kW, $\eta = 0{,}74$, $\cos\varphi = 0{,}78$, $l = 10{,}5$ m

Stromkreis Nr. 7: Maschine 7, Fräsmaschine 400 V, 4,5 kW, $\eta = 0{,}88$, $\cos\varphi = 0{,}8$, $l = 9{,}7$ m

Stromkreis Nr. 8: Maschine 8, Drehbank 400 V, 3 kW, $\eta = 0{,}8$, $\cos\varphi = 0{,}82$, $l = 6{,}5$ m

Stromkreis Nr. 15: CEE-Steckdose 16 A, 5 pol., $l = 16$ m

Stromkreis Nr. 26: Schukosteckdosen 16 A, $l = 16{,}5$ m

Stromkreis Nr. 17: Beleuchtung = 2 Lichtbänder 3 × 2 × 58 W in Duo-Schaltung (Drossel 8 W), $l = 5$ m

Anschlussleistungen elektrischer Verbraucher des Büros, Eingang und WC

Stromkreis Nr. 21: Steckdosen Büro à 700 W, $l = 17$ m

Stromkreis Nr. 18: Beleuchtung Büro 6 × 4 × 18 W (Drossel 7 W), $l = 9$ m

Stromkreis Nr. 19: Eingang und WC (je Leuchtenauslass 300 W), $l = 10$ m

Stromkreis Nr. 22: 5-l-Warmwasserspeicher WC, 230 V, 2 kW, $l = 5$ m

Anschlussleistungen elektrischer Verbraucher der Sozialräume im Keller

Stromkreis Nr. 9: Durchlauferhitzer, 400 V, 24 kW, $l = 9{,}5$ m

Stromkreis Nr. 10: Elektroherd, 400 V, 7,5 kW, $l = 11{,}5$ m

Stromkreis Nr. 20: Beleuchtung 1 kW, $l = 15$ m

Stromkreis Nr. 25: Steckdosen 2 kW, $l = 14$ m

1.2.1 Berechnung aller Leitungsquerschnitte

Die Berechnung der Leitungsquerschnitte wird im Prinzip genauso durchgeführt wie beim Projekt «1-Familien-Haus mit Einliegerwohnung». Es gilt nach wie vor: $I_b \leq I_n \leq I_z$. Die Verlegung der Mantelleitungen im Rohr ist nach Tabelle 3.8 aus Abschnitt 3.6.3 die Verlegeart B2. Bei Elektromotoren ist die auf dem Typenschild angegebene Leistung die «abgegebene», d.h. die Leistung, die der Motor an der Antriebswelle abgibt. Um die zugeführte Leistung zu ermitteln, ist die abgegebene Leistung durch den Wirkungsgrad η, der ebenfalls auf dem Typenschild angegeben ist, zu dividieren.

Beispiel: Maschine 1, Säge

$$P_{zu} = \frac{P_{ab}}{\eta} \quad \frac{2000\ \text{W}}{0{,}74} = 2{,}7\,\text{kW} \qquad \text{(Gl. 1.9)}$$

Aus dem Ergebnis der zugeführten Leistung lässt sich jetzt unter Beachtung des Leistungsfaktors $\cos\varphi$ der Nennstrom errechnen:

$$I = \frac{P_{zu}}{\sqrt{3} \cdot U \cdot \cos\varphi} \quad \frac{2{,}7\ \text{kW}}{\sqrt{3} \cdot 400\ \text{V} \cdot 0{,}78} = 5\ \text{A} \qquad \text{(Gl. 1.10)}$$

Nachdem der Nennstrom des Motors berechnet ist, wird die erforderliche Sicherungsgröße bestimmt. Da jeder Elektromotor einen Anlaufstrom hat, der zwischen dem 2...8fachen des Nennstroms liegt, kann nicht die nächst größere Sicherungsnennstromstärke genommen werden. Ferner ist noch zu beachten, dass nach TAB bei einem Anlaufstrom >60 A der Motor über ein besonderes Anlassverfahren, z.B. Stern-Dreieck-Anlauf, eingeschaltet werden muss. Ist der Anlaufstrom nicht bekannt, so ist das 8fache des Nennstroms anzunehmen. Um die Mindestsicherungsnennstromstärke zu bestimmen, wird die Tabelle (Tabelle 1.18) eines Herstellers von Motorschutzrelais zu Hilfe genommen. Aus ihr kann man die Sicherungsgröße sowohl bei Direktanlauf als auch bei Stern-Dreieck-Anlauf entnehmen.

Der Nennstrom der Maschine 1, Säge, beträgt 5 A, Stern-Dreieck-Anlauf ist nicht notwendig, denn 8 · 5 A = 40 A ♦ <60 A. Der Nennstrom der Sicherung bei Direktanlauf aus Tabelle 1.18 beträgt 10 A. Nach dieser Sicherungsnennstromstärke wird jetzt der Querschnitt der Leitung bestimmt. Nach Tabelle 3.9 aus Abschnitt 3.6.3 beträgt er bei 3 belasteten Adern und Verlegeart B2 1,5 mm² Cu. Neben der Verlegeart ist auch die Leitungshäufung oder eine andere Umgebungstemperatur zu berücksichtigen. Die Leitung zum Anschlusskasten von Maschine 1 wird zum größten Teil an der Decke verlegt, da der Anschlusskasten an der Decke über der Maschine angebracht wird. Parallel zu dieser Leitung wird für Maschine 2 eine weitere Leitung mit Zwischenraum dazu verlegt. Die Belastbarkeit der Leitung zu Maschine 1 reduziert sich um den Faktor 0,95 bei einer einzeln an der Decke verlegten Leitung (s. Abschnitt 3.6.4), bei mehreren parallel an der Decke verlegten Leitungen nach DIN VDE 0298 Teil 4 um den Faktor 0,85. Die Strombelastbarkeit dieser Leitung mit dem Querschnitt 1,5 mm² beträgt bei 25 °C Umgebungstemperatur und Verlegeart B2 16 A, nach der Reduzierung nur noch 13,6 A (16 · 0,85). Bei einem Verbraucher mit einem Betriebsstrom von 16 A, müsste jetzt der Querschnitt erhöht werden. Da in diesem Beispiel Maschine 1, Säge, ein Betriebsstrom von 5 A fließt und ein Motorschutzrelais in der Maschine eingebaut ist, das die Funktion des Überlastschutzes übernimmt, kann man hier auf eine Querschnittserhöhung verzichten, denn

Tabelle 1.18 Kleinstmögliche Kurzschlusssicherung der Betriebsklasse gL/gG für Drehstrommotoren (Quelle: Schaltungsbuch Klöckner Möller)

400 V			400 V			400 V		
Motor-nennstrom	Anlauf direkt	Y/Δ	Motor-nennstrom	Anlauf direkt	Y/Δ	Motor-nennstrom	Anlauf direkt	Y/Δ
2,6	6	4	8,5	20	10	29,3	63	32
3,6	6	4	11,3	25	16	36	63	40
5	10	6	15,2	32	16	41	80	50
6,5	16	10	21,7	40	25	55	100	63

5 A < 13,6 A (s. hierzu auch Abschnitt 3.6.2). Die 10-A-Sicherung in der Unterverteilung hat jetzt nur noch die Aufgabe, die Leitung im Kurzschlussfall zu schützen. Wird, wie im vorliegenden Fall für den Querschnitt 1,5 mm^2 die Sicherung nach Tabelle 3.9 aus Abschnitt 3.6.3 ausgewählt, ist die Leitung gegen Überlast und zu hohe Kurzschlussströme geschützt. Ein weiteres Beispiel soll noch mehr Klarheit verschaffen: CEE-Steckdose 16 A, Stromkreis Nr. 17. Bei einem Steckdosenstromkreis muss immer damit gerechnet werden, dass der größtmögliche Strom, für den die Steckvorrichtung zugelassen ist, zum fließen kommt. In diesem Fall sind dies 16 A. Nach Tabelle 3.8 aus Abschnitt 3.6.3 reicht in der Verlegeart B2 der Querschnitt von 1,5 mm^2 aus, da $I_b \leq I_n \leq I_z$ = 16 A ≤ 16 A ≤ 16 A ist. Da diese Leitung mit anderen Leitungen parallel an der Wand verlegt ist, reduziert sich die Belastbarkeit der Leitung um den Faktor 0,9 (s. Tabelle 3.10 in Abschnitt 3.6.5) → 16 A · 0,9 = 14,4 A. Somit kann der volle Betriebsstrom nicht mehr fließen, ohne dass die Leitung evtl. beschädigt wird. Der Leiterquerschnitt muss erhöht werden. I_z von 2,5 mm^2 beträgt 21 A multipliziert mit dem Reduzierungsfaktor, bleibt immer noch eine Belastbarkeit von 18,9 A. In Tabelle 1.19 wird bei den Maschinen nach Beispiel 1, bei den Steckvorrichtungen nach Beispiel 2 verfahren. Alle an der Decke verlegten Leitungen haben den Reduzierungsfaktor 0,85, die an der Wand verlegten 0,9. Die Leitungen im Büro, Eingang, WC und Sozialräume werden unter Putz verlegt, ein Reduzierungsfaktor kommt hier nicht zur Anwendung. Für die Steckdosen im Maschinenraum, in der Werkstatt, im Eingang und WC wurden die Leistungswerte von Gewerbe, fürs Büro, die von Wohnung und Büro aus Tabelle 2.22, Abschnitt 2.2.3.1 zu Grunde gelegt. Für die CEE-Steckdosen sind die Leistungswerte auf gerade Werte gerundet z. B. bei CEE 16 A auf 11 kW (anstelle 11,085 kW = $\sqrt{3}$ · 400 V · 16 A).

Größenbestimmung und Verlustleistungsberechnung der Verteilung

Wie schon im 1. Projekt soll auch hier eine Überprüfung stattfinden, ob die zulässige Verlustleistung in der Verteilung nicht überschritten wird. Dazu muss man aber vorher die Größe dieser Verteilung bestimmen. Bei der Wohnungsinstallation sind nach DIN 18 015 Teil 2, bzw. nach HEA Vorgaben über die Mindestgröße der Verteilungen gemacht, was hier nicht der Fall ist. Hier ist die Größe nach der erforderlichen Zahl der Einbaugeräte, wie Sicherungen oder FI-Schalter, Platz für Reihenklemmen und die hier geforderten 30 % Leerplatz für spätere Erweiterungen zu ermitteln. Tabelle 1.20 enthält eine Auflistung der erforderlichen Einbaugeräte und Reihenklemmen, die vom Strom durchflossen werden. Die 88 Reihenklemmen sind nur die für Außen- und Neutralleiter. Zu diesen kommen noch 28 PE- und 3 normale Reihenklemmen (Anschlussleitung der Taster für die Beleuchtung im Maschinenraum), über die kein Betriebsstrom fließt und somit auch keine Verlustwärme erzeugen. Dies ergibt 99 Stck. 5 mm breit, 10 Stck. 8 mm breit, 5 Stck. 10 mm breit, 5 Stck. 16 mm breit; macht eine Gesamtbreite von 705 mm. Teilt man diese Breite durch die einer Teilungseinheit (TLE) eines Leitungsschutzschalters von 17,5 mm, so erhält man die Anzahl der notwendigen Teilungseinheiten für die Reihenklemmen → 41 TLE. 100 TLE für die Einbaugeräte (aus Tabelle 1.20) + diese 41 TLE ergibt 141 Teilungseinheiten.

Tabelle 1.19 Projekt: Mechanische Werkstatt / UV: Mechanische Werkstatt / Verlegeart B2/C

Projekt: Mechanische Werkstatt/UV: Mechanische Werkstatt/Verlegeart B2/C																
Strom-kreis Nr.	Gerät Stromkreis	$\cos\varphi$	η	DS (3~)	WS (1~)	P_{ab} (kW)	P_{zu} (kW)	Strom I (A)	L1 (A)	L2 (A)	L3 (A)	Siche-rungs-größe (A)	Quer-schnitt A (mm²)	Länge (m)	ΔU max. 2,5 % (V)	ΔU (V)
1	Säge	0,78	0,74	400		2	2,7	5	5	5	5	10	1,5	10,5	10,00	1,69
2	Schleifmaschine	0,8	0,86	400		5,5	6,4	11,55	11,55	11,55	11,55	16	1,5	16,5	10,00	4,35
3	Drehbank	0,82	0,8	400		3,5	4,38	7,71	7,71	7,71	7,71	10	1,5	9,5	10,00	1,61
4	Bohrmaschine	0,81	0,78	400		2,2	2,82	5,03	5,03	5,03	5,03	10	1,5	12,4	10,00	2,07
5	Fräsmaschine	0,82	0,83	400		4	4,82	8,48	8,48	8,48	8,48	10	1,5	15,5	10,00	2,62
6	Drehbank	0,78	0,74	400		2	2,7	5	5	5	5	10	1,5	10,5	10,00	1,69
7	Fräsmaschine	0,8	0,88	400		4,5	5,11	9,22	9,22	9,22	9,22	16	1,5	9,7	10,00	2,56
8	Drehbank	0,82	0,8	400		3	3,75	6,6	6,6	6,6	6,6	20	2,5	6,5	10,00	1,32
9	Durchlauferhitzer	1	1	400		24	24	34,64	34,64	34,64	34,64	35	4	9,5	10,00	2,57
10	Elektroherd	1	1	400		7,5	7,5	10,83	10,83	10,83	10,83	16	1,5	11,5	10,00	3,79
11	CEE-16 A	1	1	400		11	11	15,88	15,88	15,88	15,88	16	2,5	17,7	10,00	3,50
12	CEE-32 A	1	1	400		22	22	31,75	31,75	31,75	31,75	32	6	12,5	10,00	2,06
13	CEE-16 A	1	1	400		11	11	15,88	15,88	15,88	15,88	16	2,5	17,7	10,00	3,50
14	CEE-32 A	1	1	400		22	22	31,75	31,75	31,75	31,75	32	6	12,5	10,00	2,06
15	CEE-16 A	1	1	400		11	11	15,88	15,88	15,88	15,88	16	2,5	16	10,00	3,17
16	Beleuchtung Maschinenr.	1	1	400		2,38	2,38	3,44	3,44	3,44	3,44	16	1,5	8,5	10,00	2,80
17	Beleuchtung Werkstatt	1	1		230	0,79	0,79	3,43	3,43			16	1,5	5	5,75	1,90
18	Beleuchtung Büro	1	1		230	0,52	0,52	2,26		2,26		16	1,5	9	5,75	3,43

Tabelle 1.19 (Fortsetzung)

19	Eingang, WC	1	1		230	1,6	1,6	6,96			6,96	16	1,5	10	5,75	3,81
20	Beleuchtung: Sozialräume	1	1		230	1	1	4,35	4,35			16	1,5	15	5,75	5,71
21	Steckdosen: Büro	1	1		230	2	2	8,7		8,7		16	2,5	17	5,75	3,89
22	Warmwasser-speicher	1	1		230	2	2	8,7			8,7	16	1,5	5	5,75	1,90
23	Steckdosen: Maschinennr.	1	1		230	2,6	2,6	11,3	11,3			16	2,5	22	5,75	5,03
24	Steckdosen: Maschinennr.	1	1		230	2,6	2,6	11,3		11,3		16	2,5	22	5,75	5,03
25	Steckdosen: Sozialräume	1	1		230	2	2	8,7			8 ,7	16	1,5	14	5,75	5,33
26	Steckdosen: Werkstatt	1	1		230	1,4	1,4	6,09	6,09			16	2,5	16,5	5,75	3,77
	Summe:								243,81	240,90	243,00					

Tabelle 1.20 Verlustleistungsberechnung der Verteilung mechanische Werkstatt

Stromkreis Nr.	Typ	Teilungseinheit TLE	Verlustleistung Einbaugerät P_n (W)	I_b	I_n	$P_a = P_n \cdot (I_b/I_n)^2$	Anzahl Reihenklemme (Z)	Verlustleistung Reihenklemme P_n (W)	I_b	I_n	$P_a = P_n \cdot (I_b/I_n)^2 \cdot (Z)$
	Zuleitung						4	8,22	97,5	100	31,26
1	Säge	4,5	15,72	5	63	0,1	4	3,77	5	16	1,47
2	Schleifmaschine	4,5	15,72	11,6	63	0,53	4	3,77	11,6	16	7,86
3	Drehbank	4,5	15,72	7,71	63	0,24	4	3,77	7,71	16	3,5
4	Bohrmaschine	4,5	15,72	5,03	63	0,1	4	3,77	5,03	16	1,49
5	Fräsmaschine	4,5	15,72	8,48	63	0,28	4	3,77	8,48	16	4,24
6	Drehbank	4,5	15,72	5	63	0,1	4	3,77	5	16	1,47
7	Fräsmaschine	4,5	15,72	9,22	63	0,34	4	3,77	9,22	16	5,01
8	Drehbank	4,5	15,72	6,6	63	0,17	4	3,77	6,6	16	2,57
9	Durchlauferhitzer	4,5	15,72	34,6	63	4,75	4	6,53	34,6	63	7,9
10	Elektroherd	3	14,2	10,8	16	6,51	4	3,77	10,8	16	6,91
11	CEE-16 A	3	14,2	15,9	16	13,99	4	3,77	15,9	16	14,85
12	CEE-32 A	3	18,1	31,8	32	17,82	4	4,67	31,8	32	18,39
13	CEE-16 A	3	14,2	15,9	16	13,99	4	3,77	15,9	16	14,85
14	CEE-32 A	3	18,1	31,8	32	17,82	4	4,67	31,8	32	18,39
15	CEE-16 A	3	14,2	15,9	16	13,99	4	3,77	15,9	16	14,85
16	Beleuchtung Masch.nr.	3	14,2	3,44	16	0,66	4	3,77	3,44	16	0,70
17	Beleuchtung: Werkstatt	1	4,73	3,43	16	0,22	2	3,77	3,43	16	0,35
18	Beleuchtung: Büro	1	4,73	2,26	16	0,09	2	3,77	2,66	16	0,21
19	Eingang, WC	1	4,73	6,96	16	0,9	2	3,77	6,96	16	1,43
20	Bel.: Sozialräume	1	4,73	4,35	16	0,35	2	3,77	4,35	16	0,56

Tabelle 1.20 (Fortsetzung)

21	Steckdosen: Büro	[illegible]	4,73	8,7	16	1,4	2	3,77	8,7	16	2,23
22	Warmwasserspeicher	[illegible]	4,73	8,7	16	1,4	2	3,77	8,7	16	2,23
23	Steckdosen: Maschinenraum	[illegible]	4,73	11,3	16	2,36	2	3,77	11,3	16	3,76
24	Steckdosen: Maschinenraum	[illegible]	4,73	11,3	16	2,36	2	3,77	11,3	16	3,76
25	Steckdosen: Sozialräume	[illegible]	4,73	8,7	16	1,4	2	3,77	8,7	16	2,23
26	Steckd. Werkstatt	[illegible]	4,73	6,09	16	0,69	2	3,77	6,09	16	1,09
27	D02 3-pol.	[illegible],5	15,72	63	63	15,72					
28	FI 63/0,03 4-pol.	[illegible]	32	63	63	32					
29	D02 3-pol.	[illegible],5	15,72	48	63	9,13					
30	FI 63/0,03 4-pol.	[illegible]	32	48	63	18,58					
31	D02 3-pol.	[illegible],5	15,72	32	63	4,06					
32	FI 40/0,03 4-pol.	[illegible]	25,19	32	40	16,12					
33	Schütz 3-pol.	[illegible]	8,73	3,58	16	0,44					
	Summe:	10[illegible]				198,61	88				173,56

Dies entspricht 70 % der Verteilergröße + 30 % Reserve → es ist eine Verteilung mit mindestens 202 TLE zu wählen. Die von uns gewählte Verteilung in der Höhe von 950 mm und einer Breite von 800 mm hat Platz für 216 TLE und eine zulässige Verlustleistung bei 15 K (40 °C Grenztemperatur und 25 °C Umgebungstemperatur) von 55 W. Für die Berechnung der Verlustleistung wird (wie in Abschnitt 1.1.2) der Gleichzeitigkeitsfaktor der Anlage von 0,3 herangezogen (s. Tabelle 2.13 in Abschnitt 2.1.2.2). Daraus ergibt sich eine Verlustleistung von P_a = (198,61 W + 173,56 W) · $0{,}3^2$ = 33,50 W. Somit ist auch hier eine Reserve von ca. 39,09% vorhanden.

1.2.2 Anordnung der Zähleranlage (Wandlermessung) nach TAB

Um die Art des Aufbaus der Zähleranlage festzulegen, ist wie schon in Abschnitt 1.1.3 beschrieben, die TAB des jeweiligen VNB heranzuziehen. Auch hier soll, wie schon im Projekt 1-Familien-Haus mit Einliegerwohnung, die Zählervariante 2 im Prinzip zur Anwendung kommen. Ob eine Direktmessung oder eine Wandlermessung auszuführen ist, hängt vom Gesamtstrom der mechanischen Werkstatt ab. Die Gesamtstromberechnung wird genauer betrachtet. Die einzelnen Ströme haben unterschiedliche Leistungsfaktoren $\cos\varphi$ (Verschiebungsfaktor $\cos\varphi_1$, s. Abschnitt 3.8.2). So müssten für die Gesamtstromberechnung zunächst alle Wirkströme und alle Blindströme berechnet werden, um dann die Summen der jeweiligen Ströme geometrisch zu addieren. Tabelle 1.21 zeigt dies am Beispiel der Stromkreise der Schleifmaschine Nr. 2 und einer CEE-Steckdose 16 A Nr. 11 ($I_{\text{wirk}} = P_{\text{zu}}/(\sqrt{3} \cdot U)$; $I_{\text{Blind}} = (I_{\text{wirk}}/\cos\varphi) \cdot \sin\varphi$.

Bei einer Steckvorrichtung muss vom ungünstigsten Fall ausgegangen werden, dass daran ein Gerät mit $\cos\varphi = 1$ betrieben wird. Der Gesamtstrom dieser beiden Stromkreise wird wie folgt berechnet:

$$I = \sqrt{I_{\text{w}}^2 + I_{\text{b}}^2} \qquad \sqrt{(25{,}12\ \text{A})^2 + (6{,}93\ \text{A})^2} = 26{,}06\ \text{A} \qquad \text{(Gl. 1.11)}$$

Eine andere Möglichkeit den Gesamtstrom zu bestimmen, hat man über den mittleren Leistungsfaktor $\cos\varphi_{\text{m}}$ nach Gleichung 3.6 aus Abschnitt 3.5.2:

$$\cos\varphi_{\text{m}} = \frac{P_{\text{Motor}} \cdot \cos\varphi_1 + P_{\text{CEE}} \cdot \cos\varphi_2}{P_{\text{Motor}} + P_{\text{CEE}}} \Rightarrow \frac{6{,}4\ \text{kW} \cdot 0{,}8 + 11\ \text{kW} \cdot 1}{6{,}4\ \text{kW} + 11\ \text{kW}} = 0{,}926 \qquad \text{(Gl. 1.12)}$$

Mit diesem mittleren Leistungsfaktor wird nun der Gesamtstrom bestimmt:

$$I = \frac{P_{\text{Motor}} + P_{\text{CEE}}}{\sqrt{3} \cdot U \cdot \cos\varphi_{\text{m}}} \qquad \frac{6{,}4\ \text{kW} + 11\ \text{kW}}{\sqrt{3} \cdot 400\ \text{V} \cdot 0{,}926} = 27{,}12\ \text{A} \qquad \text{(Gl. 1.13)}$$

Dieser Strom ist zwar um etwas mehr als 1 A größer, aber zur Querschnittsbestimmung der Zuleitung liegt man hier auf der sicheren Seite. Da beide Berechnungen aufwendig sind, kann man als Planer, bei nicht zu großen Unterschieden

Tabelle 1.21 Berechnung der Wirk- und Blindanteile

	$\cos\varphi$	P_{zu} in kW	I_{wirk} (A)	$\sin\varphi$	I_{Blind} (A)
Nr. 2 Schleifmaschine Nr. 11 CEE-Steckdose	0,8 1	6,4 11	9,24 15,88	0,6 0	6,93 0
Summe:	–	–	25,12	–	6,93

der $\cos\varphi$ die Berechnung soweit vereinfachen (nach Meinung der Autoren), dass man durch Addition der einzelnen Ströme den Gesamtstrom bestimmt. Dies ergibt bei den beiden Stromkreisen I_{Motor} von 11,55 A + I_{CEE} von 15,88 A ein I_{Gesamt} von 27,43 A.

Die Summe des Gesamtstroms der Unterverteilung der mechanischen Werkstatt wurde in Tabelle 1.19 auf diese einfache Weise ermittelt. Der Außenleiter L1 wurde somit als stärkster mit 243,81 A ermittelt. Nach der aufwendigen Methode beträgt der Strom im Außenleiter L1 234,96 A, der $\cos\varphi$ 0,96. Dem Anwender bleibt es überlassen, ob er das aufwendige, aber genaue Verfahren oder die hier beschriebene einfache Methode anwendet.

Da nicht immer alle Geräte gleichzeitig in Betrieb sind, wird auch hier zur Berechnung des Stroms in der Zuleitung zur Verteilung ein Gleichzeitigkeitsfaktor angenommen. Nach Tabelle 2.13 aus Abschnitt 2.1.2.2 beträgt er bei mechanischen Werkstätten zwischen 15..30 %. Um auf der sicheren Seite zu liegen, wird der größere Wert von beiden, also 30% angenommen. Nachfolgend wird die Berechnung der Zuleitung zur Verteilung in Anlehnung an Verfahren 2, Tabelle 1.11 von Abschnitt 1.1.3 durchgeführt. Stärkster belasteter Außenleiter L1 mit 243,81 A, Leitungslänge 19 m, Verlegung teilweise in Rohr, Verlegart B2, maximaler Spannungsfall 0,5 %.

$$I_{L1} = (I_{ges} - I_{DHF}) \cdot g + I_{DHF} \rightarrow (243{,}81\ \text{A} - 34{,}64\ \text{A}) \cdot 0{,}3 + 34{,}64\ \text{A} = 97{,}39\ \text{A} \qquad \text{(Gl. 1.14)}$$

Sicherung gewählt. 100 A. Überprüfung der Selektivität: Größte Sicherung in der Verteilung mechanische Werkstatt (s. Bild 1.11) = gG 63 A → 100 A, somit ist Selektivität gegeben. Nach Tabelle 3.9 aus Abschnitt 3.6.3 wird ein Leiterquerschnitt von 35 mm² benötigt. Nochmalige Überprüfung: $I_b = 97{,}39\ \text{A} < I_n = 100\ \text{A} < I_z = 105\ \text{A}$. Nachfolgend findet die Überprüfung des Leiterquerschnitts wegen des Spannungsfalles statt:

$$\Delta U = \frac{\sqrt{3} \cdot l \cdot I \cdot \cos\varphi}{\gamma \cdot A} \Rightarrow \frac{\sqrt{3} \cdot 19\ \text{m} \cdot 100\ \text{A} \cdot 1}{\left(56\ \frac{\text{m}}{\Omega \cdot \text{mm}^2}\right) \cdot 35\ \text{mm}^2} = 1{,}68\ \text{V} \qquad \text{(Gl. 1.15)}$$

Da hier ja auf eine exakte Berechnung des $\cos\varphi$ verzichtet wurde, wird bei der Berechnung des Spannungsfalles dieser mit 1 angenommen, somit liegt man hierbei auch auf der sicheren Seite.

Wie schon in Abschnitt 1.1.3 beschrieben, wird von den meisten VNBs bei einem Betriebsstrom von mehr als 60 A eine Wandlermessung verlangt. Wandler, in diesem Fall Stromwandler, sind Transformatoren die große Ströme herabtransformieren, so dass nur der im Sekundärstromkreis kleinere Strom über den Zähler fließt und die elektrische Energie gemessen werden kann. Diese Stromwandler, meist Durchsteckwandler, gibt es in den Genauigkeitsklassen (Stromfehler in %) 0,1, 0,2, 0,5, 1 und 3, in Übersetzungsverhältnissen von 75/5, 100/5, 150/5, 200/5, 250/5, 300/5 und 400/5. Um die verbrauchte Energie abzulesen, muss die am Zählwerk abgelesene Anzahl der Einheiten mit dem Übersetzungsverhältnis des eingesetzten Wandlers multipliziert werden. Beispiel: eingesetzter Wandler 100/5, Einheiten am Zählwerk 600 $\rightarrow$ 600 kWh · 20 = 12 000 kWh. Über die Ausführung der Wandleranlage sollte in jedem Fall mit dem zuständigen VNB gesprochen werden, da es hier sehr große Abweichungen im Aufbau gibt. In Bild 1.10 wird ein Beispiel gezeigt.

Der Lasttrenner dient als Trennvorrichtung für die Inbetriebsetzung der Kundenanlage. Deshalb können hier Trennmesser anstelle von Sicherungen eingesetzt werden. Somit ist zwischen dem Lasttrenner und den NH-Sicherungen im unteren Bereich keine Selektivität zu berücksichtigen.

Berechnung der Hauptleitung

Da für die Hauptleitung kein Gleichzeitigkeitsfaktor gegeben ist, wird zum schon vorhandenen Betriebsstrom der 3 Wohnungen und des Allgemeinteils noch der Strom der mechanischen Werkstatt in Tabelle 1.22 addiert:

Sicherung gewählt: 200 A; Überprüfung der Selektivität: größte Zähler/Wandlervorsicherung = gG 100 A $\rightarrow$160 A, somit ist mit 200 A Selektivität gegeben. Nach Tabelle 3.9 aus Abschnitt 3.6.3 wird ein Leiterquerschnitt von 95 mm^2 benötigt. Nochmalige Überprüfung: I_b = 193,48 A < I_n = 200 A < I_z = 236 A. Um den max. zulässigen Spannungsfall zu bestimmen, muss zunächst die Scheinleistung berechnet werden. Auch hier wird in Anlehnung an DIN 18 015 Teil 1 zur Berechnung der Scheinleistung in die Formel die Größe der Sicherung im Hausanschlusskasten eingesetzt:

$$S = \sqrt{3} \cdot U \cdot I \Rightarrow \sqrt{3} \cdot 400 \text{ V} \cdot 200 \text{ A} = 138{,}56 \text{ kVA} \qquad \text{(Gl. 1.16)}$$

Bild 1.10
Aufbaubeispiel einer Wandlermessung

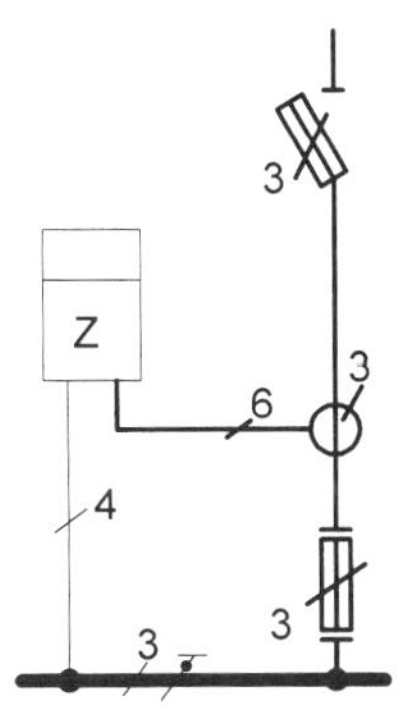

	I in A
3 Wohnungen (64 kVA bei $cos\varphi = 1$)	92,38
Allgemein ($P = 2{,}5$ kW bei $cos\varphi = 1$)	3,61
mechanische Werkstatt (L_1)	97,39
Summe:	193,38

Tabelle 1.22
Strombelastung der Hauptleitung

Der max. Spannungsfall nach TAB (s. Abschnitt 2.1.1.3) beträgt zwischen 100 kVA und 250 kVA 1 % der Nennspannung → max. 4 V. Nun wird der Spannungsfall der Hauptleitung berechnet.

$$\Delta U = \frac{\sqrt{3} \cdot l \cdot I \cdot \cos\varphi}{\gamma \cdot A} \Rightarrow \frac{\sqrt{3} \cdot 5\ \text{m} \cdot 200\ \text{A} \cdot 1}{\left(56 \frac{\text{m}}{\Omega \cdot \text{mm}^2}\right) \cdot 95\ \text{mm}^2} = 0{,}33\ \text{V} \qquad \text{(Gl. 1.17)}$$

Auch hier wird, wie bei der Zuleitungsberechnung zur Verteilung der mechanischen Werkstatt, als Leistungsfaktor der Wert 1 in die Formel eingesetzt.

1.2.3 Zeichnung der Verteilungspläne und der Hauptstromversorgung

Bild 1.11 zeigt einen Übersichtsschaltplan in allpoliger Darstellung der Verteilung «Mechanische Werkstatt» mit Klemmennummerierung, Angabe der Leiterquerschnitte und Sicherungsgrößen. Als Überlastschutz wurden vor den FI-Schaltern Vorsicherungen gesetzt. Bild 1.12 zeigt den Plan des Hauptstromversorgungssystems mit Wandlerzähler der mech. Werkstatt, Zähler der 3 Wohnungen und des Allgemeinteils. Die abgehenden Leitungen zu den Stromkreisverteilern (UVs) von 5 × 10 mm² waren schon vorhanden.

1.2.4 Dimensionierung vom Hauptpotenzialausgleich

Durch die Erweiterung der Zähleranlage muss nun auch der Querschnitt vom Hauptpotenzialausgleich neu berechnet werden. Der Querschnitt wird nach dem von der Hauptverteilung (hier Zählerplätze) stärksten abgehenden Schutzleiterquerschnitt bestimmt (s. Abschnitt 3.4, Bild 3.29). Dies ist die Leitung zur Verteilung der mechanischen Werkstatt mit dem Außenleiterquerschnitt von 35 mm². Da der Schutzleiterquerschnitt beim Außenleiterquerschnitt von 35 mm², nach DIN VDE 0100 Teil 540, 2 Querschnittstufen kleiner gewählt werden kann, ist für den Schutzleiter ein Querschnitt von 16 mm² anzunehmen. Dimensionierung des Querschnitts vom Hauptpotenzialausgleichsleiter: $0{,}5 \cdot 16\ \text{mm}^2 = 8\ \text{mm}^2$ → nächster Normquerschnitt 10 mm².

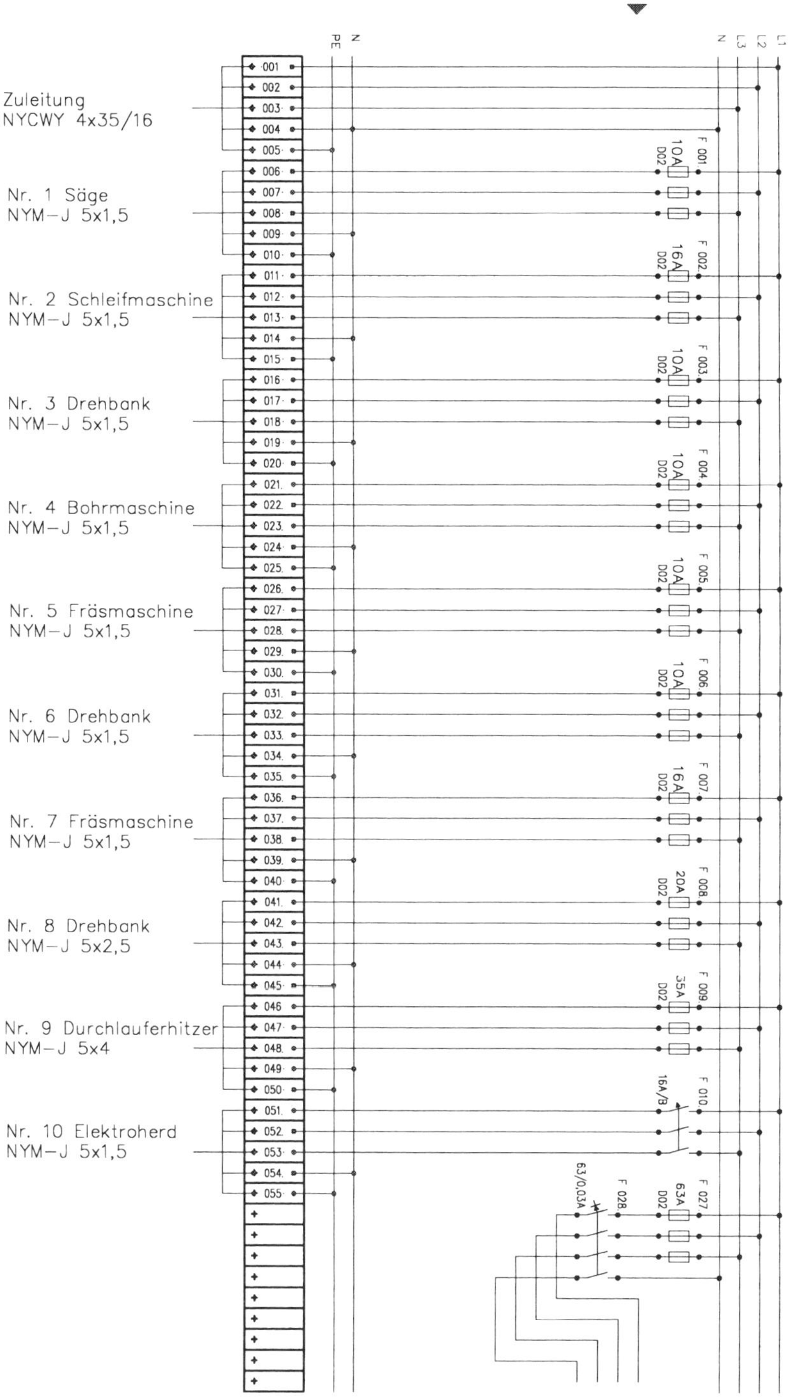

Bild 1.11 a Übersichtsschaltplan in allpoliger Darstellung der Verteilung mechanische Werkstatt Blatt 1

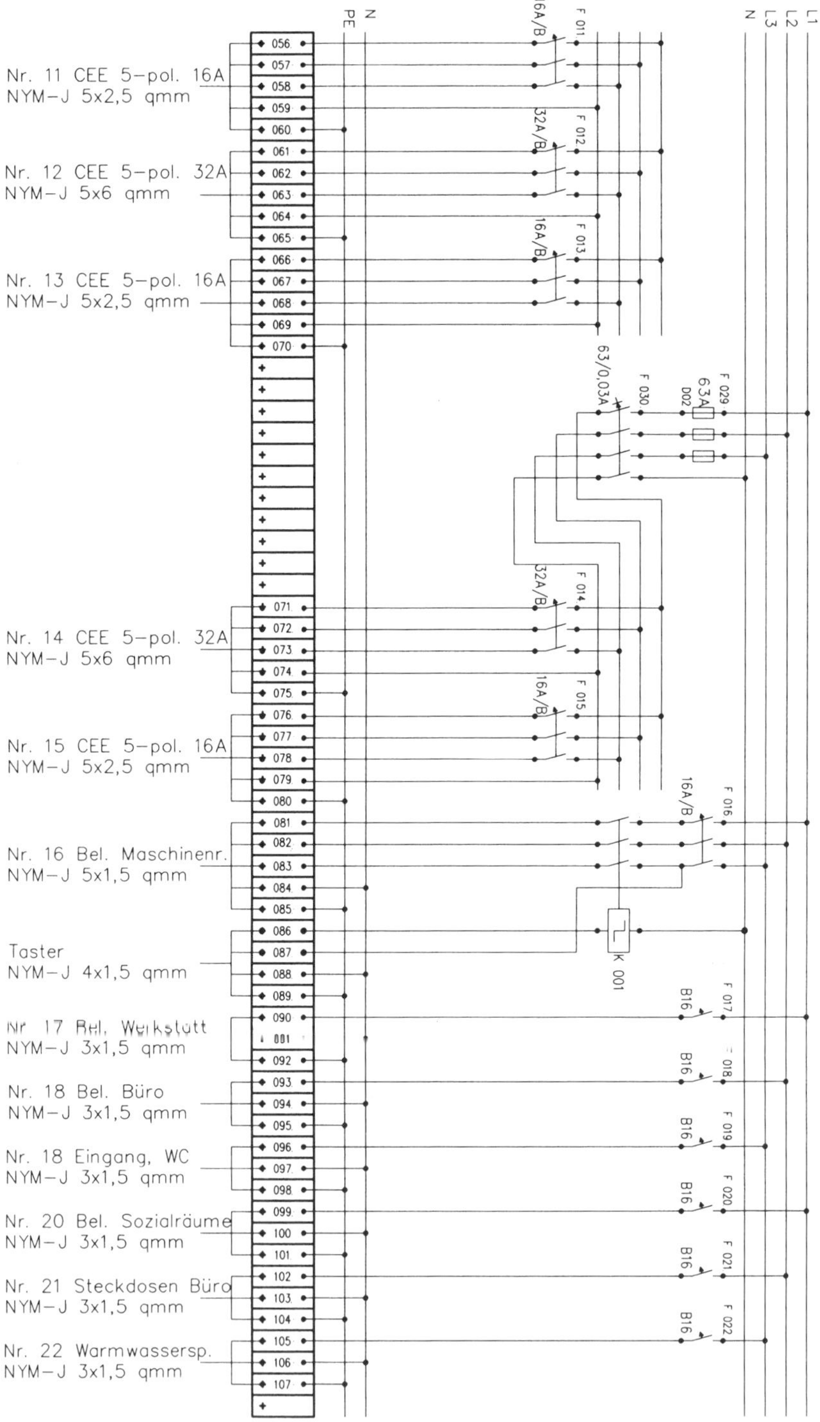

Bild 1.11b Übersichtsschaltplan in allpoliger Darstellung der Verteilung mechanische Werkstatt Blatt 2

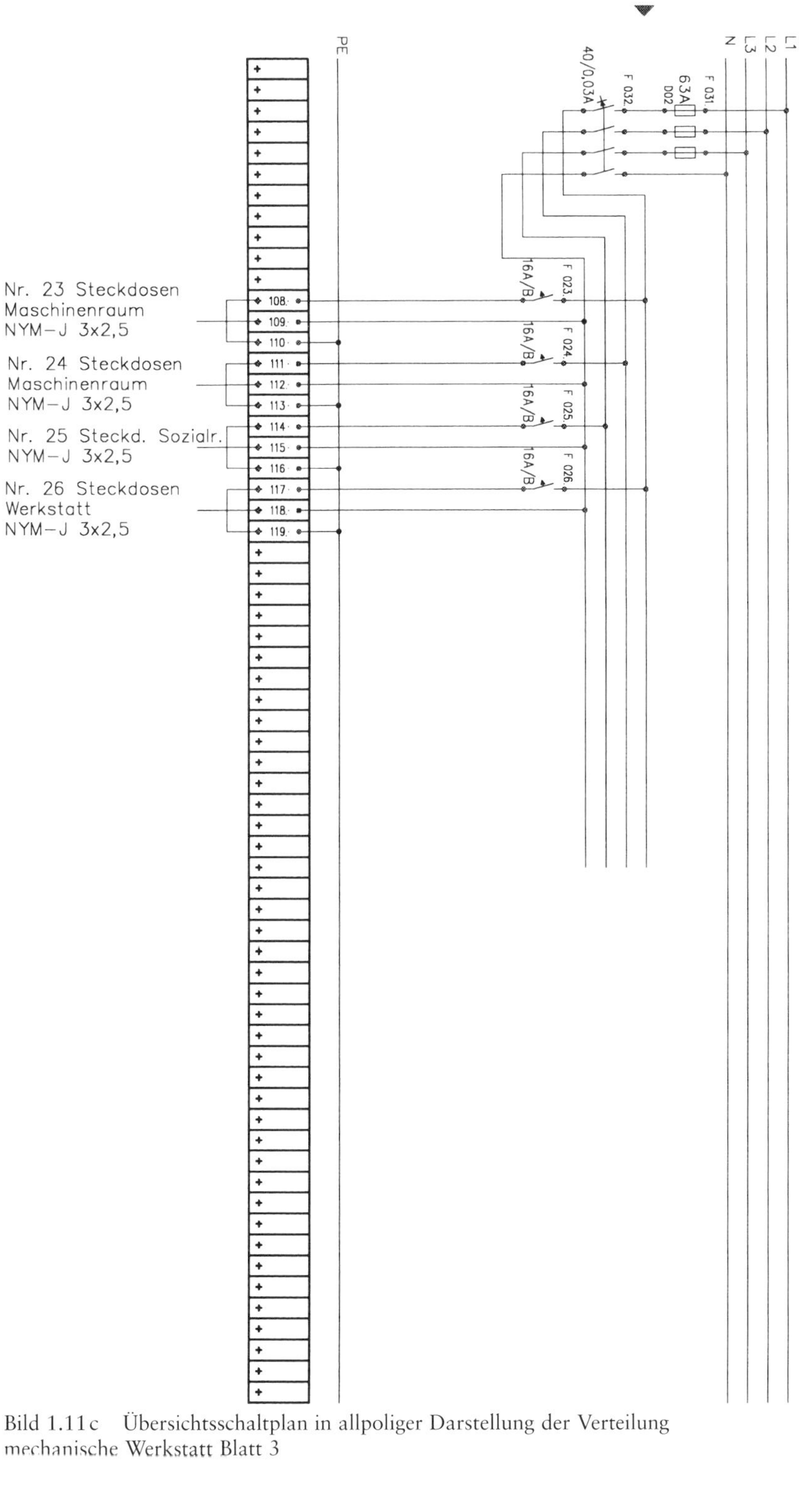

Bild 1.11c Übersichtsschaltplan in allpoliger Darstellung der Verteilung mechanische Werkstatt Blatt 3

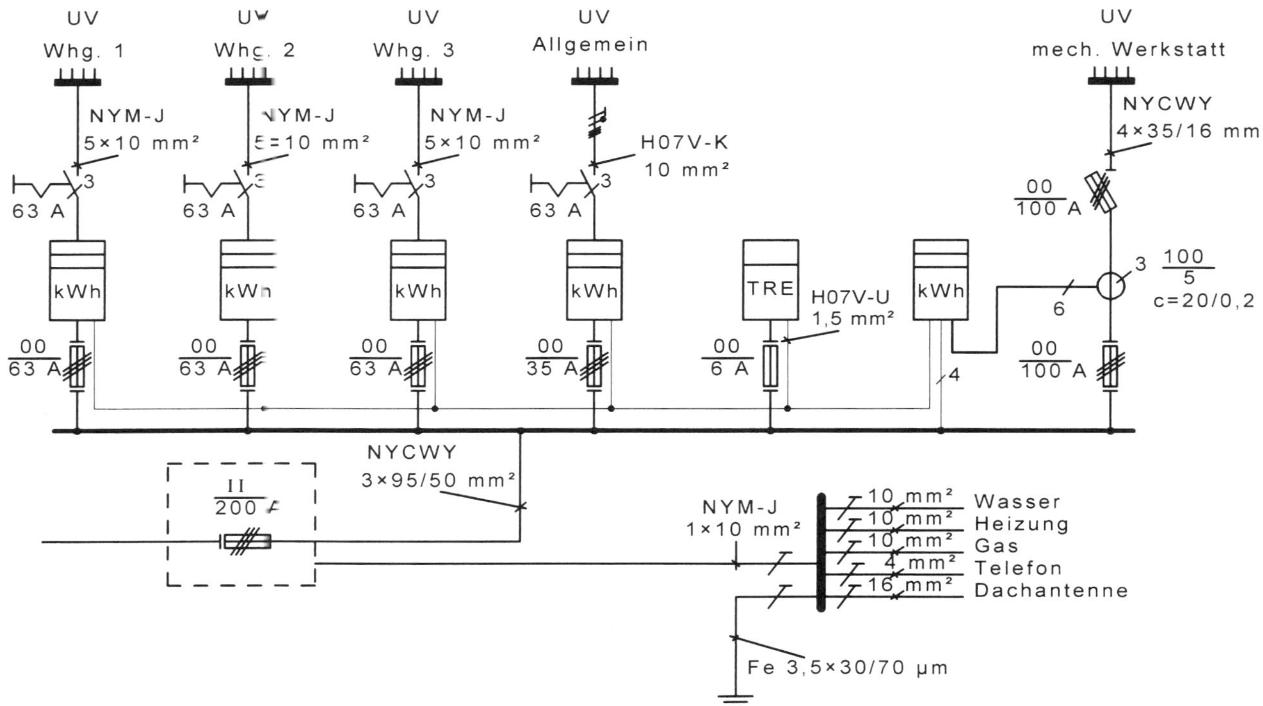

Bild 1.12 Übersichtsschaltplan des Hauptstromversorgungssystems

1.2.5 Massenermittlung

Um für das Projekt «Mechanische Werkstatt» das Angebot zu erstellen, wird mittels Grundriss eine Massenermittlung wie in Abschnitt 1.1.6 durchgeführt. Aus Platzgründen wird dies hier nur für den Maschinenraum ausgeführt. Die Verteilung mit den dazugehörigen Einbaugeräten wird in der Massenermittlung in Tabelle 1.23 nicht mit erwähnt. Wie aus den Vorgaben der Kalkulation zu entnehmen ist, sind alle Betriebsmittel in der Schutzart IP X4 zu installieren. Die den Leitungsdurchmessern entsprechenden Rohrgrößen sind Tabelle 1.24 zu entnehmen.

Für den Anschluss einer Leitung wird in der Verteilung und auch im Betriebsmittel Leitung benötigt. Dadurch entstehen Längendifferenzen von Leitung und dem dazugehörigen Montagehilfsrohr. Beispiel: Stromkreis Nr. 1, Säge → Leitungslänge = 10,5 m, Rohrlänge = 9 m.

1.2.6 Kalkulation

Für die Installationsarbeiten den Maschinenraum des Projektes «Mechanische Werkstatt» ist ein Angebot zu erstellen (Tabelle 1.25). Die einzelnen Zeitwerte für die Installation wird der Kalkulationshilfe für das Elektrohandwerk, die Materialpreise aus einem Katalog eines Elektrofachhändlers entnommen. Als mittlerer Stunden-satz inkl. Lohngemeinkostenzuschlag und Gewinn kommen 36,00 € zu Ansatz (→ 0,60 €/ min); in den aufgeführten Materialpreisen ist schon ein Materialgemeinkostenzuschlag von 25 % enthalten. Der Kupferzuschlag beträgt 225,00 €/100 kg.

Vorgaben zur Kalkulation
Alle Betriebsmittel sollen in der Schutzart IP X4 angeboten werden. Die Verteilung hat eine Höhe von 950 mm, eine Breite von 800 mm und Platz für 216 TLE. Die Schutzorgane sollen komplett mit Sicherungen und Verdrahtungsmaterial angeboten werden (s. Bild 1.11).

Tabelle 1.23 a Massenermittlung der Installation des Maschinenraumes vom Projekt mechanische Werkstatt

Stromkreis Nr.	1	2	3	4	5	11	12	13	14	16 18	23	24
Gerät/Bezeichnung	Säge	Schleifmaschine	Drehbank	Bohrmaschine	Fräsmaschine	CEE-16 A	CEE-32 A	CEE-16 A	CEE-32 A	Beleuchtung Maschinenr.	Steckdosen Maschinenr.	Steckdosen Maschinenr.
NYM-J 3 · 2,5 mm²											28,5	28,5
NYM-J 4 · 1,5 mm²										33		
NYM-J 5 · 2,5 mm²	10,5	16,5	9,5	12,4	15,5					14,5		
NYM-J 5 · 2,5 mm²						19,9		19,9				
NYM-J 5 · 6 mm²							12,5		12,5			
Montagehilfsrohr EN 20	9	15		10,9	14					43,1	27	27
Montagehilfsrohr EN 25			8			18,4		18,4				
Montagehilfsrohr EN 32							11		11			
FRAP – Abzweigkasten 2,5 mm²	1	1		1	1	1		1			3	3
FRAP – Schukosteckdosen 1-fach			1							2	1	1
FRAP – Schukosteckdosen 2-fach											3	3
FRAP – CEE-Steckdosen 5-pol. 16 A						2		2				
FRAP – CEE-Steckdosen 5-pol. 32 A							1		1			
FRAP – Taster mit Beleuchtung										3		
Tragsch. 3-längig (für 3 Geräteträger)										6		
Tragschienenverbinder										3		
Schienenendkappen (paar)										3		
Deckenbefestigungen (3 Stck./Schiene)										18		
Geräteträger 2 × 58 W mit VVG										18		
LS-Lampen 58 W/25										36		
Kondensatoren 5,3 µF										18		

Tabelle 1.23b Massenermittlung der Installation des Maschinenraumes vom Projekt mechanische Werkstatt

Stromkreis Nr.	1	2	3	4	5	11	12	13	14	16	23	24	
Gerät/Bezeichnung	Säge	Schleifmaschine	Drehbank	Bohrmaschine	Fräsmaschine	CEE-16 A	CEE-32 A	CEE-16 A	CEE-32 A	Beleuchtung Maschinennr.	Steckdosen Maschinennr.	Steckdosen Maschinennr.	Summe:
Leitungseinführ. NYM-J 3 · 2,5 mm²											1	1	2
Leitungseinführ. NYM-J 4 · 1,5 mm²										1			1
Leitungseinführ. NYM-J 5 · 1,5 mm²	1	1	1	1	1					1			1
Leitungseinführ. NYM-J 5 · 2,5 mm²						1		1					2
Leitungseinführ. NYM-J 5 · 6 mm²							1		1				2

Tabelle 1.24 Rohrgrößen für Mantelleitungen

Leitungstype	Rohrgröße EN 20	Rohrgröße EN 25	Rohrgröße EN 32
NYM-J 3 × 1,5	×		
NYM-J 3 × 2,5	×		
NYM-J 4 ×1,5	×		
NYM-J 5 × 1,5	×		
NYM-J 5 × 2,5		×	
NYM-J 5 × 4			×
NYM-J 5 × 6			×

Tabelle 1.25 Kalkulation Projekt mechanische Werkstatt

Pos.	Stck. / m		Einzel-Preis in €	Gesamt-Preis in €
1.	**Kabel und Leitungen**			
		PVC-Mantelleitung nach DIN VDE 0250 liefern und auf vorhandene Pritschen bzw. in vorhandene Leitungsführungskanäle oder Leerrohre einziehen.		
1.1	57,2	NYM-J 3 × 2,5 mm^2		
		Lohn: 1,5 min · 0,60 €/min = 0,90 €		
		Material: 1 m NYM-J 3 × 2,5 mm^2 = 0,78 €		
		CU-Zuschlag = 0,06 €	1,74	99,53
1.2	33	NYM-J 4 × 1,5 mm^2		
		Lohn: 1,5 min · 0,60 €/min = 0,90 €		
		Material: 1 m NYM-J 4 × 1,5 mm^2 = 1,06 €		
		CU-Zuschlag = 0,05 €	2,01	66,33
1.3	78,9	NYM-J 5 × 1,5 mm^2		
		Lohn: 2,0 min · 0,60 €/min = 1,20 €		
		Material: 1 m NYM-J 5 × 1,5 mm^2 = 0,70 €		
		CU-Zuschlag = 0,06 €	1,96	154,64
1.4	39,8	NYM-J 5 × 2,5 mm^2		
		Lohn: 3,0 min · 0,60 €/min = 1,80 €		
		Material: 1 m NYM-J 5 × 2,5 mm^2 = 1,21 €		
		CU-Zuschlag = 0,09 €	3,10	123,38
1.5	25	NYM-J 5 × 6 mm^2		
		Lohn: 4,2 min · 0,60 €/min = 2,52 €		
		Material: 1 m NYM-J 5 × 6 mm^2 = 4,23 €		
		CU-Zuschlag = 0,22 €	6,97	174,25
		Summe Titel 1:		618,13
2.	**Verlegesysteme**			
		Kunststoff-Montagehilfsrohr, (Ausführung BCF) als Träger- oder Schutzrohr in offener Verlegeart mit Klemmschellen liefern und verlegen		
2.1	154	Montagehilfsrohr Iso-fix EN 20		
		Lohn: 4,9 min · 0,60 €/min = 2,94 €		
		Material: 1 m Iso-fix Rohr 13,5 = 0,34 €		
		3 Klemmschellen 13,5 à 0,15 € = 0,45 €		
		3 Schrauben 4 × 35 mm à 0,04 € = 0,12 €		
		3 Dübel 6 mm à 0,05 € = 0,15 €	4,00	616,00

Tabelle 1.25 (Fortsetzung)

Pos.	Stck. / m		Einzel-Preis in €	Gesamt-Preis in €
2.2	36,8	Montagehilfsrohr Iso-fix EN 25		
		Lohn: 4,9 min · 0,60 €/min = 2,94 €		
		Material: 1 m Iso-fix Rohr 16 = 0,41 €		
		3 Klemmschellen 16 à 0,15 € = 0,45 €		
		3 Schrauben 4 × 35 mm à 0,04 € = 0,12 €		
		3 Dübel 6 mm à 0,05 € = 0,15 €	4,07	149,78
2.3	22	Montagehilfsrohr Iso-fix EN 32		
		Lohn: 6,6 min · 0,60 €/min = 3,96 €		
		Material: 1 m Iso-fix Rohr 23 = 0,73 €		
		3 Klemmschellen 3 à 0,53 € = 1,59 €		
		3 Schrauben 4 × 35 mm à 0,04 € = 0,12 €		
		3 Dübel 6 mm à 0,05 € = 0,15 €	6,55	144,10
		Summe Titel 2:		909,88
3.	**Installationszubehör**			
		FRAP-Kunststoffabzweigkasten mit den notwendigen Einführungen und dazugehörendem Klemmenmaterial aus Duroplast liefern und montieren		
3.1	15	Kabelabzweigkästen mit Einsteckstutzen in IP54		
		Lohn: 14,5 min · 0,60 €/min = 8,70 €		
		Material: 1 Abzweigkasten = 6,39 €		
		2 Schrauben 4 × 35 mm à 0,04 € = 0,08 €		
		2 Dübel 6 mm à 0,05 € = 0,10 €	15,27	229,05
		Summe Titel 3:		229,05
4.	**Schalt- und Steckgeräte**			
		FRAP-Schalt- und Steckgeräte grau in wassergeschützter Ausführung liefern und montieren als:		
4.1	2	FRAP-Schukosteckdose einfach		
		Lohn: 12,8 min · 0,60 €/min = 7,68 €		
		Material: 1 Schukosteckdose = 9,33 €		
		2 Schrauben 4 × 35 mm à 0,04 € = 0,08 €		
		2 Dübel 6 mm à 0,05 € = 0,10 €	17,19	34,38
4.2	6	FRAP-Schukosteckdose 2-fach		
		Lohn: 16,4 min · 0,60 €/min = 9,84 €		
		Material: 1 Schukosteckdose = 25,34 €		
		4 Schrauben 4 × 35 mm à 0,04 € = 0,16 €		
		4 Dübel 6 mm à 0,05 € = 0,20 €	35,55	213,30
4.3	4	FRAP-CEE-Steckdose 5-pol. 16 A		
		Lohn: 18,8 min · 0,60 €/min = 11,28 €		
		Material: 1 CEE-Steckdose 5-pol. 16 A= 43,40 €		
		2 Schrauben 5 × 40 mm à 0,06 € = 0,12 €		
		2 Dübel 8 mm à 0,07 € = 0,14 €	54,94	219,76

Tabelle 1.25 (Fortsetzung)

Pos.	Stck. / m		Einzel-Preis in €	Gesamt-Preis in €
4.4	2	FRAP-CEE-Steckdose 5-pol. 32 A		
		Lohn: 27,7 min · 0,60 €/min = 16,62 €		
		Material: 1 CEE-Steckdose 5-pol. 32 A= 55,73 €		
		2 Schrauben 5 × 40 mm à 0,06 € = 0,12 €		
		2 Dübel 8 mm à 0,07 € = 0,14 €	72,61	145,22
4.5	3	FRAP-Taster beleuchtet mit Symbol		
		Lohn: 12,8 min · 0,60 €/min = 7,68 €		
		Material: 1 Taster = 17,85 €		
		1 Symbol = 0,91 €		
		2 Schrauben 4 × 35 mm à 0,04 € = 0,08 €		
		2 Dübel 6 mm à 0,05 € = 0,10 €	26,62	79,86
		Summe Titel 4:		692,52
5.	**Leuchten und Zubehör**			
		Tragschienen für LS-Leuchten mit Durchgangsverdrahtung und entsprechendem Zubehör komplett liefern und montieren, Schutzart IP54		
5.1	6	Tragschienen 3-längig mit Geräteträger VVG 2 × 58 W		
		Lohn: 31,8 min · 0,60 €/min = 19,08 €		
		Material: 1 Schiene 3-längig = 95,94 €		
		3 Gerätetr. VVG 2 × 58 W à 97,93 = 293,79 €	408,81	2452,86
5.2	3	Tragschienenverbinder		
		Lohn: 10,3 min · 0,60 €/min = 6,18 €		
		Material: 1 Tragschienenverbinder = 5,60 €	11,78	35,34
5.3	3	Paar Tragschienenstirnwandabdeckungen		
		Lohn: 2,4 min ·0,60 €/min = 1,44 €		
		Material: 1 Endkappe à 1,75 € = 3,50 €	4,94	14,82
5.4	18	Deckenbefestigungen zur direkten Deckenmontage		
		Lohn: 2,6 min · 0,60 €/min = 1,56 €		
		Material: 1 Aufhänger für Deckenbefestigung = 2,10 €		
		2 Schrauben 4 × 35 mm à 0,04 € = 0,08 €		
		2 Dübel 6 mm à 0,05 € = 0,10 €	3,84	69,12
5.5	36	LS-Lampen einsetzen		
		Lohn: 1,2 min · 0,60 €/min = 0,72 €		
		Material: 1 Leuchtstofflampe L 58 W/25 = 3,64 €	4,36	156,96
5.6	18	Kondensatoren einsetzen (Duoschaltung)		
		Lohn: 3 min · 0,60 €/min = 1,80 €		
		Material: 1 Steck-Kondensator 5,3 µF = 5,50 €	7,30	131,40
		Summe Titel 5:		2860,50

Tabelle 1.25 (Fortsetzung)

Pos.	Stck. / m		Einzel-Preis in €	Gesamt-Preis in €
6.	**Verteilungen**			
6.1	1	Installationsverteiler IP54 in der Größe 950 × 800 × 275 für den Einbau von variablen Bausteinen komplett zusammengebaut liefern und montieren Lohn: 151,1 min · 0,60 €/min = 90,66 € Material: 1 Verteilerschrank = 638,00 € 4 Schrauben 5 × 40 mm à 0,06 € = 0,24 € 4 Dübel 8 mm à 0,07 € = 0,28 €	729,18	729,18
		Sicherungssockel in Verteiler einbauen, komplett mit Sicherungen einschließlich Anschluss aller Zu- und Abgangsleitungen		
6.2	5	Neozed 3-pol. 10 A Lohn: 48,7 min · 0,60 €/min = 29,22 € Material: 1 Einbausockel D02 3-pol. = 9,75 € 3 Schraubkappen D02 à 0,74 € = 2,22 € 3 Sicherungen 10 A à 0,64 € = 1,92 € 3 Passhülsen 10 A à 0,49 € = 1,47 € 3 Haltefedern à 0,54 € = 1,62 € anteilig Phasenschiene 1,71 €	47,91	239,55
6.3	2	Neozed 3-pol. 16 A Lohn: 48,7 min · 0,60 €/min = 29,22 € Material: 1 Einbausockel D02 3-pol. = 9,75 € 3 Schraubkappen D02 à 0,74 € = 2,22 € 3 Sicherungen 16 A à 0,51 € = 1,53 € 3 Passhülsen 16 A à 0,49 € = 1,47 € 3 Haltefedern à 0,54 € = 1,62 € anteilig Phasenschiene 1,71 €	47,52	95,04
6.4	1	Neozed 3-pol. 20 A Lohn: 48,7 min · 0,60 €/min = 29,22 € Material: 1 Einbausockel D02 3-pol. = 9,75 € 3 Schraubkappen D02 à 0,74 € = 2,22 € 3 Sicherungen 20 A à 0,79 € = 2,37 € 3 Passhülsen 20 A à 0,49 € = 1,47 € anteilig Phasenschiene 1,71 €	46,74	46,74
6.5	1	Neozed 3-pol. 35 A Lohn: 48,7 min · 0,60 €/min = 29,22 € Material: 1 Einbausockel D02 3-pol. = 9,75 € 3 Schraubkappen D02 à 0,74 € = 2,22 € 3 Sicherungen 35 A à 0,79 € = 2,37 € 3 Passhülsen 35 A à 0,49 € = 1,47 € anteilig Phasenschiene 1,71 €	46,74	46,74
6.6	3	Neozed 3-pol. 63 A Lohn: 48,7 min · 0,60 €/min = 29,22 € Material: 1 Einbausockel D02 3-pol. = 9,75 € 3 Schraubkappen D02 à 0,74 € = 2,22 € 3 Sicherungen 63 A à 0,79 € = 2,37 € anteilig Phasenschiene 1,71 €	45,27	135,81
		Einbau LS-Schalter 3-pol. in Verteiler einbauen, komplett mit Anschluss aller Zu- und Abgangsleitungen		

Tabelle 1.25 (Fortsetzung)

Pos.	Stck. / m		Einzel-Preis in €	Gesamt-Preis in €
6.7	2	LS-Schalter 3-pol. B 16 A		
		Lohn: 7,5 min · 0,60 €/min = 4,50 €		
		Material: 1 Leitungsschutzsch. 3-pol. B 16 A = 55,00 €		
		anteilig Phasenschiene 1,67 €	61,17	122,34
6.8	10	LS-Schalter 1-pol. B 16 A		
		Lohn: 5 min · 0,60 €/min = 3,00 €		
		Material: 1 Leitungsschutzsch. B 16 A = 5,81 €		
		anteilig Phasenschiene 0,56 €	9,37	93,70
6.9	1	FI-Schalter 4-pol. 40/0,03 A		
		Lohn: 42 min · 0,60 €/min = 25,20 €		
		Material: 1 FI-Schalter 40/0,03 A = 72,38 €	97,58	97,58
6.10	2	FI-Schalter 4-pol. 63/0,03 A		
		Lohn: 58,8 min · 0,60 €/min = 35,28 €		
		Material: 1 FI-Schalter 63/0,03 A = 210,00 €	245,28	490,56
6.11	1	Fernschalter 16 A, 3 Schließer zur Impulssteuerung, 230 V		
		Lohn: 35,6 min · 0,60 €/min = 21,36 €		
		Material: 1 Fernschalter 16 A = 66,73 €	88,09	88,09
		Einbau von Reihenklemmen inkl. Anschluss der Innenverdrahtung		
6.12	99	Reihenklemme 2,5 mm^2		
		Lohn: 5,8 min · 0,60 €/min = 3,48 €		
		Material: 1 Reihenklemme 2,5 mm^2 = 0,90 €		
		1 m H07V-U 2,5 mm^2 = 0,15 €	4,53	448,47
6.13	10	Reihenklemme 6 mm^2		
		Lohn: 7,8 min · 0,60 €/min = 4,68 €		
		Material: 1 Reihenklemme 6 mm^2 = 1,37 €		
		1 m H07V-U 6 mm^2 = 0,33 €	6,38	63,80
6.14	5	Reihenklemme 10 mm^2		
		Lohn: 9,8 min · 0,60 €/min = 5,88 €		
		Material: 1 Reihenklemme 10 mm^2 = 1,65 €		
		1 m H07V-U 6 mm^2 = 0,58 €	8,11	40,55
6.15	5	Reihenklemme 35 mm^2		
		Lohn: 16,9 min · 0,60 €/min = 10,14 €		
		Material: 1 Reihenklemme 35 mm^2 = 4,49 €		
		1 m H07V-U 6 mm^2 = 2,45 €	17,08	85,40
		Summe Titel 6:		2823,55
7.	**Klemmarbeiten (nur für den Maschinenraum)**			
	Mantelleitung oder Kabel absetzen, einführen nach Klemmenplan anschließen ohne Kabelschuh oder Adermarkierer			
7.1	2	NYM-J 3 × 2,5 mm^2		
		Lohn: 12,4 min · 0,60 €/min = 7,44 €	7,44	14,88
7.2	1	NYM-J 4 × 1,5 mm^2		
		Lohn: 15,5 min · 0,60 €/min = 9,30 €	9,30	9,30

Tabelle 1.25 (Fortsetzung)

Pos.	Stck. / m		Einzel-Preis in €	Gesamt-Preis in €
7.3	6	NYM-J 5 × 1,5 mm^2		
		Lohn: 18,6 min · 0,60 €/min = 11,16 €	11,16	66,96
7.4	2	NYM-J 5 × 2,5 mm^2		
		Lohn: 27,6 min · 0,60 €/min = 16,56 €	16,56	33,12
7.5	2	NYM-J 5 × 6 mm^2		
		Lohn: 33 min · 0,60 €/min = 19,80 €	19,80	39,60
		Summe Titel 7:		163,86
8.	**Abnahme**			
	Überprüfung der Wirksamkeit der angewendeten Schutzmaßnahmen nach DIN VDE 0100 Teil 610 je Verteilung, Erstellung des Übergabe- und Prüfprotokolls			
8.1	1	Besichtigung und Erprobung der gesamten Anlage		
		Lohn: 60 min · 0,60 €/min = 36,00 €	36,00	36,00
8.2	1	Messung des Isolationswiderstandes aller Zu- und Abgangsleitungen		
		Lohn: 80 min · 0,60 €/min = 48,00 €	48,00	48,00
8.3	1	Messung der Schleifenimpedanz oder des Kurzschlussstroms		
		Lohn: 40 min · 0,60 €/min = 24,00 €	24,00	24,00
8.4	3	Messung der Fehlerspannung beim Auslösen durch einen künstlichen Fehler (je Fehlerstromschutzschalter, RCD)		
		Lohn: 10 min · 0,60 €/min = 6,00 €	6,00	18,00
		Summe Titel 8:		126,00
		Summe Titel 1:		618,13
		Summe Titel 2:		909,88
		Summe Titel 3:		229,05
		Summe Titel 4:		692,52
		Summe Titel 5:		2860,50
		Summe Titel 6:		2823,55
		Summe Titel 7:		163,86
		Summe Titel 8:		126,00
		Gesamt:		8423,49
		Mehrwertsteuer 16 %		1347,76
				9771,25

1.3 Geschäfts- und Wohnhaus

Für ein Geschäfts- und Wohnhaus soll das Hauptstromversorgungssystem dimensioniert werden. Da in beiden vorher beschriebenen Projekten schon ausführlich die Berechnung der Verbraucherstromkreise vorgenommen wurde, wird hier darauf verzichtet. Es werden Besonderheiten der Querschnittsdimensionierung der Leitungen zu den Stromkreisverteilern und der Hauptleitung gezeigt.

Im Erdgeschoss befindet sich eine Selbstbedienungswäscherei, im 1. Stock ein Zahntechniklabor und von der 2. bis zur 6. Etage jeweils 4 Wohnungen.

Technische Vorbemerkungen zur Elektroinstallation

Für die Elektroinstallation gelten die Bestimmungen der DIN VDE 0100 in allen Teilen. Die Arbeiten und Materialien müssen den einschlägigen Normen, Richtlinien und Bestimmungen in der jeweils letztgültigen Fassung entsprechen; insbesondere den Vorschriften nach VDE und DIN, den Unfallverhütungsvorschriften der Berufsgenossenschaft für Feinmechanik und Elektrotechnik und den Vorschriften und zusätzlichen Auflagen des zuständigen örtlichen VNB.

Alle Verteilungen müssen gemäß den Richtlinien des VNB und den VDE-Vorschriften aufgebaut werden. Der innere Aufbau erfolgt mittels Normfeldeinsätzen im Rastersystem. Mindestens 30 % der eingebauten Geräte sind als Leerplatz für spätere Erweiterungen vorzusehen. Der Verteilungsnetzbetreiber stellt am Übergabepunkt das TN-S-System zur Verfügung. Im Hausanschlussraum sind alle Zählerplätze zu montieren. Der Hausanschlusskasten und die Anschlussfahne für die Potenzialausgleichsschiene sind ebenfalls in diesem Raum. Die Länge der Hauptleitung vom HA zum Zähler beträgt 6 m. Die Zuleitungen zu den Unterverteilungen sind in den Wohnungen unter Putz, im Treppenhaus in Leitungsführungsschlitzen unter Putz, im Keller vom Deckendurchbruch auf einer Pritsche bis über die Schränke verlegt (s. Bild 1.13). Die Leitungen zu den Verteilungen fürs Zahntechniklabor und für die SB-Wäscherei sind bis in den Hausanschlussraum unter Putz, dann auf Putz bis zur Pritsche zu verlegen.

Vorgaben SB Wäscherei

18 Waschautomaten à 3,7 kW/400 V, 8-kW-Anschlussleistung für Beleuchtung, Steckdosen usw. Es wird angenommen, dass die Wechselstromverbraucher gleichmäßig auf die Außenleiter verteilt sind. Größtes Überstromschutzorgan in der Verteilung ist ein LS-Schalter B 20 A. Da oft alle Waschautomaten gleichzeitig in Betrieb sind, muss der Gleichzeitigkeitsfaktor hier mit 1 angenommen werden. Die Leitungslänge vom Zähler bis zur Unterverteilung im Erdgeschoss beträgt 11 m.

Vorgaben Zahntechniklabor

Gesamtanschlussleistung Zahntechniklabor 60 kW/400 V, Gleichzeitigkeitsfaktor 0,6. Größtes Überstromschutzorgan in der Verteilung ist ein LS-Schalter B 25 A. Es wird angenommen, dass die Wechselstromverbraucher gleichmäßig auf die Außenleiter verteilt sind. Längster Leitungsweg für einen Steckdosenstromkreis

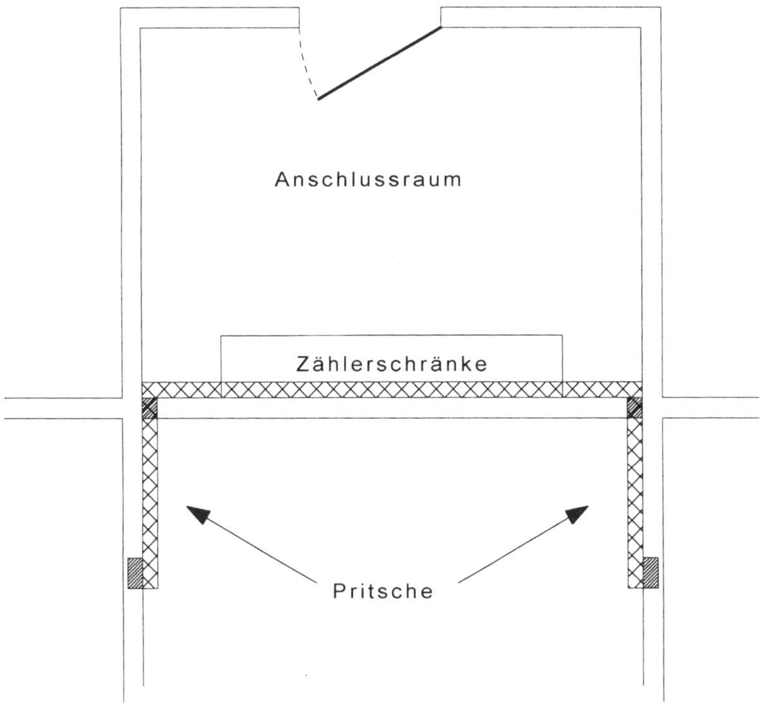

Bild 1.13 Grundriss Wohnungsvorplatz

(230 V) 14 m, abgesichert mit einem LS-Schalter B 16 A. Die Leitungslänge vom Zähler bis zur Unterverteilung in der ersten Etage beträgt 13,5 m.

Vorgaben Wohnungen

Gesamtanschlussleistung je Wohnung 45 kW/400 V, davon 18 kW/400 V für einen Durchlauferhitzer, Gleichzeitigkeitsfaktor 0,4. Es wird angenommen, dass die Wechselstromverbraucher gleichmäßig auf die Außenleiter verteilt sind. Längster Leitungsweg für einen Steckdosenstromkreis (230 V) 13,5 m, abgesichert mit einem LS-Schalter B 16 A. Die Leitungslänge vom Zähler bis zu den Unterverteilungen in der 2. Etage beträgt 16,2 m, die Geschosshöhe einschließlich Decke 2,7 m.

Vorgaben Allgemein

Anschlussleistung der Aufzugsanlage 16 kW/400 V/cos $\varphi = 1$ (kompensiert), durch Anlaufstarter wird der Anlaufstrom auf das 1,5fache des Nennstroms begrenzt. Die Gesamtleistung für Beleuchtung, Heizungsanlage usw. beträgt 5 kW. Es wird angenommen, dass die Wechselstromverbraucher gleichmäßig auf die Außenleiter verteilt sind.

1.3.1 Berechnungen der Zuleitungsquerschnitte mit unterschiedlicher Einteilung des Spannungsfalles

Berechnung der Zuleitung zur SB-Wäscherei

18 Waschautomaten à 3,7 kW = 66,6 kW + 8 kW für Beleuchtung, Steckdosen usw. ergibt eine Gesamtleistung von 74,6 kW. Daraus wird der Gesamtstrom berechnet:

$$I_{ges} = \frac{P_{ges}}{\sqrt{3} \cdot U} \Rightarrow \frac{74\,600\ \text{W}}{\sqrt{3} \cdot 400\ \text{V}} = 107{,}68\ \text{A} \qquad \text{(Gl. 1.18)}$$

Da von einem Gleichzeitigkeitsfaktor 1 ausgegangen wird, muss für diesen Betriebsstrom eine Sicherung von 125 A genommen werden. Überprüfung der Selektivität: Größtes Überstromschutzorgan in der UV-Wäscherei ist der LS-B 20 A → 50 A (s. Abschnitt 3.7.2). Mit 125 A ist Selektivität gegeben. Nun kann mit der Sicherungsgröße von 125 A der Zuleitungsquerschnitt zur Unterverteilung bestimmt werden. Der Querschnitt der Leitung wird nach Tabelle 3.9 aus Abschnitt 3.6.3 für 25 °C Umgebungstemperatur, der Verlegeart C, da diese ungünstiger ist als die Verlegung auf der Pritsche (Verlegeart E), und 3 belasteten Adern bestimmt. Danach muss ein Leiterquerschnitt von 35 mm² verlegt werden. Nochmalige Überprüfung: $I_b = 107{,}68\ \text{A} < I_n = 125\ \text{A} < I_z = 126\ \text{A}$. Überprüfung des Leiterquerschnitts wegen des Spannungsfalles, max. 0,5 % = 2 V, Leitungslänge 11 m:

$$\Delta U = \frac{\sqrt{3} \cdot l \cdot I \cdot \cos\varphi}{\gamma \cdot A} \Rightarrow \frac{\sqrt{3} \cdot 11\ \text{m} \cdot 125\ \text{A} \cdot 1}{\left(56\ \frac{\text{m}}{\Omega \cdot \text{mm}^2}\right) \cdot 35\ \text{mm}^2} = 1{,}22\ \text{V} \qquad \text{(Gl. 1.19)}$$

Somit ist der Leiterquerschnitt von 35 mm² ausreichend.

Berechnungen der Zuleitung zum Zahntechniklabor

Gesamtanschlussleistung Zahntechniklabor = 60 kW/400 V. Der Gesamtstrom wird wie folgt berechnet:

$$I_{ges} = \frac{P_{ges}}{\sqrt{3} \cdot U} \Rightarrow \frac{60\,000\ \text{W}}{\sqrt{3} \cdot 400\ \text{V}} = 86{,}6\ \text{A} \qquad \text{(Gl. 1.20)}$$

$I = I_{ges} \cdot g$ = 86,6 A · 0,6 (Gleichzeitigkeitsfaktor) = 51,96 A → Sicherungsgröße 63 A. Überprüfung der Selektivität: Größtes Überstromschutzorgan in der UV-Zahntechniklabor ist der LS-B 25 A → 63 A (s. Abschnitt 3.7.2). Somit ist mit 63 A Selektivität gegeben. Nun kann mit der Sicherungsgröße von 63 A der Zuleitungsquerschnitt zur Verteilung bestimmt werden. Der Querschnitt der Leitung wird nach der Tabelle 3.9 aus Abschnitt 3.6.3 für 25°C Umgebungstemperatur, der Verlegeart C, da diese ungünstiger ist als die Verlegung auf der Pritsche (Verlegeart E), und 3 belasteten Adern bestimmt. Danach muss ein Leiterquerschnitt von 10 mm² verlegt werden. Nochmalige Überprüfung: $I_b = 51{,}96\ \text{A} < I_n = 63\ \text{A} \leq I_z = 63\ \text{A}$. Überprüfung des Leiterquerschnitts wegen des Spannungsfalles: Nach DIN 18 015 Teil 1, s. auch Abschnitt 2.2.3, darf der Spannungsfall zwischen Messeinrichtung (Zähler) und Verbraucher maximal 3 % der Nennspannung betragen. In den vorherigen Projekten und auch bei der Querschnittsbestimmung der Leitung zur Verteilung SB-Wäscherei wurde eine Einteilung von 0,5 % Spannungsfall für die Zuleitung zum Stromkreisverteiler (UV) und 2,5 % Spannungsfall für die Endstromkreise vorgenommen. Bei einem langen Leitungsweg zur Verteilung kann diese Einteilung aber dazu führen, dass ein größerer Leiterquerschnitt für die Zuleitung zur Verteilung gewählt werden muss. Für die Zuleitung zur Verteilung Zahntechniklabor ergibt dies bei 0,5 % von 400 V = max. 2 V und einer Leitungslänge von 13,5 m, folgenden Spannungsfall:

$$\Delta U = \frac{\sqrt{3} \cdot l \cdot I \cdot \cos\varphi}{\gamma \cdot A} \Rightarrow \frac{\sqrt{3} \cdot 13{,}5\ \text{m} \cdot 63\ \text{A} \cdot 1}{\left(56\ \dfrac{\text{m}}{\Omega \cdot \text{mm}^2}\right) \cdot 10\ \text{mm}^2} = 2{,}63\ \text{V} \qquad \text{(Gl. 1.21)}$$

Da der Spannungsfall zu hoch ist, muss der Leiterquerschnitt erhöht werden. Bei einem Querschnitt von 16 mm² beträgt dieser noch 1,64 V. Hier ist nun zu überlegen, ob man eine andere Einteilung des Spannungsfalles z. B. 1 bzw. 2 % vornimmt, was zur Folge hat, dass einige Endstromkreise in einem größeren Querschnitt verlegt werden müssen. Bei der Einteilung von 1 bzw. 2 % darf die Zuleitung einen maximalen Spannungsfall von 4 V haben und somit ist der Leiterquerschnitt von 10 mm² ausreichend. Für den Endstromkreis, hier der Steckdosenstromkreis (s. Vorgaben Zahntechniklabor) abgesichert mit einem LS-Schalter B 16 A, Leitungslänge 14 m, muss nun der Leiterquerschnitt hinsichtlich des Spannungsfalles, 2 % von 230 V = max. 4,6 V, berechnet werden:

$$\Delta U = \frac{2 \cdot l \cdot I \cdot \cos\varphi}{\gamma \cdot A} \Rightarrow \frac{2 \cdot 14\ \text{m} \cdot 16\ \text{A} \cdot 1}{\left(56\ \dfrac{\text{m}}{\Omega \cdot \text{mm}^2}\right) \cdot 1{,}5\ \text{mm}^2} = 5{,}33\ \text{V} \qquad \text{(Gl. 1.22)}$$

Um unter den 4,6 V Spannungsfall zu bleiben, muss der Leiterquerschnitt auf 2,5 mm² erhöht werden. Es soll aber auch noch eine andere Möglichkeit gezeigt werden. Bei dem Leiterquerschnitt der Zuleitung zur Verteilung Zahntechniklabor von 10 mm² beträgt der Spannungsfall 2,63 V, was 0,66 % der Nennspannung entspricht. Werden vom Maximalwert von 3 % die 0,66 % subtrahiert, so bleiben für den Endstromkreis noch 2,34 % übrig. Als Maximalwert bei Wechselspannung ergibt das 5,38 V. Jetzt wird der Leiterquerschnitt des Steckdosenstromkreises wegen des größeren zulässigen Spannungsfalles neu berechnet:

$$A = \frac{2 \cdot l \cdot I \cdot \cos\varphi}{\gamma \cdot \Delta U} \Rightarrow \frac{2 \cdot 14\ \text{m} \cdot 16\ \text{A} \cdot 1}{\left(56\ \dfrac{\text{m}}{\Omega \cdot \text{mm}^2}\right) \cdot 5{,}38\ \text{V}} = 1{,}49\ \text{mm}^2 \qquad \text{(Gl. 1.23)}$$

Hiernach kann der Leiterquerschnitt 1,5 mm² verlegt werden. Wäre die Länge der Zuleitung zur Unterverteilung aber nur um ca. 0,50 m länger, wird der Spannungsfall wieder größer und der Leiterquerschnitt für den Endstromkreis von 1,5 mm² ist nicht mehr ausreichend, da dann der Gesamtspannungsfall > 3 % beträgt. Bei einem Zuleitungsquerschnitt von 10 mm² zur UV müsste ab einer Länge von ca. 34 m der Querschnitt für einen Endstromkreis 4 mm² betragen, um die zulässige Grenze des Spannungsfalles einzuhalten. Dies ist ebenfalls problematisch, da die meisten Anschlussklemmen an Schalt- und Steckgeräten nicht dafür ausgelegt sind. Ein weiteres Kriterium, den Zuleitungsquerschnitt zur Verteilung mit z.B. 10 mm² und dafür den Querschnitt des Endstromkreises zu erhöhen, ist der Preisunterschied der Leitungen. Er beträgt je Meter zwischen 5 × 10 mm² und 5 × 16 mm² 4,26 €/m, zwischen 3 × 1,5 mm² und 3 × 2,5 mm² 0,61 €/m. Bei der Länge von 13,5 m (Zuleitung Zahntechniklabor) ist der Kostenunterschied zwischen 5 × 10 mm² und 5 × 16 mm² = 57,51 €. Für diesen Betrag kann man anstelle von 3 × 1,5 mm² ca. 94 m mit 3 × 2,5 mm² verlegen. Somit muss der Planer einer Anlage die Querschnitte der Leitungen z.T. auch nach den Kosten auswählen. Für das Zahntechniklabor wird als Zuleitungsquerschnitt 10 mm² und für den Endstromkreis, da noch zulässig, ein Querschnitt von 1,5 mm² verlegt.

Berechnungen der Zuleitungen zu den Stromkreisverteilern in den Wohnungen
Zunächst wird der Strom des Durchlauferhitzers und danach über die Gesamtanschlussleistung einer Wohnung die Sicherungsgröße und der Leiterquerschnitt der Zuleitung nach Tabelle 1.11, Verfahren 2 aus Abschnitt 1.1.3 bestimmt.

$$I_{\mathrm{DHF}} = \frac{P_{\mathrm{DHF}}}{\sqrt{3} \cdot U} \Rightarrow \frac{18\,000\ \mathrm{W}}{\sqrt{3} \cdot 400\ \mathrm{V}} = 25{,}98\ \mathrm{A} \qquad \text{(Gl. 1.24)}$$

Als Sicherung für den Durchlauferhitzer wird ein 3-poliger Leitungsschutzschalter B 32 A gewählt.

$$I_{\mathrm{ges}} = \frac{P_{\mathrm{ges}}}{\sqrt{3} \cdot U} \Rightarrow \frac{45\,000\ \mathrm{W}}{\sqrt{3} \cdot 400\ \mathrm{V}} = 64{,}95\ \mathrm{A} \qquad \text{(Gl. 1.25)}$$

$I = (I_{\mathrm{ges}} - I_{\mathrm{DHF}}) \cdot g + I_{\mathrm{DHF}} = (64{,}95\ \mathrm{A} - 25{,}98\ \mathrm{A}) \cdot 0{,}4 + 25{,}98\ \mathrm{A} = 41{,}57\ \mathrm{A} \rightarrow$ Sicherungsgröße 50 A. Überprüfung der Selektivität: Größtes Überstromschutzorgan in der UV-Wohnung ist der LS-B 32 A → 63 A (s. Abschnitt 3.7.2, laut Herstellerliste besteht Selektivität). Nun kann mit der Sicherungsgröße von 63 A der Zuleitungsquerschnitt zur Unterverteilung bestimmt werden. Dabei ist, unabhängig von der Strombelastung, auch DIN 18 015 Teil 1 zu berücksichtigen, nach der die Stromkreiszuleitung zu einer Wohnung als Drehstromleitung mit einer Mindestbelastbarkeit von 63 A ausgelegt sein muss. Der Querschnitt der Leitung wird nach Tabelle 3.9 aus Abschnitt 3.6.3 für 25 °C Umgebungstemperatur, der Verlegeart C, da diese ungünstiger ist als die Verlegung auf der Pritsche (Verlegeart E), und 3 belasteten Adern bestimmt. Danach muss ein Leiterquerschnitt von 10 mm² verlegt werden. Für die Strombelastbarkeit einer Leitung ist neben der

Umgebungstemperatur und der Verlegeart auch die Leitungshäufung zu berücksichtigen. Wie auf Bild 1.14 zu erkennen ist, sind die Leitungen der Wohnungen I + II für die Etagen 2...6 gemeinsam in 1 Schlitz verlegt. Das Gleiche gilt für die Zuleitungen der Wohnungen III + IV. In jedem Schlitz sind somit streckenweise 10 Leitungen vorhanden. Die größte Leitungshäufung tritt im EG und in der 1. Etage auf. Die Leitungen im Schlitz liegen mit Abstand nebeneinander. Die Größe des Abstandes, der durch das Befestigungsmaterial (Nagelschellen) vorhanden ist, ist etwas größer als der Leitungsdurchmesser. Ab 3 nebeneinander mit Abstand liegenden Leitungen, beträgt der Reduzierungsfaktor der Strombelastbarkeit einer Leitung 0,9 (s. Abschnitt 3.6.5). Das hat zur Folge, dass der Querschnitt der Zuleitung zur Unterverteilung einer Wohnung von 10 mm^2 noch mit 56,7 A (63 A · 0,9) belastbar ist. Deswegen muss der Leiterquerschnitt auf 16 mm^2 erhöht werden. Die Belastbarkeit des Querschnittes bei 16 mm^2 von 81 A reduziert sich auf 72,9 A (81 A · 0,9), ist aber größer als die nach DIN 18 015 Teil 1 geforderten und aus Selektivitätsgründen benötigten 63 A. Nochmalige Überprüfung: $I_b = 41{,}57 \text{ A} < I_n = 63 \text{ A} \leq I_z = 72{,}9 \text{ A}$.

Überprüfung des Leiterquerschnittes wegen Spannungsfall
Die Leitungslänge vom Zähler bis zu den Unterverteilungen in der 2. Etage beträgt 16,2 m, die Geschosshöhe einschließlich Decke 2,7 m (s. Vorgaben). Da aus Gründen der reduzierten Strombelastbarkeit für die Zuleitungen ein Querschnitt von 16 mm^2 verlegt werden muss, hat dies für alle Wohnungszuleitungen zu gelten. Zusätzlich ist zu überprüfen, ob für den Endstromkreis ein größerer Querschnitt als 1,5 mm^2 zu verlegen ist (s. Tabelle 1.26). Danach sind in der 6.

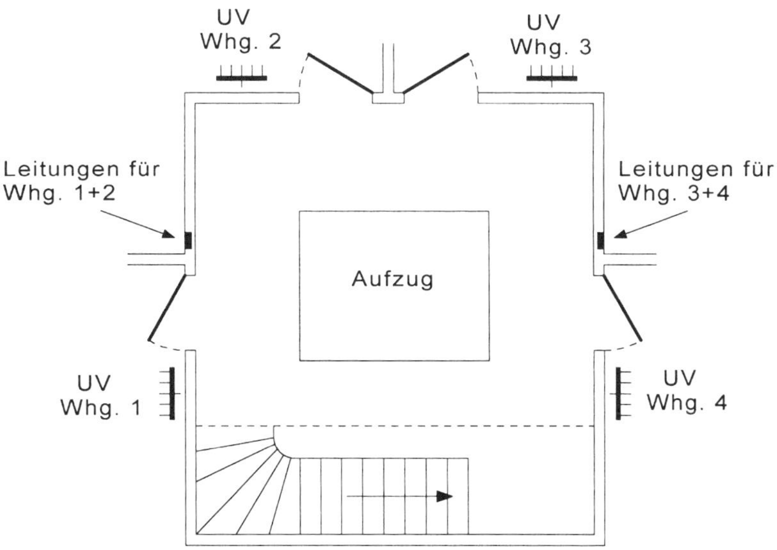

Bild 1.14 Verbindung von den Schlitzen zu den Zählerschränken

Tabelle 1.26 Überprüfung der Querschnitte wegen des Spannungsfalls

		Zuleitungs-Länge (m)	Sicherungsgröße (A)	Querschnitt (mm²)	ΔU (V)	ΔU (%)	Endstromkr. Länge (m)	Rest ΔU (%)	Querschnitt (mm²)	Normquerschnitt (mm²)
1	Wohnung I 2. Etage	16,2	63	16	1,97	0,49	13,5	2,51	1,34	1,5
2	Wohnung II 2. Etage	16,2	63	16	1,97	0,49	13,5	2,51	1,34	1,5
3	Wohnung III 2. Etage	16,2	63	16	1,97	0,49	13,5	2,51	1,34	1,5
4	Wohnung IV 2. Etage	16,2	63	16	1,97	0,49	13,5	2,51	1,34	1,5
5	Wohnung I 3. Etage	18,9	63	16	2,3	0,58	13,5	2,42	1,39	1,5
6	Wohnung II 3. Etage	18,9	63	16	2,3	0,58	13,5	2,42	1,39	1,5
7	Wohnung III 3. Etage	18,9	63	16	2,3	0,58	13,5	2,42	1,39	1,5
8	Wohnung IV 3. Etage	18,9	63	16	2,3	0,58	13,5	2,42	1,39	1,5
9	Wohnung I 4. Etage	21,6	63	16	2,63	0,66	13,5	2,34	1,43	1,5
10	Wohnung II 4. Etage	21,6	63	16	2,63	0,66	13,5	2,34	1,43	1,5
11	Wohnung III 4. Etage	21,6	63	16	2,63	0,66	13,5	2,34	1,43	1,5
12	Wohnung IV 4. Etage	21,6	63	16	2,63	0,66	13,5	2,34	1,43	1,5
13	Wohnung I 5. Etage	24,3	63	16	2,96	0,74	13,5	2,26	1,48	1,5
14	Wohnung II 5. Etage	24,3	63	16	2,96	0,74	13,5	2,26	1,48	1,5
15	Wohnung III 5. Etage	24,3	63	16	2,96	0,74	13,5	2,26	1,48	1,5
16	Wohnung IV 5. Etage	24,3	63	16	2,96	0,74	13,5	2,26	1,48	1,5
17	Wohnung I 6. Etage	27	63	16	3,29	0,82	13,5	2,18	1,54	2,5
18	Wohnung II 6. Etage	27	63	16	3,29	0,82	13,5	2,18	1,54	2,5
19	Wohnung III 6. Etage	27	63	16	3,29	0,82	13,5	2,18	1,54	2,5
20	Wohnung IV 6. Etage	27	63	16	3,29	0,82	13,5	2,18	1,54	2,5

Etage die Endstromkreise ab ca. 13 m Leitungslänge mit dem Querschnitt von 2,5 mm² zu verlegen. (3 % – 0,82 % = 2,18 % → 5,01 V)

$$l = \frac{\Delta U \cdot \gamma \cdot A}{2 \cdot I \cdot \cos\varphi} \Rightarrow \frac{5{,}01\ \text{V} \cdot \left(56\ \frac{\text{m}}{\Omega \cdot \text{mm}^2}\right) \cdot 1{,}5\ \text{mm}^2}{2 \cdot 16\ A \cdot 1} = 13{,}15\ \text{m} \qquad \text{(Gl. 1.26)}$$

Berechnungen der Zuleitungen zur Verteilung allgemein (im Zählerschrank montiert)
Anschlussleistung der Aufzugsanlage 16 kW + 5 kW für Beleuchtung, Heizungsanlage usw. ergibt eine Gesamtleistung von 21 kW. Daraus wird der Gesamtstrom berechnet:

$$I_{ges} = \frac{P_{ges}}{\sqrt{3} \cdot U} \Rightarrow \frac{21\,000\ \text{W}}{\sqrt{3} \cdot 400\ \text{V}} = 30{,}31\ \text{A} \qquad \text{(Gl. 1.27)}$$

Laut Hersteller ist die Absicherung der Aufzugsanlage mit gL/gG 35 A vorzunehmen. Da bei der Allgemeinanlage von einem Gleichzeitigkeitsfaktor 1 ausgegangen wird, müsste für diesen Betriebsstrom eine Sicherung von 35 A genommen werden. Überprüfung der Selektivität: Größtes Überstromschutzorgan in der UV-Allgemein ist die gL/gG-Sicherung 35 A → 63 A (s. Abschnitt 3.7.2). Mit der Sicherungsgröße von 63 A kann der Zuleitungsquerschnitt zur Unterverteilung bestimmt werden. Da die Verteilung im Zählerschrank untergebracht ist, kann keine der Verlegearten hierfür angenommen werden. Da die Verdrahtung bei vorverdrahteten Zählerfeldern mit 10 mm² ausgeführt wird, ist es zweckmäßig, diesen Querschnitt auch für die Verbindung zum Verteilerfeld im Zählerschrank ebenfalls zu benutzen.

1.3.2 Berechnung der Hauptleitung, Installation einer NSHV

Würde über die Hauptleitung nur der Strom der Wohnungen fließen, könnte man, da gleiche Nutzungsbedingungen vorliegen, einen Gleichzeitigkeitsfaktor (Gfk) für die Berechnung der Strombelastbarkeit der Hauptleitung zu Hilfe nehmen. Dies ist in Abschnitt 2.1.2.2 in Tabelle 2.11 für die Bemessung der Hauptleitung (in Anlehnung an DIN 18 015 Teil 1) dargestellt. Bei diesem Projekt sind neben 20 Wohnungen auch noch eine Wäscherei und ein Zahntechniklabor vorhanden. Dadurch ergeben sich unterschiedliche Nutzungsbedingungen, die die Bestimmung eines gemeinsamen Gleichzeitigkeitsfaktors sehr schwierig macht. Deswegen wird hier folgende Festlegung getroffen: Zur Berechnung der Hauptleitung wird für die Wohnungen ein Gfk von 0,15 angenommen, es ist aber trotzdem auf die Mindestbelastbarkeit nach DIN 18 015 zu achten. Für die Wäscherei, das Zahntechniklabor und der Allgemeinteil werden die Betriebströme, mit denen auch die Querschnitte zu ihren Verteilungen berechnet worden sind, zur

Berechnung der Hauptleitung herangezogen. Die Berechnung wird in Tabelle 1.27 vorgenommen.

Nach dem Diagramm Kurve A aus DIN 18 015 Teil 1, wird die Mindestbelastbarkeit von 20 Wohnungen mit 133 kVA (Nennstrom von 192 A bei $\cos\varphi = 1$) angegeben; somit ist die Forderung der Mindestbelastbarkeit für diese 20 Wohnungen erfüllt. Die Sicherung im Hausanschlusskasten muss 400 A betragen. Überprüfung der Selektivität: Größte Zähler-/Wandlervorsicherung 125 A → 200 A, somit ist mit 400 A Selektivität gegeben. Der Leiterquerschnitt der Hauptleitung beträgt nach DIN VDE 0298 Teil 4 Tabelle A1 für 25 °C Umgebungstemperatur und der Verlegeart C 240 mm². Nochmalige Überprüfung: $I_b = 384{,}81$ A $< I_n = 400$ A $< I_z = 427$ A. Um den maximal zulässigen Spannungsfall zu bestimmen, muss zunächst die Scheinleistung berechnet werden. Auch hier wird in Anlehnung an DIN 18 015 Teil 1 zur Berechnung der Scheinleistung in die Formel die Größe der Sicherung im Hausanschlusskasten eingesetzt: $S = \sqrt{3} \cdot U \cdot I \rightarrow \sqrt{3} \cdot 400\ \text{V} \cdot 400\ \text{A} = 277{,}13$ kVA. Der max. Spannungsfall nach TAB (s. Abschnitt 2.1.1.3) beträgt zwischen 250...400 kVA 1,25 % der Nennspannung → max. 5 V. Nachfolgend wird der Spannungsfall der Hauptleitung berechnet. Leitungslänge (s. technische Vorbemerkungen Elektroinstallation) 6 m.

$$\Delta U = \frac{\sqrt{3} \cdot l \cdot I \cdot \cos\varphi}{\gamma \cdot A} \Rightarrow \frac{\sqrt{3} \cdot 6\ \text{m} \cdot 400\ \text{A} \cdot 1}{\left(56\ \frac{\text{m}}{\Omega \cdot \text{mm}^2}\right) \cdot 240\ \text{mm}^2} = 0{,}31\ \text{V} \qquad \text{(Gl. 1.28)}$$

Auch hier wird, wie bei der Zuleitungsberechnung zur Verteilung als Leistungsfaktor ($\cos\varphi$) der Wert 1 in die Formel eingesetzt.

Bei Zählerschränken, die nach DIN VDE 0603 gebaut und geprüft sind, ist die maximale Sammelschienenbelastung im unteren Anschlussraum auf einen Betriebsstrom von 355 A begrenzt. Aus diesem Grund kann hier jetzt nicht direkt mit der Hauptleitung, die mit 400 A abgesichert ist, auf die Sammelschiene gegangen werden. Es muss zwischen Hausanschlusskasten und Zähleranlage eine Niederspannungshauptverteilung (NSHV) montiert werden, wodurch der Strom der Hauptleitung auf 2 Leitungen mit geringerem Querschnitt, die durch kleinere Überstromschutzorgane zu schützen sind, aufgeteilt wird. Bei der Aufteilung ist auch auf Selektivität zu vor- und nachgeschalteten Sicherungen zu achten. Sinn-

Tabelle 1.27 Berechnung der Strombelastbarkeit der Hauptleitung

	I (A)
SB-Wäscherei Zahntechniklabor 20 Wohnungen à 45 kW · 0,15 (Gfk) = 135 kW (bei $\cos\varphi = 1$) Allgemein	107,68 51,96 194,86 30,31
Gesamt	384,81

voll ist es, die NSHV direkt nach dem Hausanschlusskasten zu montieren, denn die Leitungen von der NSHV zu den Zählern mit kleinerem Querschnitt lassen sich besser verlegen und die Materialkosten (Leitung, Befestigungsmaterial) sind trotz doppelter Leitungsverlegung geringer.

Folgende Aufteilung wird vorgenommen: Von der Leitung 1 der NSHV werden alle 20 Wohnungen versorgt, von Leitung 2 die SB-Wäscherei, das Zahntechniklabor und der Allgemeinteil. Berechnung der Leitung 1:

Der Betriebsstrom von den 20 Wohnungen beträgt 194,84 A (à 45 kW · 0,15 (Gfk) = 135 kW (bei $\cos\varphi = 1$), dafür ist eine Sicherung von 200 A notwendig. Überprüfung der Selektivität: Größte Zählervorsicherung 63 A → 100 A, somit ist mit 200 A Selektivität gegeben. Der Leiterquerschnitt wird nach Tabelle 3.9 aus Abschnitt 3.6.3 für 25 °C Umgebungstemperatur, Verlegeart C und 3 belasteten Adern bestimmt. Danach muss ein Leiterquerschnitt von 95 mm^2 verlegt werden. Nochmalige Überprüfung: $I_b = 194{,}86$ A $< I_n = 200$ A $< I_z = 236$ A. Überprüfung des Leiterquerschnittes wegen des Spannungsfalles: Wie bereits berechnet, beträgt der Maximalwert des Spannungsfalles der Hauptleitung max. 1,25 % → 5 V. Bei 6 m Leitungslänge und dem Leiterquerschnitt von 240 mm^2 ergibt das 0,31 V. Da zwischen Hausanschluss und Zähler eine NSHV zwischengeschaltet ist, wird die Leitung vom HA bis zur NSHV mit 1 m, von NSHV zum Zähler mit 5 m angenommen. Der Spannungsfall auf dem Teilstück von 1 m beträgt jetzt nur noch 1/6 von 0,31 V → 0,05 V. Somit sind für die restlichen 5 m Leitungslänge noch 4,95 V Spannungsfall zulässig.

Berechnung von Leitung 2
Die Summe der Betriebsströme von der SB-Wäscherei, dem Zahntechniklabor und dem Allgemeinteil beträgt 189,95 A, dafür ist eine Sicherung von 200 A notwendig. Überprüfung der Selektivität: Größte Zähler- / Wandlervorsicherung 125 A → 200 A, somit ist Selektivität gegeben. Da die Sicherung genauso groß und die Verlegebedingung gleich der von Leitung 1 ist, kann hier ebenfalls der Querschnitt von 95 mm^2 verlegt werden. Auf die Spannungsfallüberprüfung kann verzichtet werden.

1.3.3 Zeichnung der Verteilungspläne und der Hauptstromversorgung

Bild 1.15 zeigt den Plan der Hauptstromversorgung inkl. NSHV mit allen Zählern für die Wohnungen, das Zahntechniklabor, die SB-Wäscherei und dem Allgemeinteil.

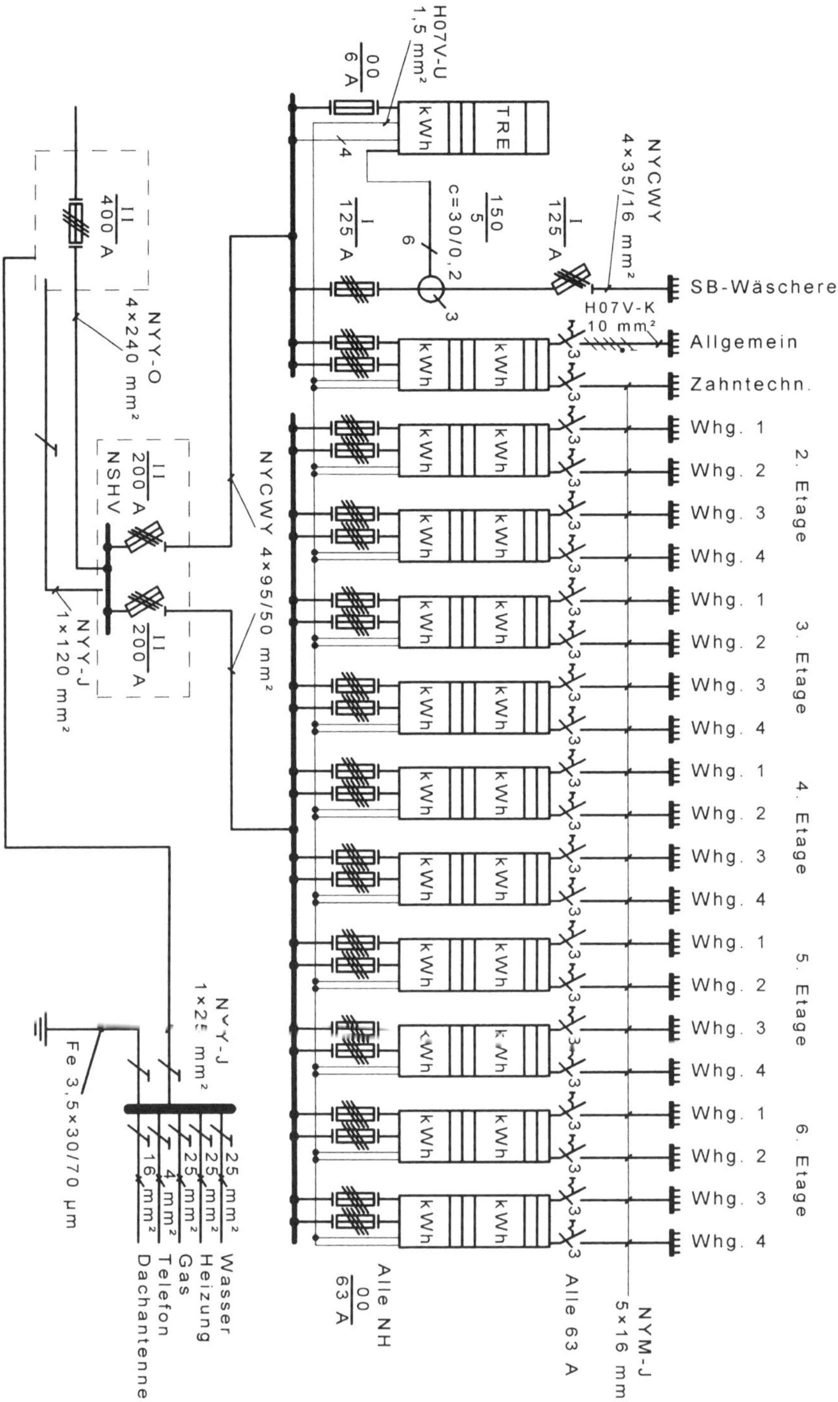

Bild 1.15 Übersichtsplan der Hauptstromversorgung inkl. NSHV mit allen Zählern

1.3.4 Dimensionierung vom Hauptpotenzialausgleich

Der Querschnitt vom Hauptpotenzialausgleichsleiter wird nach dem von der Hauptverteilung stärksten abgehenden Schutzleiterquerschnitt bestimmt (s. Abschnitt 3.4). Danach ist der Hauptverteiler die 1. niederspannungsmäßige Aufteilung nach der Einspeisung (Hausanschlusskasten). Da in diesem Fall die 1. Aufteilung in der NSHV vorgenommen wird, ist der Querschnitt vom Hauptpotenzialausgleichsleiter nach dem von der NSHV abgehenden größten Schutzleiterquerschnitt zu bestimmen. Beide Leitungen haben den Außenleiterquerschnitt von 95 mm^2. Der Schutzleiterquerschnitt kann nach DIN 0100 Teil 540 um die Hälfte des Außenleiterquerschnittes reduziert werden (95 $mm^2/2 = 47{,}5\ mm^2 \rightarrow$ nächstgrößerer Normquerschnitt 50 mm^2). Für die Dimensionierung vom Hauptpotenzialausgleichsleiter dient der PE-Leiter-Querschnitt von 50 mm^2 als Berechnungsgrundlage. Dimensionierung des Querschnittes vom Hauptpotenzialausgleichsleiter: $0{,}5 \cdot 50\ mm^2 = 25\ mm^2$.

1.4 Metall- und Schweißwerkstatt

Für ein Gebäude, in dem eine Lehrwerkstatt für die Ausbildung im Metallbereich untergebracht ist, soll die komplette Elektroinstallation geplant werden. Im Keller dieses Gebäudes befinden sich die Umkleide- und Waschräume sowie der Hausanschlussraum, in dem auch die Zähleranlage zu montieren ist. Die Hauptleitung, l = 6 m, ist auf Putz zu verlegen. Für Anschlüsse in der Werkstatt, in der Schweißerei und für die Stromkreise der Sozialräume, ist jeweils eine eigene Verteilung vorzusehen. Die Vorsicherungen für die Verteilung in der Werkstatt (UV 1), der Schweißerei (UV 2) und den Sozialräumen (UV 3) sollen mit in den Zählerschrank eingebaut werden. Die Sicherungen der UV 3 sind ebenfalls darin unterzubringen. Der Verteilungsnetzbetreiber stellt am Übergabepunkt das TN-C-System zur Verfügung, ab dem Hausanschluss ist die Anlage als TN-S-System auszuführen.

Technische Vorbemerkungen zur Elektroinstallation
Für die Elektroinstallation gelten die Bestimmungen in der DIN VDE 0100 in allen Teilen. Die Arbeiten und Materialien müssen den einschlägigen Normen, Richtlinien und Bestimmungen in der jeweils letztgültigen Fassung entsprechen, insbesondere den Vorschriften nach VDE und DIN, den Unfallverhütungsvorschriften der Berufsgenossenschaft für Feinmechanik und Elektrotechnik und den Vorschriften und zusätzlichen Auflagen des zuständigen örtlichen VNB.

Die Raumhöhe der Werkstätten beträgt 3,00 m, Tür und Fensterhöhe 2,30 m, Fensterbrüstung 1,20 m, Schalt- und Steckvorrichtungen sind auf 1,10 m zu montieren.

Allgemeine Elektroinstallation

Es sind Kunststoffkabel oder Kunststoffmantelleitungen zu verwenden, die Verlegung hat in offener Rohrverlegung (ohne Rohrbögen) oder in Kabelkanälen zu erfolgen. Leitungsquerschnitte sind nach den zu erwartenden Belastungen unter Berücksichtigung von Verlegeart, Umgebungstemperatur, Leitungslänge und Häufung zu berechnen. Die Umgebungstemperatur von 40 °C die für Motorenstromkreise in der Werkstatt nach DIN VDE 0113-1 (s. auch Abschnitt 2.2.3.5) angenommen wird, kann hier auf 25 °C reduziert werden. Der Spannungsfall darf nach dieser VDE-Bestimmung von der Netzanschlussstelle (Unterverteilung) bis zur Maschine maximal 5 % betragen. Da hier nur die fest verlegten Leitungen zu dimensionieren sind, ist der Spannungsfall von der UV 1 bis zum Anschluss der Maschine mit höchstens 2,5 % anzunehmen. In Anlehnung an DIN 18015 Teil 1 wird für die Steckdosen- und Beleuchtungsstromkreise ein maximaler Spannungsfall von 3% zwischen Messeinrichtung und Verbraucher angenommen. Für die waagrechte Leitungsverlegung wird in der Werkstatt und in der Schweißerei ein Kabelkanal in einer Höhe von 2,70 m montiert. Vom Kabelkanal ist die Leitung für den jeweiligen Stromkreis im Installationsrohr bis zum Betriebsmittel zu führen. Die Leitungen für die Anschlüsse der Maschinen enden in Anschlusskästen, die an der Wand in einer Höhe von 0,50 m über dem Boden anzubringen sind. Die einzelnen Maschinen sind gegen Überlastung durch Motorschutzrelais, die in ihnen eingebaut sind, geschützt. Das Gleiche gilt für die erforderliche Netz-Trennvorrichtung (Hauptschalter) nach DIN VDE 0113-1 (s. auch Abschnitt 2.2.3.5) sowie für Anlassvorrichtungen, wie z. B. Stern-Dreieck-Schalter, wenn diese erforderlich wären. Die Umgebungstemperatur in der Schweißerei wird mit 40 °C angenommen. Die Anschlüsse der Elektroschweißgeräte sind als Festanschluss auszuführen. Die Anschlussdosen dafür sind ebenfalls in einer Höhe von 0,50 m über dem Boden anzubringen. Um beim Einschalten der Schweißtransformatoren eine Auslösung der Sicherung zu verhindern, sind Einschaltstrombegrenzer im Schweißgerät eingebaut. Wegen des schlechten Leistungsfaktors der Schweißgeräte soll über eine geregelte Kompensationsanlage, die neben der Verteilung der Schweißerei zu montieren ist, der Leistungsfaktor auf $\cos\varphi = 0{,}9$ gebracht werden. Die 1-phasigen Stromverbraucher sind so auf die 3 Phasen L1, L2, und L3 aufzuteilen, dass eine möglichst gleichmäßige Belastung gewährleistet ist. Die Leuchten sind als Lichtbänder direkt an der Decke zu montieren. Die Verteilungen sollen auf Putz montiert werden, die Oberkante soll 2 m nicht überschreiten. Als Schutz gegen den elektrischen Schlag wird der Schutz durch automatische Abschaltung mittels Überstrom-Schutzeinrichtung angewendet. Für die Steckvorrichtungen in der Werkstatt, in der Schweißerei und in den Sozialräumen ist dies durch Fehlerstromschutzeinrichtung mit $I_{\Delta n} \leq 30$ mA zu realisieren. Bild 1.16 zeigt den Grundriss mit Lage der einzelnen Betriebsmittel.

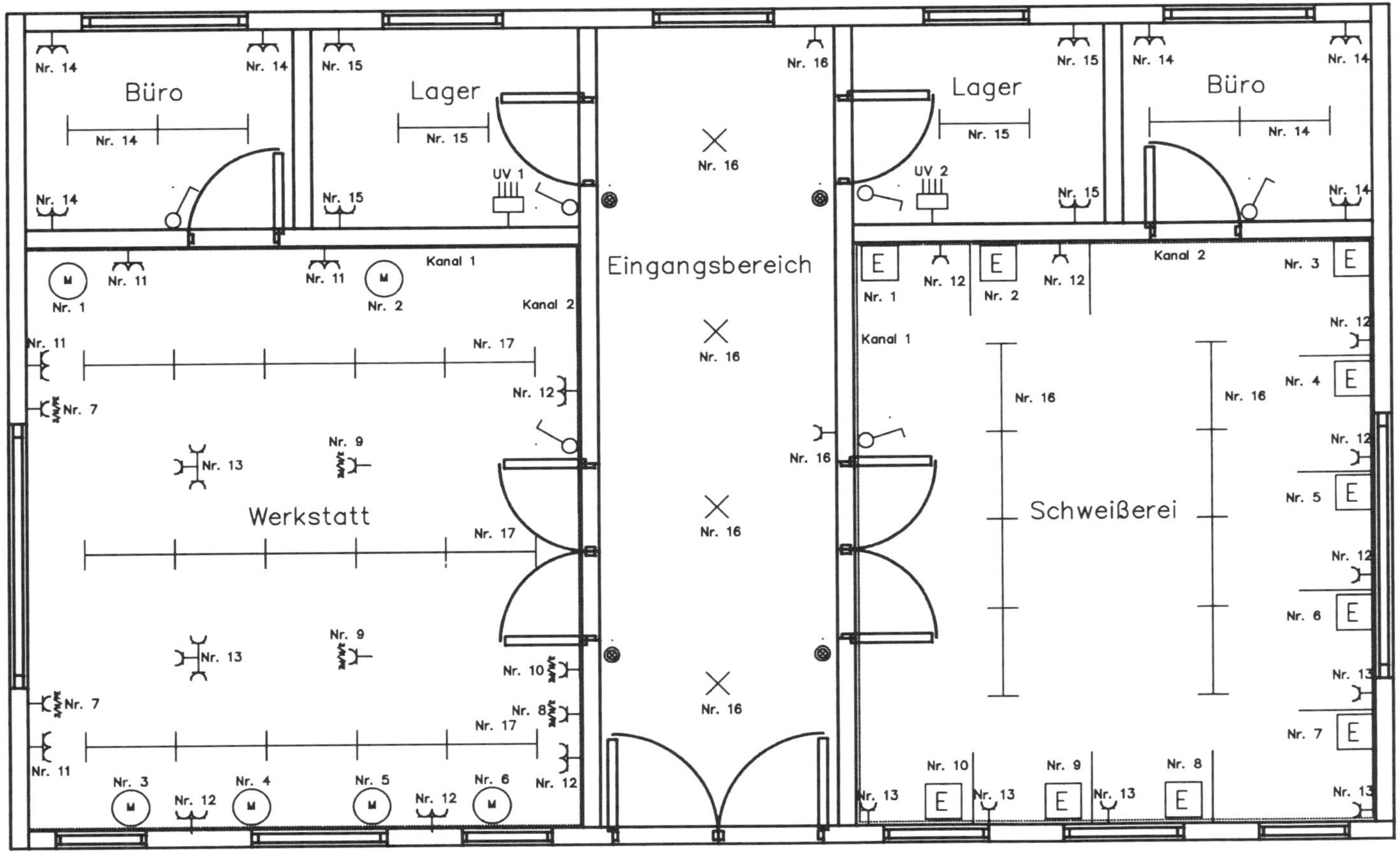

Bild 1.16 Grundriss mit Lage der einzelnen Betriebsmittel

Anschlussleistungen elektrischer Verbraucher der Werkstatt 1
(Länge der Zuleitung vom Zähler zur Verteilung UV 1 beträgt 5 m, Verlegung a. P., Gleichzeitigkeitsfaktor 0,3)

Stromkreis Nr. 1: Maschine 1, Säge 400 V, 2 kW, η = 0,74, cos φ = 0,78, l = 10,5 m
Stromkreis Nr. 2: Maschine 2, Schleifm. 400 V, 5,5 kW, η = 0,86, cos φ = 0,8, l = 5,5 m
Stromkreis Nr. 3: Maschine 3, Drehbank 400 V, 3,5 kW, η = 0,8, cos φ = 0,82, l = 19,5 m
Stromkreis Nr. 4: Maschine 4, Bohrm. 400 V, 2,2 kW, η = 0,78, cos φ = 0,81, l = 17,5 m
Stromkreis Nr. 5: Maschine 5, Fräsmasch. 400 V, 4 kW, η = 0,83 cos φ = 0,82, l = 13,5 m
Stromkreis Nr. 6: Maschine 6, Schere 400 V, 4 kW, η = 0,83 cos φ = 0,75, l = 10,5 m
Stromkreis Nr. 7: CEE-Steckdose 16 A, 400 V, 5 pol., l = 17 m
Stromkreis Nr. 8: CEE-Steckdose 16 A, 400 V, 5 pol., l = 10,5 m
Stromkreis Nr. 9: CEE-Steckdose 16 A, 400 V, 5 pol., l = 13,5 m
Stromkreis Nr. 10: CEE-Steckdose 32 A, 400 V, 5 pol., l = 10 m
Stromkreis Nr. 11: Schukosteckdosen 16 A, l = 17,5 m
Stromkreis Nr. 12: Schukosteckdosen 16 A, l = 13,5 m
Stromkreis Nr. 13: Schukosteckdosen 16 A, l = 18 m
Stromkreis Nr. 14: Büro, l = 5 m, Leistung je Leuchtstofflampe 58 W + 8 W (Drossel)
Stromkreis Nr. 15: Lager, l = 9 m, Leistung je Leuchtstofflampe 58 W + 8 W (Drossel)
Stromkreis Nr. 16: Eingangsbereich, (je Leuchtenauslass 250 W), l = 10 m
Stromkreis Nr. 17: Beleuchtung Werkstatt; Raumwirkungsgrad η_R 0,43, Leuchtenbetriebswirkungsgrad η_{LB} 0,9, Leuchtstofflampe 58 W VVG, Lampenlichtstrom Φ_{La} 5400 lm, Beleuchtungsstärke E 500 lx, Planungsfaktor p = 1,25, Raumgröße 50 m^2, l = 15 m, Leuchten werden in Duo-Schaltung (eine induktiv, die nächste kapazitiv) betrieben.

Anschlussleistungen elektrischer Verbraucher der Schweißerei
(Zuleitung vom Zähler zur Verteilung UV 2: l = 7 m, Verlegung a. P., Gleichzeitigkeitsfaktor 0,9)

Stromkreis Nr. 1: Schweißgerät 1, 400 V/10 kVA/cos φ = 0,7, l = 9,5 m
Stromkreis Nr. 2: Schweißgerät 2, 400 V/10 kVA/cos φ = 0,7, l = 5 m
Stromkreis Nr. 3: Schweißgerät 3, 400 V/10 kVA/cos φ = 0,7, l = 19,5 m
Stromkreis Nr. 4: Schweißgerät 4, 400 V/10 kVA/cos φ = 0,7, l = 17,4 m
Stromkreis Nr. 5: Schweißgerät 5, 400 V/10 kVA/cos φ = 0,7, l = 15,5 m
Stromkreis Nr. 6: Schweißgerät 6, 400 V/10 kVA/cos φ = 0,7, l = 10,5 m
Stromkreis Nr. 7: Schweißgerät 7, 400 V/10 kVA/cos φ = 0,7, l = 13,3 m
Stromkreis Nr. 8: Schweißgerät 8, 400 V/10 kVA/cos φ = 0,7, l = 6,5 m

Stromkreis Nr. 9: Schweißgerät 9, 400 V/10 kVA/cos φ = 0,7, l = 17,7 m
Stromkreis Nr. 10: Schweißgerät 10, 400 V/10 kVA/cos φ = 0,7, l = 12,5 m
Stromkreis Nr. 11: Kompensationsanlage
Stromkreis Nr. 12: Schukosteckdosen 16 A, l = 17 m
Stromkreis Nr. 13: Schukosteckdosen 16 A, l = 17 m
Stromkreis Nr. 14: Büro, l = 5 m,
Leistung je Leuchtstofflampe 58 W + 8 W (Drossel)
Stromkreis Nr. 15: Lager, l = 9 m,
Leistung je Leuchtstofflampe 58 W + 8 W (Drossel)
Stromkreis Nr. 16: Beleuchtung Schweißerei; Raumwirkungsgrad η_R 0,37, Leuchtenbetriebswirkungsgrad η_{LB} 0,9, Leuchtstofflampe 58 W VVG, Lampenlichtstrom Φ_{La} 5400 lm, Beleuchtungsstärke E 300 lx, Planungsfaktor p = 1,25, Raumgröße 45 m^2, l = 15 m, Leuchten werden in Duo-Schaltung (eine induktiv, die nächste kapazitiv) betrieben.

Gesamtanschlussleistung der Sozialräume
Betriebsstrom der Außenleiter L1 = 29,3 A, L2 = 28,5 A, L3 = 31,2 A (Ermittelt unter Berücksichtigung des Gleichzeitigkeitsfaktors). Sicherungen werden mit in den Zählerschrank eingebaut.

1.4.1 Berechnung aller Leiterquerschnitte

Um den Leitungsquerschnitt des Beleuchtungsstromkreises in der Werkstatt zu bestimmen, muss zuerst der Betriebsstrom der Beleuchtungsanlage berechnet werden. Dazu wird die Leuchtenanzahl benötigt. Berechnung der Leuchtenzahl:

Um die in DIN EN 12464-1, s. Abschnitt 2.1.1.5, geforderte Beleuchtungsstärke zu erreichen, müssen genügend Leuchten vorhanden sein. Bei der Berechnung der erforderliche Anzahl sind die Abmessungen des Raums und dessen Farbanstriche von Wand, Decke und Fußboden zu berücksichtigen. Aus dem Raumwirkungsgrad η_R, der sich aus den Reflexionsgraden der einzelnen Farbanstriche von Wand, Decke und Fußboden zusammensetzt (Wert aus Tabellenbuch) und dem vom Leuchtenhersteller angegebenen Leuchtenbetriebswirkungsgrad η_{LB} wird der Beleuchtungswirkungsgrad η_B berechnet:

$$\eta_B = \eta_R \cdot \eta_{LB} \Rightarrow 0{,}43 \cdot 0{,}9 = 0{,}387 \qquad \text{(Gl. 1.29)}$$

Um die Leuchtenzahl zu berechnen, ist neben dem geforderten Wartungswert der mittleren Beleuchtungsstärke E_m auch die Kenntnis des Lichtstroms ϕ_{La} der Lampe wichtig. Darüber hinaus ist ein Wartungsfaktor *WF*, der die Alterung und Verschmutzung berücksichtigt, in die Berechnung mit einzubeziehen (sehr sauber 0,80, sauber 0,67, normale Verschmutzung 0,57, starke Verschmutzung 0,50). Da es sich hier um eine oft gereinigte Lehrwerkstatt handelt, wird von einem sauberen Raum ausgegangen. Die Anzahl der Leuchten für die Werkstatt wird wie folgt berechnet:

$$n = \frac{E_m \cdot A}{\Phi_{LA} \cdot \eta_B \cdot WF} \Rightarrow \frac{500 \text{ lx} \cdot 50 \text{ m}^2}{5400 \text{ lm} \cdot 0{,}387 \cdot 0{,}8} = 14{,}95 \Rightarrow 15 \text{ Stck.} \qquad \text{(Gl. 1.30)}$$

Nachdem die Leuchtenanzahl berechnet ist, kann die Gesamtleistung des Beleuchtungsstromkreises berechnet werden. Die Leistung einer Leuchte setzt sich aus der Lampenleistung (Röhre) und der des Vorschaltgeräts (Drossel) zusammen. Werden Leuchten mit elektronischen Vorschaltgeräten verwendet, kann man die Leistung des Vorschaltgeräts vernachlässigen, da diese sehr gering ist (< 1 W). Da hier verlustarme Vorschaltgeräte (VVG) zum Einsatz kommen, ist für das Vorschaltgerät eine Leistung von 8 W anzunehmen (Herstellerangabe). Die Leistung der Beleuchtung in der Werkstatt ist somit $(P_{Lampe} + P_{Vorschaltg.}) \cdot n$ = (58 W + 8 W) · 15 = 990 W.

Stromkreise der Verteilung Werkstatt

Zunächst ist für die Antriebsmotoren (s. Projekt 1.2) über die abgegebene Leistung P_{ab} und dem Wirkungsgrad η die zugeführte Leistung zu berechnen. Danach wird die Sicherungsgröße wegen des Anlaufstroms nach Tabelle 1.18 festgelegt. Nach dieser Nennstromstärke kann jetzt der Querschnitt der Leitung bestimmt werden. In Tabelle 1.28 wird dies für alle Stromkreise der Verteilung UV 1 in der Werkstatt durchgeführt. Die Leistungen für Steckvorrichtungen wurde nach Tabelle 2.22 aus Abschnitt 2.2.3.1 ermittelt.

Wie schon im Projekt 1.3 beschrieben, ist für die Strombelastbarkeit einer Leitung neben der Umgebungstemperatur und der Verlegeart auch die Leitungshäufung zu berücksichtigen. Für die Werkstatt soll hier folgendes gelten (s. Bild 1.16): In Kanal 1 sind die Leitungen für die Stromkreise Nr. 1, Nr. 2, Nr. 7, Nr. 11 und Nr. 14 gemeinsam verlegt. Somit ist bei der Querschnittsbestimmung der einzelnen Leitungen eine Leitungshäufung im Kanal zu berücksichtigen, da sich streckenweise 5 Leitungen darin befinden. Nach Tabelle 3.10 und Bild 3.46 aus Abschnitt 3.6.5 würde sich hier die Strombelastbarkeit bei 5 Leitungen um den Faktor 0,6 reduzieren. Dies bedeutet z.B. für den Stromkreis der CEE-Steckdosen 16 A, Nr. 7, dass der Querschnitt von 1,5 mm² (Sicherung gewählt B 16 A, Verlegeart B2, I_z = 16 A bei 25 °C Umgebungstemperatur) nicht mehr ausreichend (I_z = 16 A · 0,6 = 9,6 A) ist. Für diesen Stromkreis müssten 4 mm² verlegt werden (I_z = 29 A · 0,6 = 17,4 A). Wie für Kanal 1, wird die Anzahl der Leitungen nach Bild 1.16 auch für Kanal 2 festgelegt. Danach sind die Stromkreise Nr. 3, Nr. 4, Nr. 5, Nr. 6, Nr. 8, Nr. 9, Nr. 10, Nr. 12, Nr. 13 und Nr. 17 gemeinsam verlegt. Da hier streckenweise 10 Leitungen verlegt sind, beträgt der Reduzierungsfaktor 0,48. Für z.B. den CEE-Steckdosenstromkreis Nr. 8 würde jetzt die Belastbarkeit der Leitung auf 7,68 A (16 A · 0,48) sinken. Um die maximale Belastbarkeit der Steckvorrichtung von 16 A sicherzustellen, ist eine Leitung mit einer Belastbarkeit von mindestens 33,3 A (16 A/0,48) zu verlegen → 6 mm² (I_z = 36 A · 0,48 = 17,28 A). Dies kann dann durchaus zu Anschlussproblemen in der Steckdose führen.

Wie in Abschnitt 3.6.5 beschrieben, beziehen sich die Reduktionsfaktoren auf Leitungen, die alle mit ihrer maximalen Strombelastbarkeit in Betrieb sind. Dies

Tabelle 1.28 Berechnung aller Ströme der UV 1

Strom-kreis Nr.	**Gerät Stromkreis**	$\cos\varphi$	η	DS (3~)	WS (1~)	P_{ab} (kW)	P_{zu} (kW)	Strom (A)	Siche-rungs-größe (A)
1	Säge	0,78	0,74	400		2	2,7	5	10
2	Schleif-maschine	0,8	0,86	400		5,5	6,4	11,55	16
3	Drehbank	0,82	0,8	400		3,5	4,38	7,71	10
4	Bohrmaschine	0,81	0,78	400		2,2	2,82	5,03	10
5	Fräsmaschine	0,82	0,83	400		4	4,82	8,48	10
6	Schere	0,75	0,83	400		4	4,82	9,28	10
7	CEE-16 A	1	1	400		11	11	15,88	16
8	CEE-16 A	1	1	400		11	11	15,88	16
9	CEE-16 A	1	1	400		11	11	15,88	16
10	CEE-32 A	1	1	400		22	22	31,75	32
11	Steckdosen Werkstatt	1	1		230	2,8	2,8	12,17	16
12	Steckdosen Werkstatt	1	1		230	2,8	2,8	12,17	16
13	Steckdosen Werkstatt	1	1		230	3	3	13,04	16
14	Büro	1	1		230	2,23	2,23	9,70	16
15	Lager	1	1		230	1,47	1,47	6,39	16
16	Eingangs-bereich	1	1		230	2	2	8,7	16
17	Beleuchtung Werkstatt	1	1		230	0,99	0,99	4,30	16

ist, wie auch in diesem Beispiel, oft nicht der Fall. Auf den Leitungen zu den Maschinen fließt nur ihr Nennstrom. Somit wird hier nicht die maximale Belastbarkeit erreicht, die Wärmeabgabe ist kleiner. Werden die Leitungen nicht mit Volllast betrieben, kann zur Bestimmung der Reduktion ein Gleichzeitigkeitsfaktor zur Anwendung kommen. Bei einer unterschiedlichen Belastung der einzelnen Leitungen ist dies schwierig. Es wird hier eine Möglichkeit zur Bestimmung eines Gleichzeitigkeitsfaktors, anhand der 5 Leitungen im Kanal 1 gezeigt. Zunächst werden in Tabelle 1.29 für alle Stromkreise die Betriebsströme ermittelt. Anhand der Betriebsströme wird die Nennstromstärke der Sicherung, dann nach Tabelle 3.9 aus Abschnitt 3.6.3 der erforderliche Leiterquerschnitt unter Berücksichtigung der Verlegeart B2 und der maximal zulässigen Belastbarkeit bestimmt. Bei allen Stromkreisen mit Steckvorrichtungen ist immer deren maximaler Nennstrom als Betriebsstrom für die Ermittlung des Häufungsfaktors anzunehmen.

Tabelle 1.29 Ermittlung der Betriebsströme und der Gesamtbelastbarkeit der Leitungen in Kanal 1

	I_b (A)	I_n (A)	**Querschnitt** mm²	I_z (A)
Stromkreis Nr. 1 Stromkreis Nr. 2 Stromkreis Nr. 7 Stromkreis Nr. 11 Stromkreis Nr. 14	5 11,55 16 16 16	10 16 16 16 16	1,5 1,5 1,5 1,5 1,5	16 16 16 17,5 17,5
Summe:	64,55			83

Aus der Summe aller I_B und der Summe aller I_Z wird der Gleichzeitigkeitsfaktor als Verhältnis zwischen Gesamtbetriebsstrom und Gesamtbelastbarkeit aller Leitungen gebildet. Dieses Ergebnis wird mit der Anzahl n der im Kanal verlegten Leitungen multipliziert und zu einer ganzen Zahl aufgerundet.

$$\frac{\Sigma I_b}{\Sigma I_z} \cdot n \Rightarrow \frac{64{,}55}{83} \cdot 5 = 3{,}89 \Rightarrow 4 \text{ Leitungen} \qquad \text{(Gl. 1.31)}$$

Als Reduzierungsfaktor kann jetzt anstelle von 0,6, bei 5 Leitungen, der von 4 Leitungen 0,65 zur Bestimmung der maximalen Strombelastbarkeit genommen werden. Mit dem Reduzierungsfaktor wird jetzt der Querschnitt der einzelnen Leitungen überprüft. Bei den Maschinenstromkreisen übernimmt die Sicherung in der Verteilung den Überlast- und Kurzschlussschutz. Da (s. technische Vorbemerkungen Elektroinstallation) in den Maschinen jeweils ein Motorschutzrelais eingebaut ist, kann hier nur der Nennstrom der Motoren fließen. Die Sicherung übernimmt in der Hauptsache den Kurzschlussschutz der Leitung zur Maschine. Bei dem Stromkreis Nr. 1 z. B. kann auf eine Querschnittserhöhung verzichtet werden, da nach der Reduzierung die Belastbarkeit immer noch über der des Nennstroms von 5 A liegt (I_z von 1,5 mm² beträgt 16 A · 0,65 = 10,4 A → >5 A). Bei dem Stromkreis Nr. 2 ist dies schon nicht mehr der Fall, hier ist die Belastbarkeit kleiner als I_b der Maschine (16 A · 0,65 = 10,4 A → <11,55 A), es müssen 2,5 mm² verlegt werden. In Tabelle 1.30 ist mit dem Reduzierungsfaktor die Mindestbelastbarkeit für die Leitungen von Kanal 1 berechnet (I_b / 0,65) und danach aus Tabelle 3.9 aus Abschnitt 3.6.3 der erforderliche Querschnitt bestimmt.

In Tabelle 1.31 und Tabelle 1.32 wird die Berechnung der Querschnitte der Leitungen im Kanal 2 vorgenommen.

$$\frac{\Sigma I_B}{\Sigma I_Z} \cdot n \Rightarrow \frac{130{,}80}{184{,}5} \cdot 10 = 7{,}09 \Rightarrow 8 \text{ Leitungen} \qquad \text{(Gl. 1.32)}$$

Der Reduzierungsfaktor beträgt bei 8 Leitungen 0,52 (DIN VDE 0298 Teil 4, Tabelle 21).

Tabelle 1.30 Ermittlung der Querschnitte der Leitungen in Kanal 1 bei Leitungshäufungsfaktor 0,65

	I_b (A)/0,65	I_{min} (A)	Querschnitt mm²	I_z (A)
Stromkreis Nr. 1	5/0,65	7,69	1,5	16
Stromkreis Nr. 2	11,55/0,65	17,77	2,5	21
Stromkreis Nr. 7	16/0,65	24,62	4	29
Stromkreis Nr. 11	16/0,65	24,62	4	32
Stromkreis Nr. 14	16/0,65	24,62	4	32

Tabelle 1.31 Ermittlung der Betriebsströme und der Gesamtbelastbarkeit der Leitungen in Kanal 2

	I_b (A)	I_n (A)	Querschnitt mm²	I_z (A)
Stromkreis Nr. 3	7,71	10	1,5	16
Stromkreis Nr. 4	5,03	10	1,5	16
Stromkreis Nr. 5	8,48	10	1,5	16
Stromkreis Nr. 6	9,28	10	1,5	16
Stromkreis Nr. 8	16	16	1,5	16
Stromkreis Nr. 9	16	16	1,5	16
Stromkreis Nr. 10	32	32	6	36
Stromkreis Nr. 12	16	16	1,5	17,5
Stromkreis Nr. 13	16	16	1,5	17,5
Stromkreis Nr. 17	4,30	6	1,5	17,5
Summe:	130,80			184,50

Tabelle 1.32 Ermittlung der Querschnitte der Leitungen in Kanal 2 bei Leitungshäufungsfaktor 0,52

	I_b (A)/0,52	I_{min} (A)	Querschnitt mm²	I_z (A)
Stromkreis Nr. 3	7,71/0,52	14,83	1,5	16
Stromkreis Nr. 4	5,03/0,52	9,67	1,5	16
Stromkreis Nr. 5	8,48/0,52	16,31	2,5	21
Stromkreis Nr. 6	9,28/0,52	17,85	2,5	21
Stromkreis Nr. 8	16/0,52	30,77	6	36
Stromkreis Nr. 9	16/0,52	30,77	6	36
Stromkreis Nr. 10	32/0,52	61,54	16	66
Stromkreis Nr. 12	17,5/0,52	33,65	6	40
Stromkreis Nr. 13	17,5/0,52	33,65	6	40
Stromkreis Nr. 17	4,30/0,52	8,27	1,5	17,5

Der benötigte Leiterquerschnitt von 4 oder 6 mm² wird bei einigen Anschlüssen, besonders bei den Steckvorrichtungen, zu Anschlussproblemen führen. Aber auch die Größe des Kabelkanals muss unter Umständen erhöht werden, denn Leitungen mit dem Querschnitt von 6 mm² und eine mit 16 mm² benötigen mehr Platz als Leitungen mit dem Querschnitt von 1,5 oder 2,5 mm². Eine Alternative ist, wie in Abschnitt 3.6.4 beschrieben, dass Leitungen mit einer größeren zulässigen Betriebstemperatur als z. B. Mantelleitungen vom Typ NYM (max. Temperatur 70 °C) zum Einsatz kommen. Es wird als Beispiel hier ein Kabel mit verbessertem Verhalten im Brandfall (N2XH) eingesetzt (max. Temperatur 90 °C). Zunächst wird die Berechnung des Gleichzeitigkeitsfaktors zur Bestimmung der Leitungshäufung für diese Leitungen in Tabelle 1.33 und 1.34, für Kanal 1, in Tabelle 1.35 und 1.36, für Kanal 2 erneut durchgeführt, da die Kabel eine höhere Strombelastbarkeit haben (I_z aus DIN VDE 0298 Teil 4 Tabelle 5, Umgebungstemperatur 30 °C, Umrechnungsfaktor auf 25 °C 1,04).

Es wird der neue Leitungshäufungsfaktor bestimmt:

$$\frac{\Sigma I_b}{\Sigma I_z} \cdot n \Rightarrow \frac{64{,}55}{106{,}60} \cdot 5 = 3{,}03 \Rightarrow 3 \text{ Leitungen} \qquad \text{(Gl. 1.33)}$$

Bei 3 Leitungen beträgt der Häufungsfaktor 0,7 (nach Tabelle 3.10 aus Abschnitt 3.6.4). In Tabelle 1.34 werden die Querschnitte neu bestimmt. Das Gleiche wird für die Leitungen im 2. Kanal durchgeführt.

Es wird der neue Leitungshäufungsfaktor bestimmt:

$$\frac{\Sigma I_B}{\Sigma I_Z} \cdot n \Rightarrow \frac{130{,}80}{226{,}72} \cdot 10 = 5{,}77 \Rightarrow 6 \text{ Leitungen} \qquad \text{(Gl. 1.34)}$$

Tabelle 1.33 Ermittlung der Betriebsströme und der Gesamtbelastbarkeit der Leitungen in Kanal 1 bei Einsatz von N2XH Kabel

	I_b (A)	I_n (A)	Querschnitt mm²	I_z (A) bei 30 °C	I_z (A) · 1,04
Stromkreis Nr. 1	5	10	1,5	19,5	20,28
Stromkreis Nr. 2	11,55	16	1,5	19,5	20,28
Stromkreis Nr. 7	16	16	1,5	19,5	20,28
Stromkreis Nr. 11	16	16	1,5	22	22,88
Stromkreis Nr. 14	16	16	1,5	22	22,88
Summe:	64,55				106,60

Tabelle 1.34 Ermittlung der Querschnitte der Leitungen N2XH in Kanal 1 bei Leitungshäufungsfaktor 0,7

	I_z von 1,5 mm² (A)/0,7	$I_{z\,red.}$ (A)	Querschnitt mm²	I_z (A) bei 30 °C	I_z (A) · 1,04
Stromkreis Nr. 1	5/0,7	7,14	1,5	19,5	20,28
Stromkreis Nr. 2	11,55/0,7	16,5	1,5	19,5	20,28
Stromkreis Nr. 7	16/0,7	22,86	2,5	26	23,77
Stromkreis Nr. 11	16/0,7	22,86	2,5	30	31,20
Stromkreis Nr. 14	16/0,7	22,86	2,5	30	31,20

Tabelle 1.35 Ermittlung der Betriebsströme und der Gesamtbelastbarkeit der Leitungen in Kanal 2 bei Einsatz von N2XH Kabel

	I_b (A)	I_n (A)	**Querschnitt** mm²	I_z (A) bei 30 °C	I_z (A) · 1,04
Stromkreis Nr. 3	7,71	10	1,5	19,5	20,28
Stromkreis Nr. 4	5,03	10	1,5	19,5	20,28
Stromkreis Nr. 5	8,48	10	1,5	19,5	20,28
Stromkreis Nr. 6	9,28	10	1,5	19,5	20,28
Stromkreis Nr. 8	16	16	1,5	19,5	20,28
Stromkreis Nr. 9	16	16	1,5	19,5	20,28
Stromkreis Nr. 10	32	32	4	35	36,4
Stromkreis Nr. 12	16	16	1,5	22	22,88
Stromkreis Nr. 13	16	16	1,5	22	22,88
Stromkreis Nr. 17	4,30	6	1,5	22	22,88
Summe:	130,80				226,72

Tabelle 1.36 Ermittlung der Querschnitte der Leitungen N2XH in Kanal 2 bei Leitungshäufungsfaktor 0,57

	I_z von 1,5 mm² (A)/0,57	$I_{z\,red.}$ (A)	**Querschnitt** mm²	I_z (A) bei 30 °C	I_z (A) · 1,04
Stromkreis Nr. 3	7,71/0,57	13,53	1,5	19,5	20,28
Stromkreis Nr. 4	5,03/0,57	8,82	1,5	19,5	20,28
Stromkreis Nr. 5	8,48/0,57	14,88	1,5	19,5	20,28
Stromkreis Nr. 6	9,28/0,57	16,28	1,5	19,5	20,28
Stromkreis Nr. 8	16/0,57	28,07	4	35	36,4
Stromkreis Nr. 9	16/0,57	28,07	4	35	36,4
Stromkreis Nr. 10	32/0,57	56,14	10	60	62,4
Stromkreis Nr. 12	17,5/0,57	30,7	2,5	30	31,2
Stromkreis Nr. 13	17,5/0,57	30,7	2,5	30	31,2
Stromkreis Nr. 17	4,30/0,57	7,54	1,5	22	22,88

Bei 6 Leitungen beträgt der Häufungsfaktor 0,57 (nach DIN VDE 0298 Teil 4, Tabelle 21). In Tabelle 1.36 werden die Querschnitte neu bestimmt.

Mit diesen ermittelten Leiterquerschnitten aus Tabelle 1.34 und Tabelle 1.36 werden dann die Spannungsfälle der einzelnen Stromkreise in Tabelle 1.37 überprüft. Anhand dieser Tabelle wird dann auch der Gesamtstrom aller installierten Betriebsmittel und Anschlüsse berechnet.

Mit dem in Tabelle 1.37 ermitteltem stärksten Außenleiterstrom L2 = 149,30 A wird jetzt, unter Einbeziehung des Gleichzeitigkeitsfaktors, der Betriebsstrom berechnet: $I_b = I \cdot \text{Gfk} \rightarrow 149{,}30\ \text{A} \cdot 0{,}3 = 44{,}79\ \text{A} \rightarrow$ Sicherungsgröße 50 A. Überprüfung der Selektivität: Größtes Überstromschutzorgan in UV 1 ist ein Leitungsschutzschalter B 32 A → 63 A (laut Herstellerliste besteht zu gL 63 A Selektivität), somit muss eine Sicherung von 63 A gewählt werden. Aus Tabelle 3.9 in Abschnitt 3.6.3 ist für die Zuleitung zur UV 1 bei Verlegeart C ein Querschnitt von 10 mm² erforderlich. Nochmalige Überprüfung: $I_b = 44{,}79$ A < $I_n = 63$ A ≤ $I_z = 63$ A. Überprüfung des Spannungsfalles: Da hier relativ kurze Leitungslängen zwischen Zähler und Unterverteilung vorhanden sind, wird hier als Spannungsfall für den Endstromkreis 2,5 % angenommen, für die Leitung zur UV 1 verbleiben 0,5 %. Der Spannungsfall auf der Verbindungsleitung zwischen der Zähler-/Wandlervorsicherung und der Sicherung für die Unterverteilung 1 kann hier vernachlässigt werden, da beide Schutzorgane im gleichen Gehäuse (Zählerschrank) untergebracht sind. Berechnung des Spannungsfalles: Leitungslänge 5 m, max. Spannungsfall 0,5 % = 2 V.

$$\Delta U = \frac{\sqrt{3} \cdot l \cdot I \cdot \cos\varphi}{\gamma \cdot A} \qquad \frac{\sqrt{3} \cdot 5\ \text{m} \cdot 63\ \text{A} \cdot 1}{\left(56\ \frac{\text{m}}{\Omega \cdot \text{mm}^2}\right) \cdot 10\ \text{mm}^2} = 0{,}97\ \text{V} \qquad \text{(Gl. 1.35)}$$

Der Querschnitt von 10 mm² ist ausreichend.

Stromkreise der Verteilung in der Schweißerei

Zunächst wird wieder die erforderliche Anzahl der Leuchten berechnet: (Angaben s. Anschlussleistungen Schweißerei)

$$\eta_B = \eta_R \cdot \eta_{LB} \Rightarrow 0{,}37 \cdot 0{,}9 = 0{,}333 \qquad \text{(Gl. 1.36)}$$

Mit dem Beleuchtungswirkungsgrad wird die erforderliche Leuchtenzahl bestimmt:

$$n = \frac{E_m \cdot A}{\Phi_{La} \cdot \eta_B \cdot WF} \Rightarrow \frac{300\ \text{lx} \cdot 45\ \text{m}^2}{5400\ \text{lm} \cdot 0{,}333 \cdot 0{,}8} = 9{,}38 \Rightarrow 10\ \text{Stck.} \qquad \text{(Gl. 1.37)}$$

Die Leistung der Beleuchtung in der Schweißerei beträgt

$$(P_{\text{Lampe}} + P_{\text{Vorschaltg.}}) \cdot n = (58\ \text{W} + 8\ \text{W}) \cdot 10 = 660\ \text{W}$$

Stromkreise, Verteilung, Schweißerei

Zunächst werden wieder die Betriebsströme aller Stromkreise berechnet. Bei den Leistungsangaben der Schweißgeräte ist zu beachten, dass hier die Scheinleistung S gegeben ist. Die Berechnung des Stroms wird nach der Formel $I = S/(\sqrt{3} \cdot U)$ durchgeführt. In Tabelle 1.38 sind die Betriebsströme aller Stromkreise für die Unterverteilung 2 berechnet. Die Steckdosen- und Beleuchtungsstromkreise werden mit $\cos\varphi = 1$ angenommen, die Leistungen für Steckvorrichtungen wurden nach Tabelle 2.22 aus Abschnitt 2.2.3.1 ermittelt.

Die Leitungen in der Schweißerei sind, s. Bild 1.16, in Kabelkanäle verlegt. Somit ist auch hier bei der Querschnittsbestimmung die Leitungshäufung zu berücksichtigen. Für die Berechnung soll folgendes gelten: Im Kanal 1 der Schweißerei sind die Leitungen für die Stromkreise Nr. 1, 10, 9, 8, 7, 13 und 16, im Kanal 2 die Leitungen der Stromkreise Nr. 2, 3, 4, 5, 6, 12 und 14 zu verle-

Tabelle 1.37 Berechnung aller Stromkreise der Unterverteilung Werkstatt/Verlegeart B2

Strom-kreis Nr.	Gerät Stromkreis	$\cos\varphi$	η	DS (3~)	WS (1~)	P_{ab} (kW)	P_{zu} (kW)	Strom I (A)	L1 (A)	L2 (A)	L3 (A)	Siche-rungs-größe (A)	Quer-schnitt A (mm²)	Länge (m)	ΔU max. 2,5 % (V)	ΔU (V)
1	Säge	0,78	0,74	400		2	2,7	5	5	5	5	10	1,5	10,5	10,00	1,69
2	Schleifmaschine	0,8	0,86	400		5,5	6,4	11,55	11,55	11,55	11,55	16	1,5	5,5	10,00	1,45
3	Drehbank	0,82	0,8	400		3,5	4,38	7,71	7,71	7,71	7,71	10	1,5	19,5	10,00	3,30
4	Bohrmaschine	0,81	0,78	400		2,2	2,82	5,03	5,03	5,03	5,03	10	1,5	17,5	10,00	2,92
5	Fräsmaschine	0,82	0,83	400		4	4,82	8,48	8,48	8,48	8,48	10	1,5	13,5	10,00	2,28
6	Schere	0,75	0,83	400		4	4,82	9,28	9,28	9,28	9,28	10	1,5	10,5	10,00	1,62
7	CEE-16 A	1	1	400		11	11	15,88	15,88	15,88	15,88	16	2,5	17	10,00	3,37
8	CEE-16 A	1	1	400		11	11	15,88	15,88	15,88	15,88	16	4	10,5	10,00	1,30
9	CEE-16 A	1	1	400		11	11	15,88	15,88	15,88	15,88	16	4	13,5	10,00	1,67
10	CEE-32 A	1	1	400		22	22	31,75	31,75	31,75	31,75	32	10	10	10,00	0,99
11	Steckdosen Werkstatt	1	1		230	2,8	2,8	12,17	12,17			16	2,5	17,5	5,75	4,00
12	Steckdosen Werkstatt	1	1		230	2,8	2,8	12,17		12,17		16	2,5	13,5	5,75	3,09
13	Steckdosen Werkstatt	1	1		230	3	3	13,04			13,04	16	2,5	18	5,75	4,11
14	Büro	1	1		230	2,23	2,23	9,70	9,70			16	2,5	5	5,75	1,14
15	Lager	1	1		230	1,47	1,47	6,39		6,39		16	1,5	9	5,75	3,43
16	Eingangsbereich	1	1		230	2	2	8,7			8,7	16	1,5	10	5,75	3,81
17	Beleuchtung Werkstatt	1	1		230	0,99	0,99	4,430		4,30		6	1,5	15	5,75	2,14
	Summe:								148,31	149,30	148,18					

Tabelle 1.38 Berechnung aller Ströme der UV 2

Stromkreis Nr.	Gerät Stromkreis	$\cos\varphi$	η	DS (3~)	WS (1~)	S (kVA)		Strom I (A)	Sicherungsgröße (A)
1	Schweißgerät 1	0,7	1	400		10		14,43	16
2	Schweißgerät 2	0,7	1	400		10		14,43	16
3	Schweißgerät 3	0,7	1	400		10		14,43	16
4	Schweißgerät 4	0,7	1	400		10		14,43	16
5	Schweißgerät 5	0,7	1	400		10		14,43	16
6	Schweißgerät 6	0,7	1	400		10		14,43	16
7	Schweißgerät 7	0,7	1	400		10		14,43	16
8	Schweißgerät 8	0,7	1	400		10		14,43	16
9	Schweißgerät 9	0,7	1	400		10		14,43	16
10	Schweißgerät 10	0,7	1	400		10		14,43	16
Stromkreis Nr.	**Gerät Stromkreis**	**$\cos\varphi$**	**η**	**DS (3~)**	**WS (1~)**	**P_{ab} (kW)**	**P_{zu} (kW)**	**Strom (A)**	**Sicherungsgröße (A)**
12	Steckdosen 1	1	1		230	2,5	2,5	10,87	16
13	Steckdosen 2	1	1		230	2,5	2,5	10,87	16
14	Büro	1	1		230	2,23	2,23	9,70	16
15	Lager	1	1		230	1,47	1,47	6,39	16
16	Beleuchtung	1	1		230	0,66	0,66	2,87	16

gen. In jedem Kanal sind streckenweise 7 Leitungen verlegt. Die Berechnung der Leitungshäufung wird in Tabelle 1.39 und 1.40 durchgeführt. Da (wie in der Werkstatt) damit zu rechnen ist, dass durch die Leitungshäufung sich die Belastbarkeit verringert, sollen auch hier Kabel vom Typ N2XH zum Einsatz kommen.

Berechnung der Leitungshäufungsfaktoren für Kanal 1 und 2 in der Schweißerei:

$$\frac{\Sigma I_B}{\Sigma I_Z} \cdot n \Rightarrow \frac{91{,}02}{147{,}16} \cdot 7 = 4{,}33 \Rightarrow 5 \text{ Leitungen} \qquad \text{(Gl. 1.38)}$$

$$\frac{\Sigma I_b}{\Sigma I_z} \cdot n \Rightarrow \frac{104{,}15}{147{,}16} \cdot 7 = 4{,}95 \Rightarrow 5 \text{ Leitungen} \qquad \text{(Gl. 1.39)}$$

Unter Berücksichtigung des errechneten Gleichzeitigkeitsfaktors beträgt der Reduzierungsfaktor bei Kanal 1 und bei Kanal 2 0,60 (Tabelle 3.10 aus Abschnitt 3.6.4). Eine weitere Minderung der Strombelastbarkeit ist die erhöhte Umgebungstemperatur von 40 °C. Die Strombelastbarkeit der Leitungen in der Schweißerei werden einmal durch die Leitungshäufung, zum anderen durch die erhöhte Umgebungstemperatur verringert. Die Berechnung des Reduzierungsfaktors für Leitungen mit einer maximalen Betriebstemperatur von 90 °C ist in Abschnitt

Tabelle 1.39 Ermittlung der Betriebsströme und der Gesamtbelastbarkeit der Leitungen in Kanal 1 bei Einsatz von N2XH Kabel

	I_b (A)	I_n (A)	**Querschnitt** mm²	I_z (A) bei 30 °C	I_z (A) · 1,04
Stromkreis Nr. 1	14,43	16	1,5	19,5	20,28
Stromkreis Nr. 7	14,43	16	1,5	19,5	20,28
Stromkreis Nr. 8	14,43	16	1,5	19,5	20,28
Stromkreis Nr. 9	14,43	16	1,5	19,5	20,28
Stromkreis Nr. 10	14,43	16	1,5	19,5	20,28
Stromkreis Nr. 13	16	16	1,5	22	22,88
Stromkreis Nr. 16	2,87	16	1,5	22	22,88
Summe:	91,02				147,16

Tabelle 1.40 Ermittlung der Betriebsströme und der Gesamtbelastbarkeit der Leitungen in Kanal 2 bei Einsatz von N2XH Kabel

	I_b (A)	I_n (A)	**Querschnitt** mm²	I_z (A) bei 30 °C	I_z (A) · 1,04
Stromkreis Nr. 2	14,43	16	1,5	19,5	20,28
Stromkreis Nr. 3	14,43	16	1,5	19,5	20,28
Stromkreis Nr. 4	14,43	16	1,5	19,5	20,28
Stromkreis Nr. 5	14,43	16	1,5	19,5	20,28
Stromkreis Nr. 6	14,43	16	1,5	19,5	20,28
Stromkreis Nr. 12	16	16	1,5	22	22,88
Stromkreis Nr. 14	16	16	1,5	22	22,88
Summe:	104,15				147,16

3.6.4 beschrieben. Die Berechnungsformel des Faktors bei einer Umgebungstemperatur von 30 °C auf 40 °C lautet:

$$f_\vartheta = \sqrt{\frac{\vartheta_L - \vartheta_u}{\vartheta_L - \vartheta_B}} \Rightarrow \sqrt{\frac{90\ °C - 40\ °C}{90\ °C - 30\ °C}} = 0{,}9129 \qquad \text{(Gl. 1.40)}$$

Beispiel: Stromkreis Nr. 13

Diese Leitung ist bei einer Umgebungstemperatur von 30 °C mit 22 A belastbar (Verlegeart B2, Tabelle 5 aus DIN VDE 0298 Teil 4). Durch die Leitungshäufung verringert sich die Belastbarkeit um den Faktor 0,60 (Leitungshäufung bei 5 Leitungen) auf 13,2 A (22 A · 0,60). Durch die Temperaturerhöhung wird die Belastbarkeit weiter reduziert, und zwar auf 12,05 A (13,2 · 0,9129). Um den notwendigen Leitungsquerschnitt zu bestimmen, ist die Mindestbelastbarkeit von jedem Stromkreis zu berechnen (I_Z bei 30 °C/0,55 (0,60 · 0,9129)) und danach aus DIN VDE 0298 Teil 4 Tabelle 5 den entsprechenden Leiterquerschnitt herauszusuchen → 2,5 mm². In Tabelle 1.41 sind die Querschnitte für Kanal 1 und in Tabelle 1.42 für Kanal 2 bestimmt.

Tabelle 1.41 Ermittlung der Querschnitte der Leitungen N2XH in Kanal 1

	I_b von 1,5 mm² (A)/0,55	I_{zred} (A)	**Querschnitt** mm²	I_z (A) bei 30 °C
Stromkreis Nr. 1	14,43/0,55	26,24	4	35
Stromkreis Nr. 7	14,43/0,55	26,24	4	35
Stromkreis Nr. 8	14,43/0,55	26,24	4	35
Stromkreis Nr. 9	14,43/0,55	26,24	4	35
Stromkreis Nr. 10	14,43/0,55	26,24	4	35
Stromkreis Nr. 13	16/0,55	29,09	2,5	30
Stromkreis Nr. 16	2,87/0,55	5,22	1,5	22

Tabelle 1.42 Ermittlung der Querschnitte der Leitungen N2XH in Kanal 2

	I_b von 1,5 mm² (A)/0,55	I_{zred} (A)	**Querschnitt** mm²	I_z (A) bei 30 °C
Stromkreis Nr. 2	14,43/0,55	26,24	4	35
Stromkreis Nr. 3	14,43/0,55	26,24	4	35
Stromkreis Nr. 4	14,43/0,55	26,24	4	35
Stromkreis Nr. 5	14,43/0,55	26,24	4	35
Stromkreis Nr. 6	14,43/0,55	26,24	4	35
Stromkreis Nr. 12	16/0,55	29,09	2,5	30
Stromkreis Nr. 14	16/0,55	29,09	2,5	30

In Tabelle 1.43 werden mit den ermittelten Leiterquerschnitten aus Tabelle 1.41 und Tabelle 1.42 die Spannungsfälle der einzelnen Stromkreise überprüft.

1.4.2 Berechnung der Kompensationsanlage der Schweißerei

Die verschiedenen Kompensationsarten sowie deren Vor- und Nachteile sind in Abschnitt 3.9 beschrieben. Um den Zuleitungsquerschnitt zu reduzieren, sollen über eine geregelte Kompensationsanlage alle Schweißgeräte auf einen Leistungsfaktor von $\cos\varphi = 0{,}7$ auf $\cos\varphi = 0{,}9$ gebracht werden. Dazu ist aus der Gesamtscheinleistung aller Schweißgeräte die Gesamtwirkleistung zu berechnen:

$$P_{ges} = 10 \cdot S \cdot \cos\varphi \Rightarrow 10 \cdot 10\,\text{kVA} \cdot 0{,}7 = 70\,\text{kW} \qquad \text{(Gl. 1.41)}$$

Die anderen Stromkreise mit Steckvorrichtungen sollen hierbei nicht in die Berechnung mit einbezogen werden, da diese nicht immer in Betrieb sind und die Anschlusswerte der hieran betriebenen Geräte nicht bekannt sind. Die Beleuchtungsanlage ist bereits durch die Duo-Schaltung kompensiert. Die erforderliche Kapazität der Kompensationsanlage wird mit der Gleichung 3.18 aus Abschnitt 3.9 berechnet. Dabei bedeutet Q_C die Kondensatorblindleistung, $\tan\varphi_1 = 1{,}02$

Tabelle 1.43 Berechnung aller Stromkreise der Unterverteilung Schweißerei

Strom-kreis Nr.	Gerät **Stromkreis**	cos φ	η	DS (3~)	WS (1~)	S (kVA)		Strom I (A)	L1 (A)	L2 (A)	L3 (A)	Siche-rungs-größe (A)	Quer-schnitt A (mm²)	Länge (m)	ΔU max. 2,5 % (V)	ΔU (V)
1	Schweißgerät 1	0,7	1	400		10		14,43	14,43	14,43	14,43	16	4	9,5	10,00	0,82
2	Schweißgerät 2	0,7	1	400		10		14,43	14,43	14,43	14,43	16	4	5	10,00	0,43
3	Schweißgerät 3	0,7	1	400		10		14,43	14,43	14,43	14,43	16	4	19,5	10,00	1,69
4	Schweißgerät 4	0,7	1	400		10		14,43	14,43	14,43	14,43	16	4	17,4	10,00	1,51
5	Schweißgerät 5	0,7	1	400		10		14,43	14,43	14,43	14,43	16	4	15,5	10,00	1,34
6	Schweißgerät 6	0,7	1	400		10		14,43	14,43	14,43	14,43	16	4	10,5	10,00	0,91
7	Schweißgerät 7	0,7	1	400		10		14,43	14,43	14,43	14,43	16	4	13,3	10,00	1,15
8	Schweißgerät 8	0,7	1	400		10		14,43	14,43	14,43	14,43	16	4	6,5	10,00	0,56
9	Schweißgerät 9	0,7	1	400		10		14,43	14,43	14,43	14,43	16	4	17,7	10,00	1,53
10	Schweißgerät 10	0,7	1	400		10		14,43	14,43	14,43	14,43	16	4	12,5	10,00	1,08
	Summe: 1 (nicht kompensiert)								144,3	144,3	144,3					
Strom-kreis Nr.	**Gerät** **Stromkreis**	**cos φ**	**η**	**DS (3~)**	**WS (1~)**	**P_{ab} (kW)**	**P_{zu} (kW)**	**Strom (A)**	**L1 (A)**	**L2 (A)**	**L3 (A)**	**Siche-rungs-größe (A)**	**Quer-schnitt A (mm²)**	**Länge (m)**	**ΔU max. 2,5 % (V)**	**ΔU (V)**
	Schweißg. kompensiert	0,9	1	400		70	70	112,26	112,26	112,26	112,26					
12	Steckdosen 1	1	1		230	2,5	2,5	10,87	10,87			16	2,5	17	5,75	3,89
13	Steckdosen 2	1	1		230	2,5	2,5	10,87		10,87		16	2,5	17	5,75	3,89
14	Büro	1	1		230	2,23	2,23	9,70			9,70	16	2,5	5	5,75	0,71
15	Lager	1	1		230	1,47	1,47	6,39	6,39			16	1,5	9	5,75	3,43
16	Beleuchtung Schweißerei	1	1		230	0,66	0,66	2,87		2,87		6	1,5	15	5,75	2,14
	Summe:								129,52	126,00	121,96					

aus $\cos\varphi = 0{,}7$ vor der Kompensation, $\tan\varphi_2 = 0{,}484$ aus $\cos\varphi = 0{,}9$ nach der Kompensation, P = Wirkleistung aller Schweißgeräte.

$$Q_C = P \cdot (\tan\varphi_1 - \tan\varphi_2) \Rightarrow 70\ \text{kW} \cdot (1{,}02 - 0{,}484) = 37{,}52\ \text{kvar} \qquad \text{(Gl. 1.42)}$$

Mit dieser Kondensatorblindleistung wird aus einer Herstellertabelle von Kompensationsanlagen die erforderliche Sicherungsgröße für die Anlage ausgewählt → benötigte Sicherung 80 A. Bei Verlegeart C (auf Putz) muss nach Tabelle 3.9 aus Abschnitt 3.6.3 ein Leiterquerschnitt von 16 mm² zur Anlage verlegt werden. Der Strom auf der Zuleitung zur UV 2 verringert sich durch die Kompensation um 32,04 A (s. Tabelle 1.43: 144,3 A – 112,26 A). In Tabelle 1.43 sind zum Gesamtstrom aller Schweißgeräte mit $\cos\varphi = 0{,}9$ noch die Ströme der anderen Stromkreise addiert. Mit dem ermittelten stärksten Außenleiterstrom L1 = 129,52 A wird jetzt unter Einbeziehung des Gleichzeitigkeitsfaktors der Betriebsstrom berechnet: $I_b = I \cdot \text{Gfk} \rightarrow 129{,}52\ \text{A} \cdot 0{,}9 = 116{,}57\ \text{A}$ → Sicherungsgröße 125 A. Überprüfung der Selektivität: Größtes Überstromschutzorgan in UV 2 ist eine gL-Sicherung 80 A (Kompensationsanlage) → 125 A, somit ist Selektivität gegeben. Aus Tabelle 3.9 in Abschnitt 3.6.3 ist für die Zuleitung zur UV 2 bei Verlegeart C ein Querschnitt von 35 mm² erforderlich. Nochmalige Überprüfung: $I_b = 116{,}57\ \text{A} < I_n = 125\ \text{A} < I_z = 126\ \text{A}$. Wären die Schweißgeräte nicht kompensiert, wäre der Außenleiterstrom um 32,04 A größer → 161,56 A (129,52 A + 32,04 A). Unter Einbeziehung des Gleichzeitigkeitsfaktors wird der Betriebsstrom berechnet: $I_b = I \cdot \text{Gfk} \rightarrow 161{,}56\ \text{A} \cdot 0{,}9 = 145{,}40\ \text{A}$ → Sicherungsgröße 160 A. Aus Tabelle 3.9 in Abschnitt 3.6.3 wäre für die Zuleitung ein Querschnitt von 70 mm² erforderlich. Überprüfung des Spannungsfalles bei 35 mm²: Da hier relativ kurze Leitungslängen zwischen Zähler und Unterverteilung vorhanden sind, wird als Spannungsfall für den Endstromkreis 2,5 % angenommen, für die Leitung zur UV2 verbleiben 0,5 %. Der Spannungsfall auf der Verbindungsleitung zwischen der Zähler-/Wandlervorsicherung und der Sicherung für die Unterverteilung 2 kann hier vernachlässigt werden, da beide Schutzorgane im gleichen Gehäuse (Zählerschrank) untergebracht sind. Berechnung des Spannungsfalles: Leitungslänge 7 m, max. Spannungsfall 0,5 % = 2 V.

$$\Delta U = \frac{\sqrt{3} \cdot l \cdot I \cdot \cos\varphi}{\gamma \cdot A} \qquad \frac{\sqrt{3} \cdot 7\ \text{m} \cdot 125\ \text{A} \cdot 1}{\left(56\ \frac{\text{m}}{\Omega \cdot \text{mm}^2}\right) \cdot 35\ \text{mm}^2} = 0{,}77\ \text{V} \qquad \text{(Gl. 1.43)}$$

Der Querschnitt vom 35 mm² ist ausreichend.

1.4.3 Anordnung der Zähleranlage (Wandlermessung) nach TAB

Nachdem die Betriebsströme aller Unterverteilungen berechnet worden sind, soll jetzt die Sicherungsgröße der Zählervorsicherung bestimmt werden. Da als Vorsicherung zur UV2 eine 125-A-Sicherung vorhanden ist, muss in jedem Fall eine Wandleranlage zur Messung der elektrischen Energie installiert werden. Der Plan der Zähleranlage (Bild 1.17) soll die Zusammenhänge deutlich machen. Der Energieverbrauch wird von einer Wandleranlage gemessen. Der Strom von allen 3 Verteilungen fließt somit über die Sicherung der Wandleranlage. Um diese Sicherungsgröße zu bestimmen, sind die einzelnen Betriebsströme von allen Unterverteilungen in Tabelle 1.44 addiert:

Stärkster belasteter Außenleiter L1 mit 190,36 A → Sicherung gewählt 200 A. Überprüfung der Selektivität: Größte Sicherung vor der Wandleranlage = gL 125 A → 200 A, somit ist Selektivität gegeben.

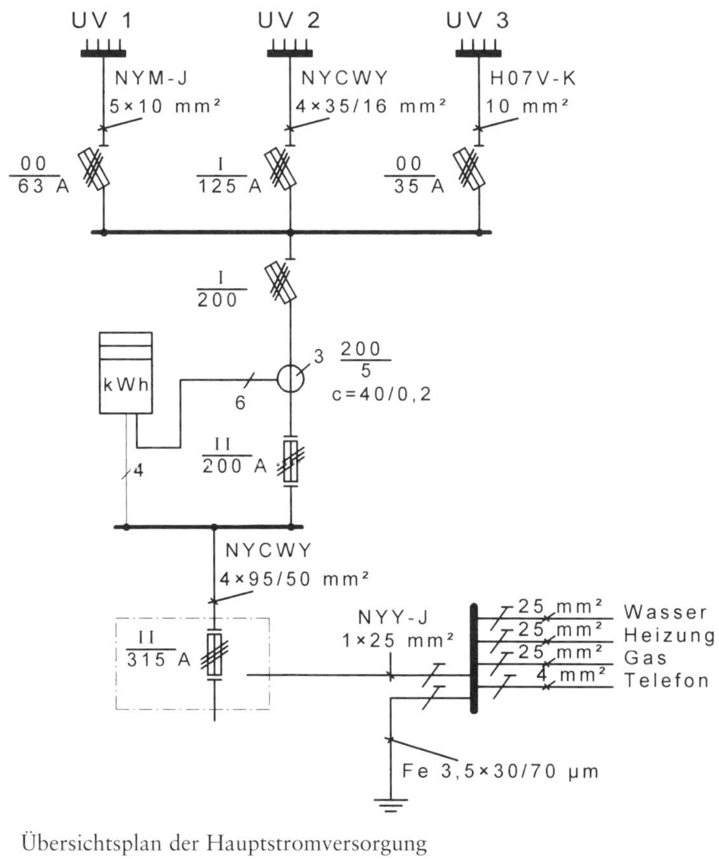

Bild 1.17 Übersichtsplan der Hauptstromversorgung

Tabelle 1.44 Berechnung des Gesamtstroms

	L1 (A)	L2 (A)	L3 (A)
Unterverteilung 1: Werkstatt ($I \cdot 0{,}3$)	44,49	44,79	44,45
Unterverteilung 2: Schweißerei ($I \cdot 0{,}9$)	116,57	113,40	109,76
Unterverteilung 3: Sozialräume	29,3	28,5	31,2
Summe:	190,36	186,69	185,41

Berechnung der Hauptleitung

Die Größe der Sicherung im Hausanschlusskasten ist nur nach Selektivitätsgründen auszuwählen, da keine anderen Zähler von diesem versorgt werden. Danach ist im Hausanschluss eine Sicherung von 315 A einzusetzen (200 A → 315 A). Der Querschnitt der Hauptleitung beträgt nach DIN VDE 0298 Teil 4, bei einer Umgebungstemperatur von 25 °C, 150 mm². Nochmalige Überprüfung: $I_b = 190{,}36\ \text{A} < I_n = 315\ \text{A} < I_z = 317\ \text{A}$. Zur Berechnung des Spannungsfall wird zunächst wieder die Scheinleistung berechnet: $S = \sqrt{3} \cdot U \cdot I \rightarrow \sqrt{3} \cdot 400\ \text{V} \cdot 315\ \text{A} = 218{,}24\ \text{kVA}$. Der max. Spannungsfall nach TAB, s. Abschnitt 2.1.1.3, beträgt zwischen 100 kVA und 250 kVA 1% der Nennspannung → max. 4 V. Nachfolgend wird der Spannungsfall der Hauptleitung berechnet:

$$\Delta U = \frac{\sqrt{3} \cdot l \cdot I \cdot \cos\varphi}{\gamma \cdot A} \qquad \frac{\sqrt{3} \cdot 6\ \text{m} \cdot 315\ \text{A} \cdot 1}{\left(56 \dfrac{\text{m}}{\Omega \cdot \text{mm}^2}\right) \cdot 150\ \text{mm}^2} = 0{,}39\ \text{V} \qquad \text{(Gl. 1.44)}$$

Bei dem Querschnitt von 150 mm² wird der Spannungsfall von max. 4 V nicht überschritten. Bei genauerer Betrachtung stellt sich die Frage: Muss hier wirklich der Hauptleitungsquerschnitt von 150 mm² verlegt werden? Dazu ist noch einmal die Anordnung der Wandlervorsicherung und der Sicherung im HAK (Bild 1.17) zu betrachten. Man kommt sicher zum Schluss, dass nicht mehr als 200 A über die Hauptleitung fließen wird, da sonst nach einiger Zeit die Wandlervorsicherung auslöst und vor dieser keine weiteren Hauptleitungsabzweige vorhanden sind. Somit könnte der Querschnitt der Leitung nach dem Sicherungsstrom von 200 A bestimmt werden. Dieser muss dafür, nach Tabelle 3.9 aus Abschnitt 3.6.3, nur noch 95 mm² stark sein. Die Sicherung im HAK hat jetzt nur noch die Aufgabe, die Hauptleitung im Kurzschlussfall zu schützen. Damit im Kurzschlussfall das PVC-isolierte Kabel keinen Schaden erleidet, muss die Sicherung diesen innerhalb von 5 s abschalten (s. Abschnitt 3.6.1). Dabei darf die Kurzschlussbelastbarkeit I_{thz} des Kabels von 95 mm² den Wert von 4,894 kA nicht überschreiten (Tabelle 3.7 aus Abschnitt 3.6.1 Abschaltzeit 5 s). Das zuständige VNB gibt Auskunft über die Höhe des Kurzschlussstroms am Hausanschlusskasten, hier 2 kA. Damit ist sichergestellt dass die Kurzschlussbelastbarkeit der Hauptleitung nicht überschritten wird. Die Auslösezeit der Sicherung von 315 A bei einem Kurzschluss beträgt nach der Strom-Zeit-Kennlinie von gL-Sicherungen bei 2000 A ≤ 5 s.

Der Querschnitt von 95 mm² ist jetzt noch hinsichtlich des Spannungsfalles zu überprüfen:

$$\Delta U = \frac{\sqrt{3} \cdot l \cdot I \cdot \cos\varphi}{\gamma \cdot A} \Rightarrow \frac{\sqrt{3} \cdot 6\ \text{m} \cdot 315\ \text{A} \cdot 1}{\left(56\ \dfrac{\text{m}}{\Omega \cdot \text{mm}^2}\right) \cdot 95\ \text{mm}^2} = 0{,}62\ \text{V} \qquad \text{(Gl. 1.45)}$$

Der max. Spannungsfall wird auch hierbei nicht überschritten.

1.4.4 Zeichnung der Verteilungspläne und der Hauptstromversorgung

Ein Übersichtsplan in allpoliger Darstellung für eine Verteilung wurde bereits im Projekt 1.2 gezeigt, deswegen wird hier darauf verzichtet. Bild 1.17 zeigt den Plan der Hauptstromversorgung.

1.4.5 Dimensionierung vom Potenzialausgleich

Da hier, wie beim 1-Familien-Haus (s. Bild 3.29 in Abschnitt 3.4), ein Zählerschrank mit integriertem Stromkreisverteiler vorhanden ist, wird der Hausanschlusskasten als Hauptverteiler angesehen. Für die Dimensionierung des Hauptpotenzialausgleichsleiters ist somit der Schutzleiterquerschnitt der Hauptleitung heranzuziehen. Berechnung des Querschnittes des Hauptpotenzialausgleichsleiters: $0{,}5 \cdot 50\ \text{mm}^2 = 25\ \text{mm}^2$.

1.5 1-Familien-Haus mit Einliegerwohnung, beheizt mit Speicheröfen

Das in Projekt 1.1 geplante 1-Familien-Haus mit Einliegerwohnung ist mit elektrischen Speicheröfen zu beheizen. Die für einige Berechnungen notwendigen, schon vorhandenen Werte und die technischen Vorbemerkungen der Elektroinstallation, werden von diesem Projekt übernommen. Die Aufladeleitungen und die Aufladesteuerleitungen sollen in Rohr auf dem Rohfußboden verlegt werden. Die notwendigen zusätzlichen Verteilungen sind neben den Verteilungen für Hochtarif anzubringen. Somit sind die Zuleitungen zu den Stromkreisverteilern genauso lang.

Der Speicherofen soll die aus der elektrischen Energie gewonnene Wärme im Speicherkern des Ofens speichern und sie bei Bedarf wieder abgeben. Im Speicherkern sind dazu Kanäle vorhanden, durch die Kaltluft über einen Ventilator geblasen wird und als Warmluft wieder austritt. Die Zeit für die Aufladung des Speicherkerns wird vom VNB festgelegt und erfolgt meist in der Niedertarifzeit (NT), die in der Regel in den Nachtstunden zwischen 22^{00} und 6^{00} Uhr liegt. Die meisten VNBs bieten dafür die Energie zu einem niedrigen Preis an. Darum benötigen die Nachtspeicherheizungen eine eigene elektrische Anlage, d. h. eigene Zähler und Stromkreiszuleitungen zu den UVs. Der VNB kann darüber hinaus fordern, eine eigene Unterverteilung für die Stromkreise der Nachtspeicheröfen anzuordnen oder mit Trennstegen bzw. mit Schottung in einer UV eine übersichtliche Trennung zu den Stromkreisen für den «allgemeinen Verbrauch» herbeizuführen. Die Aufladezeit wird vom VNB durch eine der Netzfrequenz überlagerte Tonfrequenz, im Bereich >100 Hz und <1600 Hz, eingeleitet und beendet. Dieses Ein- und Ausschalten geschieht beim Kunden durch den TRE (Tonfrequenzrundsteuer-Empfänger). Von den VNBs wird meist eine Aufladeautomatik verlangt, die die jeweils herrschenden Witterungsverhältnisse und die im Speicherkern noch vorhandene Restwärme für die Aufladung berücksichtigt. Die Entladung über den Ventilator wird durch ein Raumthermostat geregelt. Da am Tag die Spannung für die Aufladung nicht vorhanden ist, muss die Versorgung des Ventilators vom Hochtarif (HT) entnommen werden. Bild 1.18 zeigt das Blockschaltbild einer Speicherheizanlage.

Zwischen den Verteilungen und dem Speicherofen müssen 3 Leitungen verlegt werden: die Aufladeleitung von UV/NT, die Aufladesteuerleitung von der Aufladeautomatik (evtl. in UV / NT eingebaut) und die Entladeleitung vom Raumthermostat, dessen Zuleitung von UV / HT entnommen ist. Der Anschluss des Speicherofens erfolgt über 3-Kammer-Geräteanschlussdosen und flexiblen Leitungen. Da im Klemmraum des Speicherofens Temperaturen >70 °C auftreten, ist der Anschluss mit Silikonschlauchleitungen durchzuführen, da der Einsatz von PVC-

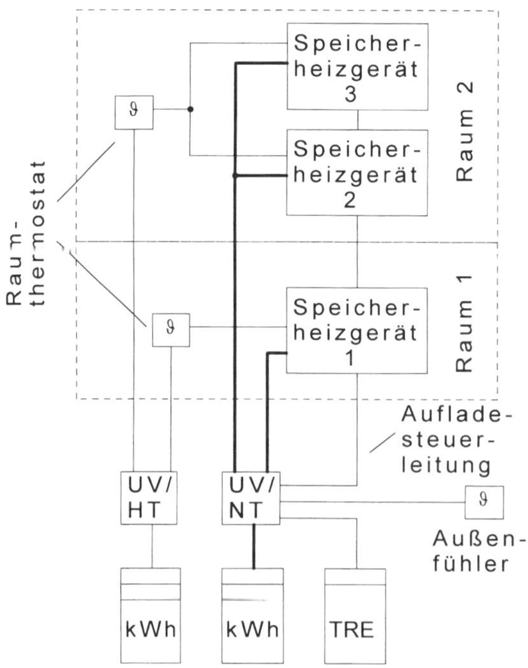

Bild 1.18
Blockschaltbild einer Speicherheizanlage

oder gummiisolierten Leitungen ausscheidet. Der Leiterquerschnitt für die Aufladeleitung ist abhängig vom Anschlusswert des Ofens und jeweils zu berechnen. Auf eine Berechnung der Querschnitte der beiden anderen Leitungen kann man verzichten. Die Leistung der Ventilatoren ist sehr klein, die Absicherung erfolgt meist mit 6 A. Die Aufladesteuerleitung dient zur Übertragung von Signalen zum Speicherofen. Für beide Leitungen wird in diesem Projekt jeweils ein Leiterquerschnitt von 1,5 mm^2 verlegt.

1.5.1 Wärmebedarfsberechnung, Berechnung der Heizleistung der Speicheröfen

Um eine konstante Raumtemperatur zu erhalten, muss vom Heizgerät ständig die Wärmemenge geliefert werden, die vom Raum an die Umgebung abgegeben wird. Grundlage für die Berechnung des Wärmebedarfs ist DIN 4701. Um den Wärmebedarf eines Raums zu berechnen, müssen Fläche und Material von Wänden, Decken, Fußböden, Fenster, Türen, Fugen, usw. sowie Temperaturen der angrenzenden Räume und Freiflächen bekannt sein. Da dieses Berechnungsverfahren sehr aufwendig ist, sollte man die Serviceleistung der Hersteller von Speicheröfen nutzen, die den erforderlichen Wärmebedarf mit speziellen Computerprogrammen berechnen. Der Norm-Wärmebedarf, Q_N in Watt, der durch diese Berechnung ermittelt wird, ist der Wärmebedarf eines Raums, der bei tiefster Außentemperatur eine Innentemperatur von 20 °C hat, wenn die Heizung dauernd eingeschaltet ist. Dieser Raumwärmebedarf ist der Anschlusswert für die Dauerheizung. Bei Speicherheizung reicht dieser Wert jedoch nicht, da zum Aufheizen nur einige Stunden zu Verfügung stehen. Aus dem Wärmebedarf, der Aufheizzeit und den Tagesbenutzungsstunden wird der Anschlusswert P_S eines Speicherofens anhand von Tabellen der Hersteller von Speicheröfen ermittelt. Tabelle 1.45 zeigt Anschlusswerte von Nachtspeicheröfen für die Aufheizzeit 8 + 0 (Freigabe nur Nachts) und einer Tagesbenutzungsdauer von 19,6 h (ein vom Hersteller angegebener Erfahrungswert). Bei höheren Wärmebedarfswerten ist die Leistung möglichst gleichmäßig auf mehrere Öfen zu verteilen.

Tabelle 1.45 Anschlusswerte P_S von Speicheröfen

Q_N (W)	P_S (W)	Q_N (W)	P_S (W)	Q_N (W)	P_S (W)	Q_N (W)	P_S (W)	Q_N (W)	P_S (W)
920	2250	1360	3330	1700	4160	2050	5000	2620	6410
1020	2500	1500	3660	1870	4580	2250	5500	2810	7000
1130	2750	1640	4000	2020	5000	2450	6000		
1230	3000								

1.5.2 Berechnung aller Leitungsquerschnitte

In Tabelle 1.46 sind anhand der ermittelten Normwärmebedarfswerte die Anschlusswerte der Speicheröfen nach Tabelle 1.45 für die Haupt- und Einliegerwohnung und die erforderlichen Leitungslängen der Aufladeleitungen zwischen UV und Geräteanschlussdose ermittelt.

Tabelle 1.46 Anschlusswerte der Speicheröfen für Haupt- und Einliegerwohnung

Hauptwohnung	Q_N (W)	P_S (W)	Länge (m)	**Einliegerwohnung**	Q_N (W)	P_S (W)	Länge (m)
Wohnzimmer	3890			Wohnzimmer	2210	5500	13
Wohnzimmer, Ofen 1	1945	5000	12	Schlafzimmer	1230	3000	8
Wohnzimmer, Ofen 2	1945	5000	10,5	Küche Bad	840 830	2250 2250	7 5
Kinderzimmer	1250	3330	8,5	Flur	820	2250	3
Schlafzimmer	1540	4000	10,5				
Esszimmer	920	2250	9				
Flur	910	2250	4				
Küche	840	2250	5				
Bad	830	2250	7				

Tabelle 1.47 Berechnung der Leitungsquerschnitte der Aufladeleitungen der Speicheröfen

Stromkreis Nr.	**Stromkreis**	P_{zu} (W)	**Strom** I (A)	**Sicherungsgröße** (A)	**Querschnitt A** (mm²)	**Länge** (m)	ΔU **max. 2,5 %** (V)	ΔU (V)
	Hauptwohnung							
1	Wohnzimmer Ofen 1	5000	7,22	10	1,5	12	10,00	2,47
2	Wohnzimmer Ofen 2	5000	7,22	10	1,5	10,5	10,00	2,17
3	Kinderzimmer	3330	4,81	6	1,5	8,5	10,00	1,05
4	Schlafzimmer	4000	5,77	6	1,5	10,5	10,00	1,30
5	Esszimmer	2250	3,25	6	1,5	9	10,00	1,11
6	Flur	2250	3,25	6	1,5	4	10,00	0,49
7	Küche	2250	3,25	6	1,5	5	10,00	0,62
8	Bad	2250	3,25	6	1,5	7	10,00	0,87
	Summe:		38,02					
	Einliegerwohnung							
1	Wohnzimmer	5500	7,94	10	1,5	13	10,00	2,68
2	Schlafzimmer	3000	4,33	6	1,5	8	10,00	0,99
3	Küche	2250	3,25	6	1,5	7	10,00	0,87
4	Bad	2250	3,25	6	1,5	5	10,00	0,62
5	Flur	2250	3,25	6	1,5	3	10,00	0,37
	Summe:		22,02					

In Tabelle 1.47 sind die Leitungsquerschnitte der Aufladeleitungen zu den Speicheröfen und die Gesamtleistung für jede Wohnung berechnet. Nach der TAB (s. Abschnitt 2.1.1.3) müssen Geräte zur Heizung oder Klimatisierung mit einem Anschlusswert über 4,6 kW als Drehstromanschluss ausgeführt werden. Der von uns gewählte Hersteller von Nachtspeicheröfen hat nur Geräte unter 2 kW Heizleistung für einen 230-V-Anschluss im Programm. Deswegen erhalten alle Speicherheizgeräte einen Drehstromanschluss. Da 3-polige 4-A-Leitungsschutzschalter nicht einfach zu beschaffen sind, wurden bei allen Speicheröfen zur Absicherung 3-polige LS-Schalter 6 A oder 10 A verwendet.

1.5.3 Anordnung der Zähleranlage nach TAB

Zunächst werden die Querschnitte der Stromkreiszuleitungen zu den UV/NT bestimmt. Da es sich um eine Wohnungsinstallation handelt, ist auch hier DIN 18 015 Teil 1 zugrunde zu legen. Danach ist der Stromkreisverteiler mindestens 2-reihig auszuführen, wobei bei der Hauptwohnung die Platzeinheiten schon durch die LS-Schalter für die Aufladung der Speicheröfen belegt sind (8 LS-Schalter 3-polig = 24 TLE). Es muss aber noch der Platz für die Aufladeautomatik vorhanden sein. Ebenfalls ist zu bedenken, dass zumindest nach alter TAB der gleichzeitige Betrieb von Durchlauferhitzern und Heizung zu verhindern ist. D.h., es muss noch Platz für ein 3-poliges Schütz in der Verteilung vorhanden sein. Da z.B. bei der Hauptwohnung eine 6-reihige Verteilung verwendet wurde, empfiehlt sich auch aus optischen Gründen (beide Verteilungen sind nebeneinander) hierfür die gleiche Verteilung zu verwenden. Die Zählervorsicherung für die UV/NT wird nach der Belastung und der Selektivität bestimmt. Ein Gleichzeitigkeitsfaktor kann hier nicht angewendet werden, da im ungünstigsten Fall alle Speicheröfen während der gesamten Freigabedauer in Betrieb sind. Bei der Hauptwohnung muss die Zählervorsicherung einen Nennstrom von 50 A (I_b = 38,02 A; Selektivität LS-B 10 A → gl 25 A, s. Abschnitt 3.7.2), bei der Einliegerwohnung von 25 A (I_b = 22,02 A; Selektivität LS-B 10 A → gl 25 A) haben. Für die Querschnittsbestimmung der Stromkreiszuleitungen zu den UV/NT ist ebenfalls DIN 18 015 Teil 1 zu berücksichtigen. Da danach diese mit 63 A belastbar sein müssen, die Längen und die Verlegebedingung gleich wie die der Zuleitungen zu den UV/HT sind und der gleiche Spannungsfall zum Ansatz kommt, wird der gleiche Querschnitt gewählt (s. Abschnitt 1.1.3): für die Hauptwohnung 16 mm^2 und für die Einliegerwohnung 10 mm^2. Für die Berechnung der Hauptleitung sind neben dem Gesamtstrom der Speicheröfen auch noch die Ströme für Haupt-, Einliegerwohnung und allgemein aus Projekt 1.1 (Tabelle 1.13) zu berücksichtigen: Stärkster belasteter Außenleiter ohne Gleichzeitigkeitsfaktor L3 = 162,53 A, mit Gleichzeitigkeitsfaktor L3 = 102,16 A. Zum Strom von 102,16 A wird jetzt noch der von UV/NT der Hauptwohnung von 38,02 A und der von UV/NT der Einliegerwohnung von 22,02 A addiert; dies ergibt ein Gesamtstrom von 162,20 A. Dafür ist im Hausanschlusskasten eine Sicherung mit der Nennstromstärke von 200 A einzusetzen, bei Verlegeart E und 3 belasteten Adern ist, nach DIN VDE

Tabelle 1.48 Berechnung des Gesamtstroms der Hauptleitung

	6^{00}	22^{00}	6^{00}	22^{00}
HT NT	100 % · $I_{INST.}$ · Gfk 0 %	25 % · $I_{INST.}$ 100 %	102,16 A 0 A	25 % von 162,53 A 38,02 + 22,02 A
Summe			102,16 A	100,67 A

0298 Teil 4, für die Hauptleitung ein Querschnitt von 70 mm² zu verlegen. Damit ist sichergestellt, dass die Hauptleitung bei voller Belastung von HT und NT nie überlastet ist. Es stellt sich die Frage, ob auch nachts, wenn die Freigabe für die Aufladung erfolgt, vom Hochtarif die Gesamtleistung benötigt wird. Da dies meist nicht der Fall ist, kann für die Querschnittsberechnung der Hauptleitung für HT ein kleinerer Wert angenommen werden, die Größe des Wertes liegt jedoch im Ermessen jedes Planers. Tabelle 1.48 zeigt hierzu ein Beispiel, nachdem hier die Querschnittsbemessung der Hauptleitung vorgenommen wird.

Die Leitung wird auch bei Betrieb aller Durchlauferhitzer nicht überlastet, da die Vorrangschaltung die Aufladung der Heizung unterbricht. Die erforderliche Sicherung im Hausanschlusskasten beträgt jetzt nur 125 A. Da die Sicherung im HA auch aus Gründen der Selektivität (größte Zählervorsicherung NT = 50 A → 80 A) nicht erhöht werden muss, kann man den in Projekt 1.1 ermittelten Hauptleitungsquerschnitt von 35 mm² auch hier verlegen.

1.5.4 Zeichnung der Verteilungspläne und der Hauptstromversorgung

Bild 1.19 zeigt den Übersichtsschaltplan für die Unterverteilung NT der Hauptwohnung, Bild 1.20 den Plan des Hauptstromversorgungssystems mit allen Zählern. Die in der alten TAB geforderte Steuerleitung von mindestens 7 × 1,5 mm² (ohne grüngelbe Ader) zwischen Zähler und Stromkreisverteiler wird hier benötigt, um das vom TRE kommende Freigabesignal an die Aufladeautomatik weiterzuleiten.

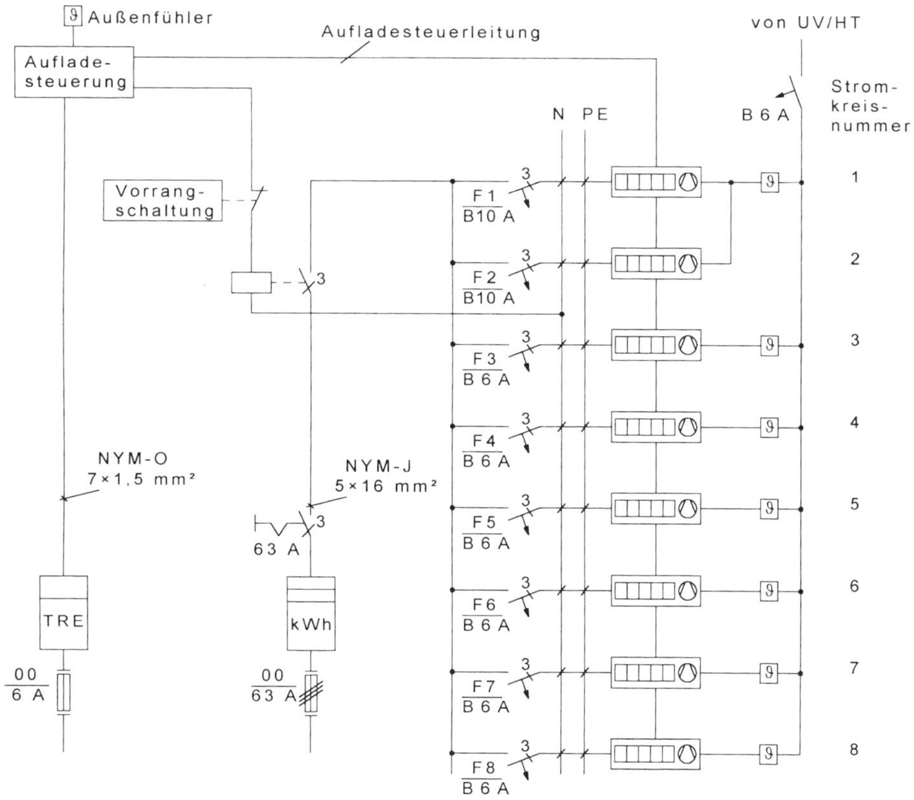

Bild 1.19 Übersichtsschaltplan der Unterverteilung NT der Hauptwohnung

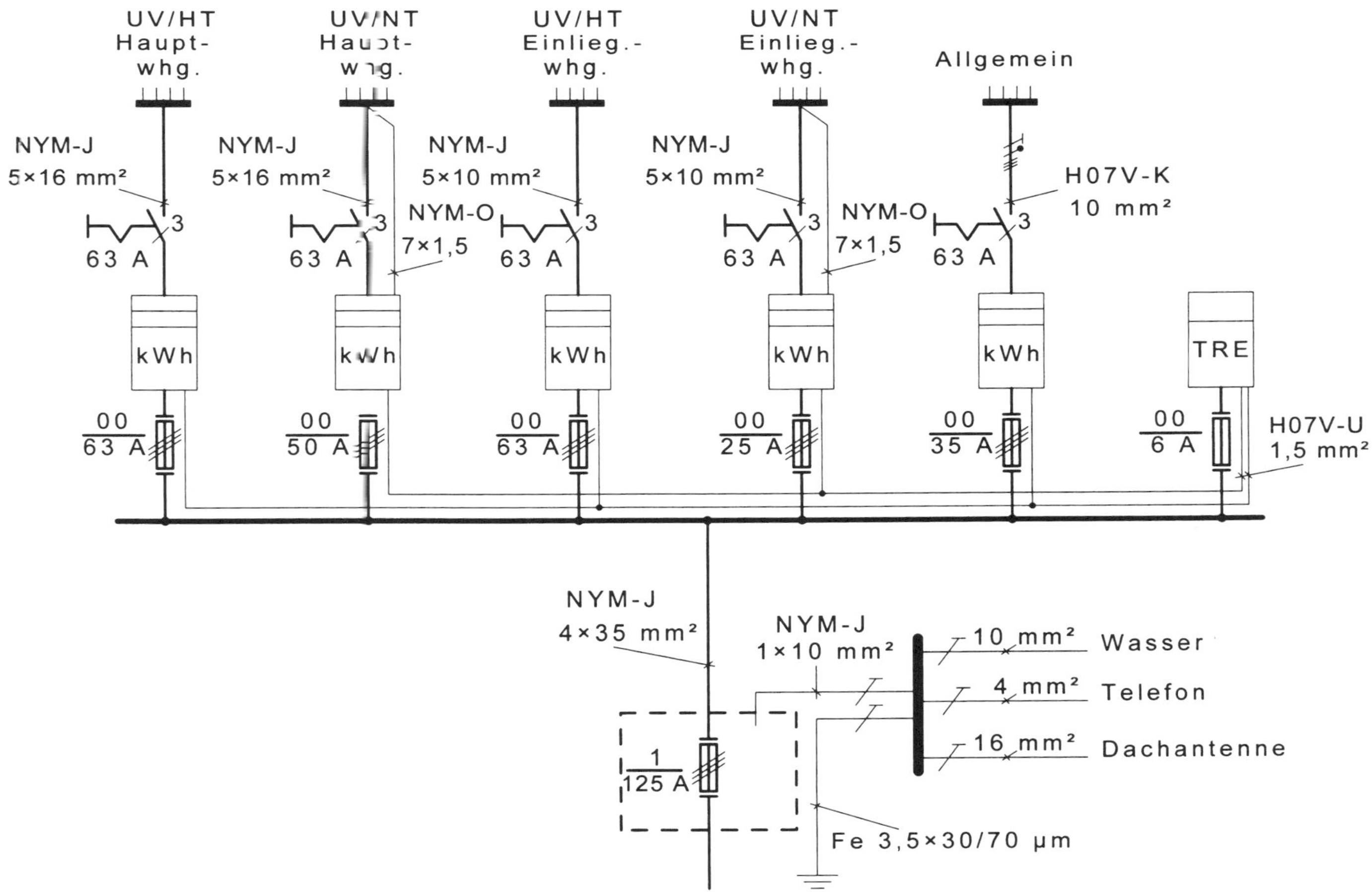

Bild 1.20 Übersichtsschaltplan der Hauptstromversorgung

1.5.5 Dimensionierung vom Hauptpotenzialausgleich

Wie in Projekt 1.1 beträgt auch hier der stärkste von der Hauptleitung abgehende Schutzleiterquerschnitt 16 mm^2. Am Querschnitt des Potenzialausgleichsleiters von 10 mm^2 ändert sich somit nichts.

1.6 Landwirtschaftliche Betriebsstätte

Neben einem Wohnhaus wird im Abstand von ca. 250 m ein Gebäude für ein landwirtschaftliches Anwesen errichtet. In der 1. Ausbauphase soll dieses Gebäude zunächst nur als Lager- und Abstellplatz genutzt werden; Teile davon sind aber schon für eine spätere Nutzung wie z. B. Viehställe vorzubereiten. Wegen der separaten Energieabrechnung, für die ein eigener Zähler notwendig ist, und einer in der Nähe befindlichen Trafostation (ca. 100 m), wird mit dem VNB ein separater «Hausanschluss» für dieses Gebäude vereinbart, der im Geräteraum zu montieren ist. Direkt daneben ist der Zählerplatz mit integriertem Stromkreisverteiler vorzusehen. In diesem ist, neben den momentan zu installierenden Stromkreisen, 1 Abgang zu einer eventuell später benötigten Verteilung vorzusehen. Für diese Verteilung wird eine zu installierende Leistung von 30 kW, für die Strombelastung der Hauptleitung ein Gleichzeitigkeitsfaktor von 25 % angenommen. Bei Errichtung des Gebäudes wurde ein Fundamenterder nach DIN 18 014 (s. auch Abschnitt 2.2.1.2) mit den notwenigen Anschlussfahnen für Potenzialausgleich und Blitzschutzanlage hergestellt. Für die Ausführung der äußeren Blitzschutzanlage wird ein Fachbetrieb beauftragt. In den Teilen des Gebäudes, die später als Viehstall genutzt werden, sind Baustahlmatten zur Potenzialsteuerung in den Boden eingebracht worden. Diese sind mit der Potenzialausgleichsschiene zu verbinden.

Technische Vorbemerkungen zur Elektroinstallation
Für die Elektroinstallation gelten die Bestimmungen der DIN VDE 0100 in allen Teilen. Die Arbeiten und Materialien müssen den einschlägigen Normen, Richtlinien und Bestimmungen in der jeweils letztgültigen Fassung entsprechen, insbesondere den Vorschriften nach VDE und DIN, den Unfallverhütungsvorschriften der Berufsgenossenschaft für Feinmechanik und Elektrotechnik, den Vorschriften und zusätzlichen Auflagen des zuständigen örtlichen VNB und den Richtlinien des VdS (s. Abschnitt 3.12.3).

Hauptzuleitungen und Verteilungen
Alle Verteilungen müssen gemäß den Richtlinien des VNB und den VDE-Vorschriften aufgebaut werden. Der innere Aufbau erfolgt mittels Normfeldeinsätzen im Rastersystem. Mindestens 30 % der eingebauten Geräte sind als Leerplatz für spätere Erweiterungen vorzusehen. Der Verteilungsnetzbetreiber stellt am Übergabepunkt das TT-System zur Verfügung.

Allgemeine Elektroinstallation

Es sind grundsätzlich Kunststoffkabel oder Kunststoffmantelleitungen zu verwenden. Licht und Steckdosenstromkreise sind bei diesem Projekt grundsätzlich zu trennen. Leitungsquerschnitte sind nach den zu erwartenden Belastungen unter Berücksichtigung von Verlegeart, Umgebungstemperatur und Leitungslänge zu berechnen. In Anlehnung an DIN 18 015 Teil 1 wird für die Steckdosen- und Beleuchtungsstromkreise ein max. Spannungsfall von 3 % zwischen Messeinrichtung und Verbraucher angenommen. Da der Stromkreisverteiler mit im Zählerschrank untergebracht ist, kann hier der max. Spannungsfall von 3 % zugrunde gelegt werden. Die Leitungen sind auf Putz in geschlossener Rohrverlegung (mit Rohrbögen, jede Leitung einzeln in einem Rohr) oder im Kabelkanal zu verlegen. Die Berechnung der Leitungshäufung wurde in Projekt 1.4 ausführlich behandelt, deswegen wird hier darauf verzichtet. Leitungseinführungen in das Rohr oder in den Kabelkanal sind mit Verschraubungen oder Würgenippel entsprechend zu verschließen. Dies gilt nicht für die Hauptleitung und dem separat verlegten Schutzleiter, sie können auf Putz mit Abstandschellen verlegt werden (Länge der Hauptleitung 3 m). Die 1-phasigen Stromverbraucher sind so auf die 3 Phasen L1, L2, und L3 aufzuteilen, dass eine möglichst gleichmäßige Belastung gewährleistet ist. Bild 1.21 zeigt den Grundriss der landwirtschaftlichen Betriebsstätte mit Lage der momentan zu installierenden Betriebsmitteln.

Anschlussleistungen elektrischer Verbraucher

Stromkreis Nr. 1: später benötigte Verteilung, 30 kVA
Stromkreis Nr. 2: 3 Heizgeräte à 6 kW, 400 V, Leitungslänge zum Heizgerät 1 = 12,5 m, von Heizgerät 1 zu Heizgerät 2 = 5 m, von Heizgerät 2 zu Heizgerät 3 = 5 m
Stromkreis Nr. 3: Schukosteckdosen Geräteraum, längste Leitungslänge 11 m
Stromkreis Nr. 4: Schukosteckdosen Raum 1, längste Leitungslänge 20 m
Stromkreis Nr. 5: Schukosteckdosen Raum 2, längste Leitungslänge 27,5 m
Stromkreis Nr. 6: Schukosteckdosen Raum 3, längste Leitungslänge 30 m
Stromkreis Nr. 7: Schukosteckdosen Raum 4, längste Leitungslänge 29 m
Stromkreis Nr. 8: Schukosteckdosen Raum 5, längste Leitungslänge 22 m
Stromkreis Nr. 9: Beleuchtung Geräteraum, Raum 1 + 2, Leitungslänge 10 m
Stromkreis Nr. 10: Beleuchtung Raum 3, Leitungslänge 8 m
Stromkreis Nr. 11: Beleuchtung Raum 4 + 5, Leitungslänge 18 m
Stromkreis Nr. 12: CEE-Steckdose 5-polig, 16 A, Raum 1, 400 V, Leitungslänge 16 m
Stromkreis Nr. 13: CEE-Steckdose 5-polig, 16 A, Raum 2, 400 V, Leitungslänge 22 m
Stromkreis Nr. 14: CEE-Steckdose 5-polig, 16 A, Raum 3, 400 V, Leitungslänge 21,5 m
Stromkreis Nr. 15: CEE-Steckdose 5-polig, 16 A, Raum 4, 400 V, Leitungslänge 33,5 m

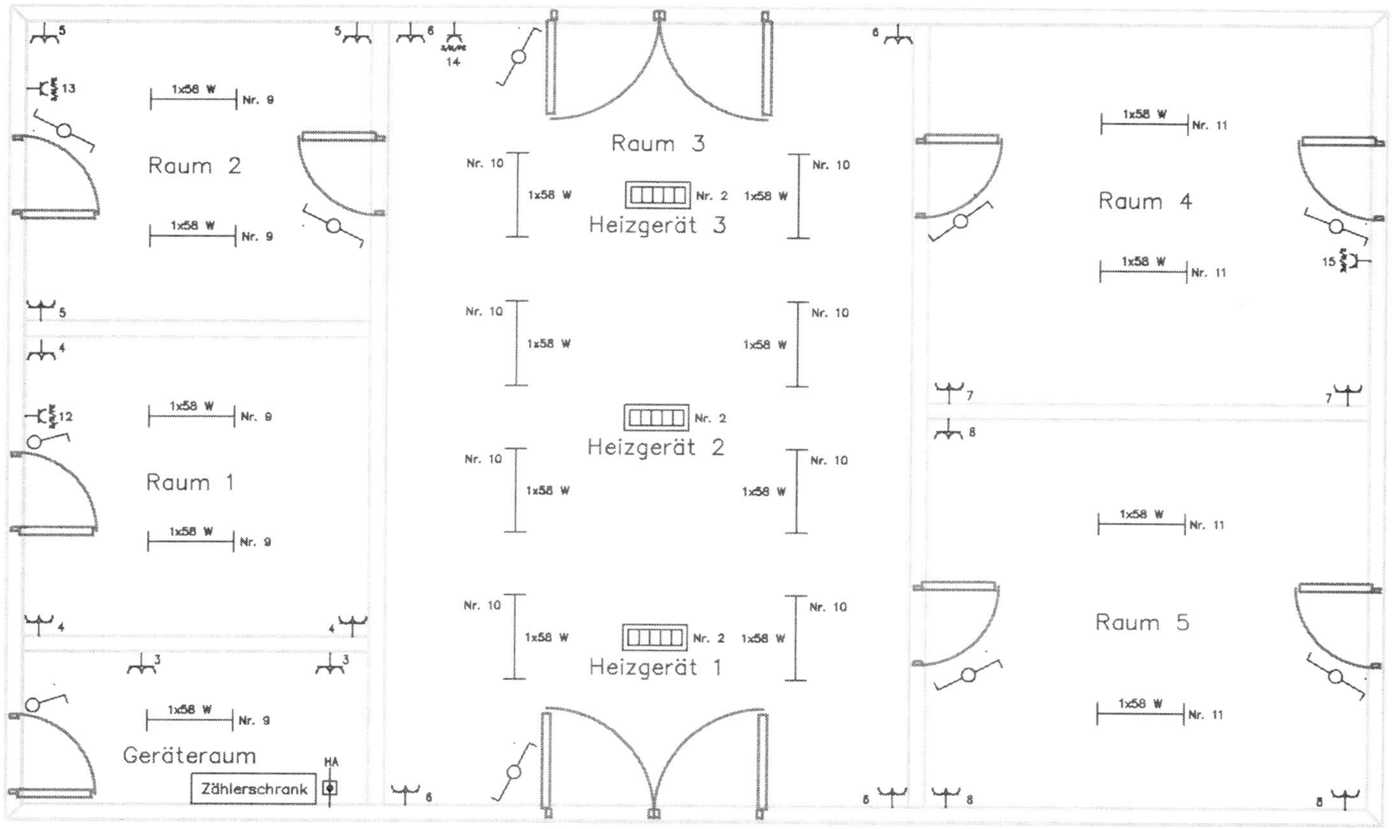

Bild 1.21 Grundriss der landwirtschaftlichen Betriebsstätte mit Lage Betriebsmittel

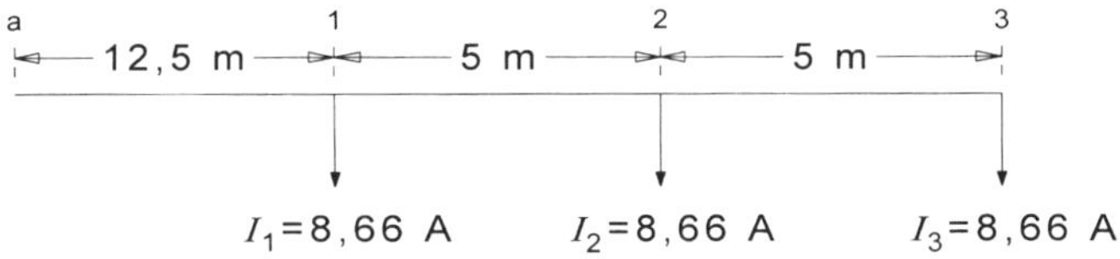

Bild 1.22 Übersichtsschaltplan der Leitungsführung der Heizung (Stromkreis Nr. 2)

1.6.1 Komplette Berechnung der Versorgungssysteme

Es sind die Betriebsströme und die Spannungsfälle der einzelnen Stromkreise zu berechnen. Für die Leistungsermittlung bei den Schukosteckdosen wird Tabelle 2.22 zugrunde gelegt, d.h., für eine einfache Schukosteckdose wird 0,5 kW, für eine 2fache 0,7 kW angenommen. Die Leuchtstofflampen werden in Duo-Schaltung (eine induktiv, die nächste kapazitiv) mit verlustarmen Vorschaltgeräten betrieben, die Leistung für die Drossel beträgt 8 W. Die Heizgeräte werden gemeinsam ein- und ausgeschaltet. Da dieser Stromkreis keine einfache Stichleitung ist, sondern eine mit Abzweigen, kann hier der Spannungsfall nach Gleichung 3.6 aus Abschnitt 3.5.2 berechnet werden. Zum Verständnis wird die Anordnung in Bild 1.22 gezeigt und der Spannungsfall berechnet. Da bei Heizgeräten $\cos\varphi = 1$ ist, kann er bei der Berechnung weggelassen werden. Der Strom I eines Heizgerätes wird aus der Leistung P berechnet: $I = P/(\sqrt{3} \cdot U) \rightarrow$ $6\ \text{kW}/(\sqrt{3} \cdot 400\ \text{V}) = 8{,}66\ \text{A}$.

$$I_1 = 8{,}66\ \text{A} \qquad I_2 = 8{,}66\ \text{A} \quad I_3 = 8{,}66\ \text{A} \quad \gamma = 56\,\frac{\text{m}}{\Omega \cdot \text{mm}^2}\quad A = 6\ \text{mm}^2$$

$$la_1 = 12{,}5\ \text{m} \qquad l_{12} = 5\ \text{m} \qquad l_{23} = 5\ \text{m} \qquad \text{(Gl. 1.46)}$$

$$\Delta U = \frac{\sqrt{3} \cdot [(I_1 + I_2 + I_3) \cdot l_{a1} + (I_2 + I_3) \cdot l_{12} + I_3 \cdot l_{23}]}{\gamma \cdot A} = 2{,}34\ \text{V}$$

In Tabelle 1.49 sind von allen anderen Stromkreisen die Sicherungsgrößen, Leitungsquerschnitte und Spannungsfälle berechnet. Nach dem starksten belasteten Außenleiter L1 mit 152,49 A wird nun die Zählervorsicherung bestimmt: $I_{L1} =$ $(I_{ges} - I_{Heizung}) \cdot g + I_{Heizung} = (152{,}49\ \text{A} - 25{,}98\ \text{A}) \cdot 0{,}25 + 25{,}98\ \text{A} = 57{,}61\ \text{A} \rightarrow$ Zählervorsicherung 63 A. Die Sicherung im Hausanschlusskasten muss aus Selektivitätsgründen 2 Nennstromstufen höher sein (s. Abschnitt 3.7.1) → 100 A. Nach dieser Nennstromstärke wird der Querschnitt der Hauptleitung, die auf Putz mit Abstandschellen verlegt wird, nach DIN VDE 0298 Teil 4 bei einer Umgebungstemperatur von 25 °C, 3 belasteten Adern und Verlegeart E bestimmt: → 16 mm². Zur Berechnung des Spannungsfalles wird zunächst wieder die Scheinleistung berechnet: $S = \sqrt{3} \cdot U \cdot I \rightarrow \sqrt{3} \cdot 400\ \text{V} \cdot 100\ \text{A} = 69{,}28\ \text{kVA}$. Der max. Spannungsfall nach TAB, s. Abschnitt 2.1.1.3, beträgt bis 100 kVA 0,5 % der Nennspannung → max. 2 V. Nachfolgend wird der Spannungsfall der Hauptleitung (Länge 3 m) berechnet:

Tabelle 1.49 Belastbarkeits- und Querschnittsberechnung landwirtschaftliche Betriebsstätte

Strom-kreis Nr.	Gerät Stromkreis	$\cos \varphi$	η	DS (3~)	WS (1~)	P_{ab} (kW)	P_{zu} (kW)	Strom I (A)	L1 (A)	L2 (A)	L3 (A)	Siche-rungs-größe (A)	Quer-schnitt A (mm²)	Länge (m)	ΔU max. 3 % (V)	ΔU (V)
1	UV 1			400				43,3	43,3	43,3	43,3					
2	3 Heizgeräte	1	1	400		18	18	25,98	25,98	25,98	25,98	32	6			
3	Steckdosen, Geräteraum	1	1		230	1,4	1,4	6,09	6,09			16	1,5	11	6,9	4,19
4	Steckdosen, Raum 1	1	1		230	2,1	2,1	9,13		9,13		16	2,5	20	6,9	4,57
5	Steckdosen, Raum 2	1	1		230	2,1	2,1	9,13			9,13	16	2,5	27,5	6,9	6,29
6	Steckdosen, Raum 3	1	1		230	2,8	2,8	12,17	12,17			16	2,5	30	6,9	6,86
7	Steckdosen, Raum 4	1	1		230	1,4	1,4	6,09		6,09		16	2,5	29	6,9	6,63
8	Steckdosen, Raum 5	1	1		230	2,1	2,1	9,13			9,13	16	2,5	22	6,9	5,03
9	Bel. Geräter., Raum 1 + 2	1	1		230	0,33	0,33	1,43	1,43			16	1,5	10	6,9	3,81
10	Beleuchtung, Raum 3	1	1		230	0,53	0,53	2,3		2,3		16	1,5	8	6,9	3,05
11	Beleuchtung, Raum 4+5	1	1		230	0,26	0,26	1,13			1,13	16	1,5	18	6,9	6,86
12	CEE-Steckd., Raum 1	1	1	400		11	11	15,88	15,88	15,88	15,88	16	10	16	12,00	0,79
13	CEE-Steckd., Raum 2	1	1	400		11	11	15,88	15,88	15,88	15,88	16	10	22	12,00	1,09
14	CEE-Steckd., Raum 3	1	1	400		11	11	15,88	15,88	15,88	15,88	16	10	21,5	12,00	1,06
15	CEE-Steckd., Raum 4	1	1	400		11	11	15,88	15,88	15,88	15,88	16	10	33,5	12,00	1,66
	Summe:								152,49	150,32	152,19					

$$\Delta U = \frac{\sqrt{3} \cdot l \cdot I \cdot \cos\varphi}{\gamma \cdot A} \qquad \frac{\sqrt{3} \cdot 3\ \text{m} \cdot 100\ \text{A} \cdot 1}{\left(56\ \frac{\text{m}}{\Omega \cdot \text{mm}^2}\right) \cdot 16\ \text{mm}^2} = 0{,}58\ \text{V} \qquad \text{(Gl. 1.47)}$$

1.6.2 Erdungsanlage, Potenzialausgleich, separate Verlegung von PE

Da hier ein TT-System zur Anwendung kommt, kann der Querschnitt des Hauptschutzleiters zum Anlagenerder, hier der Fundamenterder, auf 2 Arten bemessen werden:

1. Es wird anhand des Außenleiterquerschnittes der Hauptleitung der Querschnitt des Schutzleiters nach Tabelle 6 aus DIN VDE 0100 Teil 540 bestimmt: Außenleiterquerschnitt der Hauptleitung = 16 mm² → Schutzleiterquerschnitt = 16 mm².
2. Der Querschnitt des Schutzleiters wird berechnet (s. Abschnitt 3.3 und 3.4). Durch eine Erdwiderstandsmessung wurde als Anlagenerderwiderstand ein Wert von 8 Ω gemessen. Vernachlässigt man, wie in Abschnitt 3.4 beschrieben, den Innenwiderstand des Versorgungsnetzes und die Außenleiterwiderstände, so ist nur noch der Widerstand des Anlagenerders R_A = 8 Ω und der des Betriebserders R_B = 2 Ω (ungünstigster Fall angenommen) als Strombegrenzung wirksam. Bei einer Spannung von 230 V beträgt der Fehlerstrom $I_F = U/(R_A + R_B) \rightarrow 230\ \text{V}/(8\ \Omega + 2\ \Omega) = 23\ \text{A}$. Die Abschaltzeit des eingebauten RCD liegt laut Hersteller bei diesem Strom unterhalb 0,4 Sekunden.

Nachfolgend wird der Querschnitt des Schutzleiters mit dem Materialbeiwert $k = 143\ \text{A} \cdot \sqrt{s}/\text{mm}^2$ für separat verlegte Schutzleiter berechnet:

$$S = \frac{I \cdot \sqrt{t}}{k} \Rightarrow \frac{23\ \text{A} \cdot \sqrt{0{,}4\ \text{s}}}{143\ \frac{\text{A} \cdot \sqrt{\text{s}}}{\text{mm}^2}} = 0{,}1\ \text{mm}^2 \qquad \text{(Gl. 1.48)}$$

Der Schutzleiter muss bei mechanisch geschützter Verlegung einen Mindestquerschnitt von 2,5 mm², bei ungeschützter Verlegung 4 mm² haben. Hier wird, wegen den rauen Umgebungsbedingungen, ein Querschnitt von 10 mm² gewählt. Der Querschnitt der Leiter des Hauptpotenzialausgleichs wird nach diesem Hauptschutzleiter bemessen. Da hier 10 mm² gewählt wurden, muss der Leiter für den Hauptpotenzialausgleich den Querschnitt von 6 mm² (10 mm² · 0,5 = 5 mm² → 6 mm²) haben. Die Verbindung von der Hauptpotenzialausgleichsschiene zu den als Potenzialsteuerung in den Boden eingebrachten Baustahlmatten für die evtl. später als Viehställe genutzten Räume, wird aus Korrosionsgründen aus feuerverzinktem Rundstahl mit 8 mm Durchmesser hergestellt.

Blitzschutz

Nach der VdS-Richtlinie 2057 und 2067 sind Schäden durch Blitzeinwirkung oder Überspannung zu verhindern. Die äußere Blitzschutzanlage (s. Abschnitt 2.2.6.1) wird, wie eingangs beschrieben, durch eine separate Firma ausgeführt. Hier wird kurz auf den inneren Blitzschutz (s. hierzu auch Abschnitt 2.2.6.2) eingegangen. Danach sind alle metallenen leitfähigen Teile zu verbinden, was hier schon durch den Potenzialausgleich realisiert ist. Da die Anschlussfahnen für die PA-Schiene und die Ableiter der Blitzschutzanlage am Fundamenterder angeschlossen sind, ist auch die Verbindung zwischen dem äußeren und inneren Blitzschutz vorhanden. Durch ferne oder direkte Blitzeinschläge kann es zu Überspannungen und somit zu Schäden an der elektrischen Anlage und an Betriebsmitteln kommen. Dies ist durch den Einbau von Überspannungsschutzeinrichtungen zu verhindern. Für den Einbau dieser Schutzeinrichtungen der Anforderungsklasse B (Grobschutz), die direkt nach dem Hausanschluss anzuordnen sind, wurde die Zustimmung vom zuständigen VNB eingeholt. Die Schutzeinrichtungen für den Mittelschutz, Anforderungsklasse C, sind mit im Stromkreisverteiler des Zählerschrankes einzubauen, das gleiche gilt für die notwendigen Entkopplungsdrosseln, die wegen der kurzen Leitung zwischen HA und Verteilung von 3 m notwendig sind. Nach Angabe des Herstellers kann die max. Vorsicherung für Blitzstromableiter 125 A betragen, deshalb wird hier auf eine Vorsicherung verzichtet. Blitzstrom- und Überspannungsableiter sind mit in den Potenzialausgleich einzubeziehen. Für Blitzstromableiter ist der Querschnitt nach DIN V VDE V 0185-3 (Tabelle 2.27 aus Abschnitt 2.2.6.2) zu bemessen. Um auf der sicheren Seite zu liegen, kommen die Werte aus der Vornorm DIN V VDE V 0185-3 zum Tragen →16 mm². Aufgrund der großen dynamischen Kräfte, die beim Blitzeinschlag auf diesen Leiter wirken, wird hier ein massiver Leiter empfohlen. Der Überspannungsableiter wird ebenfalls mit in den Potenzialausgleich einbezogen. Der Querschnitt kann nach den Bestimmungen eines zusätzlichen Potenzialausgleiches bemessen werden →4 mm²; die Hersteller empfehlen 6 mm². Da hier die Verlegung zur PAS recht einfach ist (Verlegung auf Putz) und um auf der sicheren Seite zu sein, wird auch hierfür der Leiterquerschnitt von 16 mm² gewählt. Bild 1.23 zeigt den Übersichtsplan komplett mit Einspeisung, Potenzialausgleich und Detailskizze des Überspannungsschutzes.

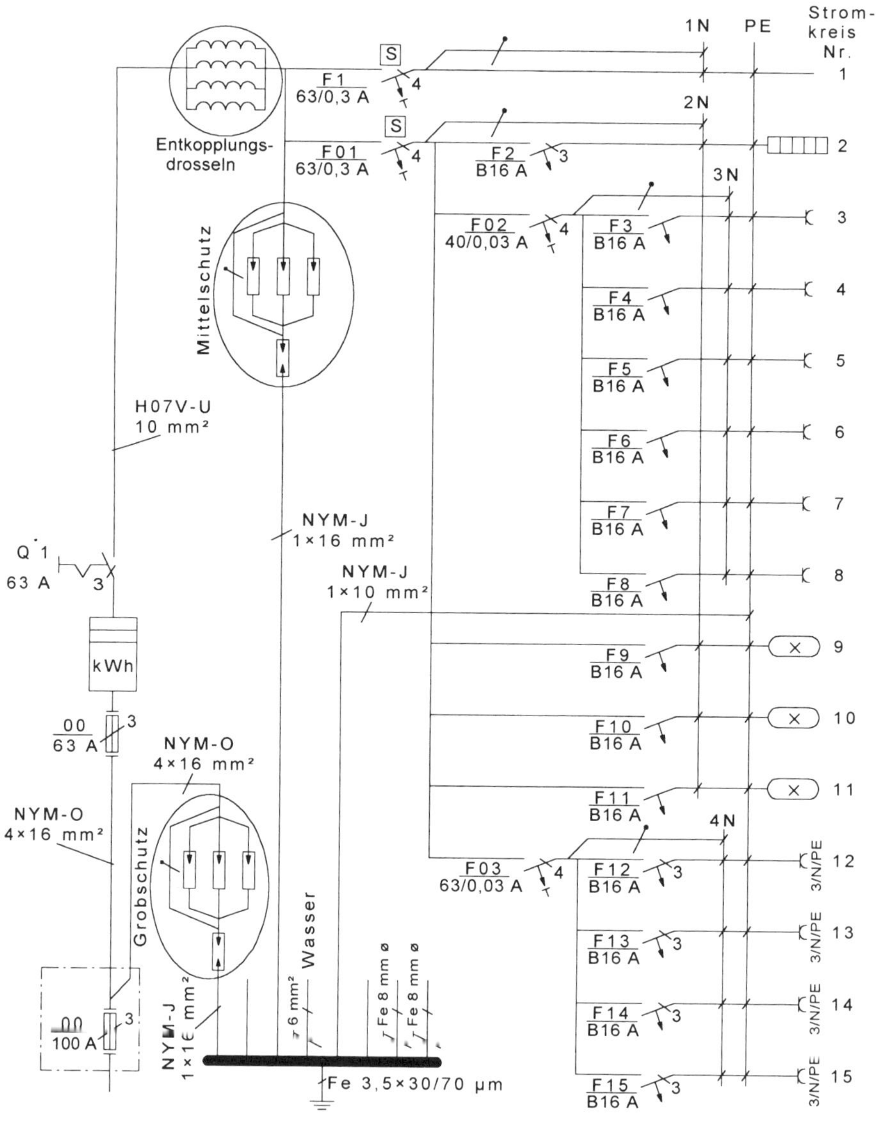

Bild 1.23
Übersichtsplan komplett mit Einspeisung, Potenzialausgleich und Überspannungsschutzes

2 Einführung in die Planung der Elektroinstallation

Eine umfassende Planung der elektrischen Anlage eines Gebäudes ist erst dann möglich, wenn die Planung der restlichen Haustechnik bereits abgeschlossen ist. Die Heizungs- bzw. Klimaanlage braucht genauso eine Stromversorgung wie der Aufzug eines Hauses. Bei der Konzeption spielen sowohl wirtschaftliche als auch ökologische Gesichtspunkte eine Rolle. Anspruchsvolle Gebäudesysteme benötigen meistens eine über die Standardinstallation hinausgehende Ausstattung. So ist eine Gebäudesystemtechnik bei der Errichtung meist etwas teurer, bietet aber für die Zukunft mehr Flexibilität und ist langfristig betrachtet dann doch ökonomischer. Eine biologische Elektroinstallation, mit Abschirmung und Netzfreischaltung, ist unter gesundheitlichem Gesichtpunkt eine nicht zu verachtende Alternative zur konventionellen Technik.

Für den elektrotechnischen Planer spielen der Verwendungszweck und die äußeren Einflüsse der Anlage genauso eine Rolle, wie der Aufbau der Stromversorgung, das Netzsystem und die notwendigen Schutzmaßnahmen. Er muss den Einsatz der Betriebsmittel unter Beachtung der elektromagnetischen Verträglichkeit (EMV) als auch unter Berücksichtigung der Instandhaltung betrachten. Nicht zuletzt müssen Gesetze und Verordnungen eingehalten werden.

2.1 Mindestanforderungen

Die Auftraggeber der elektrotechnischen Planung erwarten nicht nur die Einhaltung aktueller Gesetze, Verordnungen und Normen, sondern auch die Sicherheit, dass rationelle Installationsarten und die Auswahl der richtigen, kostengerechten Materialien berücksichtigt werden. Gerade hier ist das Zusammenspiel zwischen Bauplaner (Architekt) und Elektroplaner gefragt. So kann durch den Einsatz von Steinen mit vertikaler Lochführung (s. Bild 2.1) auf einen Großteil der Stemm- und Fräsarbeiten für Schlitze verzichtet werden und das Aufbringen von Dünnlagenputz (ca. 5 mm) wird deutlich erleichtert.

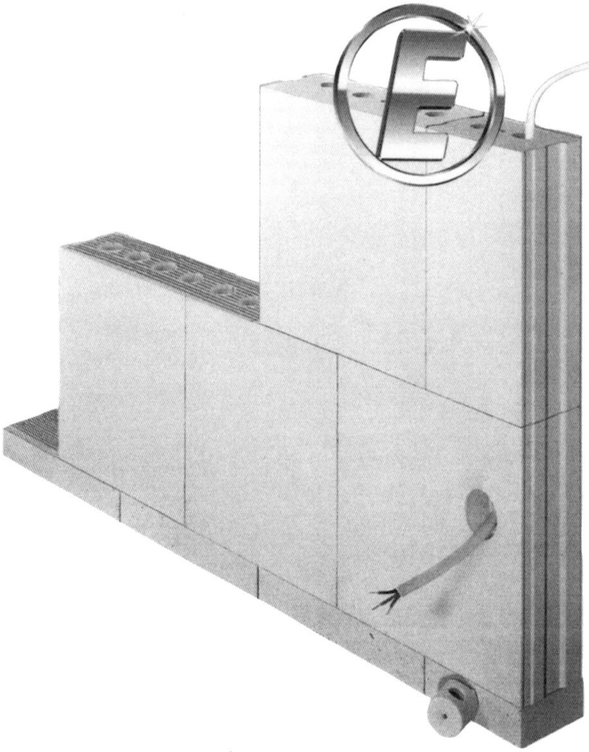

Bild 2.1
Steine mit vertikaler Lochführung zur Aufnahme von Leitungen, Kabeln oder Installationsrohren

2.1.1 Rechtliche Grundlagen

Es lässt sich heute leider nicht leugnen, dass der Umfang an Regelungen durch die europäische Harmonisierung im Normungsbereich sehr groß geworden ist. Hinzu kommt, dass von vielen Praktikern die «Juristensprache» von technischen Normen bemängelt wird. Die Mentalität in Deutschland, sich an die «Buchstaben des Gesetzes» zu klammern, macht die Sache dabei auch nicht einfacher. Hier besteht oft der Wunsch an klaren Vorgaben, den jedoch moderne Normen nicht immer erfüllen können, da der Inhalt weniger auf den Einzelfall zugeschnitten sein kann. Tatsache ist, dass der elektrotechnische Planer nicht nur sehr umfangreiches und detailliertes Wissen hinsichtlich der Gesetze, Verordnungen und Normen besitzen muss, sondern vor allem die Anwendung der Inhalte auf den konkreten Einzelfall beherrschen muss. Die Kenntnis solcher Bestimmungen für die elektrische Energieversorgung, technische Kommunikation und Überwachung erfordern meistens ein Team von Planern, da der Einzelne hierbei häufig überfordert wäre.

2.1.1.1 Energiewirtschaftsgesetz und DIN-VDE-Bestimmungen

Der Zweck des Energiewirtschaftsgesetzes besteht aus elektrotechnischer Sicht darin, die Allgemeinheit mit einer möglichst sicheren, preisgünstigen und umweltverträglichen Elektrizität zu versorgen. Nach §16 müssen Energieanlagen nach den allgemein anerkannten Regeln der Technik errichtet und betrieben werden. Bei Anlagen zur Erzeugung, Fortleitung und Abgabe von Elektrizität sind dies im Allgemeinen die Regeln des VDE (Verband der Elektrotechnik, Elektronik und Informationstechnik, wurde früher *V*erband *D*eutscher *E*lektrotechniker genannt). Es gibt VDE-Bestimmungen, die sicherheitstechnische Festlegungen enthalten. VDE-Leitlinien haben gegenüber den VDE-Bestimmungen einen stark erweiterten Ermessungsspielraum für den Anwender, es sind also mehr «Kann-Vorgaben». Bei den VDE-Vornormen entfällt die Entwurfsveröffentlichung, somit können bei entsprechendem Handlungsbedarf Vornormen relativ schnell herausgebracht werden, sind deshalb aber kein Bestandteil des Deutschen Normenwerks. Für VDE-Bestimmungen, -Leitlinien und -Vornormen kann es jeweils noch Beiblätter geben, in denen Informationen zu den entsprechenden Publikationen enthalten sind.

Für den Planer von elektrotechnischen Anlagen in Gebäuden ist die DIN VDE 0100 von besonderer Bedeutung. Einen groben Überblick über die Gliederung und Themen dieser Bestimmung gibt Tabelle 2.1.

Tabelle 2.1 Übersicht der DIN VDE 0100

DIN VDE 0100: Errichten von Niederspannungsanlagen		
Gruppe	Teil	Inhalt
100 Anwendungsbereich und allgemeine Anforderungen	100 Anwendungsbereich Zweck und Grundsätze	Es wird der Anwendungsbereich der DIN VDE 0100 angegeben. So gelten diese Bestimmungen für die Errichtung elektrischer Anlagen mit maximal AC 1000 V und DC 1500 V, aber z.B. nicht für solche im Bergbau.
200 Begriffe	200 Begriffe	Hier werden grundlegende Begriffe erklärt. Z.B. ist die Berührungsspannung die Spannung, die zwischen gleichzeitig berührbaren Teilen (z.B. Körper elektrischer Betriebsmittel) während eines Isolationsfehlers auftreten kann.
300 Allgemeine Merkmale	300 Bestimmung allgemeiner Merkmale	Es werden allgemeine Planungsgrundsätze und die Netzsysteme dargestellt.

Tabelle 2.1 (Fortsetzung)

DIN VDE 0100: Errichten von Niederspannungsanlagen		
Gruppe	Teil	Inhalt
400 Schutzmaßnahmen	410 Schutz gegen elektrischen Schlag	Pilotnorm hinsichtlich des Schutzes gegen gefährliche Körperströme und elektrischen Schlag. Es geht um Schutzmaßnahmen gegen direktes Berühren bzw. das indirekte Berühren aktiver Teile.
	...	
	430 Schutz bei Überstrom von Kabeln und Leitungen	Im Regelfall werden Kabel und Leitungen durch den Einbau von Überstromschutzorganen am Anfang des Stromkreises gegen Kurzschluss und Überstrom geschützt. Ausnahmen, z.B. für Stromwandler, werden ebenso angesprochen wie die Möglichkeit, unter bestimmten Voraussetzungen die Schutzorgane im Leitungszug zu versetzen.
	...	
500 Auswahl und Errichtung elektrischer Betriebsmittel	...	
	520 Kabel- und Leitungsanlagen	Es werden, abhängig vom Einsatzgebiet, Mindestquerschnitte benannt sowie Verlegearten und Umgebungseinflüsse behandelt, bis hin zu sicheren elektrischen Verbindungen. Der Spannungsfall in der Anlage soll maximal 4% betragen.
	...	
	540 Erdung und Schutzleiter	Es werden Forderungen an Material und Verlegung von Erdern und Erdungsleitern behandelt. Arten und Mindestquerschnitte von Schutz- und Potentialausgleichsleitern bis hin zum PEN-Leiter werden erläutert.
	...	
600 Prüfungen	610 Erstprüfungen	Es geht um Erstprüfungen elektrischer Anlagen, die nach der VDE 0100 errichtet werden. Das Besichtigen, Erproben und Messen, in Abhängigkeit des Netzsystems und/oder der Schutzmaßnahme, wird hier im Einzelnen besprochen. Schwerpunkte sind das Feststellen der Niederohmigkeit von Schutzleitern und des Potenzialausgleiches sowie die Hochohmigkeit des Isolationswiderstandes und die Überprüfung der automatischen Abschaltung im Fehlerfall.

Tabelle 2.1 (Fortsetzung)

DIN VDE 0100: Errichten von Niederspannungsanlagen		
Gruppe	Teil	Inhalt
700 Betriebsstätten, Räume und Anlagen besonderer Art	701 Räume mit Badewanne oder Dusche	Der Raum wird in unterschiedliche Gefährdungsbereiche eingeteilt, woraus sich der Einsatz nur bestimmter Schutzmaßnahmen und Betriebsmittel, je nach Bereich, ergibt. Unter anderem wird ein zusätzlicher Potenzialausgleich mit mindestens 4 mm^2 Kupfer gefordert.
	...	
	714 Beleuchtungsanlagen im Freien	Diese VDE-Bestimmung gilt z.B. bei Beleuchtungsanlagen für Straßen, Parks und Gärten. Sie gilt z.B. nicht für Straßenverkehrs-Signalanlagen. Teilweise wird eine Fehlerstromschutzeinrichtung mit $I_{\Delta n} \leq 30$ mA empfohlen.
	...	

Über die rechtliche Bedeutung der DIN-VDE-Normen lässt es sich im Einzelfall sicherlich streiten. Tatsache ist jedoch, dass im Schadensfall, der gerichtlich verhandelt wird, die VDE-Bestimmungen meistens als Grundlage für Entscheidungen herangezogen werden. Insofern ist jeder, der Elektroanlagen plant, gut beraten, sich exakt an diese Normen zu halten.

2.1.1.2 Bauordnungsrecht

Die Musterbauordnung wird von der Arbeitsgemeinschaft der für das Bau-, Wohnungs- und Siedlungswesen zuständigen Minister der Länder (Bauministerkonferenz, ARGEBAU) herausgegeben. Eine Schnellübersicht von wichtigen Paragraphen für den elektrotechnischen Planer gibt Tabelle 2.2. Leider weichen die Landesbauordnungen immer wieder in Teilbereichen davon ab, so dass es schwer ist, allgemeingültige Aussagen zu machen. Selbst die entsprechende Einteilung in Paragraph bzw. Artikel ist unterschiedlich. Diese Dinge erschweren den praktischen Umgang mit den einzelnen Landesbauordnungen. Das trifft verstärkt solche Planer, die sich um Objekte im gesamten Deutschland bemühen. Hier wird, nach Meinung der Verfasser dieses Buches, das Prinzip des Föderalismus falsch umgesetzt. Natürlich sollen länderspezifische Gesichtspunkte der städtebaulichen Planung sich im Baurecht widerspiegeln, aber das geht doch auch bei einer insgesamt gleichen Einteilung der Landesbauordnungen. So regelt § 40 der Musterbauordnung vom November 2002 die Verlegung von Leitungen durch z.B. Brandwände. Derselbe Sachverhalt findet sich, leicht modifiziert, in der bayrischen Bauordnung im Artikel 40, denn hier wird die Einteilung nicht in Paragra-

Tabelle 2.2 Wichtige Paragrafen und Inhalte der Musterbauordnung vom November 2002

§	Für den Elektroplaner wichtiger Inhalt bzw. Regelungsbereich
2	Begriffe. Gebäude werden in 5 Gebäudeklassen unterteilt. Normale, frei stehende 1-Familien-Häuser gehören zur Gebäudeklasse 1. Gebäude mit einer Höhe bis zu 7 m und nicht mehr als 2 Nutzungseinheiten von insgesamt nicht mehr als 400 m^2 gehören zur Gebäudeklasse 2.
6	Bestimmte Solaranlagen sind in den Abstandsflächen eines Gebäudes bzw. auch ohne Abstandsflächen zulässig.
10	Bestimmte ortsfeste Lichtwerbungen unterliegen als Anlagen der Außenwerbung (Werbeanlagen) diesem Bauordnungsrecht.
13	Bauliche Anlagen (Gebäude) und deren Einrichtungen müssen so angeordnet, beschaffen und gebrauchstauglich sein, dass durch Wasser, Feuchtigkeit, pflanzliche und tierische Schädlinge sowie andere chemische, physikalische oder biologische Einflüsse Gefahren oder unzumutbare Belästigungen nicht entstehen.
14	Es geht um Brandschutz.
15	Es geht um Schallschutz. Geräusche, Erschütterungen oder Schwingungen, die von ortsfesten Einrichtungen ausgehen, sind so zu dämmen, dass Gefahren oder unzumutbare Belästigungen nicht entstehen.
17	Bauprodukte müssen in der Regel das CE-Zeichen tragen.
30	Es geht um Brandwände. Z.B. dürfen Leitungsschlitze die Feuerbeständigkeit nicht beeinflussen.
39	Aufzüge im Innern von Gebäuden müssen in der Regel eigene Fahrschächte haben, um eine Brandausbreitung in andere Geschosse ausreichend lang zu verhindern.
40	Leitungsanlagen, Installationsschächte und Installationskanäle. In notwendigen Treppenräumen und in notwendigen Fluren sind Leitungsanlagen nur zulässig, wenn eine Nutzung als Rettungsweg im Brandfall ausreichend lang möglich ist.
41	§ 40 (3) verweist für auf § 41 (3). Danach sind in bestimmten Gebäudeklassen auch Installationsschächte und Installationskanäle so herzustellen, dass sie Gerüche und Staub nicht in andere Räume übertragen.
42	Hinweis auf bestimmte Vorgaben für z.B. Brennstoffzellen und Blockheizkraftwerke.
46	Bauliche Anlagen, bei denen nach Lage, Bauart oder Nutzung Blitzschlag leicht eintreten oder zu schweren Folgen führen kann, sind mit dauernd wirksamen Blitzschutzanlagen zu versehen.
50	Barrierefreies Wohnen.
51	Für Sonderbauten, z.B. Hochhäuser, können im Einzelfall besondere Anforderungen oder auch Erleichterungen gelten. Dies kann z.B. auf die Beleuchtung und die Energieversorgung zutreffen.

Tabelle 2.1 (Fortsetzung)

§	**Für den Elektroplaner wichtiger Inhalt bzw. Regelungsbereich**
61	Anlagen der technischen Gebäudeausrüstung sind i.d.R. verfahrensfreie Bauvorhaben. Hierzu zählen auch Solarenergieanlagen und Sonnenkollektoren in und an Dach- und Außenwandflächen sowie gebäudeunabhängig mit einer Höhe bis zu 3 m und einer Gesamtlänge bis zu 9 m. Zu den verfahrensfreien Anlagen zählen auch Antennen mit einer Mastlänge bis 10 m.
67	Hier ist geregelt, wer über Abweichungen vom Gesetz entscheiden darf..
84	Ordnungswidrigkeiten können mit einer Geldbuße bis 500 000€ geahndet werden.
86	Die Gemeinden können durch Satzung örtliche Bauvorschriften für bestimmte Objekte erlassen.

phen gemacht. In der hessischen Bauordnung wird ein Teil dieses Themas unter dem § 36 behandelt. Es lebe die Vielfalt! Aber leider kann sich der Betrachter hierüber nicht immer freuen. Befürworter dieses Zustandes werden anmerken, dass die wesentlichen Inhalte doch gleich sind. Dies ist zugleich richtig und doch auch falsch. Muss denn wirklich immer nach dem Motto «wer suchet, der findet» verfahren werden? Wie auch immer, wichtig ist, dass das gültige Bauordnungsrecht unbedingt eingehalten wird! Deshalb werden jetzt kurz die wichtigsten Themen für den Elektroplaner aus der Musterbauordnung angesprochen. In den entsprechenden Teilgebieten dieses Buches wird dann jeweils noch genauer auf die Details des Bauordnungsrechtes eingegangen.

Der Anwendungsbereich der Musterbauordnung in der Fassung vom November 2002 bezieht sich nach § 1 z.B. auf Gebäude, das sind nach § 2 selbstständig benutzbare, überdeckte bauliche Anlagen zum Schutz von Menschen, Tieren oder Sachen. Nach § 13 müssen auch elektrische Betriebsmittel, so angeordnet, beschaffen und gebrauchstauglich sein, dass durch Wasser, Feuchtigkeit, pflanzliche und tierische Schädlinge sowie andere chemische, physikalische oder biologische Einflüsse Gefahren oder unzulässige Belästigungen nicht entstehen. In diesem Zusammenhang sei auf DIN VDE 0100-510 Anhang NB verwiesen, wonach solch umfangreiche äußere Einflüsse, ähnlich dem § 13, berücksichtigt werden sollen. Der § 13 kann durchaus so interpretiert werden, dass die Schädigung einer Leitungsanlage durch Mäuse oder Ratten einkalkuliert werden muss.

Der § 14 ist dem Brandschutz gewidmet. Der Einsatz geräuscharmer Schütze in Verteilungen von Wohnungen lässt sich aus § 18 (2), im Zusammenhang mit dem Schallschutz, ableiten. Im § 17 wird auf die CE-Kennzeichnungspflicht von Bauprodukten und den entsprechenden Ausnahmen hiervon verwiesen. Schlitze und Leitungen dürfen nach § 30 (7) in Brandwände nur soweit eingreifen, dass deren Feuerwiderstandsfähigkeit nicht beeinträchtigt wird. In Absatz 7 von § 35 wird auf die notwendige Beleuchtung von Treppenräumen, die bei größeren Gebäuden sogar als Sicherheitsbeleuchtung auszuführen ist, hingewiesen. Leitungsanlagen sind nach § 40 (2) in notwendigen Treppenräumen nur zulässig, wenn eine Nutzung als Rettungsweg im Brandfall ausreichend lang möglich ist. Durch Installationskanäle dürfen nach § 40 (3) keine Gerüche und Staub übertragen werden. Nach § 46 müssen bauliche Anlagen, bei denen nach Lage, Bauart oder Nutzung Blitzschlag leicht eintreten oder zu schweren Folgen führen kann, mit dauernd wirksamen Blitzschutzanlagen ausgestattet werden. Der § 50 widmet sich dem barrierefreien Wohnen, wonach in Gebäuden mit mehr als 2 Wohnungen die Wohnungen eines Geschosses barrierefrei erreichbar sein müssen. In diesen Wohnungen sind die Wohn- und Schlafräume, eine Toilette, ein Bad sowie die Küche oder die Kochnische mit dem Rollstuhl zugänglich zu machen. Dies kann auch Auswirkungen auf die Einbauhöhe von Schalter und Steckdosen haben und der Elektroplaner sollte die DIN 18 025 «Barrierefreie Wohnungen» heranziehen. Nach § 51 können für Sonderbauten, z.B. Hochhäuser, im Einzelfall besondere Anforderungen oder auch Erleichterungen gestellt werden. Für die elektrotechnische Planung sei an dieser Stelle auf die DIN VDE 0108 «Starkstromanlagen und Sicherheitsstromversorgung in baulichen Anlagen für Menschenansammlungen» (ersetzt durch DIN VDE 0100-718 vom Oktober 2005) verwiesen. § 67 regelt Abweichungen von Anforderungen des Gesetzes, «... wenn sie unter Berücksichtigung des Zwecks der jeweiligen Anforderung und unter Würdigung der öffentlich-rechtlich geschützten nachbarlichen Belange mit den öffentlichen Belangen, ... vereinbar sind.»

Abschließend ist noch zu erwähnen, dass nach § 84 eine Ordnungswidrigkeit, also bestimmte Fehlhandlungen gegen das Bauordnungsrecht, mit bis zu 500 000 € geahndet werden können.

2.1.1.3 AVBEltV und TAB

Die Verordnung über «Allgemeine Bedingungen für die Elektrizitätsversorgung von Tarifkunden (AVBEltV)» ist auf Grundlage des Energiewirtschaftsgesetzes erlassen worden. Einen Überblick von wichtigen Paragrafen dieser Verordnung gibt Tabelle 2.3. Zwar hat sich seit der Veröffentlichung der AVBEltV, dem 21. Juni 1979, das Energiewirtschaftsgesetz mehrfach geändert, und insofern ist der Verweis auf § 7 dieses Gesetzes auch veraltet, trotzdem ist diese Verordnung nach wie vor mit Basis für die vertraglich korrekte Stromversorgung von Tarifkunden (die AVBEltV soll demnächst ersetzt werden). Im Energiewirtschaftsgesetz vom 24.04.1998 und der Fassung vom 25.11.2003 wird der angesprochene Sachverhalt jetzt in § 10 bzw. § 11 geregelt. Die AVBEltV wurde mittlerweile von mehreren Energieversorgern im Internet veröffentlicht und kann vom interessierten Leser mit entsprechendem Zugang zu diesem Medium auch heruntergeladen werden. Der Elektroplaner muss einige Paragrafen der Verordnung beachten. Nach § 3 Absatz 2 dürfen Anlagen zur Eigenerzeugung der Elektrizität, also auch Notstromaggregate, keine schädlichen Rückwirkungen in das öffentliche Energieversorgungsnetz hervorrufen. Hier ist die Beachtung von DIN VDE 0100-551 vom August 1997 recht hilfreich. Außerdem sollten die «Richtlinie für den Parallelbetrieb von Eigenerzeugungsanlagen mit dem Niederspannungsnetz des Elektrizitäts-

Tabelle 2.3 Wichtige Paragrafen der AVBEltV

§	Für den Elektroplaner wichtiger Inhalt bzw. Regelungsbereich
3	Von Eigenerzeugungsanlagen, z. B. Notstromaggregate, dürfen keine schädlichen Rückwirkungen, also Spannungsänderungen, nichtlineare Verzerrungen usw., in das öffentliche Elektrizitätsversorgungsnetz gelangen.
10	Hier geht es um den Hausanschluss an das öffentliche Versorgungsnetz.
11	Rechtliche Fragen zur Transformatorenanlage für die Versorgung einer größeren elektrischen Anlage eines Grundstückes.
12	Nach Absatz 3 muss bei der Planung berücksichtigt werden, dass Teile des Hauptstromversorgungssystems unter Plombenverschluss genommen wird. Absatz 4 stellt klar, dass normalerweise der Einsatz von geprüften (z. B. VDE-Prüfzeichen) Materialien und Geräten notwendig ist. Der Spannungsfall auf der Hauptleitung darf nach Absatz 5 nur 0,5 % betragen.
13	Hier wird das Anmeldeverfahren der Kundenanlage geregelt.
15	Hiernach dürfen grundsätzlich von der Anlage und den dort eingesetzten Verbrauchsgeräten keine störenden Rückwirkungen auf das öffentliche Netz und andere Kunden ausgehen.
17	Es wird auf die Einhaltung der zutreffenden TAB verwiesen.
18	Es dürfen nur Zählerplätze nach DIN eingesetzt werden. Beim Anbringungsort für Mess- und Steuereinrichtungen müssen berechtigte Forderungen des Kunden berücksichtigt werden.
22	Der Leistungsfaktor soll zwischen $\cos\varphi = 0{,}9$ kapazitiv und $\cos\varphi = 0{,}8$ induktiv liegen, ansonsten wird die Blindarbeit berechnet.

versorgungsunternehmens», herausgegeben von der «Vereinigung Deutscher Elektrizitätswerke – VDEW – e. V.», berücksichtigt werden. Beeinflussung des Leistungsfaktors, Spannungsänderungen, nichtlineare Verzerrungen und Flickereffekte (subjektiver Eindruck von Leuchtdichteschwankungen, hervorgerufen durch bestimmte Spannungsschwankungen, werden als Flicker bezeichnet) sind hierbei als Stichworte zu nennen. Fragen zum Hausanschluss regelt § 10, und der Planer sollte sich rechtzeitig mit dem zuständigen VNB (VNB = Verteilungsnetzbetreiber, wurde bisher als Elektrizitätsversorgungsunternehmen = EVU bezeichnet) in Verbindung setzen, um Fragen über Anzahl und Art des Hausanschlusses zu klären. Dasselbe gilt für den § 11, bei dem es um Transformatorenanlagen zur Versorgung des Grundstückes geht. Bei der Planung der Hauptstromversorgungseinrichtung, also dem Anlagenteil über den nichtgezählte elektrische Energie übertragen wird, muss nach § 12 Absatz 3 die Möglichkeit des Setzens von Plomben bei der Auswahl der Betriebsmittel berücksichtigt werden.

Im Regelfall dürfen in der Kundenanlage nur Betriebsmittel eingesetzt werden, die durch eine amtlich anerkannte Prüfstelle begutachtet wurden (z.B. durch VDE-Prüfzeichen dokumentiert). Auf der Hauptleitung (Verbindungsleitung vom

Hausanschlusskasten bis zum Zähler) darf nach §12 Absatz 5 der Spannungsfall unter Zugrundelegung der Nennstromstärke der vorgeschalteten Sicherung nicht mehr als 0,5 % betragen. In der TAB (Technische Anschlussbedingungen) wird diese Angabe etwas modifiziert, wozu hier später noch nähere Aussagen folgen.

Ist Planer und Errichter der Anlage identisch, so muss §13, bezüglich des Anmeldeverfahrens, beachtet werden. Für diese Anmeldung hat jeder VNB entsprechende Vordrucke. Nach §15 müssen grundsätzlich Rückwirkungen durch die Anlage und Verbrauchsgeräte auf das Versorgungsnetz verhindert werden. §17 verweist auf die TABs und die Notwendigkeit der Einhaltung dieser Bestimmungen. Dass Zählerplätze nach DIN-Normen, z.B. DIN 18013 «Nischen für Zählerplätze», vom Planer berücksichtigt werden müssen, wird in §18 geregelt. In Absatz 3 wird hier aber auch herausgestellt, dass berechtigte Kundenwünsche beim Anbringungsort für die Messeinrichtung(en) Beachtung geschenkt werden muss. Absatz 3 von §22 fordert für die Anwendung der allgemeinen Tarife einen Leistungsfaktor zwischen $\cos\varphi = 0{,}9$ kapazitiv und $\cos\varphi = 0{,}8$ induktiv. Ansonsten kann die Erfassung der elektrischen Blindarbeit vorgeschrieben werden, was wiederum bei der Anzahl der Zählerplätze eine Rolle spielt.

Seit Juli 2000 gibt es die TAB 2000, also die neuen technischen Anschlussbestimmungen, die vom Verband der Elektrizitätswirtschaft (VDEW) als Musterwortlaut herausgegeben werden. Zwar können besondere Erfordernisse des örtlichen Verteilungsnetzes Ergänzungen durch den zuständigen Verteilungsnetzbetreiber (VNB) notwendig machen, was jedoch an den Hauptaussagen dieses bundesweiten Vorschlags meistens nichts ändert.

Obwohl in verschiedenen Abschnitten dieses Buches schon Detailfragen, die auch im Zusammenhang mit der TAB stehen, behandelt werden, wird jetzt eine zusammenfassende Darlegung der wesentlichen Aussagen der TAB folgen. Dies scheint, trotz möglicher Wiederholungen, angebracht, da für die Planung der Elektroinstallation eines Wohngebäudes, gerade die technischen Anschlussbestimmungen von besonderer Bedeutung sind. Im Allgemeinen wird dabei in Klammern auf die entsprechenden Abschnitte im Buch verwiesen. Die folgenden Aussagen zur TAB 2000 beziehen sich ausschließlich auf die Bundesausgabe des VDEW. Die in den einzelnen Bundesländern gültigen technischen Anschlussbestimmungen können teilweise davon abweichen. Dies mag für einen bundesweit tätigen Elektroplaner zwar ärgerlich sein, ist aber eine Realität, der er sich stellen muss.

Bei der Planung, Errichtung und dem Betrieb der elektrischen Anlage müssen in der Regel auch die in Fußnoten erwähnten Druckschriften des VDEW beachtet werden. Dass der VNB vom Planer oder Errichter alle notwendigen Unterlagen, also Daten, die alle erforderlichen Angaben über die anzuschließenden Verbrauchsgeräte usw. enthalten, benötigt, ist selbstverständlich und wird in entsprechenden Vordrucken des VNB realisiert. Grundlage hierzu ist meistens der VDEW-Vordruck «Anmeldung zum Anschluss an das Niederspannungsnetz». Die Zustimmung des VNB benötigt eine Neuanlage bzw. eine Erweiterung, falls eine höhere Leistung als bisher angemeldet notwendig wird. Des weiteren müssen auch vorübergehend angeschlossene Anlagen, wie z.B. Baustellen, und generell Eigenerzeugungsanlagen, die im Parallelbetrieb oder als Notstromaggregate betrieben werden, angemeldet werden. Ortsfeste Geräte zur Heizung und Klimatisierung und auch beliebige andere Einzelgeräte, deren Nennleistung (Bemessungsleistung) 12 kW übersteigt, benötigen ebenfalls eine Zustimmung. Bei anderen Geräten, wie z. B. Motoren, ist bei der Einhaltung von bestimmten Grenzwerten eine vorherige Anmeldung nicht notwendig, vorausgesetzt es entstehen durch sie keine störende Rückwirkungen. Dies trifft im Allgemeinen z. B. auf Motoren zu, deren Anlaufstrom max. 60 A beträgt. Wird dieser Strom von Motoren, die keine Untersuchung über ihre Unbedenklichkeit hinsichtlich der Netzrückwirkungen haben, überschritten, so kann eine Einzelzustimmung beim VNB eingeholt werden. Somit kann man pauschal nur empfehlen, sich bei Unklarheiten rechtzeitig an den Verteilungsnetzbetreiber zu wenden.

Als Trennvorrichtung vor dem Zähler dient im unteren Anschlussraum des Zählerfeldes ein sperr- und plombierbarer, selektiver Hauptleitungsschutzschalter (SH-Schalter, s. Abschnitt 3.7.3), bis zu dem der VNB die Inbetriebnahme vornimmt. (Ein SH-Schalter ist nicht überall vorgeschrieben.)

Dass das Hauptstromversorgungssystem plombierbar ausgeführt sein muss, ist nach der AVBEltV, wie schon erwähnt, vorgeschrieben. In der TAB wird noch darauf hingewiesen, dass dies für alle Anlagenteile gilt, wo es aus tariflichen Gründen notwendig ist. Dies kann z. B. für einen Hauptschütz der Stromkreise des Niedertarifzählers gelten.

Nach der neuen TAB soll in der Regel jedes zu versorgende Gebäude oder Grundstück über einen eigenen Hausanschluss verfügen. Ausnahmen bestehen für Doppel- und Reihenhäuser, wenn sie über einen gemeinsamen Hausanschlussraum verfügen, in dem auch alle Zähler untergebracht sind. Allerdings müssen dabei noch bestimmte rechtliche Fragen bezüglich der allgemeinen Zugänglichkeit zu diesem Raum geklärt werden. Bei mehreren Hausanschlüssen auf einem Grundstück, muss eine eindeutige elektrische Trennung der angeschlossenen Anlagen möglich sein. Hausanschlusseinrichtungen sind in und außerhalb von Gebäuden möglich. In Gebäuden ist dies, entsprechend nach DIN 18 012, in Hausanschlussräumen, -Wänden und -Nischen möglich. Dabei muss beachtet werden, dass die Umgebungstemperatur nicht dauernd 30 °C übersteigt. Auch in feuer- oder explosionsgefährdeten Bereichen darf der Hausanschlusskasten oder der Hauptverteiler nicht angebracht werden. Neu ist in diesem Zusammenhang der Hinweis, dass Räume mit einer Heizungsanlage von mehr als 50 kW Gesamtnennwärmeleistung in der Regel zu den feuergefährdeten Bereichen zählen. Dasselbe gilt für Räume zur Lagerung von mehr als 5000 l Heizöl. Grundsätzlich ist somit die Anbringung eines Hausanschlusskastens im Heizungskeller eines normalen 1-Familien-Hauses möglich. Allerdings müssen hierbei immer noch die Feuerungsverordnungen der Länder beachtet werden.

Soll die Hausanschlusseinrichtung im Freien installiert werden, so kann dies, in Abstimmung mit dem VNB, in Hausanschlusssäulen, an der Gebäudeaußenwand oder auch an anderen Stellen erfolgen. Für den Hausanschlusskasten von Anlagen im Freien, wie z. B. Pumpenanlagen oder auch Anlagen der öffentlichen Beleuchtung, sind unter Umständen die vom VDEW herausgebrachten «Richtlinien für den Anschluss ortsfester Schalt- und Steuerschränke an das Niederspannungsnetz des EVU» zu beachten.

Der Einbau des Schutzrohres für den Kabelhausanschluss obliegt, in Abstimmung mit dem VNB, dem Anschlussnehmer. Auch notwendige bauliche Maßnahmen, die z.B. für den Außenwandeinbau des Hausanschlusskastens notwendig sind, müssen in Abstimmung mit dem VNB durch den Anschlussnehmer veranlasst werden. Dasselbe gilt auch für einen Freileitungshausanschluss, wobei hierbei auch noch statische Probleme, z.B. im Zusammenhang mit einem Dachständeranschluss, geklärt werden müssen.

Hausanschlusskästen und Hauptverteiler mussten auch bisher so angeordnet werden, dass sie frei zugänglich und sicher bedienbar sind. Neu ist allerdings, dass die TAB jetzt Maßvorgaben für die Anbringung gibt. So beträgt die Tiefe der freien Arbeits- und Bedienfläche vor dem Kasten mindestens 1,2 m. Außerdem muss die Unterkante des Hausanschlusskastens vom Fußboden einen Mindestabstand von 0,3 m aufweisen. Dasselbe Maß gilt auch für die Außenkante des Kastens zu seitlichen Wänden, und die Oberkante darf nicht mehr als 1,5 m vom Fußboden entfernt sein.

Der Planer muss, unter Berücksichtigung von installierter Leistung und Gleichzeitigkeitsfaktor (s. Abschnitt 2.1.2.2), in Abhängigkeit von der Anzahl der Kundenanlagen, den Querschnitt und die Zahl der Hauptleitungen festlegen. In Wohngebäuden hat die Ermittlung des Leistungsbedarfes nach DIN 18 015 Teil 1 zu erfolgen (s. Abschnitt 2.1.2.2, Tabelle 2.11).

Bei der Errichtung des Hauptstromversorgungssystems (s. Abschnitt 2.2.1.3), das als Strahlennetz ausgelegt werden muss, ist darauf zu achten, dass an den Zähl- und Messeinrichtungen ein Rechtsdrehfeld besteht. Unter Beachtung der Bauordnung, müssen Hauptleitungen durch allgemeine und leicht zugängliche Räume geführt werden (s. Abschnitt 2.2.1.3), wobei die Verlegung außerhalb von Gebäuden mit dem VNB abzustimmen ist. Bei Freileitungsanschluss ist darauf zu achten, dass eine spätere Umstellung auf einen Erdkabelanschluss ohne weitere Maßnahmen möglich ist. Die Forderung der TAB von 1991, dass hierzu vom Ende jeder Hauptleitung ein Leerrohr mit mindestens 36 mm lichter Weite bis in den Keller geführt werden muss, besteht zwar nicht mehr, ist aber sicherlich weiterhin sinnvoll.

Normalerweise dürfen im Hauptstromversorgungssystem nur Betriebsmittel eingesetzt werden, die der Stromverteilung und der Freischaltung der Messeinrichtungen dienen. Eine Ausnahme bilden hierbei Überspannungsschutzeinrichtungen der Anforderungsklasse B, die nach der «Richtlinie für den Einsatz von Überspannungs-Schutzeinrichtungen der Anforderungsklasse B in Hauptstromversorgungssystemen» des VDEW, nach Rücksprache beim VNB, eingebaut werden dürfen.

Damit bei Fehlern in der Anlage nicht ständig die Plomben des VNB aufgebrochen werden müssen, dürfen die Hausanschlusssicherungen und auch andere plombierte Überstromschutzorgane nicht dem Überstrom- und Kurzschlussschutz von abgehenden Stromkreisen dienen (s. Abschnitt 3.6.1 und 3.6.2). Aus demselben Grund ist auch die Selektivität von Überstromschutzeinrichtungen der Kundenanlage, zu denen des Hauptstromversorgungssystems und zur Hausanschlusssicherung einzuhalten (s. Abschnitt 3.7 bis 3.7.4). Die Hausanschlusssicherungen dürfen auch nicht als Trennvorrichtungen für die Kundenanlage benutzt werden.

Da die elektromagnetischen Kräfte, die bei einem Kurzschluss die Betriebsmittel extrem mechanisch beanspruchen können, in erster Linie vom Stoßkurzschlussstrom abhängig sind, werden durch die TAB auch hierzu Kennwerte vorgegeben. Für die Teile des Hauptstromversorgungssystems, die vom Hausanschlusskasten bis zur letzten Überstromschutzeinrichtung oder auch Hauptleitungsabzweigklemme vor dem Zähler gehen, gilt mindestens 25 kA (s. Abschnitt 2.2.1.3). Für die anderen, bis zum Stromkreisverteiler angeordneten Betriebsmittel, gilt eine Mindeststoßkurzschlussfestigkeit von 10 kA. Die Überstromschutzeinrichtung, die bei der Direktmessung dem Zähler vorgeschaltet ist, darf einen max. Nennstrom von 100 A besitzen. Ihre strombegrenzenden Eigenschaften, muss der einer 100-A-Schmelzsicherung der Betriebsklasse gL oder gG entsprechen (s. Abschnitt 3.7 und 3.7.1). Da der als Trennvorrichtung einzusetzende selektive Hauptleitungsschutzschalter solch ein Verhalten besitzt, ist nach der TAB 2000 diese Bedingung in der Regel durch ihn automatisch erfüllt.

Sind Hauptleitungsabzweige notwendig, so müssen die entsprechenden Klemmen DIN VDE 0603-2 entsprechen. Gegenüber der TAB 1991, haben sich die Anbringungsmaße für die separaten Hauptleitungsabzweigkästen, in denen die Überstromschutzeinrichtungen der Hauptleitungsabzweige untergebracht werden müssen, geändert. Galt bisher für den Abstand vom Fußboden bis zur Unterkante der Abzweigstelle ein Mindestmaß von 0,5 m, so beträgt es nach der TAB 2000 jetzt 0,3 m. Das bisherige Höchstmaß von 1,8 m wurde auf 1,5 m reduziert.

Grundsätzlich sind in Wohngebäuden die Hauptleitungen, einschließlich der Hauptleitungsabzweige, wie auch die Leitungen zu den Stromkreisverteilern, als Drehstromleitung mit einer Mindeststrombelastbarkeit von 63 A auszuführen (s. auch Abschnitt 2.2.2.1).

Der max. zulässige Spannungsfall (s. auch Abschnitt 3.5 bis 3.5.4) auf dem Hauptstromversorgungssystem ist abhängig vom Leistungsbedarf. Er beträgt bis 100 kVA 0,5 %, bis 250 kVA 1 %, bis 400 kVA 1,25 % und bei über 400 kVA Leistungsbedarf max. 1,5 %.

Zähl-, Mess- und Steuereinrichtungen sind in Zählerschränken mit Türen, die DIN VDE 0603-1 und DIN 43 870 entsprechen, unterzubringen (s. Abschnitt 2.2.1.4). Es gibt jetzt allerdings, im Gegensatz zur TAB 1991, nur noch eine Empfehlung für einen Freiplatz zum Nachrüsten einer Steuer- oder Datenübertragungseinrichtung. Hierbei reicht jetzt sogar ein entsprechend freier Raum neben dem Zählerschrank. Die Zählerschränke werden in leicht zugänglichen Räumen untergebracht und müssen natürlich in ihrer Schutzart den Umgebungsbedingungen angepasst sein (s. Abschnitt 3.11). Vorzugsweise sollte die Anordnung in Treppenräumen, und zwar in Nischen nach DIN 18 013, stattfinden. Unzulässig ist die Montage sowohl in Küchen, Toiletten, Wohn-, Bade-, Dusch- und Waschräumen als auch auf Speichern, Dachböden und über Treppenstufen. Dasselbe gilt grundsätzlich für alle Wohnungen in einem Mehrfamilienhaus und in Räumen, deren Temperatur auf Dauer 30 °C übersteigt. Auch in feuer- und explosionsgefährdeten Räumen dürfen Zählerschränke (wie bisher) nicht installiert werden. Die Montage hat grundsätzlich lotrecht und so zu erfolgen, dass, bei freier Zugänglichkeit, die Zähler ohne Hilfsmittel abgelesen werden können. Bisher betrug deshalb der Abstand der Zählermitte bis zum Fußboden mindestens 1,1 m und höchstens 1,85 m. Jetzt gelten hier die Maße 0,8 m und 1,8 m. Zusätzlich muss, wie beim Hausanschlusskasten, vor dem Zählerschrank eine Bedien- und Arbeitsfläche mit einer Tiefe von 1,2 m freigehalten werden. Soll von einer zentralen Zähleranordnung in einem Gebäude mit mehreren Kundenanlagen abgewichen werden, so ist dies, in Abstimmung mit dem VNB, in sog. Zählerschrankgruppen möglich. Dies wäre bei einem großen Gebäude z. B. die Zusammenfassung aller Zähler eines Stockwerkes.

Die Verdrahtung des Zählerplatzes muss DIN 43870-3 entsprechen (s. Abschnitt 2.2.1.4) und die Zählerfelder müssen durch eine eindeutige, dauerhafte Kennzeichnung den jeweiligen Kundenanlagen zuordenbar sein. Falls eine Abrechnungszählung und Datenbereitstellung gemäß dem «Metering Code» erfolgen soll, muss der Errichter sich mit dem VNB über die Anbringung der Zählpunktbezeichnung abstimmen. Da in Zukunft mit einem verstärkten Einsatz von Datenübertragungsstrecken zur Übermittlung von z. B. Abrechnungsdaten zu rechnen ist, sollte hierüber immer mit dem VNB Rücksprache gehalten werden. Dies gilt auch für eine zentrale Steuerung der Mess- und Zähleinrichtungen oder der Verbraucher.

Ist der zu erwartende Betriebsstrom einer Kundenanlage regelmäßig wiederkehrend mehr als 60 A, so ist die Art der Zähleinrichtung mit dem VNB zu klären, da dann eventuell eine Wandlermessung erfolgen muss.

Leitungsschutzschalter in Stromkreisverteilern (s. Abschnitt 2.2.2) müssen ein Bemessungsschaltvermögen von mindestens 6 kA besitzen und der Energiebegrenzungsklasse 3 entsprechen (s. Abschnitt 3.7.2). Bei Wechselstromkreisen ist darauf zu achten, dass eine möglichst gleichmäßige Aufteilung der Last auf die 3 Außenleiter stattfindet.

Die elektrischen Anlagen und Verbrauchsgeräte müssen dem EMV-Gesetz entsprechen, d. h., sie müssen die einschlägigen Normen, Richtlinien und Vorschriften der Europäischen Union erfüllen. Hierbei geht es grundsätzlich darum, dass keine störenden Rückwirkungen auf andere Kundenanlagen erfolgen. Falls Geräte bestimmte Grenzwerte überschreiten, und es liegt auch keine Untersuchung mit einem positiven Ergebnis über die Unbedenklichkeit dieses Verbrauchers hinsichtlich der Rückwirkungen vor, so kann beim VNB eine Einzelzustimmung eingeholt werden. Spannungseinbrüche, Überspannungen oder auch Oberschwingungen sind normale Störgrößen des Verteilungsnetzes, und die Anlagen und Verbrauchsgeräte müssen eine entsprechende Störfestigkeit dagegen besitzen.

Der Verschiebungsfaktor ($\cos \varphi_1$, s. Abschnitt 3.8.2) muss bei Beleuchtungsanlagen mit Entladungslampen zwischen 0,9 kapazitiv und 0,8 induktiv liegen, wobei allerdings die Art der Kompensationseinrichtung bis zu einer Leistung < 5 kVA je Kundenanlage keine Vorgaben gemacht werden. Entladungslampen, mit einer Gesamtleistung von 250 W je Außenleiter, sind auch unkompensiert zu betreiben. Nach der TAB von 1991 waren hier nur 130 W zulässig. Da das Rundsteuersignal durch Kompensationseinrichtungen gestört werden kann, ist ab einer Leistung der Beleuchtungsanlage von 5 kVA z. B. die Duo-Schaltung oder der Einsatz einer verdrosselten Zentralkompensation anzuwenden. Natürlich können hierzu auch Lampen mit einem elektronischem Vorschaltgerät (EVG) eingesetzt werden.

Da der Anlaufstrom von Motoren zu Spannungsschwankungen führen kann, gibt es entsprechende Grenzwerte, die, falls keine Einzelzustimmung eingeholt werden soll, einzuhalten sind. Nach der TAB 2000 gilt bei gelegentlich anlaufenden Motoren eine max. Scheinleistung von 1,7 kVA bei Wechsel- und 5,2 kVA bei Drehstrommaschinen. Bei größeren Leistungen darf der max. Anlaufstrom 60 A betragen. Ist der Anlaufstrom nicht bekannt, so kann man sicherlich noch mit dem 8-fachen des Nennstroms rechnen. Dieser Faktor steht zwar nicht mehr in der TAB, man befindet sich aber damit auf der sicheren Seite. Von einem gelegentlichen Anlauf kann ausgegangen werden, wenn innerhalb von 24 Stunden nicht mehr als 10-mal eine Einschaltung erfolgt. Für Motoren mit Schweranlauf, oder auch bei häufigem Schalten, bzw. bei schwankender Stromaufnahme, gilt ein maximaler Anzugsstrom von 30 A. Bei größeren Strömen müssen die notwendigen Maßnahmen zur Reduzierung der Netzrückwirkungen mit dem VNB abgestimmt werden. Bei Wärmepumpen muss eine Einrichtung die Anzahl der Einschaltung pro Stunde begrenzen.

Anschlüsse für Elektrowärmegeräte, wie z. B. Elektroherde oder Warmwasserspeicher, mit einer Nennleistung über 4,6 kW, müssen als Drehstromkreise ausgelegt werden. Dieselbe Anforderung gilt nach TAB 2000 jetzt auch für Geräte zur Heizung und Klimatisierung, während die alte TAB hier noch einen Wert von mehr als 2 kW vorgab.

Die Forderung der TAB von 1991, Heizungsanlagen auf der Grundlage einer Wärmebedarfsberechnung nach DIN 4701 zu dimensionieren, ist jetzt in der TAB nicht mehr enthalten. Nach wie vor gilt jedoch, dass der Betrieb von Geräten zur Heizung oder Klimatisierung von der Installation bestimmter Steuer- oder Regelungseinrichtung abhängig gemacht werden kann, sowie dass bei Wärmespeicheranlagen der Einsatz einer Aufladesteuerung vorgegeben ist. Auch muss bei solchen Geräten, die zentral durch den VNB zu steuern sind, nach wie vor ein plombierbares Schütz vorgesehen werden. Geräte zur Heizung und Klimatisierung, deren Betrieb zeitlich eingeschränkt werden kann, müssen über einen Festanschluss verfügen. Die Forderung der TAB von 1991, dass beim gleichzeitigen Betrieb von Durchlauferhitzern ab 18 kW und Geräten zur Klimatisierung oder Heizung, ein Lastabwurf realisiert werden muss, gibt es nach der TAB 2000 nicht mehr.

Bei Schweißgeräten gilt, dass bei mehr als 2 kVA Nennleistung, geeignete Maßnahmen gegen störende Netzrückwirkungen mit dem VNB abgestimmt werden müssen. Darüber hinaus sollen solche Schweißgeräte die Außenleiter gleichmäßig, aber den Neutralleiter überhaupt nicht belasten, und der Verschiebungsfaktor soll mindestens einen Wert von 0,7 induktiv annehmen.

Nach wie vor gilt generell, dass nicht geregelte Blindleistungskompensationseinrichtungen zusammen mit den Verbrauchern zu- und abgeschaltet werden müssen. Neu in der TAB 2000 ist der Hinweis, dass eine notwendige Verdrosselung mit dem VNB abzustimmen ist. Außerdem gilt, dass der Betreiber der elektrischen Anlagen dafür sorgen muss, dass der Betrieb von Tonfrequenz-Rundsteueranlagen nicht gestört wird, und umgedreht auch seine Verbraucher nicht durch das Rundsteuersignal gestört werden. Da Kondensatoren und Induktivitäten der Anlage durch die Frequenz des Rundsteuersignals in Reihenresonanz versetzt werden können, sollte schon bei der Planung diese Frequenz erfragt werden, damit gefährliche Resonanzerscheinungen vermieden werden (s. auch Abschnitt 3.9).

In Zusammenhang mit Spannungsunterbrechungen ist darauf zu achten, dass dabei keine Gefahren entstehen können. Dies kann z. B. durch den Einbau von Unterspannungsauslösern, die den selbstständigen Wiederanlauf von Motoren verhindern, erreicht werden.

Nach der TAB 2000 muss bei bestimmten medizinischen Geräten, wie z. B. Tomografen, deren Nennleistung bei Wechselspannung 1,7 kVA und bei Drehstrom 5 kVA überschreitet, die Kurzschlussleistung des Netzes am Hausanschlusskasten mindestens das 50-fache dieser Nennleistung betragen. Ansonsten sollte der Planer beim VNB nach entsprechenden Anschlussmöglichkeiten fragen.

Für den Anschluss von Geräten, deren Leistung über einen Phasenanschnitt- oder Schwingungspaketsteuerung gesteuert werden, gibt die TAB 2000 nicht mehr die exakten Vorgaben, wie dies noch in der TAB von 1991 erfolgt. Geblieben sind die Werte für die symmetrische Anschnittsteuerung von Glühlampen, nämlich die 1,7 kW Anschlussleistung pro Außenleiter und für induktive Entladungslampen sowie Motoren mit max. 3,4 kVA je Außenleiter. Neu in der TAB 2000 ist, dass bei Wärmegeräten die unsymmetrische Gleichrichtung bis 100 W, und eine symmetrische Anschnittsteuerung bis max. 200 W Anschlussleistung möglich ist. Wie bisher gilt hier, dass bei solchen Geräten die Anschnittsteuerung zur Einschaltstrombegrenzung zugelassen ist.

Für Kopiergeräte, die an Drehstrom angeschlossen werden, deren Trommelheizung aber nur 1-phasig betrieben wird, gilt die max. Anschlussleistung von 4 kVA. Besitzen sie eine Drehstromtrommelheizung, so sind 7 kVA zugelassen.

Soll die elektrische Kundenanlage auch zur Telekommunikation genutzt werden, so dürfen weder andere Anlagen und Einrichtungen, noch die Kommunikationssignale des VNB gestört oder beeinflusst werden. Es ist also durch den Einbau von geeigneten Filtern dafür Sorge zu tragen, dass keine gegenseitigen Beeinflussungen stattfinden.

Nach wie vor gilt für vorrübergehend angeschlossene Anlagen, wie z. B. Baustellen, dass sie vorzugsweise über ortsfeste Schalt- und Steuerschränke eingespeist werden sollen. Im Regelfall geschieht dies über fest verankerte Baustromverteiler, z. B. einem Anschlussschrank nach VDE 0660 Teil 501. Die Länge der Anschlussleitung vor dem Zähler darf max. 30 m betragen. Da diese Leitung ungezählte elektrische Energie führt, sind bei ihr keine lösbaren Zwischenverbindungen zulässig.

Für die Schutzmaßnamen gegen elektrischen Schlag spielen die Netzsysteme eine wichtige Rolle, und das entsprechende System muss beim VNB erfragt werden. Für Neubauten wird nach wie vor der Einbau eines Fundamenterders verlangt (s. Abschnitt 2.2.1.2), und es darf auch weiterhin der PEN- bzw. der Neutralleiter nicht als Erder für z.B. die Antennenanlage benutzt werden. Überspannungsschutzeinrichtungen der Anforderungsklasse C und D dürfen nur im nicht plombierten Teil der Anlage eingebaut werden.

Die etwas ausführlichen Ausführungen der TAB 1991 zu den Eigenerzeugungsanlagen sind jetzt entfallen. Es ist nur noch der Hinweis enthalten, dass bei Eigenerzeugungsanlagen im Parallelbetrieb und bei Notstromaggregaten die einschlägigen Richtlinien des VDEW zu beachten sind, und über die konkreten Maßnahmen mit dem zuständigen VNB eine Abstimmung zu erfolgen hat.

Für den Anwender der TAB 2000 sind die Anhänge, einschließlich der Begriffserläuterungen, sicherlich sehr nützlich.

2.1.1.4 VOB und Normen

Außer den DIN-VDE-Bestimmungen müssen natürlich auch andere DIN-Normen beachtet werden. DIN 18 012 beschäftigt sich mit dem Hausanschlussraum (s. Abschnitt 2.2.1.1). DIN 18 015 besteht aus 3 Teilen und behandelt wichtige Themen der Elektroinstallation für den Wohnungsbau. Es sind im eigentlichen Sinne keine Sicherheitsnormen und müssen von daher streng genommen nur dann eingehalten werden, wenn sie Bestandteil des Vertrags sind. Bei öffentlichen Aufträgen, die nach der Vergabe- und Vertragsordnung für Bauleistungen (VOB) vergeben werden, ist die Einhaltung dieser und anderer Normen obligatorisch festgeschrieben.

Bei der VOB geht es um die Ausschreibung, Vergabe und Ausführung von Bauleistungen. Sie gliedert sich in 3 Teile. Teil A enthält «Allgemeine Bestimmungen für die Vergabe von Bauleistungen» und ist als DIN 1960 gekennzeichnet. DIN 1961 «Allgemeine Vertragsbedingungen für die Ausführung von Bauleistungen» entspricht dem Teil B der VOB, worin Art und Umfang der Leistungen beschrieben wird. Wichtig ist hierin der Verweis auf die Einhaltung des Teils C, der die allgemeinen technischen Vertragbedingungen für Bauleistungen, kurz ATV genannt, enthält. Dieser Teil C besteht aus einer Vielzahl von DIN-Normen. Für den Elektroplaner besonders wichtig ist hier die DIN 18 382 «Nieder- und Mittelspannungsanlagen mit Nennspannungen bis 36 kV» und DIN 18384 «Blitzschutzanlagen», da hierin direkt elektrotechnische Sachverhalte angesprochen werden.

Es würde den Rahmen dieses Buches sprengen, alle relevanten Normen im Detail anzusprechen. In verschiedenen Abschnitten werden konkrete Sachverhalte im Zusammenhang mit der entsprechenden Norm behandelt. An dieser Stelle soll ein kurzer Überblick über Inhalte besonders wichtiger Normen gegeben werden.

In der DIN 18 015 geht es um elektrotechnische Anlagen in Wohngebäuden. Teil 1 enthält Planungsgrundlagen. Im Anwendungsbereich wird herausgestellt, dass bei Bedarf diese Norm nicht nur auf Wohngebäude, sondern z.B. auch auf Bürogebäude und ähnliche Bauten angewendet werden kann. Bei Ausschreibungen nach VOB wird oft die Einhaltung dieser Norm für Gebäude ohne Wohnungen festgeschrieben, weil damit bestimmte Standards eingehalten werden müssen. Nach DIN 18 015 Teil 1 müssen bei der Planungsvorbereitung die Anschlussvoraussetzungen für Starkstrom und Telekommunikation mit den entsprechenden Versorgungsunternehmen abgesprochen werden. Es wird auf die jeweiligen Landesbauordnungen, das Einbringen des Fundamenterders und der Berücksichtigung von Befestigungsmöglichkeit von Dachantennen verwiesen.

Bei Schlitzen und Aussparungen muss hinsichtlich der Standfestigkeit DIN 1053 Teil 1 «Mauerwerk; Berechnung und Ausführung», sowie der Brand- und Schallschutz beachtet werden. Grafische Symbole müssen in Installationsplänen DIN EN 60 617 und DIN EN 61 082-4 entsprechen. Normalerweise sollen Kabel und Leitungen in Installationszonen nach DIN 18 015 Teil 3 im Putz oder unter Putz verlegt werden, es sei denn, es werden Kanal- oder Rohrinstallationen angewendet. Eine Ausnahme von dieser Installationsform gibt es z.B. für Abstellkammern und Kellerräume. Wichtig ist der Hinweis auf DIN VDE 0100-520, die sich mit Leitungs- und Kabelanlagen beschäftigt (s. Abschnitt 2.1.1.2, Tabelle 2.1) und der Verweis auf DIN VDE 0100-737, also auf feuchte, nasse Räume/Bereiche und Anlagen im Freien.

Im Zusammenhang mit dem Hausanschluss wird auf DIN 18 012 hingewiesen (s. Abschnitt 2.2.1.1). Auch der Platz für einen Dachständer bei einer Einspeisung über eine Freileitung muss mit dem VNB abgesprochen werden. Um den Zugang von Mitarbeitern des Verteilungsnetzbetreibers zu erleichtern, ist das Hauptstromversorgungssystem in leicht zugänglichen Räumen anzuordnen (s. Abschnitt 2.2.1.3). Die Hauptleitung muss für Drehstrom und mindestens 63 A ausgelegt sein. Der Spannungsfall auf dem Hauptstromversorgungssystem beträgt nach AVBEltV 0,5%, ansonsten wird auf die TAB verwiesen. Damit den Verbrauchern eine ausreichend große Spannung zu Verfügung steht, darf der Spannungsfall vom Zähler bis zum entsprechenden Anschlusspunkt, unter Beachtung von DIN VDE 0100-520 (s. Tabelle 2.1), nicht mehr als 3% betragen. In die Formel zur Berechnung des Spannungsfalles ist der Nennstrom der vorgeschalteten Überstromschutzeinrichtung einzusetzen.

Damit die Zählerstände leicht ablesbar sind, müssen die Messeinrichtungen ebenfalls in leicht zugänglichen Räumen untergebracht werden (s. Abschnitt 2.2.1.4). Ab einem 2-Familien-Haus wird für die Gemeinschaftsanlagen, wie Treppen- oder Außenbeleuchtung usw., ein separater Zähler benötigt. Der Stromkreisverteiler soll ausreichend Reserveplätze enthalten und ist im Belastungsschwerpunkt der Wohnung (z.B. im Flur an der Küchenwand) anzubringen. Alles zu diesem Thema wird in Abschnitt 2.2.2 behandelt.

Fernmeldeleitungen sollen, bis auf wenige Ausnahmen, grundsätzlich in Rohren oder Kanälen, also auswechselbar verlegt werden (s. Abschnitt 2.2.5). Hier wird in DIN 18 015-1 auf die FTZ 731 TR 1 verwiesen. Es handelt sich hierbei um eine technische Richtlinie der «Deutsche Telekom AG». Es geht um Rohrnetze und andere verdeckte Führungen für Telekommunikationsleitungen in Gebäuden. Die Option, später Leitungen auszuwechseln, ist für diesen Bereich sehr sinnvoll. Denn gerade den Anforderungen im Bereich der Übertragungskapazität und der Übertragungsgeschwindigkeit durch entsprechend neu entwickelte Kabel/Leitungen kann mit einer leichten Auswechselbarkeit Rechnung getragen werden.

Nach DIN 18 015-1 gilt, dass bis zu den Wohnungen von Mehrfamilienhäusern (ab 2-Familien-Haus) ohne Kommunikationsanschlüsse Leerrohre für eine spätere Versorgung vorgesehen werden müssen. Der Innendurchmesser beträgt in der Regel mindestens 23 mm und muss für die hoch- und niederführenden Rohre mindestens 30 mm aufweisen. Bei Telekommunikationsanlagen sollte für jede Wohnung ein möglichst zentral gelegener Platz für einen Normverteiler vorgesehen werden.

Die Leitungen für z.B. Klingel- und Türsprechanlagen dürfen im Treppenraum im gleichen Schlitz oder Kanal mit Starkstromleitungen verlegt werden. Auf Näherungen muss bei Aderleitungen im Kanal aus elektrotechnischer Sicht hierbei jedoch geachtet werden. Bei Mantelleitungen stellt dies i.Allg. kein Problem dar. Allerdings dürfen Fragen der elektromagnetischen Verträglichkeit (EMV), die zu Störungen gerade bei Gefahrenmeldeanlagen führen können, nicht vernachlässigt werden. Hier ist meistens Abstand oder Schirmung der Systeme notwendig, auch wenn DIN 18 015 eine direkte, gemeinsame Verlegung zulässt. Deshalb ist der Verweis auf DIN VDE 0833 «Gefahrenmeldeanlagen für Brand, Einbruch und Überfall» auch absolut notwendig. Beachtet werden müssen hierbei auch die Richtlinien der Schadensversicherer VdS, denn im Schadensfall wird der Versicherer über einen Sachverständigen klären lassen, inwieweit seine Vorschriften eingehalten worden sind.

Türsprechanlagen und Fernmeldeanlagen sind heute oft schon miteinander verknüpft, und es wird mit moderner BUS-Technik gearbeitet. Die Beleuchtung eines Klingeltableaus kann durch die Allgemeinbeleuchtung, z.B. Außenbeleuchtung, geschehen. Man sollte dann jedoch mit Dämmerungsschaltern oder mit Bewegungsmeldern arbeiten.

Empfangsanlagen für Multimediasignale, z.B. Antennenanlagen, müssen DIN VDE 0855 entsprechen (s. Abschnitt 2.2.4). Auch diese Anlagen haben oft Schnittpunkte mit der allgemeinen Hauskommunikation und werden teilweise schon gemeinsam, manchmal sogar zusammen mit der Fernsprechanlage, in einem Kabel vereint.

Da Antennenverstärker aus elektronischen Bauteilen bestehen, müssen die Herstellerangaben bezüglich der Umgebungseinflüsse genau beachtet werden. Bei Mehrfamilienhäusern (mehr als eine Wohnung) und einer Gemeinschaftsantennenanlage muss der eigene Stromkreis des Verstärkers und/oder Multischalters vom «Gemeinschaftszähler» abgehen. Bitte denken Sie hierbei an den Potenzialausgleich (mindestens 4 mm² Kupfer), mit dem die Schirmung der Ein- und Ausgangsantennenleitungen bei den Verstärkeranlagen, bzw. bei einem Multischalter, zu verbinden ist. Außerdem muss dieser Potenzialausgleich in den Hauptpotenzialausgleich des Gebäudes einbezogen werden. Unter Umständen ist der Anschluss von Überspannungsschutzeinrichtungen empfehlenswert.

Im Zusammenhang mit dem Fundamenterder nach DIN 18 014 (s. Abschnitt 2.2.1.2) weist DIN 18 015-1 ausdrücklich auf die Bedeutung des Hauptpotenzialausgleichs und in diesem Zusammenhang auf DIN VDE 0100-410 und DIN VDE 0100-540 (siehe Tabelle 2.1) hin. Auch auf den zusätzlichen Potenzialausgleich im Bad (DIN VDE 0100-701;s. Abschnitt 3.12.1) oder Schwimmbad (DIN VDE 0100-702) wird verwiesen. Falls an den Fundamenterder die Ableitungen der äußeren Blitzschutzanlage angeschlossen werden sollen, müssen dafür ausreichend Anschlussfahnen vorgesehen werden (s. Abschnitt 2.2.6.1). Hier wird durch DIN 18 015 auf DIN VDE 0185 Teil 1 (ist zur Zeit nur als Vornorm DIN V VDE V 0185-1 vorhanden) verwiesen, wonach die Messtrennstellen von unsichtbar verlegten Ableitungen zugänglich und gekennzeichnet sein müssen. Die Anschlussfahne an den Fundamenterder für den Anschluss an die Hauptpotenzialausgleichschiene ist in der Nähe des Hausanschlusskastens anzuordnen. Die Länge der Anschlussfahne soll nach DIN 18 014 mindestens 1,5 m ab Raumeintritt betragen.

Nach DIN 18 015-1 muss bei der Planung die elektromagnetische Verträglichkeit der Systeme untereinander beachtet werden. Diese Thematik wird in Zukunft einen hohen Stellenwert bei der Planung eines Gebäudes einnehmen. In diesem Zusammenhang ist auch die Ausführung eines umfassenden Überspannungsschutzes von Bedeutung. Er wird in DIN 18 015 Teil 1 aber nach wie vor nicht generell gefordert.

In DIN 18 015-2 geht es um die Art und den Umfang der Elektroinstallation, wobei dabei ein Mindeststandard gesetzt wird, d.h., dass eine höherwertige Ausstattung nicht nur zulässig, sondern eher zeitgemäß ist (s. Abschnitt 2.2.2.3). Im Installationsplan sollte der Anbringungsort der Schalter für die Lichtauslässe festgelegt werden. Insbesondere für barrierefreies Wohnen ist für die Antriebe von Jalousien und Rollläden, aber auch für das Außenlicht, eine drahtlose Fernbedienung sinnvoll. Hier bieten sich auch Bussysteme (s. Abschnitt 2.1.3.2) an. Bei Räumen mit mehreren Türen sollten mindestens 2 Schaltstellen für einen Beleuchtungsauslass vorgesehen werden. Alternativ ist, nach Meinung der Autoren dieses Buches, auch der Einsatz von Bewegungsmeldern überlegenswert. Für die Zugangswege, Gebäudeeingangstüren und Stufen im Eingangsbereich einschließlich dem Klingeltableau, die ausreichend beleuchtet sein müssen, bieten sich Bewegungsmelder mit Dämmerungsschalter an. In allgemein zugänglichen Bereichen, wie Treppenräumen einschließlich deren Vorräume, Aufzugsvorräumen und Laubengängen, muss bei Mehrfamilienhäusern eine Beleuchtungsanlage vorgesehen werden. DIN 18 015-2 fordert hier zwar keine Abschaltautomatik mehr, diese ist aber, um Dauerlicht zu vermeiden, sicherlich sinnvoll. Falls eine Abschaltautomatik eingesetzt wird, ist sie mit einer Ausschaltwarnfunktion zu versehen, damit das automatische Ausschalten der Beleuchtung keine Gefährdung mit sich bringt. Dies kann z.B. durch Abdimmen erreicht werden. In den oben erwähnten Räumen müssen die Schalter oder Taster der Beleuchtungsanlage auch bei Dunkelheit erkennbar sein, d.h., es können z.B. selbstleuchtende Betriebsmittel eingesetzt werden.

Um Missbrauch vorzubeugen, müssen allgemein zugängliche Anlagen und Steckdosen im Freien gegen unbefugte Benutzung geschützt sein. Ein im Stromkreisverteiler angeordneter allpoliger Schalter kann diese Aufgabe übernehmen.

Die DIN 18 015-2 empfiehlt, falls kein Bussystem angewendet wird, Vorkehrungen für den späteren Einsatz zu treffen. Dies könnte z.B. durch die Vorverkabelung mit Busleitung oder das Einbringen von Leerrohren in jeden Raum einer Wohnung realisiert werden. Dies würde den späteren Einsatz von Gebäudesystemtechnik ohne Funk erleichtern (s. Abschnitt 2.1.3.2).

Die Anzahl der notwendigen Stromkreise nach DIN 18 015-2 belegt Abschnitt 2.2.2.3. Die Anforderungen an die Fernmeldeanlagen nach dieser Norm werden in Abschnitt 2.2.5 behandelt. Die Ausstattungsmerkmale von Empfangsanlagen für Fernsehen und Rundfunk sind in Abschnitt 2.2.4 erläutert.

Der 3. Teil der DIN 18 015 beschäftigt sich mit Installationszonen, also der Leitungsführung und der Anordnung von Betriebsmitteln. Hierzu beachten Sie bitte Abschnitt 2.1.2.5.

Die im Zusammenhang mit Teil C der VOB erwähnte DIN 18 382 gilt für die Ausführung elektrischer und informationstechnischer Anlagen in Gebäuden, nicht jedoch für Geräte. Aber Kabel und Leitungen für die Außenanlage des Gebäudes gehören dazu. Wichtig ist der Verweis auf die Gruppe 01 (Energieanlagen), z.B. DIN VDE 0100, und Gruppe 08 (Informationstechnik), z.B. DIN VDE 0800, der DIN VDE-Normen und die TAB des Netzbetreibers. Ausdrücklich wird ein sparsamer Energieverbrauch und wirtschaftlicher Betrieb gefordert.

Da nach VOB zwischen Auftraggeber und Auftragnehmer unterschieden wird, macht DIN 18 382 bei den notwendigen Plänen und Zeichnungen auch eine entsprechende Einteilung. Hiernach muss der Auftraggeber folgende Unterlagen bereitstellen: Übersichtsschaltpläne, Anlagenschemata, Funktionsfließschemata oder Beschreibungen, Ausführungspläne, Schlitz- und Durchbruchpläne sowie eine Leistungsaufnahmeliste der auf der Baustelle bereitgestellten elektrischen Komponenten. Der Auftragnehmer muss nach den Plänen und Berechnungen des Auftraggebers folgende Zeichnungen erstellen: Stromlaufpläne, Adressierungspläne, Aufbauzeichnungen der Verteilungen, Stücklisten, Klemmen- und Belegungspläne und Funktionsbeschreibungen. Falls die elektrotechnische Planungsfirma auch Auftragnehmer im Sinne der DIN 18 382 ist, müssen von ihr die für den sicheren und wirtschaftlichen Betrieb der Anlage notwendigen Bedienungs- und Wartungsanleitungen, einschließlich der Bestandspläne, erstellt und dem Auftraggeber übergeben werden. Ebenso gehört hierzu eine Prüfung nach DIN VDE 0100-610 mit entsprechender Dokumentation.

Übrigens dürfen Stemm-, Fräs- und Bohrarbeiten am Bauwerk nur mit Einverständnis des Auftraggebers durchgeführt werden. Da dies aber mehr ein Thema der praktischen Errichtung einer Anlage ist, werden im Rahmen dieses Buches solche Fragen nur am Rande erwähnt.

Für die Kalkulation von Projekten nach VOB Teil B ist die Unterscheidung von Nebenleistung (wird meistens nicht extra vergütet) und besonderen Leistungen (müssen in der Leistungsbeschreibung angegeben werden) wichtig. Nebenleistungen nach DIN 18 382 sind z.B. Stemm- Fräs- und Bohrarbeiten für den Einsatz von Dübeln und Steinschrauben und für den Einbau von Unterputzdosen (Schalter und Abzweigdosen). Zu den besonderen Leistungen zählen unter anderem das Herstellen und Schließen von Schlitzen und Durchbrüchen. Zu erwähnen ist noch, dass bei der Mengenermittlung von Leitungen und Kabel nur die tatsächlich verlegten Längen verrechnet werden können und Verschnitt nicht berücksichtigt werden darf. Betriebsmittel werden dabei übermessen und gesondert berechnet.

Der Geltungsbereich der DIN 18 384 betrifft Blitzschutzanlagen. Vom Auftragnehmer müssen nach dieser Norm die für die Ausführung nach DIN VDE 0185 nötigen Entwurfszeichnungen sowie die für die Genehmigung notwendigen anderen Unterlagen und auch die Bestandspläne geliefert werden. Für die Kostenermittlung spielt auch hier die Abnahmeprüfung nach DIN VDE 0185 Teil 1 eine Rolle. Zu den Nebenleistungen zählen z. B. der Korrosionsschutz nach DIN VDE 0185, also Einsatz von verzinktem Material und zusätzlicher Schutz bei Verbindungen im Erdreich mit Bitumenmasse usw. Während ein Komplettanstrich aller Fangeinrichtungen und Ableitungen mit Korrosionsschutzfarbe zu den besonderen Leistungen nach DIN 18 384 gehört. Bei den Leitungen, inklusive Erd- und Fangleiter, können ebenfalls nur die tatsächlichen Längen und kein Verschnitt berücksichtigt werden.

2.1.1.5 Arbeitsschutzgesetz, Arbeitsstättenverordnung und Arbeitsstättenrichtlinien

Ziel des am 7. August 1996 verabschiedeten Arbeitsschutzgesetzes ist es, den Gesundheitsschutz und die Sicherheit der Beschäftigten zu verbessern. Inwiefern hat dieses Gesetz Bedeutung für die Planung von elektrischen Anlagen? Nach §4 Absatz 1 ist «die Arbeit so zu gestalten, dass eine Gefährdung für Leben und Gesundheit möglichst vermieden und die verbleibende Gefährdung möglichst gering gehalten wird». Dies bedeutet im Zusammenhang mit §9 «Besondere Gefahren», dass bei der Planung der Erweiterung einer elektrischen Anlage mögliche Gefahren, z. B. durch Arbeiten unter Spannung (AuS), berücksichtigt werden müssen. Wichtiger jedoch ist, dass dieses Gesetz im besonderen Maße bei der Planung von Arbeitsplätzen beachtet werden muss. Und zwar sind hier nicht nur gewerbliche Arbeitsplätze gemeint, sondern – außer Hausangestellten in privaten Haushalten, Beschäftigten auf Seeschiffen und Betrieben, die dem Bundesberggesetz unterliegen – praktisch alle, auch z. B. Arbeitsplätze in Schulen, Krankenhäusern oder öffentlichen Verwaltungen. Durch das Arbeitsschutzgesetz wurde also der Geltungsbereich der Arbeitsstättenverordnung (ArbStättV) deutlich ausgeweitet.

In der Verordnung selbst wird der Anwendungsbereich nur leicht gegenüber dem Arbeitsschutzgesetz eingeschränkt, in dem Arbeitsstätten im Reisegewerbe und Marktverkehr, Transportmittel im öffentlichen Verkehr und bestimmte forstwirtschaftliche Bereiche ausgenommen sind. Generell sind Arbeitsstätten Orte für Arbeitsplätze in Gebäuden oder im Freien, die sich auf dem Gelände eines Betriebes oder einer Baustelle befinden. Aber nicht nur Arbeitsplätze, sondern auch andere Orte eines Betriebes bzw. einer Baustelle zu denen Beschäftigte im Rahmen ihrer Arbeit Zugang haben, zählen zu den Arbeitstätten.

Also z.B. Lagerräume und die meisten Sozialräume, wie Pausen- oder Umkleideräume. In der Arbeitsstättenverordnung von 2004 werden die Unfallverhütungsvorschriften der Berufsgenossenschaften nicht mehr explizit erwähnt. Die Rechtsverbindlichkeit der berufsgenossenschaftlichen Vorschriften (BGV, früher UVV), ergibt sich aber aus den nach § 7 der ArbStättV bekannt gemachten Regeln des Bundesministeriums für Wirtschaft und Arbeit. Die Veränderungen in diesem Bereich sind jedoch noch lange nicht abgeschlossen. Tatsache ist, dass die neue Arbeitsstättenverordnung den Unternehmen mehr Spielraum und Eigenverantwortung überträgt. Viele direkte Vorgaben, die durch die alte ArbStättV gemacht wurden, gibt es jetzt nicht mehr. Solange es jedoch noch keine rechtsverbindlich geltenden Neuerungen gibt, sollte man sich bei der Planung von Arbeitsstätten an den «alten» Vorgaben orientieren. Hier sind nach wie vor die berufsgenossenschaftlichen Vorschriften und die Vorgaben der gesetzlichen Unfallkassen (GUV) richtungsweisend. Je nach Gewerbe und der Art des Arbeitsplatzes können sich daraus für die Ausstattung der elektrotechnischen Installation andere Anforderungen ergeben.

Die ArbStättV schreibt im § 3 (1) vor, dass «... Arbeitsstätten den Vorschriften dieser Verordnung einschließlich ihres Anhanges entsprechend so eingerichtet und betrieben werden, dass von ihnen keine Gefährdungen für die Sicherheit und die Gesundheit der Beschäftigten ausgehen». Sind Menschen mit Behinderungen beschäftigt, dann müssen eventuell die Arbeitsplätze barrierefrei gestaltet werden. Hierbei kann man sich bei der Planung an der DIN 18 025 orientieren, auch wenn diese Norm speziell für Wohnungen gilt.

Vom Grundsatz her bietet die neue Arbeitsstättenverordnung die Möglichkeit, bei einem schriftlichen Antrag des Arbeitsgebers Ausnahmen von bestimmten Vorgaben zu gewähren. Dies gilt vor allem für kleinere Betriebe.

Allgemeine Vorgaben für das Betreiben von Arbeitsstätten betreffen z.B. die Hygieneanforderungen, Sicherheitsbeleuchtungen, Feuerlöscheinrichtungen, Signalanlagen, Notaggregate und Notschalter sowie raumlufttechnische Anlagen.

Im Anhang der ArbStättV werden unter 1.4 «Energieverteilungsanlagen» Aussagen hinsichtlich der Elektroversorgung und der Sicherheit dieser Anlagen gemacht. Konkret steht dort: «Anlagen, die der Versorgung der Arbeitsstätte mit Energie dienen, müssen so ausgewählt, installiert und betrieben werden, dass die Beschäftigten vor Unfallgefahren durch direktes oder indirektes Berühren spannungsführender Teile geschützt sind und dass von den Anlagen keine Brand- oder Explosionsgefahr ausgeht. Bei der Konzeption und der Ausführung sowie der Wahl des Materials und der Schutzvorrichtungen sind Art und Stärke der verteilten Energie, die äußeren Einwirkbedingungen und die Fachkenntnisse der Personen zu berücksichtigen, die zu Teilen der Anlage Zugang haben.» Diese allgemeinen Aussagen enthalten alles oder auch nichts. Hier zeigt sich wieder, dass die neue Arbeitsstättenverordnung hauptsächlich nur noch interpretierbare Vorgaben macht und nicht mehr klare Verbindlichkeiten, wie es sie vorher gegeben hat. Dies bringt für die Planung teilweise Vorteile. Man ist freier in der Wahl der Möglichkeiten, und die Anpassung an den Stand der Technik wird leichter. Allerdings birgt dies auch Gefahren, denn bei Streitigkeiten wird der Auslegung durch Sachverständige eventuell mehr Gewicht gegeben.

An einem Beispiel wird dieser Sachverhalt verdeutlicht. In der alten ArbStättV stand im § 7 unter anderem: «… Die Stärke der Allgemeinbeleuchtung muss mindestens 15 Lux betragen.» Die Vorgabe 15 lx (lx ist das Einheitenzeichen für die Beleuchtungsstärke in Lux) war klar und eindeutig. Sicher konnte man sich darüber streiten, in wie fern diese Mindestbeleuchtungsstärke zeitgemäß und für einen konkreten Fall auch noch ausreichend ist. So sind nach DIN EN 12 464-1, der europäischen Norm für die Beleuchtung von Arbeitsplätzen, mindestens 20 lx notwendig, um bei üblichen Beleuchtungsbedingungen noch ansatzweise Gesichtszüge zu erkennen. Aber nach den alten Vorgaben durfte man ja durchaus eine höhere Beleuchtungsstärke einplanen. Nur, es durften auf jede Fall nicht weniger als 15 lx sein! In der neuen ArbStättV gibt es nun keine Angabe zur Mindestbeleuchtungsstärke. Hier steht im Anhang unter 3.4: «Die Arbeitsstätten müssen möglichst ausreichend Tageslicht erhalten und mit Einrichtungen für eine der Sicherheit und dem Gesundheitsschutz der Beschäftigten angemessenen künstlichen Beleuchtung ausgestattet sein.» Es bleibt abzuwarten, ob z.B. neue Arbeitstättenrichtlinien dies konkretisieren. Im Moment sind die alten Arbeitsstättenrichtlinien noch ein Orientierungspunkt bei der Planung von entsprechenden Anlagen. Nach § 8 (2) der neuen Arbeitsstättenverordnung gilt: «Die im Bundesarbeitsblatt bekannt gemachten Arbeitsstättenrichtlinien gelten bis zur Überarbeitung durch den Ausschuss für Arbeitsstätten und der Bekanntmachung entsprechender Regeln durch das Bundesministerium für Wirtschaft und Arbeit, längstens jedoch 6 Jahre nach Inkrafttreten dieser Verordnung, fort.»

Die alten Arbeitsstättenrichtlinien (ASR) sind eine Art Richtschnur für die praktische Umsetzung der einzelnen Anforderungen der alten ArbStättV und beziehen sich von daher auf den jeweiligen Paragraphen und die entsprechende Absätze. Dies erschwert etwas die Lesbarkeit, es sei denn, man hat die alte ArbStättV parat.

Die ASR 7/3 nimmt Bezug auf § 7 Absatz 3 der alten ArbStättV und somit auf die künstliche Beleuchtung. Hiernach ist bei der Planung einer Neuanlage ein Planungsfaktor von 1,25 · E_n zu berücksichtigen. Dass die Nennbeleuchtungsstärke En ein Mittelwert ist, muss bei der Bemessung und Anordnung der Leuchten in Bezug auf die Alterung und Verschmutzung als auch auf die Helligkeitsverteilung im Raum beachtet werden. Das bedeutet, dass im Einzelfall zusätzliche Leuchten direkt am Arbeitsplatz notwendig sein können.

Nach der deutschen Fassung der DIN EN 12 464-1 aus 2002, ist bei der Planung von einem Wartungswert, das ist der Mindestwert einer vorgegebenen Beleuchtungsstärke zum Zeitpunkt einer Wartung, auszugehen. Auch hierbei wird von einem Mittelwert der Beleuchtungsstärke ausgegangen. Nach dieser Norm darf bei ständig besetzten Arbeitsplätzen der Wartungswert der Beleuchtungsstärke nicht weniger als 200 lx betragen. Bei der Planung der Beleuchtungsanlage von Arbeitsplätzen muss man berücksichtigen, dass die in Deutschland zuständige DIN 5035 Teil 1 durch DIN EN 12 465 «Grundlegende Begriffe und Kriterien für die Festlegung von Anforderungen an die Beleuchtung» und die DIN

EN 12 464-1 «Beleuchtung von Arbeitsstätten» ersetzt worden ist. Auch andere Teile der DIN 5035 (Teil 2, 3, 4, und 7) sind zumindest partiell durch die Einführung dieser europäischen Normen nicht mehr gültig. Allerdings sollen Inhalte der aus dem Jahre 1990 stammenden DIN 5035-1, die in der DIN EN 12 464-1 nicht behandelt, in einer neuen DIN 5035-1 neu veröffentlicht werden. Wann dies geschieht steht aber noch nicht fest. Die Problematik der veränderten Normenlage, die natürlich in den alten Arbeitsstättenrichtlinien nicht berücksichtig sind, müssen bei der Planung einer Anlage beachtet werden. So gibt es in DIN EN 12 464-1 den Begriff «Bereich der Sehaufgabe», der eine wesentliche Änderung zur DIN 5035-1 bedeutet. Im Unterschied zur alten Norm werden hier die Gütemerkmale der Beleuchtung nicht auf den ganzen Raum oder die einer bestimmten Tätigkeit dienenden Raumzone, sondern eben auf den «Bereich der Sehaufgabe» definiert. Dieser Bereich muss wiederum nicht immer identisch mit dem Arbeitsbereich sein. Durch die Einschränkung auf den «Sehbereich», der sehrelevante Elemente der auszuführenden Arbeit betrifft, kann man teilweise Energie einsparen, da für den gesamten Arbeitsplatz eventuell jetzt eine geringere Beleuchtungsstärke notwendig ist. Nachteilig für die Planung ist aber, dass die genaue Anordnung eines Arbeitsplatzes oft nicht exakt feststeht und deshalb die alte, raumbezogene Lichtplanung eventuell zu besseren Ergebnissen führte.

Da dieses Buch sich in erster Linie mit der Planung von der elektrischen Wohnungsinstallation beschäftigt, kann hier nicht weiter auf die Herangehensweise für die Planung der Beleuchtungsanlagen von Arbeitsstätten eingegangen werden. Es werden eben nur Hinweise für diesen Planungsbereich gegeben.

Nun zurück zu den alten, aber noch gültigen Arbeitsstättenrichtlinien. Nach der ASR 7/3 darf durch den Einsatz der Lampen und Leuchten keine Verfälschung der Farben, insbesondere der Sicherheitsfarben, auftreten. Außerdem muss Blendung vermieden, bzw. gering gehalten werden. In einer tabellarischen Übersicht (s. Tabellen 2.4 und 2.5) wird in dieser Arbeitsstättenrichtlinie dem Anwender die Möglichkeit zur Abschätzung der Nennbeleuchtungsstärke bei normalen Leuchtstofflampen gegeben. Demnach müssen, bei einer Montage der

Tabelle 2.4 Überblick über die benötigte installierte Leistung pro m² bei Einsatz von konventionellen Leuchtstofflampen in Anlehnung an die ASR

E_n	Installierte elektrische Leistung (W/m²) der Grundfläche des Raums	
	Leuchten/Lampen sind ca. 2 m über der zu beleuchtenden Fläche montiert	Leuchten/Lampen sind ca. 4 m über der zu beleuchtenden Fläche montiert
1000	50	64
750	38	48
500	25	32
300	15	19
200	10	13
100	5	6
50	3	4

Tabelle 2.5
Ermittlung der notwendigen installierten Leistung beim Einsatz anderer Lampen als Tabelle 2.4

Art der Lampe	**Faktor, mit dem der Wert aus Tabelle 2.4 zu multiplizieren ist**
Normale Glühlampe	4
Halogen-Glühlampe	1,6
Quecksilberdampf-Hochdrucklampe	0,8
3-Banden-Leuchtstofflampe	0,6
Natriumdampf-Hochdrucklampe	0,5

Leuchten ca. 2 m über der beleuchteten Fläche, 25 W elektrische Leistung pro m^2 Grundfläche des Raumes installiert sein, um eine Nennbeleuchtungsstärke von 500 lx zu erreichen. Tabelle 2.4 lässt allerdings nur ein grobes Abschätzen zu und ist somit für die genaue Planung weniger geeignet.

Die Messung der tatsächlich vorhandenen Beleuchtungsstärke erfolgt direkt am Arbeitsplatz, d.h. bei einem Schreibtisch direkt auf der Schreibtischplatte am Ort des Schreibens. Für die Planung bietet hier der Einsatz von moderner Beleuchtungssoftware die Möglichkeit, durch Simulation des Raumes, einschließlich der entsprechenden Einrichtungsgegenstände, zu relativ genauen Ergebnissen zu gelangen.

Die ASR 7/3 gibt außerdem in einer Tabelle Werte für die notwendige Nennbeleuchtungsstärke in verschiedenen Arbeitsstätten, in Abhängigkeit von der jeweiligen Tätigkeit, vor. Dies geschieht in Anlehnung an DIN 5035 Teil 2 vom September 1990. Tabelle 2.6 dieses Buches gibt hierüber eine kurze Zusammenfassung. Die Nennbeleuchtungsstärke bezieht sich nach DIN 5035-2 i.Allg. auf die horizontale Arbeitsfläche in 0,85 m Höhe über dem Fußboden und bei Verkehrswegen in Innenräumen auf maximal 0,2 m Höhe über dem Fußboden. Bei der Lichtfarbe bedeutet ww warmweiß (<3300 K), nw neutralweiß (3300...5300 K) und tw tageslichtweiß (>5300 K). Die in den Klammern stehenden Größen entsprechen der ähnlichsten Farbtemperatur in Kelvin nach Tabelle 3 der DIN EN 12 464-1. Die Farbwiedergabeeigenschaften der entsprechenden Farbwiedergabestufe ergibt sich aus Tabelle 2.7. Die Werte der Tabelle 2.7 orientieren sich an der Tabelle 2 aus DIN 5035-1 vom Juni 1990. Dort ist auch der zugehörige Bereich des Farbwiedergabeindex R_a angegeben. Der höchstmögliche Wert von R_a beträgt 100 und wird mit abnehmender Farbwiedergabequalität kleiner. An der Einteilung der Güteklasse der Direktblendung in Innenräumen nach DIN 5035-2 vom September 1990 orientieren sich die Werte der Tabelle 2.8. Die Tabelle 2.8 berücksichtigt nicht die Tabellenmethode des CIE Unified-Glare-Rating-Verfahren (UGR), das in DIN EN 12 464-1 angewendet wird. Dieses vereinheitlichende Verfahren beruht auf einer Vielzahl von ähnlichen Blendungsbewertungsmethoden, deren Ergebnisse in einer Formel zum entsprechenden UGR-Wert führen. Um die neuesten Erkenntnisse zu berücksichtigen, orientieren sich die Angaben der Tabelle 2.6 nicht nur an der Tabelle 1 der DIN 5035-2, sondern auch an den Vorgaben aus DIN EN 12 464-1.

Tabelle 2.6 Kurzer Überblick von notwendigen Nennbeleuchtungsstärken in Anlehnung an DIN 5035 Teil 2 vom September 1990 und DIN EN 12 464-1 vom März 2003

	Angaben in Anlehnung an DIN 5035-2 von 1990				Angaben in Anlehnung an DIN EN 12 464-1 von 2003		
Innenraumart bzw. Art der Tätigkeit	E_n **in lx**	**Lichtfarbe**	**Farbwiedergabestufe**	**Güteklasse der Begrenzung der Direktblendung**	E_m **in lx**	**UGR-Wert**	R_a
Kantinen	200	ww, nw	2A	1	200	22	80
Pausenräume	100	ww, nw	2A	1	100	22	80
Flure	50	ww, nw	3	3	100	28	40
Büroräume, schreiben	500	ww, nw	2A	1	500	19	80
Schweißen in Betrieben der Metallbe- und Metallverarbeitung	300	ww, nw	3	2	300	25	60
Montage feinster elektronischer Teile in der elektrotechnischen Industrie	1500	ww, nw, tw	2A	1	1000	16	80
Schneiden von Gemüse in der Nahrungsmittelindustrie	300	nw	2A	1	300	25	80
Verkaufsbereich im Groß- und Einzelhandel	300	ww, nw	2A	1	300	22	80
Konferenzräume in Hotels	300	ww, nw	2A	1	500	19	80

Tabelle 2.7 Farbwiedergabeeigenschaften der einzelnen Farbwiedergabestufen und Bereich vom Farbwiedergabeindex R_a

Farbwiedergabestufe	Farbwiedergabeeigenschaft	Bereich von R_a
1A	sehr gut	>90
1B	sehr gut	80...<90
2A	gut	70...<80
2B	gut	60...<70
3	genügend	40...<60
4	ungenügend	20...<40

Güteklasse	Anforderung an die Begrenzung der Direktblendung in Innenräumen
A	sehr hohe
1	hohe
2	mittlere
3	geringe

Tabelle 2.8
Einstufung der Güte der Begrenzung der Direktblendung nach DIN 5035 Teil 2 von September 1990

2.1.1.6 VdS-Richtlinien

Die VdS Schadenverhütung GmbH ist ein Tochterunternehmen des **G**esamtverbandes der **D**eutschen **V**ersicherungswirtschaft (GDV) und ist aus den technischen Abteilungen des Verbandes der Schadenversicherer (VdS) hervorgegangen. Die von dieser Einrichtung herausgebrachten Richtlinien für Anlagen und Geräte richten sich in erster Linie an Planer, Errichter und Hersteller. Im Schadenfall, z. B. einem Brand, wird der Versicherer im Regelfall nur dann die Kosten tragen, wenn die VdS-Richtlinien eingehalten worden sind, da nach §7 der Allgemeinen Bedingungen für die Feuerversicherung (AFB) der Versicherungsschutz beeinträchtigt werden kann, wenn Sicherheitsvorschriften nicht eingehalten werden. Dies ist, aus wirtschaftlicher Sicht betrachtet, für den Besitzer eines Gebäudes unter Umständen von existenzieller Bedeutung. Darum müssen bei der Planung für die Elektrotechnik die hierfür relevanten Richtlinien des VdS unbedingt beachtet werden. Tabelle 2.9 gibt einen kleinen Überblick über einige wichtige Richtlinien, Sicherheitsvorschriften und Merkblätter des VdS. Auf einige dieser Publikationen wird hier etwas näher eingegangen.

VdS 2023 beschäftigt sich mit Mindestanforderungen an elektrische Anlagen in baulichen Anlagen, bzw. Teilen solcher Anlagen, die vorwiegend aus brennbaren Baustoffen nach DIN 4102 «Brandverhalten von Baustoffen und Bauteilen» (z. B. Holz) bestehen. Nach VdS 2023 muss bei der Planung und Errichtung DIN VDE 0100 Teil 730 «Verlegen von Leitungen in Hohlwänden sowie in Gebäuden aus vorwiegend brennbaren Baustoffen», die inzwischen durch DIN VDE 0100-482 «Brandschutz bei besonderen Risiken oder Gefahren» ersetzt worden ist, berücksichtigt werden. Beim Hausanschluss muss DIN VDE 0100-732 «Hausanschlüsse in öffentlichen Kabelnetzen» Beachtung finden. Der Hausanschluss mit dem Hausanschlusskasten muss demnach so installiert werden, dass bei Lichtbogenkurzschluss die Betriebsmittel ohne Gefahr für die Umgebung ausbrennen können, z. B. durch Montage auf nichtbrennbarer Unterlage, wie eine 20 mm dicke Fibersilikatplatte, die allseitig 150 mm übersteht. Generell muss ein Luftabstand von 150 mm zu brennbaren Bauteilen eingehalten werden. Brennendes Material, das herunterfällt, darf nicht zu einem Brand führen, deshalb muss der Fußboden z. B. aus nichtbrennbarem Material bestehen.

Hauptleitungen dürfen nicht in Hohlwänden, die zur Wärme- und/oder Schallschutzdämmung mit brennbaren Baustoffen ausgefüllt sind, verlegt werden. Grundsätzlich wird empfohlen, Hausanschlusskabel und Hauptleitungen in

Tabelle 2.9 Regelungsbereiche einiger VdS-Richtlinien

Nummer der Richtlinie, Sicherheitsvorschrift oder des Merkblattes	Kurztitel bzw. Regelungsbereich
2005	Leuchten
2015	Elektrische Geräte und Anlagen
2023	Elektrische Anlagen in baulichen Anlagen mit vorwiegend brennbaren Baustoffen
2024	Elektrische Betriebsmittel in Einrichtungsgegenständen
2025	Kabel- und Leitungsanlagen
2031	Blitz- und Überspannungsschutz in elektrischen Anlagen
2033	Feuergefährdete Betriebsstätten und diesen gleichzustellende Risiken
2046	Elektrische Anlagen bis 1000 V
2057	Elektrische Anlagen in landwirtschaftlichen Betrieben und Intensiv-Tierhaltungen
2067	Elektrische Anlagen in der Landwirtschaft
2080	Kabelverteilsysteme einschließlich Antennen
2279	Elektrowärmegeräte und Elektroheizungsanlagen
2324	Niedervoltbeleuchtungsanlagen und -systeme

einem mit dem Potenzialausgleich verbundenen metallenen Elektroinstallationsrohr oder Elektroinstallationskanal zu montieren. Diese Kanäle, bzw. Rohre dürfen nicht als Schutzleiter benutzt werden.

Will man eine kurz- und erdschlusssichere Verlegung (s. Tabelle 2.10) vermeiden, ist i.Allg. der Einsatz einer Fehlerstromschutzeinrichtung (RCD ohne Hilfsspannungsquelle) mit $I_{\Delta n} \leq 300$ mA notwendig, wobei bei Deckenheizungen mit Flächenheizelementen sogar $I_{\Delta n} \leq 30$ mA vorgegeben ist. Um die Wahrscheinlichkeit von Bränden durch Isolationsfehler in der Verbraucheranlage zu minimieren, ist bei allen Kabeln und Leitungen ein integrierter Schutzleiter mitzuführen.

Tabelle 2.10 Beispiele für die erdschluss- und kurzschlusssichere Verlegung

Kurzschluss- und erdschlusssichere Verlegung kann erreicht werden durch:
mechanisch geschützte Verlegung von 1-adrigen Kabeln oder Mantelleitungen,
je 1 Aderleitung in 1 Installationsrohr oder Kanal aus Isolationsmaterial,
Anordnungen von Kabeln und Leitungen, die ohne Gefahr für ihre Umgebung ausbrennen können, wie z.B. Kabel im Erdreich,
Einsatz von Stromschienensystemen.

Die Verlegung von Stegleitungen ist grundsätzlich untersagt. Der Kunststoffmantel von Kabeln und Leitungen muss aus flammwidrigem Material bestehen. Die Prüfung der Flammwidrigkeit muss nach VDE 0482 Teil 265 erfolgen. Bei der Planung und vor allem beim Einkauf muss also darauf geachtet werden, dass der Hersteller diesen Nachweis garantiert.

Nicht leitende Elektro-Installationsrohre müssen aus flammwidrigem Material bestehen. Nach dem Klassifizierungscode für Elektroinstallationssysteme aus DIN EN 61 386-1 (VDE 0605 Teil 1) muss die 1. Ziffer die «3» oder größer sein. Dies entspricht mindestens einem mittleren Widerstand gegen Druckbelastungen (Druckkraft 705 N). Nach der alten VDE 0605 ist das die Kennzeichnung «ACF».

Der Abstand von Leitungen, Kabeln, Elektro-Installationsrohren und -kanälen zu Heißwasser- und Heizungsrohren muss mindestens 100 mm und zu Rauch- und Abgasrohren mindestens 250 mm betragen.

Betriebsmittel für den versenkten Einbau, wie Kleinverteiler und Installationsdosen müssen für den Einbau in Hohlräume geeignet sein (Symbol: H im Dreieck nach DIN VDE 0606-1). Schalter und Steckdosen dürfen in Hohlraumdosen nicht mit Krallen befestigt werden. Betriebsmittel mit Nennströmen ≤63 A, die zur Befestigungsfläche hin offen sind, müssen bei Montage auf brennbaren Werkstoffen zur Befestigungsfläche hin mit einer mindestens 1,5 mm dicken Isolierstoffunterlage abgetrennt werden. Bei Kleinverteilern kann dies durch eine 12 mm dicke Fibersilikatplatte geschehen. In Kleinverteilern und Zählerschränken ist besonders auf die Vermeidung von Wärmestaus zu achten, d.h., es dürfen nicht zu viele belastete Betriebsmittel (Leitungsschutzschalter usw.) eingebracht werden.

Bei der Installation von Leuchten ist DIN VDE 0100-559, VDS 2005 «Leuchten» und VDS 2324 «Niedervoltbeleuchtungsanlagen und -systeme» zu beachten. Bei Normalbetrieb darf an brennbaren Stellen die Temperatur an keiner Stelle 90 °C übersteigen. Die Kennzeichnung von Leuchten für die Montage auf schwer oder normal entflammbaren Baustoffen ergibt sich aus Bild 2.2. Leuchten, die mit Materialien zur Wärme- oder Schalldämmung in Berührung kommen, müssen mit dem Symbol 6 aus Bild 2.2 gekennzeichnet sein.

Bei elektrischen Flächenheizungen muss DIN VDE 0100-753, einschließlich des normativen Anhangs A, beachtet werden. Hiernach muss zur Vermeidung von Überhitzungen eine Begrenzung der Temperatur in den beheizten Bereichen auf maximal 80 °C stattfinden. Dies kann z.B. durch eine geeignete Auslegung des Heizsystems oder auch durch den Einsatz von Schutzeinrichtungen erreicht werden.

Besteht die Wärme- oder Schalldämmung von Wänden aus leicht entflammbaren Baustoffen, so dürfen Elektro-Wärmegeräte weder an solchen Wänden montiert, noch dürfen solche Wände durch diese Geräte angestrahlt werden.

Bei allen elektrischen Heiz- und Wärmesystemen muss VDS 2279 «Elektrowärmegeräte und Elektroheizungsanlagen» beachtet werden.

Mit feuergefährdeten Betriebsstätten befasst sich **VdS 2033**. Es handelt sich dabei um Räume oder Orte, bzw. Stellen in Räumen oder im Freien, bei denen die

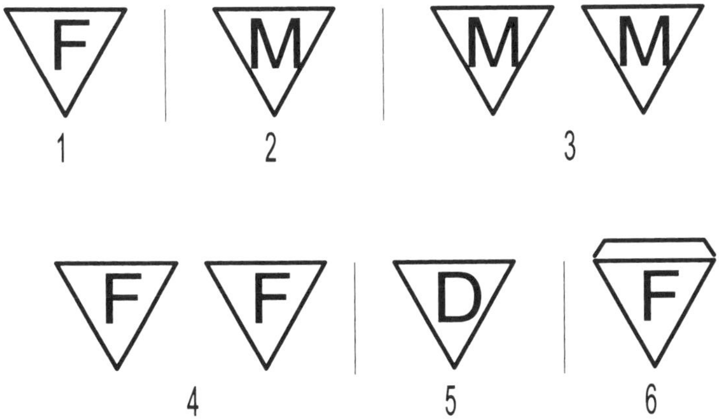

Bild 2.2 Unterschiedliche Symbole zur Kennzeichnung von Leuchten (Abbildungen der Symbole in Anlehnung an VDS 2023 : 2001-08)

Gefahr eines Brandes durch Verarbeitung oder Lagerung bestimmter Materialien, z.B. Holzspäne oder auch durch Ansammlung von Staub besteht. Brandgefahr ist vorhanden, wenn sich leicht entzündliche Stoffe in Gefahr drohender Menge den elektrischen Betriebsmitteln nähern, sodass höhere Temperaturen an diesen Betriebsmitteln oder auch Lichtbögen zu einem Brand führen können. Darunter fallen z.B. Lager-, Arbeits- und Trockenräume in Papier-, Textil- oder Holzverarbeitungsbetrieben. Aber auch Mühlen, so wie Heu-, Stroh-, Jute- und Flachslager können dazu gerechnet werden. Zu den leicht entzündlichen Stoffen kann man unter anderem Heu, Stroh, Mehl, Hobelspäne, lose Holzwolle, Lacke, Lösungsmittel und Öle rechnen.

Nach VdS 2033 gibt es neben den Feuer gefährdeten Betriebsstätten noch Gebäude, Räume und Orte mit gleichzustellenden Risiken. Hierunter sind z.B. Krankenhäuser, Diskotheken, Warenhäuser, Museen, Archive oder auch Baudenkmäler zu verstehen, in denen entweder eine erhöhte Personengefährdung besteht oder in denen hohe Werte, bzw. unwiederbringliche Kulturgüter vorhanden sind. Diese VdS-Richtlinie enthält Tabellen, mit denen eine Einstufung von Betriebstätten hinsichtlich der Gefährdung, einschließlich möglicher Explosionsgefahr, erleichtert wird. Betrachtet man eine Lackiererei, so besteht nach diesen Tabellen eine Gefährdung durch Flüssigkeiten (Farben, Lacke, Konservierungsmittel), aber auch durch Staub/Fasern beim Einsatz von Pulver (Farbmittel, Lacke), und in beiden Fällen muss geprüft werden, ob auch Explosionsgefahr besteht.

Grundsätzlich sollten in gefährdeten Bereichen elektrische Betriebsmittel nur dann zum Einsatz kommen, wenn sie dort unbedingt erforderlich sind. Da nicht lineare elektrische Verbraucher, z.B. Geräte mit Phasenanschnittsteuerung, Stromoberschwingungen verursachen und dadurch eine Neutralleiterüberlastung auftreten kann, muss VdS 2349 «Störungsarme Elektroinstallation» beachtet werden.

Kabel und Leitungen sind bei einer Aufputzinstallation in Elektroinstallationsrohren und -kanälen aus flammwidrigen und nicht brennbaren Werkstoffen zu verlegen. Hinweise hierzu ergeben sich aus VdS 2025.

Ortsfeste Wärmegeräte müssen auf nicht brennbarer Unterlage angeordnet werden. Es sind z.B. Sicherheitstemperaturbegrenzer notwendig, damit die Gehäuse im Normalbetrieb auf nicht mehr als 115 °C erhitzen können (für den Betrieb von Wärmegeräten, also auch ortsveränderlichen, gilt: Gehäuseoberflächenbetrieb im Normalbetrieb max. 95 °C). Die Ablagerung von Staub und das Ablegen von Gegenständen auf Wärmegeräten muss durch die Konstruktion erschwert, bzw. verhindert werden. Bei Geräten mit Warmluft muss das Heizelement und das Gebläse sich ausschalten, wenn der Luftstrom unterbrochen oder unzulässig hoch erwärmt wird (siehe auch VdS 2279).

Motoren müssen gegen Überhitzung geschützt sein. Bei nicht dauernd beaufsichtigten Maschinen darf diese Schutzeinrichtung nur manuell rückstellbar sein. Hierfür kann ein Überlastrelais mit thermischem Auslöser oder auch ein entsprechender Motorschutzschalter eingesetzt werden. Bei Sterndreieckschaltung muss der Schutz vor zu hoher Temperatur auch in der Sternschaltung funktionieren. Gegen Übertemperatur bewährt hat sich der Einsatz eines Motorvollschutzes (PTC-Widerstände mit Auslöseelektronik).

In den Verteilungen sind Neutralleitertrennklemmen für die Isolationswiderstandsmessung notwendig. Abweichend von DIN VDE 0105-100 und DIN VDE 0100-610, müssen **alle Leiter** gegeneinander auf Isolationsschäden gemessen werden.

Ein Hauptschalter, der außerhalb der feuergefährdeten Betriebsstätte angebracht wird, muss die gesamte Anlage vom Netz trennen können.

Wie oben bei VdS 2023 schon beschrieben, müssen auch hier besondere Schutzmaßnahmen gegen Kurzschluss und Isolationsfehler getroffen werden. Also erdschluss- und kurzschlusssichere Verlegung (siehe Tabelle 2.10) oder Einsatz einer Fehlerstromschutzeinrichtung mit $I_{\Delta n} \leq 300$ mA (ist in TN-S und TT-Systemen nach VdS 2033 grundsätzlich vorgeschrieben), bzw. bei Flächenheizelementen einer Deckenheizung oder in der Landwirtschaft mit $I_{\Delta n} \leq 30$ mA. Dabei müssen grundsätzlich alle Kabel und Leitungen, auch bei Betriebsmitteln der Schutzklasse II (Schutzisolierung), einen Schutzleiter besitzen, wobei ein konzentrischer Leiter (Schirm) empfohlen wird. Der Schutz von Isolationsfehlern kann teilweise auch durch Fehlerstrom-Meldegeräte (Differenzstrom-Überwachungsgeräte) erreicht werden. Allerdings sollten dann entsprechende Abschaltgeräte, z.B. Leistungsschalter, vorgesehen werden. Dies ist zwingend notwendig, wenn eine Fehlermeldung nicht ständig überwacht wird und entsprechendes Fachpersonal zur kurzfristigen Fehlerbeseitigung nicht zur Verfügung steht.

Umhüllungen vom aktiven Teilen bei ELV-(Kleinspannung-)Stromkreisen müssen mindestens der Schutzart IP 4X (s. Abschnitt 3.11) entsprechen, oder sie müssen zusätzlich zur Basisisolierung eine Isolierung besitzen, die mit der Qualität des Isolierstoffes von z.B. NYM vergleichbar ist.

Besteht Feuergefährdung durch brennbare feste Stoffe (z.B. Holzfurniere), so sind ortsfeste elektrische Betriebsmittel ebenfalls in IP 4X auszuführen. Bei brennbaren flüssigen Stoffen, z.B. Isolierlacke der E-Technik, muss Rücksprache mit der Aufsichtsbehörde genommen werden, und es ist die Betriebssicherheitsverordnung zu beachten. Bei einer Feuergefährdung durch brennbare Stäube und/oder Fasern müssen elektrische Betriebsmittel durch besondere Abdeckungen (Hauben, Schutzdächer) geschützt und regelmäßig gereinigt (vorzugsweise abgesaugt) werden.

Leuchten müssen die Kennzeichnung mit dem Symbol 4 oder 5 nach Bild 2.2 besitzen. Die mit «D» im Dreieck (Symbol 5 aus Bild 2.2) gekennzeichneten Leuchten müssen i.d.R. auch dem Schutzgrad IP 5X entsprechen.

Für Niedervoltbeleuchtungsanlagen gilt **VdS 2324**. Für die Planung ist zu berücksichtigen, dass nur Stromquellen für SELV, also z. B. Sicherheitstransformatoren nach DIN VDE 0570 Teil 2–6 oder entsprechende elektronische Transformatoren (Konverter) nach DIN VDE 0712 Teil 32, eingesetzt werden dürfen und diese zusätzlich mit Symbolen nach Bild 2.3, bzw. nach Bild 2.4 gekennzeichnet sind. Dimmer müssen uneingeschränkt für den Betrieb von Trafos und Konvertern geeignet sein. Die Bemessungsleistung von Dimmern für Transformatoren muss 110 % der Trafoleistung entsprechen, und sie müssen bei Leerlauf selbsttätig abschalten. Leuchten müssen ein Prüfzeichen nach dem Gerätesicherheitsgesetz oder z. B. das VDE-Prüfzeichen besitzen und den Ansprüchen nach DIN VDE 0711 gerecht werden. Sind es keine Niederdrucklampen, so müssen sie mit einer Schutzscheibe ausgestattet sein, die das Herausfallen der Lampe oder von Lampenteilen verhindert.

Besonders bei Strahlern ist auf eine ausreichende Wärmeableitung und genügend Abstand zu brennbaren Stoffen zu achten. Werden Leuchten mit ein- oder angebautem Transformator eingesetzt, so müssen sie DIN VDE 0711 Teil 206 entsprechen und beim Einbau in Möbeln mit dem MM-Bildzeichen (s. Bild 2.3) versehen sein. Für die feste Verlegung der Leitungen ist normalerweise ein Mindestquerschnitt von 1,5 mm^2 Cu notwendig, bei flexiblen Leitern bis 3 m Länge ist auch 1 mm^2 Cu zulässig. Bei freihängenden Leitungen beträgt der Mindestquerschnitt 4 mm^2 Cu. Bis 2,25 m Höhe von der Standfläche und in Bereichen mit leichtentzündlichen Stoffen dürfen nur isolierte Leiter verwendet werden. Metallische Gebäude- und Einrichtungsteile darf man nicht als aktive Leiter benutzen. Ist nicht mindestens 1 aktiver Leiter isoliert, so muss durch eine Schutzeinrichtung mit Leistungsüberwachung eine Abschaltung in 0,3 s erfolgen, falls im Fehlerfall sich die Leistung um mehr als 60 W vergrößert. Diese Schutzeinrich-

Bild 2.3
Kennzeichnung eines Sicherheitstransformators nach VdS 2324 (Quelle: DIN EN 61 558-2-6 (VDE 0570 Teil 2–6), 1998-07; DIN VDE 0100-559, 1983-03)

Bild 2.4
Kennzeichnung eines Konverters nach VdS 2324 (Quelle: VdS 2324: 1998-09

tung muss auch bei Dimmerbetrieb funktionieren. Dienen Anschlussstücke auch der mechanischen Verbindung von Leuchten, so müssen diese der 5fachen Leuchtenmasse (einschließlich Lampe) ohne bleibende Vorformung standhalten und mindestens 1,5 kg tragen können. Krokodilklemmen und ähnliche Dinge dürfen nicht zur elektrischen Verbindung eingesetzt werden, und die Anschlüsse müssen (z. B. über Abstandhalter oder Isolierungen) so hergestellt werden, dass ein Kurzschluss nicht möglich ist. Haken, Ösen oder Schellen zur Befestigung benötigen eine Isolierung.

2.1.2 Fachgerechte Planung

Um die Planung fachgerecht durchführen zu können und die Kundenwünsche richtig zu erfüllen, müssen unter anderem genaue Kenntnisse über das Gebäude, die eingesetzte Gebäudetechnik, die Anzahl der elektrischen Verbraucher und somit des Leistungsbedarfes, als auch der Umgebungsbedingungen, denen elektrische Betriebsmittel ausgesetzt sind, vorhanden sein. Damit es bei der Errichtung nicht zu unnötigen Verzögerungen kommt, sind auch bei der Planung die Installationszonen und der notwendige Brandschutz zu beachten. Hier ist wiederum das Zusammenspiel Architekt/ Bauingenieur und Elektroplaner gefragt. Vollbetonierte Wandabschnitte, die mit 1 cm Putz überdeckt werden sollen, sind für eine Unterputzmontage schlecht geeignet, es sei denn, es ist der Einsatz von Stegleitungen möglich. Alle solche Fragen sollten nach Möglichkeit vor Baubeginn geklärt sein.

2.1.2.1 Gebäudetechnik

Heizungs-, Lüftungs-, Sanitär- und Elektroanlagen sind Teil der Gebäudetechnik. Sie werden heute immer mehr vernetzt und zu einem funktionierenden Gesamtsystem zusammengefasst. Die Elektrotechnik spielt hierbei eine zentrale Rolle, und deshalb ist es auch so wichtig, dass die Planung der anderen Teilsysteme bereits abgeschlossen ist, bevor die endgültige Elektroplanung beendet werden kann, denn ohne elektrische Energieversorgung funktioniert keines dieser Systeme. In Zusammenhang mit der Vernetzung haben natürlich Bussysteme (s. Abschnitt 2.1.3.2) und Gebäudeleitsysteme große Bedeutung. Es würde jedoch den Rahmen dieses Buches sprengen, darauf näher einzugehen.

2.1.2.2 Leistungsbedarf

Eine korrekte Ermittlung des elektrischen Leistungsbedarfes eines Gebäudes, die vor allem im gewerblichen Bereich auch zukünftige Erweiterungen berücksichtigen muss, ist extrem wichtig und zugleich schwierig. Für Wohnhäuser gibt es bei den Energieversorgern reichlich Erfahrungswerte (s. Tabelle 2.11), aber auch hier

Tabelle 2.11 Mögliche Anschlussleistungen von Mehrfamilienhäusern in Anlehnung an DIN 18 015 Teil 1 von September 2002

Anzahl der Wohnungen	Anschlussleistung eines Wohngebäudes ohne Durchlauferhitzer (kVA)	Anschlussleistung eines Wohngebäudes mit Durchlauferhitzer (kVA)
1	14	34
2	24	52
3	32	64
4	37	73
5	41	81
6	44	87
7	47	92
8	50	97
9	53	102
10	55	106
11	57	110
12	59	113
...	...	...
36	87	160

kann es zu Fehlern kommen. Für große Gebäudekomplexe, wie Bürohochhäuser oder Gewerbebetriebe, müssen meistens auch Lastschwerpunkte (z.B. Aufzugsanlagen) und in diesem Zusammenhang die räumliche Anordnung der Verbraucher beachtet werden.

Grundsätzlich sind 2 Extreme denkbar. Die Dimensionierung des elektrischen Hausanschlusses ist zu groß, mit der Folge, dass schwerpunktmäßig die Erstehungskosten für die Leiterquerschnitte und Schaltgeräte, aber auch die entsprechenden Unterhaltungs- und Wartungskosten zu hoch sind. Unter Umständen wurde sogar eine eigene Transformatorstation, völlig unnötigerweise, gebaut. Nicht nur betriebswirtschaftlich, sondern auch volkswirtschaftlich ist eine durchgängig zu hoch ausgelegte Energieversorgung nicht vertretbar. Ist der Anlagenanschluss zu klein, kann unter Umständen die Gebäudetechnik nur teilweise in Betrieb genommen werden, oder eine Erweiterung ist nur noch schwer und mit extrem hohen Kosten zu realisieren. Diese beiden extremen Situationen müssen durch eine fach- und sachgerechte Planung verhindert werden.

Der Anschlusswert der elektrischen Gebäudeversorgung entspricht der Leistung, die ständig zur Verfügung stehen muss. Im Rahmen einer Vorplanung für große Objekte sind Flächenbelastungswerte in W/m^2 (s. Tabelle 2.12) zur überschlägigen Bestimmung der notwendigen Anschlussleitung recht hilfreich. Zur genauen Ermittlung des Anschlusswertes ist die Kenntnis über die Bemessungsleistungen (Nennleistungen) der Verbraucher sowie der kurzfristigen Leistungsaufnahmen (Anlauf elektrischer Motoren) und der Gleichzeitigkeitsfaktoren (Belastungsfaktoren) notwendig. Bei Motoren muss bei der Nennleistung noch der Wirkungsgrad und $\cos\varphi$ berücksichtigt werden, um die aufzunehmende Scheinleistung bestimmen zu können. Damit die Anlaufströme großer Maschinen

Tabelle 2.12 Flächenleistung komplexer Gebäude

Gebäudeart	Flächenleistung (W/m²)
Geschäftshäuser	190...210
Bürogebäude	90...100
Supermärkte	290...300
Feinmechanische Betriebe, z. B. Automatendreherei	50...100
Mechanische Werkstätten	200...400
Elektroschweißerei	300...600
Industriebetriebe mit Verbrauchern sehr großer Anschlussleistung, z. B. chemische Industrie	200...500

einbeziehbar sind, muss unter Umständen beim entsprechenden Hersteller nachgefragt werden. Dies klingt einfacher, als es sich in der Praxis darstellt, da leider nicht immer die exakten Daten solcher Großverbraucher vom Kunden rechtzeitig zur Verfügung gestellt werden können. Hier spielt die Erfahrung eines Elektroplaners eine entscheidende Rolle.

Zur Berechnung des Gleichzeitigkeitsfaktors g gibt es in der einschlägigen Literatur verschiedene Gleichungen und Näherungsverfahren, wobei in diesem Buch die Gleichung

$$g = P_{max} / \Sigma P_n$$

mit:

$$n = 1, 2, 3, \dots, \infty$$

benutzt wird. P_{max} ist die notwendige Anschlussleistung und ΣP_n die Summe der installierten Einzelleistungen. Im industriellen Bereich muss noch der mittlere $\cos\varphi_m$ betrachtet werden, da sich die max. Scheinleistung aus

$$S_{max} = P_{max} / \cos\varphi_m$$

ergibt. Entsprechende Anhaltspunkte sind in Tabelle 2.13 enthalten. Gleichzeitigkeitsfaktoren einzelner Betriebsmittel/Stromkreise können der Tabelle 2.14 entnommen werden. Dabei spielt das Gebäude, in dem diese Betriebsmittel eingesetzt werden, ebenfalls eine Rolle, denn die Aufzüge werden in einem Büro- und Geschäftshaus eventuell häufiger benutzt, als dies in einem Krankenhaus der Fall ist.

Da dieses Buch sich schwerpunktmäßig mit Wohngebäuden befasst, gibt Tabelle 2.15 (s. Abschnitt 2.2.1.4) eine Übersicht der Anschlussleistung einiger Elektroverbraucher, die üblicherweise in Haushalten eingesetzt werden. Als

Tabelle 2.13 Anhaltspunkte für Gleichzeitigkeitsfaktoren bei gewerblichen Anlagen

Art der Anlage oder des Anlagenteils	**Gleichzeitigkeitsfaktor**	**$\cos \varphi_m$ ohne Kompensationseinrichtung**
Mechanische Werkstätten mit Werkzeugmaschinen	0,15..0,3	0,4..0,6
Elektroschweißerei	0,3..0,5	0,4..0,7
Sägewerk	0,5..0,8	0,65..0,7
Möbelfabrik	0,25..0,4	0,6
Nahrungsmittelindustrie	0,6..0,9	0,6..0,7

Tabelle 2.14 Gleichzeitigkeitsfaktoren bestimmter elektrischer Betriebsmittel und Stromkreise

Art der Betriebsmittel oder der Stromkreise	**Gleichzeitigkeitsfaktor**
Steckdosen	0,1..0,2
Beleuchtung	0,75..0,95
Aufzüge	0,5..1
Lüftungs- und Klimaanlagen	0,9..1

Gleichzeitigkeitsfaktor für die Hauptleitung in einem 1-Familien-Haus kann dabei $g \approx 0{,}4$ angenommen werden. Werden nun die max. Leistungen aus Tabelle 2.15 addiert, so beträgt

$$\Sigma P_n = (7 + 10 + 2{,}4 + 3{,}4 + 3{,}3 + 3{,}3 + 0{,}24 + 0{,}4 + 3{,}5 + 1{,}4 + 0{,}6 + 1 + 27 + 2 + 1{,}6 + 1{,}8 + 2 + 0{,}2 + 0{,}1 + 2)\ \text{kW} = 73{,}24\ \text{kW}$$

ohne die Beleuchtung und weitere Verbraucher, wie z.B. einen elektrischen Rasenmäher zu berücksichtigen. (Statt dem 4-Platten-Herd inklusive Backofen wurde das Kochfeld und der Multifunktionsbackofen eingesetzt. Der Warmwasserspeicher wurde nicht berücksichtigt.) Wird ein Leistungsfaktor von 0,9 angenommen, dann folgt für die Hauptleitung ein Strom von

$$I > (73\,240\ \text{W} \cdot 0{,}4)/(1{,}73 \cdot 400\ \text{V} \cdot 0{,}9) = 47{,}04\ \text{A}$$

Nun kann es durchaus vorkommen, dass der örtliche VNB (EVU) nur eine Sicherung mit 35 A im Hausanschlusskasten zulassen will, was dann für den hier betrachteten Fall schon problematisch werden kann. Nach DIN 18 015 Teil 1 (s. Abschnitt 2.1.1.4 und 2.2.1.3) muss die Hauptleitung allerdings für eine Mindestbelastbarkeit von 63 A ausgelegt sein, auch wenn die Sicherungsnenngröße im Hausanschlusskasten kleiner ist.

elektrischer Verbraucher	typische Anschlussleistung (kW)
4-Platten-Elektroherd inklusive Backofen	9
Glaskeramikkochfeld	7
Multifunktionsbackofen mit Grill und Mikrowelle	6...10
Mikrowellengerät	1,2 2,4
Geschirrspülmaschine	3,4
Waschmaschine (Vollwaschautomat)	2,2...3,3
Wäschetrockner	2...3,3
Kühlschrank	0,06...0,24
Gefriergerät	0,06...0,4
Bügelmaschine	2..3,5
Bügeleisen	1..1,4
Standküchenmaschine	0,4..0,6
Kaffeemaschine	1
Durchlauferhitzer	18...27
Warmwasserspeicher mit z.B. 80 l	2...6
5-l-Kleinspeicher	2
Haartrockner	0,8...1,6
Toaster	0,8...1,8
Friteuse	2
Stereoanlage	0,2
TV-Gerät	0,04...0,1
kleines Raumheizgerät	2

Tabelle 2.15
Typische Anschlussleistungen von Elektrogeräten im Haushalt

2.1.2.3 Raumarten nach DIN VDE 0100

Die Gruppe 700 der DIN VDE 0100 beschäftigt sich mit Betriebsstätten, Räumen und Anlagen besonderer Art (s. Tabelle 2.1 unter Abschnitt 2.1.1.1). Im Bereich des Wohnungsbaus geht es dabei hauptsächlich um Räume mit Badewanne/Dusche (DIN VDE 0100-701, s. Abschnitt 3.12.1), feuchte und nasse Bereiche (DIN VDE 0100 Teil 737, s. Abschnitt 3.12.2), aber auch um Schwimmbäder (DIN VDE 0100-702) und Springbrunnen. Da in diesen Bereichen eine erhöhte Gefahr für Menschen im Umgang mit elektrischen Betriebsmitteln besteht (s. Abschnitt 3.2), bzw. die Funktion durch die Umgebungsbedingungen beeinflusst werden kann, müssen auch besondere Maßnahmen, z.B. ein bestimmter Wasserschutz (s. Abschnitt 3.11) für Betriebsmittel, vorgesehen werden.

Bei der Planung ist zu berücksichtigen, dass es bestimmte Schutzbereiche gibt, durch die z.B. keine Leitungen und Kabel verlegt werden dürfen, die nicht für zulässige Verbraucher in diesen Bereichen notwendig sind. Oder es handelt sich um feuergefährdete Betriebsstätten (s. auch Abschnitt 2.1.1.6), z.B. Lagerräume von Holzbearbeitungsbetrieben, bei denen eine erhöhte Brandgefahr besteht und deshalb im Zusammenhang mit Staub eine Mindestschutzart von IP 5X notwendig ist. Die Kenntnis über die Umgebungsbedingung und Raumnutzung ist deshalb ein absolutes Muss. Nur so kann eine fachgerechte Planung möglich sein.

2.1.2.4 Richtige Materialien

Die Planung und Kalkulation des richtigen Materials ist manchmal schwierig, weil in Leistungsbeschreibungen nicht immer der Sachverhalt eindeutig und zweifelsfrei beschrieben wird. Im Regelfall hat der Elektroplaner auf die verwendeten Baumaterialien, also die Art der verwendeten Steine usw., keinen Einfluss. Die Kenntnis darüber ist aber teilweise notwendig, weil sonst bestimmte Kundenwünsche nicht erfüllt werden können. Als Beispiel seien hier Sichtbetondecken erwähnt, bei denen nur über eine Betoninstallation, z.B. mit Installationsrohren (der alten Kennzeichnung **AS** bzw. mit der Codierung nach VDE 0605 an der 1. Stelle die Ziffer 3) die natürlich vor dem Betonieren eingebracht werden müssen, Leuchtenauslässe realisiert werden können.

Bei der Planung elektrotechnischer Außenanlagen muss darauf geachtet werden, dass NYM-Leitungen nicht der direkten Sonneneinstrahlung ausgesetzt werden dürfen, da sonst der Weichmacher des PVC-Mantels ausschwitzt und der Isolationswiderstand viel schwächer wird. Stegleitung darf nur in trockenen Räumen in und unter Putz verlegt werden. Für die direkte Verlegung in Erde sind nur Kabel zulässig, z.B. NYY. In Zusammenhang mit brandschutztechnischen Maßnahmen ist oft die Verlegung von halogenfreien Mantelleitungen vorgeschrieben (z.B. NHXMH), bei denen sich unter anderem im Brandfall keine korrosiven Rauchgase bilden. Aus Gründen der elektromagnetischen Verträglichkeit müssen vielleicht geschirmte Mantelleitungen vom Typ (N)YM (St)-J eingesetzt werden. Ist ein Funktionserhalt (z.B. E 90) der Kabel- und Leitungsanlage gefordert, so müssen die Kabel/Leitungen **und** die Befestigungen dafür geeignet sein.

2.1.2.5 Installationszonen nach DIN 18 015-3

Da elektrische Leitungen, die unter Putz verlegt sind, nicht sichtbar sind, besteht immer die Gefahr, dass diese z.B. bei Bohrarbeiten beschädigt werden. Dieses Problem soll durch die Vorgabe von Installationszonen, die allen am Bau Beteiligten bekannt sein sollten, eingeschränkt werden. Im Rahmen der Planung und Kalkulation der Elektroinstallation ist die Kenntnis dieser Zonen alleine schon für die Längenermittlung der Kabel- und Leitungssysteme von Bedeutung.

Grundsätzlich sind verdeckte, unsichtbare Leitungen an und in Wänden senkrecht und waagerecht zu verlegen. In Decken und Fußböden darf von dieser Regel abgewichen werden, wobei aber nach DIN VDE 0100-520 unter 522.6.1 auch mechanische Belastungen bei der Errichtung zu beachten sind, und von daher eine Verlegung auf dem Rohfußboden nur in den Kanten zu den Mauern und häufig nur mit Schutzrohr empfehlenswert scheint. Die waagerechten Zonen sind 30 cm breit. Die obere hat einen Mindestabstand von 15 cm zur fertigen Deckenfläche und die untere 15 cm von der Oberkante des Fertigfußbodens (Oberkante Fertigfußboden = OFF). Bei der mittleren waagerechten Installationszone, die in Räumen mit Arbeitsflächen an den Wänden wie Küchen oder Hobbyräume notwendig ist, beträgt dieser Abstand 90 cm vom Fertigfußboden. Es muss also auf jeden Fall die Estrichhöhe bekannt sein. Die senkrechten Zonen haben eine Breite von 20 cm. Der Abstand zu Fenstern, Türen und Wandecken beträgt 10 cm und wird immer von den Rohbaukanten gemessen. Zu beachten ist, dass bei 1-flügeligen Türen die senkrechte Zone nur für die Schlossseite festgelegt ist. Bei schrägen Wänden, die häufig in ausgebauten Dachgeschossen vorkommen, sind die von oben nach unten verlaufenden Zonen ebenfalls als Senkrechte anzusehen, auch wenn sie nicht senkrecht verlaufen.

Für die Leitungsverlegung gibt DIN 18 015-3 noch Vorzugsmaße (s. Bild 2.5) an. Bei Schalterkombinationen soll die Mitte des obersten Schalters, wie bei einem Einzelschalter, nicht mehr als 105 cm über dem Fertigfußboden liegen, und sie sollen vorzugsweise neben den Türen in den senkrechten Installationszonen angeordnet werden. Das Vorzugsmaß für Steckdosen und Schalter in der mittleren waagerechten Zone beträgt 115 cm von OFF. Müssen Schalter, Steckdosen und Auslässe außerhalb der festgelegten Zonen installiert werden, z.B. für die

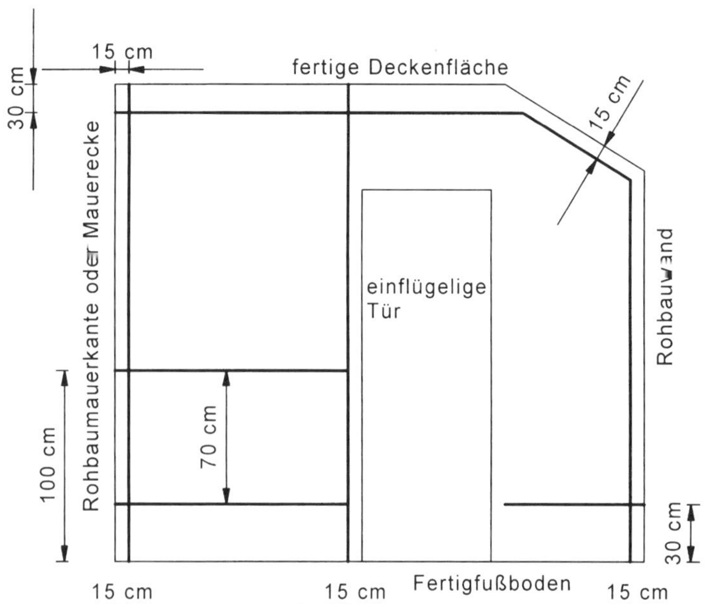

Bild 2.5 Darstellung der Installationszonen

Dunstabzugshaube in einer Küche, so sind die notwendigen Leitungen aus der nächstgelegenen waagerechten Installationszone senkrecht zu verlegen. Von den festgelegten Installationszonen darf nur noch bei Gebäuden mit Fertigbauteilen abgewichen werden. Dabei müssen die Leitungen in ausreichend großen Hohlräumen so verlegt werden können, dass ein Ausweichen möglich ist, oder sie müssen mindestens 6 cm überdeckt werden.

2.1.2.6 Installationsarten

Früher war es üblich die Elektroinstallation mit Abzweigdosen durchzuführen. Dabei werden diese Dosen schwerpunktmäßig in der oberen Installationszone (s. Abschnitt 2.1.2.5) untergebracht, und von dort gehen die Leitungen zu den einzelnen Schaltern, Steckdosen und Auslässen. Da es sich dabei meistens um Stichleitungen handelt, werden Leitungslängen gegenüber der Installationsart mit Schalterklemmdosen (Abzweig-Schalterdose) eingespart. Auf der anderen Seite ist die Wartung bei Abzweigdosen schwieriger, da hierbei meistens die Tapete beschädigt werden muss und dies dem Grundsatz wiederspricht, dass die Planung auch Wartung berücksichtigen soll. Gibt es von Seiten des Auftraggebers keine direkten Vorgaben, so ist die Art zwar frei wählbar, kann aber z.B. durch die Wandstärke eine Einschränkung erfahren, da Abzweig-Schalterdosen meistens eine Tiefe von 60 mm besitzen und damit 20 mm mehr als normale Schalterdosen. Hierbei sollte auch auf die Belange des Schallschutzes (s. Abschnitt 2.1.1.2) geachtet werden. Abzweigdosen für die Installation unter Putz sind dagegen nur 36 mm hoch.

2.1.3 Komfort und Zukunftsorientierung

Betrachtet man die letzten 20 Jahre, so lässt sich ohne Übertreibung feststellen, dass sich vieles im Leben der Menschen verändert hat. Politiker sprechen gar von einer revolutionären Entwicklung, wodurch die Industriegesellschaft zur Informationsgesellschaft gewandelt wird. An der Gebäudetechnik (s. Abschnitt 2.1.2.1) ist dieser Prozess auch nicht vorübergegangen. Computer (Mikroprozessor), Vernetzung und Bussysteme (s. Abschnitt 2.1.3.2) sind hier als Stichworte zu nennen. In diesem Zusammenhang ist auch das Bedürfnis nach Komfort und einfach zu bedienender Haustechnik gestiegen. Dabei soll moderne Technik sowohl die heutigen Aufgaben meistern als auch sich an zukünftige Entwicklungen leicht anpassen lassen. Da hier jedoch immense wirtschaftliche Interessen eine Rolle spielen, ist es nicht immer einfach, den Spagat zwischen sinnvollen und offenen Systemen auf der einen Seite und berechtigtem Erfolgsstreben auf der anderen Seite zu bewerkstelligen. So gibt es im Moment für die Elektroinstallation, zwischen vielen kleinen Spezialanbietern, in Deutschland praktisch 3 große Bussysteme (s. Abschnitt 2.1.3.2).

Was erwartet der Anwender von einer zeitgemäßen Elektroinstallation, außer dass sie natürlich möglichst preisgünstig ist? Neben der simplen Aufgabe das Licht ein- bzw. auszuschalten und an den Steckdosen elektrische Energie zur Verfügung zu stellen, spielen heute im gehobenen Wohnungsbau Lichtszenarien, automatische Rollladen- und Markisensteuerungen bis hin zur Einzelraumtemperaturregelung und Lastmanagement eine zentrale Rolle. Nicht immer muss eine dieser Aufgaben zum Einsatz eines Bussystems führen. Auch mit den Mitteln der konventionellen Elektroinstallation, vor allem in Verbindung mit diversen elektronischen Kleinsteuerungen (s. Abschnitt 2.1.3.1), können hier gute Erfolge erzielt werden.

Gerade im Bereich des 1- und 2-Familien-Hauses mit gehobener Ausstattung besteht teilweise immer noch der direkte Kontakt des Elektroplaners zum Kunden, und hier kann eine gute Beratung schon ein Stück Planung enthalten.

2.1.3.1 Einsatz von Kleinsteuerungen

Speicherprogrammierbare Steuerungen (SPS) sind mittlerweile in ihrer Bauform so klein geworden, dass sie wie Reiheneinbaugeräte in Installationskleinverteiler eingebaut werden können. Sie haben mehrere, meist digitale Ein- und Ausgänge und sind in der Regel auch erweiterbar. Einige werden über eine Schnittstelle mit einem Programmiergerät oder auch einem Personalcomputer (PC) verbunden, um teilweise mit einer entsprechenden Software die einzelnen Steuerungsaufgaben programmieren zu können. Spezielle Kleinsteuerungen können zusätzlich noch direkt am Gerät über Tasten und Anzeigedisplay für die einzelnen Funktionen eingestellt werden.

Der Einsatz solcher elektronischer Steuerungen hat mehrere Vorteile. So lassen sich Steuerungsaufgaben, durch einfache Umprogrammierung, noch nachträglich den Kundenwünschen anpassen. Zentralfunktionen, z. B. alle Rollläden auf oder zu, sind leicht zu realisieren, und auch hier sind spätere Änderungen des Funktionsablaufs ohne großen Aufwand möglich. Nicht zuletzt sind solche Kleinsteuerungen sehr platzsparend und schon ab wenigen verschiedenen Funktionen kostengünstiger. So lässt sich mit einer einfachen Kleinsteuerung (z. B. 6 Eingänge und 4 Ausgänge) das Außenlicht zeitabhängig (Funktion einer Zeitschaltuhr) steuern, die Aufgabe eines Treppenhausautomaten übernehmen, den Nachlauf des Ventilators in der Toilette beeinflussen, und 1 Ausgang kann noch als Stromstoßschalter programmiert werden. Das sind 4 elektrische Funktionen, für die bei konventioneller Technik auch 4 Geräte notwendig sind, die nicht nur mehr Platz benötigen, sondern auch zusammen teuerer als die Kleinsteuerung sind. Natürlich können sich im praktischen Einsatz auch Nachteile ergeben, da bei Ausfall dieser Steuerung, alle von ihr kontrollierten Aufgaben nicht mehr möglich sind. Da aber speicherprogrammierbare Steuerungen in der Industrie schon sehr lange auch für komplexe und sehr wichtige Funktionen eingesetzt werden, dürften Defekte äußerst selten auftreten.

2.1.3.2 Bussysteme

Gebäudeautomation ist die Mess-, Steuer-, Regel- und Leittechnik für alle automatisierbaren Baukonstruktionen, technische Anlagen, Außenanlagen und Ausstattungen. Sie besteht aus Hardware, Software und Dienstleistungen für die Funktionserfüllung. Durch den Einsatz von einem Installationsbus lassen sich solche komplexen Aufgaben der Gebäudetechnik mit relativ geringem Leitungsaufwand und somit verringerter Brandlast realisieren. Das Wort «Bus» ist dabei eine Abkürzung für «binary unit system» und kann bildlich als Straße mit vielen Bushaltestellen (Teilnehmern) angesehen werden. Das Grundprinzip ist die Parallelverdrahtung, d.h., viele Geräte nutzen gemeinsam die gleichen Leiter. Die Kommunikation untereinander geschieht über codierte, digitale Signale, die je nach Bussystem unterschiedliche Telegrammformate aufweisen.

Im Elektroinstallationsbereich in Deutschland konkurrieren im Wesentlichen 3 Systeme (EIB, LON, LCN) um die Marktführung. Es geht in diesem Buch nicht darum, hier einen Favoriten herauszustellen, zumal die Entwicklung in diesem Bereich noch lange nicht abgeschlossen ist, und jedes dieser Systeme letztlich in der Lage ist, die verschiedenen Aufgaben zufriedenstellend zu übernehmen. Allerdings war der europäische Installationsbus EIB (KNX = EIB + EHS + BatiBus) bisher in Deutschland das am meisten verkaufte System.

Beim EIB wird die Vernetzung von Systemkomponenten und Teilnehmern, abgestimmt auf die Elektroinstallation, als Gebäudesystemtechnik (GST) bezeichnet. Die «Intelligenz» ist bei ihm auf die einzelnen Busteilnehmer verteilt. Die EIBA (**E**uropean **I**nstallation **B**us **A**ssociation) ist der europaweite Zusammenschluss aller Hersteller und ihr Einfluss zeigt sich z.B. auch in der DIN 18 015-2 (s. Abschnitt 2.2.2.3), da dort der Einsatz von GST in Abschnitt 4.5.3 beschrieben wird. Die EIBA scheint aber auch ein gewisser Garant für die Zukunftssicherheit der EIB-Produkte zu sein, denn schließlich ist man nach der Entscheidung für ein bestimmtes System auch für längere Zeit an die Verfügbarkeit der entsprechenden Komponenten gebunden. LON ist ein absolut universeller Bus. In Deutschland im Bereich der Elektroinstallation wird er immer häufiger eingesetzt. Wird beim EIB eine separate, über SELV gespeiste 2-adrige Busleitung benötigt, reicht dem LCN 1 zusätzliche Ader in der verlegten Mantelleitung für die Datenübertragung aus, und da hier mit 230 V gearbeitet wird, benötigt der LCN auch kein zusätzliches Netzteil. Alle diese Bussysteme haben den Vorteil, dass im Prinzip jeder Sensor (z.B. Taster, Helligkeitssensor) über die Programmierung (Parametrisierung) mit jedem Aktor (z.B. Dimmaktor, Jalousieaktor) kommunizieren kann und somit jederzeit andere Zuordnungen möglich sind. Diese Offenheit gegenüber zukünftig anderen Aufgaben hat mit dazu geführt, dass im Bereich des Zweckbaus solche Bussysteme nicht mehr wegzudenken sind, und auch im gehobenen Wohnbereich wird diese Tatsache mit zum verstärkten Einsatz solcher Systeme führen. Wollte man das Gleiche mit konventioneller Technik oder auch mit speicherprogrammierten Steuerungen realisieren, wäre der Verkabelungsaufwand immens. Schließlich müsste z.B. der Schaltdraht jedes einzelnen Tasters in die Verteilung geführt werden, um die Vielfalt eines Bussystems anzustreben. Die

Frage, ob diese Optionen im Wohnbereich überhaupt notwendig sind, kann man zwar stellen, es sollte aber auf der anderen Seite nicht dazu führen, dass man solche Möglichkeiten von vornherein ausschließt. Diese Entscheidung sollte besser dem Kunden überlassen bleiben, der somit vom Elektrotechniker dahingehend beraten werden muss, dass er sich für die ihn richtige Alternative entscheiden kann. Dass dies im Moment auch immer noch seinen Preis hat, darf man zwar nicht vergessen, sollte aber auch nicht ständig überbewertet werden.

Möchte ein Kunde zur Zeit noch kein Bussystem installiert bekommen, sollte man entweder eine Vorverkabelung mit Busleitung (EIB oder LON) vorsehen, oder grundsätzlich 1 zusätzliche Ader (LCN) mitführen, also z.B. zu einem Taster statt NYM-J 3·1,5 dann NYM-J 4·1,5 verlegen. Natürlich kommt auch ein Leerrohrsystem in Betracht, oder es wird später eine Gebäudeleittechnik auf der Basis eines Funkbusses installiert, die dann ohne Leiter für die Datenströme auskommt.

2.2 Von der Einspeisung bis zum Endverbraucher

Die Planung der Elektroanlage eines Wohngebäudes enthält alle Komponenten der elektrischen Energieversorgung ab dem Hausanschlusskasten bis zur letzten Steckdose oder dem entsprechenden Festanschluss. Bei sehr großen Gebäuden gehört dazu möglicherweise auch noch die Transformatorstation, die die Mittelspannung auf die Niederspannung umsetzt und eventuell auch eine Notstromversorgung mit eigenem Generator. Darüber hinaus werden, meistens bei kleinen Wohngebäuden, auch die Kommunikationstechnik (Sprechanlagen, Hausrufsysteme, Telefon und Telefax) und die multimedialen Informationssysteme (Radio und Fernsehen, Beschallung und Visualisierung, vernetzte Computersysteme mit Internet) bei der Elektroplanung mit einbezogen. Das dazu notwendige komplexe Wissen überschreitet nicht selten die Möglichkeiten einer einzelnen Person, so dass die Planung einer großen Anlage die Aufgabe eines Teams sein muss, das in den entsprechenden Planungsphasen notwendigerweise auch immer wieder untereinander kommunizieren sollte. Dass dies leider nicht immer so reibungslos funktioniert, beweisen unzählige Beispiele aus der Praxis.

2.2.1 Hausanschluss

Nach §4 der «Verordnung über Allgemeine Bedingungen für die Elektrizitätsversorgung von Tarifkunden» (AVBEltV, s. Abschnitt 2.1.1.3), hat das Elektrizitätsversorgungsunternehmen die elektrische Energie am Ende des Hausanschlusses zur Verfügung zu stellen. Nach §10 dieser Verordnung besteht der Hausanschluss aus der Verbindung des Verteilungsnetzes mit der Kundenanlage, und somit geht er in der Regel von der Abzweigstelle des Niederspannungsnetzes bis zur Hausanschlusssicherung. Bei Art, Zahl und Lage der Hausanschlüsse sind die berechtigten Interessen des Anschlussnehmers vom Verteilungsnetzbetreiber (VNB = EVU) zu berücksichtigen. Der Anlagenkunde muss für den VNB, der Eigentümer des Hausanschlusses ist, die baulichen Vorraussetzungen für die sichere Errichtung der notwendigen Einrichtungen, z.B. Hausanschlussleitung und Hausanschlusskasten oder Hauptverteiler, schaffen. Dies bedeutet, dass ab einem 5-Familien-Haus ein Hausanschlussraum (s. Abschnitt 2.2.1.1) nach DIN 18 012 zur Verfügung gestellt werden muss. Nach den «Technischen Anschlussbestimmungen» (TAB, s. Abschnitt 2.1.1.3) des zuständigen VNB wird die entsprechende Spannung, die im Toleranzbereich der DIN IEC 38 (DIN IEC 60 038) liegen muss, an der Übergabestelle (z.B. Abgangsklemmen des Hausanschlusskastens) bereitgestellt. Hiernach gilt bis 31. 12. 2008 eine Toleranz von +6 % und –10 %, danach die für elektrische Betriebsmittel üblichen ±10 %. Neben DIN 18 012 müssen nach der TAB noch DIN 18 015 (s. Abschnitt 2.1.1.4), DIN VDE 0100 (z.B. Teil 732 «Hausanschlüsse in öffentlichen Kabelnetzen», s. auch Abschnitt 2.1.1.1) und DIN VDE 0211 «Bau von Starkstrom-Freileitungen mit Nennspannungen bis 1000 V» beim Hausanschluss beachtet werden.

Dachständereinführungen einer Freileitung dürfen bei der Ausführung «N» (N = Normalausführung nach DIN 48 175-1) nur in trockenen, nicht feuergefährdeten Räumen münden, wobei gegen Kondenswasserbildung geeignete Maßnahmen (z.B. ausreichende Lüftung) ergriffen werden müssen, und die Dachhaut muss aus harter Bedachung, wie z.B. Ziegel, bestehen. Dabei darf das Dachständerrohr oberhalb des Hausanschlusskastens nur ungefähr eine Balkenbreite auf Holz aufliegen. Können diese Bedingungen nicht eingehalten werden, wie z.B. in Holzbearbeitungsbetrieben, so ist die Ausführung «S» (S = Sonderausführung nach DIN 48 175-2) mit integriertem Hausanschlusskasten zu wählen. Soll das Dachständerrohr in die Blitzschutzanlage (s. Abschnitt 2.2.6) einbezogen werden, so muss dies über eine Funkenstrecke nach DIN V VDE V 0185-3 erfolgen, da grundsätzlich keine Verbindung zur Erde erlaubt ist. Die Leitungen und Kabel der Hauseinführung sind so zu verlegen, dass sie bei einem Lichtbogenkurzschluss ohne Brandgefahr ausbrennen können. Hier müssen auch das Bauordnungsrecht (s. Abschnitt 2.1.1.2) und die VdS-Richtlinien (s. Abschnitt 2.1.1.6) beachtet werden.

Die Sicherungsnenngrößen im Hausanschlusskasten eines Freileitungsanschlusses werden nach DIN VDE 0211 bestimmt. Beträgt der Querschnitt der Hauseinführungsleitung bei einer kunststoffisolierten Mantelleitung 16 mm^2, (z.B. NYM-J 4 · 16) so darf der Nennstrom des Überstromschutzorgans max. 50 A entsprechen. Bei einer kunststoffisolierten Aderleitung mit Schutzabstand (≥ Leitungsaußendurchmesser) wären bei 16 mm^2 80 A zulässig. Nach DIN 18 015-1 muss bei einem Freileitungsanschluss das Hauptstromversorgungssystem so aufgebaut werden, dass eine spätere Umstellung auf Kabelanschluss problemlos möglich ist. In der Vorgängernorm (DIN 18 015-1 : 1992-03) gab es noch die Verpflichtung zur Installation eines Leerrohres mit mindestens 36 mm Innendurchmesser. Dieses Rohr musste vom Zähler bis in den Keller führen.

Für die Querschnitte bei Kabelanschluss kann man sich an DIN VDE 0100-732 orientieren, wonach bei einem in Erde verlegten, mit PVC isolierten Kabel und Kupferleitern mit 16 mm^2 Leiterquerschnitt (z.B. NYY-J 4 · 16 RE) eine Absicherung mit 100 A zulässig ist. Dabei soll die Länge des Kabels im Gebäude möglichst kurz sein. Weichen die Verlegebedingungen von den Vorgaben der DIN VDE 0100-732 ab (z.B. mehr als 6 m Verlegung in Luft), muss die Absicherung nach DIN VDE 0276-1000 (ersetzt DIN VDE 0298-2) erfolgen. Ist eine Verlegung des Hausanschlusskabels auf nichtbrennbaren Baustoffen unmöglich, so kann es auf einer mindestens 300 mm breiten, lichtbogenfesten Unterlage (z.B. 20 mm dicke Fiber-Silikatplatte) montiert werden, oder es wird mit einem 150 mm großen Luftabstand auf isolierten Halterungen befestigt. Alternativ wäre auch ein Kurzschlussschutz nach DIN VDE 0100-430 möglich, z.B. durch den Einsatz von Überstromschutzorganen, deren Dimensionierung nach Überlast- und Kurschlusskriterien erfolgt (nach DIN VDE 0298-4, s. Abschnitt 3.6). Da die Einführung in das Gebäude einen wasserdichten Abschluss erfordert, ist der Einsatz entsprechender vorgefertigter Garnituren sinnvoll. Hier gibt es schon seit längerem Kombinationen für die Einführung von z.B. Gas- und Wasserleitung, Fernmelde- und Stromkabel. Eine entsprechende Absprache mit den betreffenden Betreibern ist anzustreben. Da diese Dinge meistens in den Händen der Verteilungsnetzbetreiber liegt, soll hier nicht näher darauf eingegangen werden.

Der Hausanschlusskasten muss bei Freileitungs- als auch bei Kabelanschluss an einer leicht zugänglichen Stelle, unter Berücksichtigung von DIN 18 012 (s. Abschnitt 2.2.1.1) und mit einer dem Raum angepassten Schutzart (z.B. IP 54, s. Abschnitt 3.11) angebracht werden. Bei 1- und 2-Familien-Häusern eignet sich hierfür der Kellerflur, aber auch eine Anbringung in der Garage oder einem Heizungsraum ist (bis 50 kW Nennwärmeleistung), vorbehaltlich örtlicher Baubestimmungen, prinzipiell nicht ausgeschlossen, aber natürlich nur in Abstimmung mit dem zuständigen Verteilungsnetzbetreiber möglich. Hausanschlusskästen sind auf nichtbrennbaren Baustoffen zu montieren, oder sie müssen von Holz und ähnlichen Stoffen durch eine lichtbogenfeste Unterlage getrennt sein (z.B. 20 mm Fiber-Silikatplatte), die allseitig mindesten 150 mm übersteht. Bei Kabelanschluss reicht es hier auch, wenn alle eingeführten Leitungen und Kabel bei Kurzschluss geschützt sind. Da für 1- und 2-Familien-Häuser kein eigener Hausanschlussraum notwendig ist und um die Zugänglichkeit durch Mitarbeiter der Elektrizitätswerke zu erleichtern, werden die Hausanschlusskästen vermehrt im Freien an bzw. in einer Außenwand installiert. Hier sollte der Elektroplaner für die Hauptleitung (s. Abschnitt 2.2.1.3) auf jeden Fall auch für eine wasserdichte Einführung sorgen (z.B. mit dem Hinweis für den Errichter: Schutzrohr mit ca. 10° Gefälle nach außen). Aber auch in der Nähe der Grundstücksgrenze zur Straßenseite hin sind Anschlusssäulen nach Absprache mit dem VNB möglich.

Da es im Rahmen von kostensparendem Bauen immer mehr 1-Familien-Häuser ohne Keller gibt, werden dort in letzter Zeit vermehrt sog. Hausanschlussnischen eingesetzt. Das sind bauseitig erstellte, mit einer Tür abschließbare Nischen für den Anschluss der Betriebseinrichtungen, z.B. Hausanschlusskasten, Zähler von Gas, Wasser, Telekommunikation und Starkstrom. Diese Nische liegt möglichst an einer Außenwand mit dem Rohbaurichtmaß Breite × Höhe = 875 mm × 2000 mm und einer Einbautiefe von mindestens 250 mm. Eine Reihe von Herstellern bietet diese Hausanschlusssysteme als Komplettsystem auf einem Rahmen zum Einsetzen in diese Nischen an. Zuständig für die Bereitstellung dieses

Raumes ist natürlich der Architekt oder Bauplaner. Aber gerade ein Elektroplaner sollte, um entsprechende Hinweise geben zu können, von dieser Möglichkeit Kenntnis haben.

2.2.1.1 Hausanschlussraum nach DIN 18 012

Ein Hausanschlussraum war nach der alten DIN 18012 ab einem 3-Familien-Haus notwendig. Nach der im November 2000 neu herausgegebenen DIN 18 012 gilt dies erst für Wohngebäude mit mehr als 4 Wohneinheiten. Für 1-Familien-Häuser ohne Keller ist eine Hausanschlussnische vorgesehen. Dies war früher nur durch schriftliche Zustimmung zum entsprechenden Normenentwurf möglich. Allerdings wurde davon reichlich gebrauch gemacht. Entsprechend vorgefertigte Hausanschlussnischen, die mit den notwendigen Anschluss- und Betriebseinrichtungen versehen sind, werden von verschiedenen Firmen angeboten. Die Nische darf nicht mehr als 3 m von einer Außenwand entfernt sein. Ihre Größe entspricht dem Rohbaurichtmaß einer normalen Wohnungstür (875 mm × 2000 mm). Dabei muss eine Mindesttiefe von 250 mm eingehalten werden. Für unterkellerte 1-Familien-Häuser und Wohngebäude mit bis zu 4 Wohnungen ist die Verwendung einer Anschlusswand vorgesehen. Diese Wand muss in Verbindung mit einer Außenwand stehen, durch die die Anschlussleitungen geführt werden. Der Raum für die Hausanschlusswand muss mindestens 2 m hoch sein.

Die Anordnung eines Hausanschlussraums im Gebäude wird durch die DIN 18 012 vorgegeben (z. B. Gebäudeaußenwand, durch die die Anschlussleitungen geführt werden) und muss vom Bauplaner entsprechend berücksichtigt werden. In ihm enden alle Anschlussleitungen eines Gebäudes für die Gas-, Wasser-, Fernwärme-, Fernmelde- und Starkstromversorgung. Außer den zugehörigen Anschlusseinrichtungen, wie z. B. Wasserzähler oder Hausanschlusssicherung, können auch Betriebseinrichtungen, wie z. B. Elektrizitätszähler, hier angebracht werden. Der Hausanschlussraum muss allgemein zugänglich sein (z. B. über einen Treppenraum), darf aber nicht als Durchgang zu anderen Räumen dienen.

Die Hausanschlussnische sowie der Raum für die Hausanschlusswand, bzw. der Hausanschlussraum, muss grundsätzlich frostfrei gehalten werden, wobei die Raumtemperatur nicht über 30 °C betragen darf. Die Temperatur des Trinkwassers darf dabei übrigens 25 °C nicht übersteigen. Außerdem muss für eine ausreichende Be- und Entlüftung gesorgt werden. Für die Elektroplanung ist wichtig, dass die Potenzialausgleichsschiene in der Nähe des Starkstromanschlusses (Hausanschlusskasten) montiert werden muss, und dort ist dann auch die Anschlussfahne des Fundamenterders anzuordnen (s. Abschnitt 2.2.1.2).

Ein Hausanschlussraum, der an seinem Zugang gleichnamig bezeichnet werden muss, benötigt eine festinstallierte, schaltbare Beleuchtung und eine Schukosteckdose. Die Größe des Hausanschlussraums richtet sich nach der Anzahl der Wohneinheiten, bzw. nach dem Leistungsanschluss der Versorgungseinrichtungen, muss aber mindestens die Maße 2 m ×2 m (Länge × Höhe) aufweisen. Wird nur eine Wand belegt, dann beträgt die Breite mindestens 1,5 m. Bei einer Belegung gegenüberliegender Wände muss aber mindestens eine Breite von 1,8 m eingehalten werden. Die freie Durchgangshöhe unter Leitungen und Kanälen darf nicht weniger als 1,8 m betragen. Dies gilt auch im Bereich einer Hausanschlusswand.

Nach DIN 18 012 dürfen in Räumen mit Heizkesseln, deren Gesamtwärmeleistung 50 kW nicht übersteigt, und in Räumen mit Öltanks (max. 5000 l), Anschluss- und Betriebseinrichtungen (z. B. Hausanschlusskasten) montiert werden.

Die Forderung der alten DIN 18 012, dass unterirdische Einführung der Hausanschlussleitung durch eine Kellerwand in einer Tiefe von 0,6...0,8 m, der Fernmeldeversorgung in 0,35...0,6 m zu erfolgen hat, besteht nicht mehr.

2.2.1.2 Fundamenterder nach DIN 18 014

Ein Leiter, der vollständig in Beton eingebettet ist und mit der Erde großflächig in Berührung steht, wird als Fundamenterder bezeichnet. Nach TAB und DIN 18 015 muss ein solcher Erder im Fundament eines Gebäudes eingebracht werden. Die Funktion dieses Erders ist recht umfangreich. Zum einen dient er in einem TT- oder IT-System (s. Abschnitt 3.3) als Anlagenerder, zum anderen kann er als Antennen- und Blitzschutzerder (s. Abschnitt 2.2.4.1 und 2.2.6) benutzt werden, und ganz allgemein unterstützt er auch den Hauptpotenzialausgleich (s.

Abschnitt 3.4) in einem Gebäude. Im TN-System wird durch ihn noch die Erdung des PEN-Leiters verbessert.

Die Montage des Fundamenterders geschieht überwiegend durch das Bauunternehmen, und die Verantwortung für die ordnungsgemäße Einbringung liegt somit bei der leitenden Bauüberwachung. Trotzdem wird er als Bestandteil der elektrischen Anlage angesehen. Die richtige Montage regelten früher die «Richtlinien für das Einbetten von Fundamenterdern in Gebäudefundamente», die jedoch seit 1994 durch die DIN 18 014 ersetzt wurden. Er wird als geschlossener Ring in den Fundamenten der Außenwände verlegt. Bei großen Fundamentflächen sollen auch Querverbindungen eingebracht werden, sodass Felder von ca. 20 m × 20 m entstehen. Bei der Verlegung ist darauf zu achten, dass er vollständig von mindestens 5 cm Beton umgeben ist, was durch entsprechende Abstandshalter realisiert werden kann. An Bewegungsfugen, über die der Fundamenterder geführt werden soll, muss der unterbrochene Leiter herausgeführt und mit geeigneten Dehnungsbändern verbunden werden. Diese Verbindungsstellen sind möglichst in Maueraussparungen anzuordnen und müssen jederzeit zugänglich sein.

Wird das Fundament mit einer Abdichtungswanne zum Schutz gegen drückendes Wasser ausgestattet, so ist der Erder in der Betonschicht unter der Abdichtung zu verlegen. Als Werkstoff wird oft Bandstahl mit 30 mm × 3,5 mm eingesetzt, wobei dieser dann hochkant eingebracht werden soll. Wird Rundstahl verwendet, so muss der Durchmesser mindestens 10 mm betragen. Werden Verbindungen der Leiter nicht verschweißt, so kann man dazu Kreuz- oder Keilverbinder, nach DIN EN 50 164-1, benutzen. Kann der eigentliche Leiter des Fundamenterders auch aus unverzinktem Stahl bestehen, so gilt diese Ausnahme für die Anschlussfahne (z.B. Verbindungsstück vom Fundamenterder zur Potenzialausgleichsschiene) nicht, da diese ja aus dem Beton herausgeführt wird und somit verstärkt der Korrosion ausgesetzt ist. Die Länge der Anschlussfahne soll von der Eintrittsstelle in den Raum, an der sie besonders gegen Korrosion geschützt werden muss, mindestens 1,5 m betragen, und sie muss während der Bauphase auffällig gekennzeichnet sein (z.B. mit Schrumpfschlauch).

Wird der Fundamenterder auch als Blitzschutzerder verwendet, müssen ausreichende Anschlussfahnen nach außen geführt werden. Weitere Anschlussfahnen sind unter Umständen auch für Konstruktionsteile aus Metall vorzusehen, z.B. für Aufzugsschienen.

2.2.1.3 Hauptstromversorgungssystem unter Beachtung von DIN 18 015 und TAB

Unter dem Hauptstromversorgungssystem wird im Regelfall die Verbindung von den Abgangsklemmen der Hausanschlusssicherung bis zu den Zählereingangsklemmen, einschließlich aller dazu notwendigen Betriebsmittel verstanden (z.B. Hauptleitungen, Hauptverteiler). Es überträgt somit nichtgemessene elektrische Energie und muss sehr sorgfältig geplant und ausgeführt werden. Werden hier Fehler gemacht, so kann dies unter Umständen versorgungs- und/oder abrechnungstechnische Probleme mit sich bringen. Das Hauptstromversorgungssystem muss nach TAB für einen Stoßkurzschlussstrom (s. Abschnitt 3.6), das ist der max. mögliche Augenblickswert eines Kurzschlussstroms, von mindestens 25 kA ausgelegt sein. Der konkrete Aufbau dieses Systems ist regional sehr unterschiedlich, da hierfür die technischen Anschlussbestimmungen (TAB, s. Abschnitt 2.1.1.4) der jeweiligen Verteilungsnetzbetreiber (VNB) maßgebend sind. Die Hersteller von Zählerschränken bieten hierfür meistens sog. Regional- oder Gebietslisten an, aus denen sich der entsprechende Aufbau ergibt. In manchen Gebieten muss vor den Zähler eine NH00-Vorsicherung, in anderen ein Hauptschalter mit 3 · 63 A und wieder in einer anderen Region ein selektiver Hauptleitungsschutzschalter (SH-Schalter). Bei kleinen Anlagen kann bei einigen Elektrizitätsunternehmen die Hauptleitung auch direkt am Zählereingang aufgelegt werden. Nach der TAB 2000 (vom Vorschlag für den Bund weichen die verschiedenen Länderausgaben ab) ist allerdings immer ein SH-Schalter mit 63 A Nennstrom als Trenneinrichtung vor dem Zähler vorgeschrieben (diese Vorgabe soll geändert werden). Für die Planung ist man deshalb gut beraten, sich rechtzeitig beim zuständigen VNB (EVU) über die exakten Vorgaben zu informieren.

In jedem Fall sind die Hauptstromversorgungssysteme als Strahlennetz aufzubauen, wobei Kupplungsmöglichkeiten für einen eventuellen Notbetrieb vorgesehen werden können. Ein Übersichtsschaltplan ist in 1-poliger Darstellung am Hauptverteiler auszuhängen. Bei mehreren Hauptleitungen müssen die notwendigen Überstromschutzeinrichtungen in Hauptverteilern angeordnet werden. Da das Hauptstromversorgungssystem für die Mitarbeiter des VNB leicht zugänglich sein muss, empfiehlt sich die Anordnung in Kellerfluren oder Treppenräumen (außer in Sicherheitstreppenräumen), wobei hier immer das Bauordnungsrecht (s. Abschnitt 2.1.1.2) zu beachten ist und im Zweifelsfall eine Rücksprache beim zuständigen Bauamt spätere Probleme vermeiden kann. Die Hauptleitungen müssen immer als Drehstromleitungen ausgeführt werden und sind gegen Überstrom zu schützen. Die Leitungen dürfen in der Regel im Kellergeschoss auf Putz verlegt werden. Ab der Kellerdecke ist die Verlegung nur noch unter Putz oder in geeigneten Schächten oder Rohren zulässig. Hierbei müssen unter Umständen brandschutztechnische Auflagen beachtet werden. Bei größeren Gebäuden, z. B. Schulen oder Kaufhäusern, die unter die DIN VDE 0108 (teilweise ersetzt durch DIN VDE 0100-718) fallen, müssen die Leitungsanlagen in Treppenräumen den «Richtlinien über brandschutztechnische Anforderungen an Leitungsanlagen» (heute ist dafür die «Muster-Leistungsanlagen-Richtlinie MLAR» zu berücksichtigen) entsprechen. Hiernach sollen Leitungsanlagen einschließlich der Kanäle, Rohre und Schächte teilweise eine bestimmte Feuerwiderstandsdauer (30 min oder 90 min) aufweisen. Um eine stockwerksübergreifende Brandausbreitung zu verhindern, müssen zwischen den Stockwerken die Leitungsanlagen entsprechend abgeschottet werden.

Nach der TAB von 1991 war die gemeinsame Verlegung von Hauptleitungen mit Rohrleitungen, z. B. Wasserverbrauchs- oder Gasinnenleitungen, in Kanälen oder Schächten nur dann zulässig, wenn durch bauliche Maßnahmen (Abschottung) eine Beeinträchtigung des Hauptstromversorgungssystems durch Fehler an den Rohrleitungen verhindert wird. Diese Aussage ist in der TAB 2000 entfallen (s. auch

Tabelle 2.16
Zulässiger Spannungsfall auf dem Hauptstromversorgungssystem

Leistungsbedarf	max. zulässiger Spannungsfall **Δ*u***
mehr als 100..250 kVA	1 %
bis 400 kVA	1,25 %
mehr als 400 kVA	1,5 %

Abschnitt 2.1.1.3). Aus Sicht der elektromagnetischen Verträglichkeit (EMV) ist eine geschirmte Ausführung der Hauptleitung, z. B. NYCWY, empfehlenswert. Beim TT-System schreiben einige VNBs eine separate Verlegung des Schutzleiters (PE) von der Hauptpotenzialausgleichsschiene bis zum Zählerschrank vor, so dass ein vorhandener Schirm nicht als PE genutzt werden kann. Im Zusammenhang mit einem fremdspannungsarmen Potenzialausgleich nach DIN VDE 0100-540 und allgemein aus Gründen der EMV ist beim TN-System die Trennung des Neutral- und Schutzleiters (TN-S-System) spätestens ab dem Hauptverteiler sinnvoll und in medizinisch genutzten Bereichen nach DIN VDE 0100-710 auch so vorgeschrieben. Besser ist es sogar, diese Aufteilung schon ab dem Transformator bzw. Gebäudeeintritt vorzunehmen. Dies wird teilweise nach DIN VDE 0100-710 und für Gebäude, die im bedeutenden Umfang Betriebsmittel der Informationstechnik aufweisen, nach DIN VDE 0100-444 «Schutz gegen elektromagnetische Störungen (EMI) in Anlagen von Gebäuden» für ein TN-System gefordert.

Ist mit einer starken Oberwellenbelastung (s. Abschnitt 3.8) zu rechnen, sollte der Querschnitt des Neutralleiters nicht reduziert werden.

Die elektrotechnische Dimensionierung der Hauptleitung soll bei Wohngebäuden nach einem Diagramm (s. Abschnitt 2.1.2.2, Tabelle 2.11) aus DIN 18015 Teil 1 erfolgen. Der Querschnitt (s. Abschnitt 3.6) muss für eine Mindestbelastung von 63 A ausgelegt sein und darf 10 mm^2 bei Kupfer nicht unterschreiten. Der zulässige Spannungsfall (s. Abschnitt 3.5) auf dem Hauptstromversorgungssystem beträgt nach TAB, bei einem Leistungsbedarf bis 100 kVA, 0,5 %. Bei einem größeren Leistungsbezug gelten die Werte der Tabelle 2.16.

2.2.1.4 Zählerplätze nach DIN 43 870

Nach §18 der AVBEltV (s. Abschnitt 2.1.1.3) sind Zählerplätze nach DIN vorzusehen. Art, Größe, Zahl und Anbringungsort werden, unter der Wahrung von berechtigten Interessen des Kunden, vom Elektrizitätsversorgungsunternehmen bestimmt. Die Plätze müssen leicht zugänglich sein, z.B. im Hausanschlussraum oder in Treppenräumen. Keineswegs dürfen Zähler in Wohnräumen, Küchen, Toiletten, Bade-, Wasch-, Öllager- und Bodenräumen bzw. Speichern sowie an Stellen mit einer Dauertemperatur von über 30 °C montiert werden. Zählerplätze sind auch an feuer- oder explosionsgefährdeten Stellen sowie in Wohnungen von

Mehrfamilienhäusern unzulässig. Um die Funktion der Geräte zu gewährleisten, sind Maßnahmen gegen Feuchtigkeit, Verschmutzung, Erschütterung und mechanische Beschädigung vorzusehen. Hierbei ist die Raumart und die damit verbundene Schutzart ausschlaggebend.

Eine Ablesung ohne besondere Hilfsmittel muss möglich sein. Deshalb beträgt der Abstand vom Fußboden bis zur Zählermitte zwischen 0,8...1,8 m und eine Montage über Treppenstufen ist nicht zulässig. Die TAB 2000 bestimmt auch noch einen freien Abstand von den Bedien- und Arbeitsflächen mit einer Tiefe von mindestens 1,2 m. Die rechtzeitige Rücksprache mit dem zuständigen VNB ist bei der Wahl und der Art der Anbringung oft sehr hilfreich, zumal dann auch Problemfälle meistens zur Zufriedenheit aller gelöst werden können. Der Einbau in Nischen ist in Treppenräumen, unter Beachtung einer eventuell erforderlichen Rettungswegbreite, zu bevorzugen. Für diese Zählernischen gilt DIN 18 013. Hiernach soll die Oberkante einer Nische 1800 mm ± 5 mm über dem Fertigfußboden (OFF = Oberkante Fertigfußboden) liegen. Bei der Tiefe der Nische gilt es den Brand-, Wärme- und Schallschutz zu beachten, und die Standfestigkeit einer Wand darf nicht beeinträchtigt werden. Der stets senkrechte Leitungsschlitz hat die gleiche Tiefe wie die Zählernische. Notwendige Stürze zur statischen Stabilität der Nische, dürfen die Einführung der Leitungen nicht verhindern. Tabelle 2.17 gibt die Maße für Zählernischen wieder, wobei die Mindesthöhe in Abhängigkeit von der Bestückung der Zählerplätze zu wählen ist. Bei zu großen Zählernischen sind nach dem Einbau der Zählerschränke die verbleibenden Hohlräume zu verkleiden. Die Bezeichnung DIN 18 013-4-950 weist darauf hin, dass es sich um eine Zählerplatznische nach DIN 18 013 für 4 Zähler mit einer Höhe von 950 mm handelt.

Nach DIN 43 870 Teil 1 beträgt die max. Tiefe eines umhüllten Zählerplatzes 225 mm. Nach dieser Norm sind die Plätze in einem Rastergrundmaß von 50 mm aufgebaut. Je nach der Höhe der Zählerplatzfläche ergeben sich die Höhen der entsprechenden Funktionsflächen, also des Zählerfeldes bzw. des Feldes für das Tarifschaltgerät (TSG), als auch die Höhe des oberen und unteren Anschlussraums. Eine Zuordnung der entsprechenden Maße gibt Tabelle 2.18. Der untere Anschlussraum dient z. B. zur Aufnahme der Sammelschienen oder der Hauptleitungsabzweigklemmen sowie der zugehörigen Sicherungen oder Schalter und muss plombierbar sein. Nach der TAB 2000 (VDEW-Empfehlung für den Bund)

Tabelle 2.17 Maße von Zählernischen in Anlehnung an DIN 18 013 vom April 1981

Anzahl der Zählerplätze	**Mindestbreite** (mm)	**Mindesttiefe** (mm)	**Mindesthöhe** (mm)
1	300	immer	950 oder
2	550	140	1100 oder
3	800		1250 oder
4	1050		1400
5	1300		

Tabelle 2.18 Höhe der Funktionsflächen bei Zählerplätzen in Anlehnung an DIN 43 870 Teil 1 vom Februar 1991

Höhe der Zählerplatzfläche	**Maße** (mm)				
	900	900	1050	1200	1350
des oberen Anschlussraums Stromkreis-	450 Gilt für 3-reihigen Verteiler	150 Betriebsmittel bis 63 A für die Zuleitung zum Stromkreisverteiler, nicht als verteiler nach DIN 18 015 zugelassen	300	150	300
des Zählerfeldes	–	450	450	750 gilt für 2 Zähler	750
des TSG-Feldes	300	–	–	–	–
des unteren Anschlussraums	150 Aufnahme der Steuer- und Überstromschutz-einrichtung für das TSR	300	300	300	300

wird hier als Trennvorrichtung ein selektiver Hauptleitungsschutzschalter (SH-Schalter) mit mindestens 63-A-Nennstrom eingebaut. Die Höhe 150 mm ist hier nur im Zusammenhang mit einem Tarifschaltgerät (Rundsteuerempfänger) zulässig und dient zur Aufnahme der Steuer- und Überstromschutzeinrichtungen für das TSG. Im oberen Anschlussraum können Betriebsmittel bis 63 A eingesetzt werden. Er darf nicht als Stromkreisverteiler für Installationen nach DIN 18 015-2 verwendet werden, sondern dient überwiegend der Aufnahme von Überstromschutzeinrichtungen oder auch einem Hauptschalter für die Zuleitung zu einem solchen Stromkreisverteiler. Zulässig ist hier teilweise auch die Anbringung eines Leitungsschutzschalters (LS-Automat) für einen Kellerraum eines Mieters oder bei einem Zählerplatz für die Gemeinschaftsanlage eines Mehrfamilienhauses auch zur Aufnahme von einem Treppenhausautomaten oder einem Klingeltransformator (mit dem VNB absprechen). Bei einem 1-Familien-Haus werden meistens Zählerplätze mit integriertem Stromkreisverteiler eingesetzt. Für diesen ist im Normalfall seitlich neben dem Zähler ein eigener Platz von 250 mm Breite vorzusehen. Die Zählerplatztiefe beträgt mindestens 162,5 mm und das Rastergrundmaß innerhalb der Funktionsflächen 2,5 mm. Die Hersteller von Zählerschränken bauen diese nach DIN VDE 0603. Danach müssen die Zählerplätze schutzisoliert sein. Ein Beispiel zeigt Bild 2.6a.

Es gibt die Zählerschränke mit Tür in der Ausführung Wandaufbau oder Wandeinbau. Es muss pro Kundenanlage mindestens 1 Zählerfeld vorgesehen werden und für den nachträglichen Einbau einer Steuereinrichtung, z. B. einem Rundsteuerempfänger, ist es sinnvoll ein Freifeld einzuplanen. Für die Gemeinschaftsanlage, z. B. Treppenraumlicht oder Außenlicht, ist ab einem 2-Familien-Haus ein eigenes Zählerfeld notwendig. Um eine eindeutige Zuordnung zur Kundenanlage zu ermöglichen, sind die Zählerplätze dauerhaft entsprechend zu

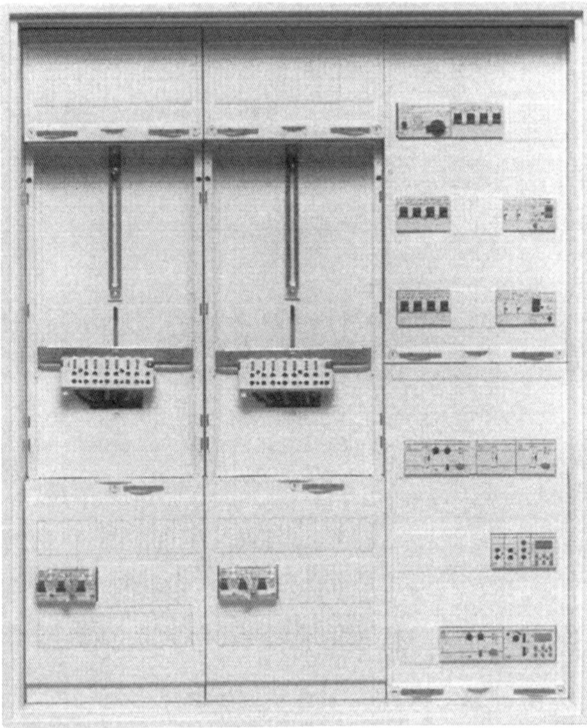

Bild 2.6 a Zählerschrank mit integriertem Stromkreisverteiler

kennzeichnen. Ist mit einem Betriebsstrom von über 60 A zu rechnen, ist mit dem VNB abzustimmen, ob z. B. eine Wandlermessung notwendig wird. Nach TAB darf der Nennstrom der letzten Überstromschutzeinrichtung (Betriebsklasse gL oder gG) vor der Messeinrichtung (Zähler) 100 A nicht überschreiten. Bei größeren Schutzeinrichtungen ist eine Abstimmung mit dem VNB notwendig.

Für die Verdrahtung der Zählerplätze gilt DIN 43 870 Teil 3. Zum Einsatz kommen flexible Aderleitungen vom Typ H07V-K mit einem Querschnitt von 10 mm^2 für Elektrizitätszähler bis 60 A Grenzstrom. Die Farbe Schwarz (sw) gilt für die Außenleiter des Zählerzugangs (unterer Anschlussraum) und die Farbe Braun ist für den Zählerabgang (oberer Anschlussraum) zu wählen. Die Zählererregung muss mit einer hellblauen Ader (Neutralleiter) erfolgen. An den Leiterenden des Zählerzugangs hat eine dauerhafte Kennzeichnung (1 = L1, 2 = L2, 3 = L3, N für die Zählererregung), die die Isolation nicht beeinträchtigen darf, zu erfolgen. Die Dauerhaftigkeit der Kennzeichnung kann nach DIN VDE 0603 geprüft werden. Dabei wird von Hand jeweils 15 s lang mit einem Lappen an der Aufschrift kräftig gerieben. Zuerst wird hierzu ein in Wasser getauchter und dann in Benzin getränkter Lappen benutzt. Allerdings ist es einfacher, vorgefertigte Garnituren einzusetzen. Die Industrie bietet dazu gekennzeichnete und zum direkten Anschluss vorgefertigte Aderleitungen an, zugeschnitten auf die jeweilige Schrankgröße.

2.2.2 Stromkreisverteiler

Nach DIN VDE 0100-200 gibt es Verteilungs- und Endstromkreise. Ein Verteilungsstromkreis versorgt dabei eine Verteilungstafel oder einen Schaltschrank, während ein Endstromkreis direkt an einem Verbrauchsmittel oder einer Steckdose angeschlossen ist. Demnach haben Stromkreisverteiler ganz allgemein die Aufgabe, die gemessene elektrische Energie auf mehrere Stromkreise aufzuteilen. Dazu müssen sie in der Lage sein, die notwendigen elektrischen Betriebsmittel, z.B. Klemmen, Überstromschutzeinrichtungen und Schalter, aufzunehmen. Die Anzahl der Teilungs- oder Platzeinheiten (PLE; 1 PLE = 18 mm nach DIN 43 880) bedeutet nicht, dass auch entsprechend viele Betriebsmittel eingebaut werden können, da hier die Erwärmung (s. Abschnitt 2.2.2.4) durch die Verlustleistungen noch beachtet werden muss. Auch sollten ausreichend Reserveplätze (s. Abschnitt 2.2.2.3) berücksichtigt werden. Manchmal müssen, wegen verschiedener Lastschwerpunkte (s. Abschnitt 2.2.2.2) oder auch aus Gründen des Spannungsfalles (s. Abschnitt 3.5), mehrere Stromkreisverteiler eingesetzt werden.

2.2.2.1 Verbindungsleitung vom Zähler zum Stromkreisverteiler

Nach DIN 18 015 Teil 1 muss die Verbindungsleitung vom Zähler zum Stromkreisverteiler eine Drehstromleitung mit einer Mindestbelastbarkeit von 63 A sein. Bei der Absicherung soll die Selektivität (s. Abschnitt 3.7) zu vor- und nachgeschalteten Überstromschutzorganen beachtet werden. Wird von einer Umgebungstemperatur von 25 °C ausgegangen, was in Deutschland bei Wohngebäuden nach DIN 18 015 üblich ist, beträgt der Querschnitt 10 mm^2, falls es sich um PVC isolierte Mantelleitungen (NYM) und die Referenzverlegeart C (s. Abschnitt 3.6.3) handelt. Bei der Dimensionierung muss aber auch der Spannungsfall (s. Abschnitt 3.5) beachtet werden. Üblicherweise wird hier, bei nur einer Unterverteilung (Stromkreisverteiler außerhalb des Zählerschrankes), ein Spannungsfall von 0,5 % angenommen. Bei der Berechnung des Spannungsfalls muss nach DIN 18 015 Teil 1 der Nennstrom der vorgeschalteten Überstromschutzeinrichtung eingesetzt werden. Das bedeutet, dass formal nicht die 63-A-Mindestbelastbarkeit, sondern der tatsächliche Nennstrom des Schutzorgans benutzt werden kann. Das heißt auf der anderen Seite, dass bei einer späteren Auswechselung der Sicherung gegen eine mit einem Nennstrom von 63 A, der Spannungsfall deutlich steigen kann (Beispiel: alt = 35 A, neu = 63 A $\rightarrow \Delta u_{\text{neu}} = 1{,}8 \cdot \Delta u_{\text{alt}}$). Es liegt nun in der persönlichen Verantwortung des Elektroplaners, ob er dies gleich zu Anfang mit berücksichtigt, was bei einer großen Anlage die Kosten entsprechend vergrößert, oder die Wahrscheinlichkeit einer solchen Änderung eher als gering einschätzt und sich deshalb mit den formalen Auslegungskriterien zufrieden gibt.

Aus Gründen der elektromagnetischen Verträglichkeit (EMV) sollte die Leitung 5-adrig ausgeführt werden. Auch hier ist der Hinweis auf DIN VDE 0100-444 «Schutz gegen elektromagnetische Störungen (EMI) in Anlagen von Gebäuden» nützlich, wonach ein TN-System immer als TN-S-System (s. Abschnitt 3.3) ausgeführt werden sollte.

Der zunehmende Einsatz von elektronischen Betriebsmitteln und Verbrauchern führt vermehrt zur Belastung des Neutralleiters durch Oberwellenströme (s. Abschnitt 3.8), und zwar auch dann, wenn nahezu symmetrische Belastung vorliegt. Deshalb sollte, wie bei der Hauptleitung, bei Außenleiterquerschnitten >16 mm^2 Cu von der Reduzierung des PEN-Leiterquerschnittes abgesehen werden. Nach DIN VDE 0100-520 müssen nämlich auch Oberwellenströme berücksichtigt werden, und der Elektroplaner ist gut beraten, sich daran zu halten, da durch einen Neutralleiterabbrand nicht nur Brände entstehen, sondern auch Verbraucher durch Über- bzw. Unterspannung zerstört werden können.

Im Zählerschrank wird diese Verbindungsleitung im oberen Anschlussraum angeschlossen. Wie dieser Anschluss zu geschehen hat, hängt wieder von den regionalen Bestimmungen der einzelnen Verteilungsnetzbetreiber (VNB) ab. Bei einigen reicht hier eine Hauptleitungsabzweigklemme, bei anderen soll es ein Hauptschalter und/oder eine D02-Sicherung sein. Also sollte der Planer der Elektroanlage, wie beim Haupstromversorgungssystem, sich frühzeitig beim zuständigen Elektrizitätsversorgungsunternehmen darüber informieren, und auch hier sind die Gebietslisten einiger Hersteller von Zählerschränken recht hilfreich.

Für die Verlegung in Treppenräumen gelten im Prinzip dieselben Aussagen wie für die Hauptleitungen (s. Abschnitt 2.2.1.3), d.h., es müssen auch hier eventuelle Brandschutzrichtlinien oder auch andere bauordnungsrechtliche Auflagen beachtet werden.

2.2.2.2 Unterverteilungen und Lastschwerpunkt

Nach DIN 18015 Teil 1 ist in der Nähe des Belastungsschwerpunktes einer Wohnung, z.B. im Flur, ein Stromkreisverteiler nach DIN 43871 zu installieren. Betrachtet man die Leistungen von elektrischen Verbrauchern, die in einer Wohnung normalerweise zum Einsatz kommen (s. Abschnitt 2.2.1.4, Tabelle 2.15), so liegt ein Lastschwerpunkt in der Küche (Elektroherd, Geschirrspülmaschine), ein anderer möglicherweise im Bad (elektrischer Durchlauferhitzer) und der nächste im Hausarbeitsraum (Waschmaschine, Wäschetrockner). Denkbar wäre natürlich auch der Einsatz von Waschmaschine und Trockner in der Küche oder im Bad. Oft wird die Anordnung der Anschlüsse für diese elektrischen «Großverbraucher» durch den Architekten vorgegeben, da dies teilweise mit der Größe einer Wohnung und der Zahl der Räume zusammenhängt. Dabei spielt auch das jeweilige «Wohngefühl», also die Art des Wohnens und die damit verbundene Vorstellung des Umganges mit solchen Geräten, eine Rolle.

Die Waschmaschine im Bad direkt an der Schlafzimmerwand, womöglich noch dort, wo das Bett steht, wird unter Umständen doch als störend empfunden. Werden Relais oder Schütze im Stromkreisverteiler eingesetzt, so sollte bei der Platzwahl, neben der Betrachtung des Belastungsschwerpunktes, hier ebenfalls der Schallschutz berücksichtigt werden. Falls der Elektroplaner im Vorfeld auch beratend tätig wird, sollte er den Kunden auf solche Probleme hinweisen. Teilweise lassen sich Geräusche von elektrischen Betriebsmitteln durch den Einsatz von brummfreien Schützen oder von Kleinsteuerungen (s. Abschnitt 2.1.3.1) lösen.

Für Stromkreisverteiler werden Installationskleinverteiler die DIN VDE 0603-1 und DIN 43 871 entsprechen eingesetzt. Ein Beispiel zeigt Bild 2.6 b. Entweder ist im oberen oder unteren Anschlussraum des Zählerplatzes oder im Stromkreisverteiler selbst eine Trennvorrichtung (mindestens 63 A) zur Freischaltung desselben notwendig. Dies kann ein Haupt- oder Fehlerstromschutzschalter, aber auch eine Überstromschutzeinrichtung sein.

Sind für einen Kunden Stromkreise unterschiedlicher Tarife (Hoch-/Niedertarif) im selben Stromkreisverteiler vorhanden, so müssen diese mindestens durch Stege getrennt sein. Keinesfalls dürfen Überstromschutzeinrichtungen für verschiedene Kundenanlagen im selben Stromkreisverteiler angeordnet werden.

Um unsymmetrische Belastungen klein zu halten, müssen im Installationskleinverteiler die einzelnen Stromkreise möglichst gleichmäßig auf die 3 Außenleiter aufgeteilt werden.

Die Größe des Stromkreisverteilers richtet sich nach der Anzahl der Stromkreise (s. Abschnitt 2.2.2.3), der Einbaubreite und Verlustleistung (s. Abschnitt 2.2.2.4) der elektrischen Betriebsmittel und der Anzahl der benötigten Reserveplätze. Die Zahl der Reserveplätze sollte nicht zu klein gewählt werden, um eine spätere Erweiterung der Anlage leicht zu ermöglichen. Auch können sich Betriebsmittel verschiedener Hersteller im Platzbedarf unterscheiden (z. B. bei

Bild 2.6 b Stromkreisverteiler nach DIN VDE 0603

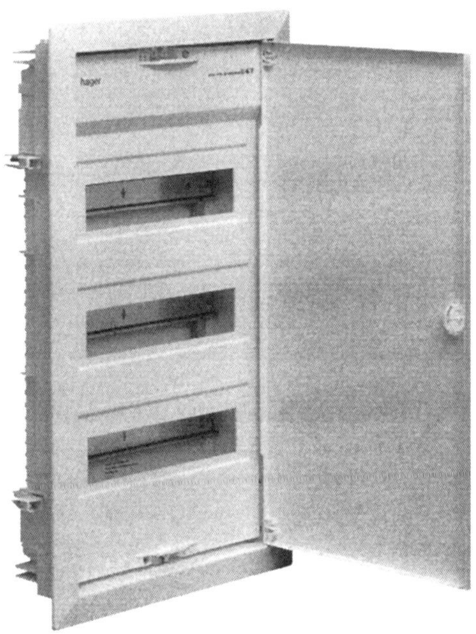

einem RCD), was bei einer Reparatur schon zu einem Verlust an Platz führen kann. Für Mehrraumwohnungen ist mindestens ein 2-reihiger Verteiler vorzusehen, was 24 Teilungseinheiten (2 × 12 PLE) entspricht. Istder Einsatz der Gebäudesystemtechnik (s. Abschnitt 2.1.3.2) vorgesehen, so wird in DIN 18 015-2 mindestens ein 3-reihiger Stromkreisverteiler empfohlen.

2.2.2.3 Stromkreisaufteilung nach DIN 18 015 und HEA

Nach DIN 18 015-2 (s. Abschnitt 2.1.1.4) wird ein Mindestausstattungsumfang für die Elektroinstallation vorgegeben. Danach wird für besondere Verbraucher jeweils ein eigener Stromkreis benötigt, auch wenn diese über Steckdosen (z. B. Waschmaschine, Wäschetrockner) angeschlossen werden. Licht- und Steckdosenstromkreise sollten in Räumen mit besonderer Nutzung, z. B. Hobbyräumen, getrennt sein. In Mehrfamilienhäusern müssen die Keller- und Speicherräume, die den einzelnen Wohnungen zugeordnet sind, separate Stromkreise besitzen. Diese müssen, falls sie nicht im oberen Anschlussraum des Zählerplatzes angeordnet sind, im jeweiligen Stromkreisverteiler der Wohnung untergebracht sein, was jedoch aus Spannungsfallgründen (s. Abschnitt 3.5) meistens ungünstig ist.

Für geschaltete Auslässe (Licht, aber auch Außensteckdosen, damit sie gegen unberechtigte Benutzung geschützt sind) muss der Anbringungsort der Schalter festgelegt werden. Im Zusammenhang mit dem barrierefreien Wohnen nach DIN 18 025 ist für schaltbare Beleuchtungsanlagen, Jalousie- und Rollladenantriebe oder motorisch angetriebene Türen die Anwendung einer drahtlosen Steuerung (Fernbedienung), auch in Verbindung mit einem Bussystem (s. Abschnitt 2.1.3.2), zu empfehlen. Falls im Moment noch kein Bussystem eingesetzt werden soll, ist es empfehlenswert, eine Vorverkabelung oder auch ein Leerrohrsystem für den späteren Einsatz einzuplanen.

Im Regelfall sollte bei einem Raum mit mehreren Türen mindestens ein Beleuchtungsauslass von jeder Tür schaltbar sein. Eine Orientierung für die Anzahl der Stromkreise für die Beleuchtung und die Steckdosen gibt Tabelle 2.19, wobei hierbei zu berücksichtigen ist, dass für Gemeinschaftsanlagen (z.B. im 2-Familien-Haus) unter Umständen noch zusätzliche Stromkreise notwendig sind. Für die Anzahl der Steckdosen, Auslässe und die Anschlüsse für Verbraucher mit einer größeren Anschlussleistung (Waschmaschinen, Trockner usw.) kann man sich an der 1-Sterne-Ausstattung nach HEA (s. Bild 2.7) orientieren. Die entsprechenden elektrischen Anschlüsse sind nutzungsgerecht im Raum zu verteilen, also z. B. nicht alle Steckdosen an derselben Wand anzuordnen. Jede Wohnung benötigt eine Klingelanlage und ab einem 3-Familien-Haus wird eine Türsprech- und Türöffneranlage (s. Abschnitt 2.2.5) notwendig.

Das Bewertungsschema nach HEA (Fachverband für Energie-Marketing und Anwendung (HEA) e.V. beim VDEW) gibt gegenüber DIN 18 015-2 eine Ausstattung mit 3 Varianten vor. Diese Ausstattungsmerkmale sind unter **RAL-RG 678** beim Deutschen Institut für Gütesicherung und Kennzeichnung e.V. registriert (s. Bild 2.7). Angesichts des hohen Elektrifizierungsgrades von Gebrauchsmitteln in

	★				★★				★★★			
Raum	⊼[1]	×	⊓	[⊓]	⊼[1]	×	⊓	[⊓]	⊼[1]	×	⊓	[⊓]
Schlaf/ bis 12 m²	3	1			6	2	1	1	8	3	1	1
Wohnraum über 12 m² bis 20 m²	4	1			8	2	1	1	10	3	1	2
über 20 m²	5	2			11	3	2	2	13	4	2	3
Küche[2]	5	2			10	3	1	1	12	3	1	1
Kochnische	3	2			7	2			8	2		
Bad	2	2			4	3			5	3		1
WC	1	1			2	1			2	2		
Hausarbeitsraum	3	1			8	2	1		10	3	1	1
Flur/Diele Länge bis 3 m	1	1			2	2	1		3	2	1	
über 3 m	1	2			3	2	1		4	2	1	
Freisitz bis 3 m	1	1			1	1			2	1		1
über 3 m	-	-			2	2			3	2		
Abstellraum	1	1			2	1			2	1		
Hobbyraum	3	1			6	2	1	1	8	2	1	1
Zur Wohnung gehörender Keller-, Bodenraum	1	1			2	1			2	1		
Gerätestromkreise inkl. Anschlusseinrichtung	E-Herd, GM, WM, TR, WW-Gerät[3], Bügelm., Mikrow.				E-Herd/Kochfeld, Backofen, GM, WM, TR, WW-Gerät[3], Bügelm., Mikrow				E-Herd/Kochfeld, Backofen, GM, WM, TR, WW-Gerät[3], Bügelm., Mikrow., Sauna/Whirl-Pool, Rolladenantriebe			

[1] Die den Bettplätzen, den Arbeitsflächen von Küchen, Kochnischen und Hausarbeitsräumen sowie den TAE zugeordneten Steckdosen sind mindestens als 2-fach Steckdosenkombinationen vorzusehen. Die neben Antennensteckdosen montierten Steckdosen sind als 3-fach-kombinationen auszuführen. Sie zählen nach der Tabelle jedoch nur als eine Steckdose.
[2] In Räumen mit Essecke ist die Anzahl der Auslässe und Steckdosen um jeweils 1 zu erhöhen.
[3] Wenn keine andere Warmwasserversorgung vorhanden ist

Beleuchtungs- und Steckdosenstromkreise	★			★★			★★★		
	Mindest anzahl Strom-kreise	⊓[4]	[⊓][4]	Mindest anzahl Strom-kreise	⊓[4]	[⊓][4]	Mindest anzahl Strom-kreise	⊓[4]	[⊓][4]
Wohnfläche									
50 m²	3	1	2	4	2	3	5	3	4
über 50 bis 75 m²	4	2	3	5	3	4	6	4	5
über 75 bis 100 m²	5			6			7		
über 75 bis 125 m²		3	4		4	5		5	6
über 100 bis 125 m²	6			7			8		
über 125 m²	7	4	5	8	5	6	9	6	7
Stromkreisverteiler mindestens:	2-reihig			3-reihig			4-reihig		

[4] Im Einfamilienhaus unter Berücksichtigung der örtlichen Erfordernisse wählen

Bild 2.7 Ausstattungswerte für Wohngebäude (Werte entnommen aus: «Elektrische Anlagen: in Wohngebäuden – Anforderungen» RAL-RG 678)

Wohnungen ist die Wahl nach HEA mit 2 Sternen oder mehr sicherlich sinnvoll. Ein Wohnzimmer mit nur 4 Steckdosen scheint heute nicht mehr besonders zeitgemäß.

Maximale Wohnfläche einer Wohnung in m^2	Mindestanzahl der Stromkreise für Beleuchtung/ Steckdosen
50	3
75	4
100	5
125	6
mehr als 125	7

Tabelle 2.19
Mindestanzahl der Stromkreise in Anlehnung an Tabelle 1 aus DIN 18 015-2 vom August 2004

2.2.2.4 Übertemperatur von Betriebsmitteln in Stromkreisverteilern unter Berücksichtigung der DIN VDE 0660-504

Bei allen allseitig geschlossenen Installationsverteilern, ist es notwendig, die Einhaltung der Grenztemperatur schon bei der Planung zu berücksichtigen. Leider wird dies oft vernachlässigt, und es ist meistens der Güte der eingesetzten elektrischen Betriebsmittel zu verdanken, dass doch relativ wenig passiert. Trotzdem sollte jeder Planer sich darüber im Klaren sein, dass die korrekte Funktion einiger Geräte durch eine zu große Umgebungstemperatur gestört werden kann. Ein Fehlerstromschutzschalter arbeitet nach Herstellerangaben meistens nur bis 40 °C zufriedenstellend. Bei Leitungsschutzschaltern wird durch eine erhöhte Temperatur der thermische Auslöser beeinflusst. So kann es bei einem LS-Automaten mit einem Bemessungsstrom von 16 A passieren, dass er bei 60 °C Umgebungstemperatur schon bei 10 A auslöst, was logischerweise nicht gerade zur Betriebssicherheit beiträgt. Dabei wurde noch nicht einmal berücksichtigt, dass durch die Aneinanderreihung dieser Geräte sich eine Korrektur der Belastbarkeit ergibt (z.B. bei mehr als 6 Automaten nur noch 85 %). Außerdem besteht eine erhöhte Brandgefahr, jedenfalls dann, wenn über eine längere Zeit die Grenztemperatur in einem Verteiler überschritten wird. Welchen Sinn macht es eigentlich, bei der Kabel- und Leitungsverlegung (s. Abschnitt 3.6) alle Bedingungen (Überstrom- und Kurzschlussschutz) einzuhalten und dort, wo die elektrische Energie «geballt» auf dichtem Raum zusammenkommt, wird relativ großzügig mit dem Faktor Strom, elektrische Leistung und somit auch der Erwärmung umgegangen? Um auch hier korrekt vorgehen zu können, ist es sinnvoll sich an der DIN VDE 0660-504, die sich im nationalen Anhang mit der Einhaltung der Grenzübertemperatur von allseitig geschlossenen Installationsverteilern (Zählerschränke) befasst, zu orientieren. Da sich diese VDE-Bestimmung nicht mit Installationskleinverteilern nach DIN 43 871 beschäftigt, kann sie nur als Richtschnur dienen, und man benötigt immer noch die genauen Daten vom Hersteller für den einzusetzenden Stromkreisverteiler.

Zuerst muss der Verteiler nach dem Platzbedarf, inklusive der Reserveplätze, ausgewählt werden. Danach werden die Verlustleistungen der eingesetzten elektrischen Geräte und der Leitungen addiert. Dazu benutzt man sinnvollerweise die technischen Angaben der Hersteller dieser Produkte. Beispiele für Verlustleitungen gibt Tabelle 2.20. Selbstverständlich werden die einzelnen Betriebsmittel sel-

Tabelle 2.20 Verlustleistung von Reiheneinbaugeräten

eingesetztes Betriebsmittel	Anzahl der benötigten Teilungseinheiten	Verlustleistung in W bei Nennstrom, inklusive einer Leitungslänge von ca. 0,7 m pro Klemme
LS-Schalter, 16 A, 1-polig	1	4,73
LS-Schalter, 16 A, 3-polig	3	14,2
Sicherungssockel D02, 3 × 63 A	4,5	15,72
Fehlerstromschutzschalter, $I_{\Delta n} \leq 30$ mA, $I_N = 63$ A, 4-polig	4	32
Stromstoßschalter, 16 A, 1-polig	1	3,23

ten mit ihrem Nennstrom I_N belastet, sondern es fließt in der Regel ein kleinerer Betriebsstrom I_B, so dass sich dann die tatsächliche Verlustleistung P nach der Formel $P_a = P_n \cdot (I_B/I_N)^2$ reduziert. Die so ermittelte Verlustleistung P_a reduziert sich noch um den Faktor f^2 ($P_v = P_a \cdot f^2$), da nicht alle Stromkreisabgänge mit ihrem vollen Nennstrom belastet sind. Dieser Faktor gilt nicht für Stromkreise, deren Verlustleistung proportional zum Strom, wie z.B. bei Stromrichtern ist, sondern für übliche Betriebsmittel, wie Leitungen oder LS-Schalter, da hier eine quadratische Abhängigkeit der Verlustleistung zum Strom besteht. Der Tabelle 2.21 können Sie Werte für f^2 entnehmen.

Da waagerechte Trennwände, die im Inneren von Verteilern angebracht sind, die Ableitung von Wärme nachteilig beeinflussen, reduziert sich die zulässige Verlustleistung P_b nach der Formel $P_b = P_v \cdot a$. Der Faktor a beträgt bei 1 Trennwand 0,94, bei 2 Trennwänden 0,84 und bei 3 Wänden 0,72. Nach dem P_b bestimmt worden ist, muss die zulässige Übertemperatur Δt, das ist die Differenz aus max. zulässiger Temperatur im Gehäuse ϑ_{max} und der Umgebungstemperatur ϑ_u, berechnet werden ($\Delta t = \vartheta_{max} - \vartheta_u$). Nachfolgend wird eine Beispielrechnung dargestellt. Es handelt sich um einen 4-reihigen Verteiler in Wandaufbau (IP 43) ohne waagerechte Trennwand, der laut Herstellerliste eine zulässige Verlustleistung $P_{zul} = 28$ W, bei $\Delta t = 15$ K, aufweist. Diese 15 K ergeben sich durch $\vartheta_u = 25\,°C$ und die max. zulässige Betriebstemperatur $\vartheta_{max} = 40\,°C$ des RCD. Er ist bestückt mit 8 · 16-A-LS-Automaten 1-polig der Auslösecharakteristik B für die Beleuchtung, deren Betriebsstrom mit 10 A angenommen wird. Außerdem mit 12 gleichen Automaten für die Steckdosen und einem 3-poligen 16-A-Automaten für

Tabelle 2.21
Angabe des quadratischen Bemessungsbelastungsfaktors (Quelle der Werte für f^2: DIN VDE 660-504 vom Mai 2002)

Anzahl der Überstromschutzeinrichtungen von Hauptstromkreisen pro Außenleiter	f^2
1	1
bis 3	0,64
bis 5	0,49
bis 9	0,36
mehr als 10	0,25

den Elektroherd. Zum Schalten einiger Beleuchtungsauslässe werden 4 Stromstoßschalter mit I_N = 16 A benutzt, bei denen aber für den Betriebsstrom 10 A angenommen werden. Der vorhandene 24-kW-Durchlauferhitzer ist an einem 3 · 63-A-D02-Sicherungssockel angeschlossen, der mit 35-A-Schmelzeinsätzen bestückt ist. Die gesamte Verteilung kann über den eingebauten Fehlerstromschutzschalter (RCD) mit $I_{\Delta n} \leq 30$ mA und I_N = 63 A abgeschaltet werden. Da der Durchlauferhitzer nur jeweils kurzfristig (max. 30 min) in Betrieb ist, wurde für das RCD ein Betriebsstrom vom max. 40 A angenommen. Der Faktor f^2 beträgt nach Tabelle 2.21, da bis zu 9 Überstromschutzeinrichtungen pro Außenleiter eingesetzt sind, 0,36. Dies würde einem Gleichzeitigkeitsfaktor von $g = 0{,}6$ entsprechen. In unserem Beispiel soll dieser Faktor aber nur 0,5 betragen, wodurch sich $g^2 = 0{,}5^2 = 0{,}25$ ergibt. Jetzt kann für die Berechnung $g^2 = f^2 = 0{,}25$ benutzt werden.

P_{zul} = 28 W (Verteiler); P_{n1} = 4,73 W (LS 16 A 1-polig)
P_{n2} = 14,2 W (LS 16 A 3-polig); P_{n3} = 15,72 W (DO2 63 A 3-polig)
P_{n4} = 32 W (FI 63/0,03 A 4-polig); P_{n5} = 3,23 W (Stromstoßschalter)
I_{B1} = 10 A; I_{B4} = 40 A; I_{N1} = 16 A; I_{N3} = 63 A; I_{N4} = 63 A;

$$I_{B3} = \frac{24\ \text{kW}}{\sqrt{3} \cdot 400\ \text{V}} \quad \Rightarrow I_{B3} = 34{,}641\ \text{A} \quad \text{(Durchlauferhitzer)}$$

$$P_{a1} = P_{n1} \cdot \left(\frac{I_{B1}}{I_{N1}}\right)^2 \quad \Rightarrow P_{a1} = 1{,}848\ \text{W} \quad \text{(Beleuchtung)}$$

$$P_{a3} = P_{n3} \cdot \left(\frac{I_{B3}}{I_{N3}}\right)^2 \quad \Rightarrow P_{a3} = 4{,}753\ \text{W} \quad \text{(Durchlauferhitzer)}$$

$$P_{a4} = P_{n4} \cdot \left(\frac{I_{B4}}{I_{N4}}\right)^2 \quad \Rightarrow P_{a4} = 12{,}9\ \text{W} \quad \text{(FI)}$$

$$P_{a5} = P_{n5} \cdot \left(\frac{10\ \text{A}}{16\ \text{A}}\right)^2 \Rightarrow P_{a5} = 1{,}262\ \text{W} \quad \text{(Stromstoßschalter)}$$

$$P_a = 8 \cdot P_{a1} + 12 \cdot P_{n1} + P_{a3} + P_{a4} + P_{n2} + 4 \cdot P_{a5} \Rightarrow P_a = 108{,}441\ \text{W}$$

$$P_v = P_a \cdot 0{,}25 \Rightarrow P_v = 27{,}11\ \text{W}$$

Wie zu erkennen ist, wäre hier die zulässige Verlustleistung von 28 W noch nicht überschritten, da P_v < 28 W beträgt. In diesem 4-reihigen Verteiler sind von den 48 Teilungseinheiten zwar «nur» 35,5 Platzeinheiten belegt, wodurch flächenmäßig noch Reserve vorhanden ist, die jedoch auf keinen Fall genutzt werden darf, da sonst die Temperatur im Verteiler deutlich ansteigen würde. Konsequenterweise müsste jetzt ein anderer Verteiler, der eine höhere Verlustleistung zulässt, eingesetzt werden. Der elektrotechnischen Fachkraft, für die das Beispiel nicht stichhaltig genug erscheint, kann nur empfohlen werden, in Verteilungen von größeren Anlagen die Temperatur im oberen Anschlussraum zu messen. Sie werden sicherlich manchmal staunen, dass dort noch nichts passiert ist.

2.2.3 Endstromkreise unter Beachtung von DIN 18 015 und DIN VDE

Steckdosenstromkreise und Stromkreise für fest angeschlossene elektrische Verbraucher werden als Endstromkreise angesehen. In Abschnitt 2.2.2.3 werden Aussagen zur Anzahl solcher Stromkreise im Wohnungsbau gemacht. In den folgenden Abschnitten 2.2.3.1 bis 2.2.3.5 sollen diese einzelnen Endstromkreise etwas näher betrachtet werden. Dabei geht es auch um Betrachtungen der jeweiligen Gleichzeitigkeitsfaktoren (s. Abschnitt 2.1.2.2), denn schließlich kann keine elektrische Anlage dahingehend ausgelegt werden, als wären alle vorhandenen Stromkreise immer voll belastet. Eine solche Anlage wäre völlig überdimensioniert und auch viel zu teuer. Für den Spannungsfall (s. Abschnitt 3.5) dieser Endstromkreise wird in diesem Buch in der Regel 2,5 % von der Nennspannung angenommen. Dies ergibt sich aus DIN 18 015 Teil 1, wonach der Spannungsfall hinter dem Zähler 3 % nicht überschreiten darf. Da auf der Zuleitung (s. Abschnitt 2.2.2.1) zum Stromkreisverteiler auch ein Spannungsfall stattfindet und dieser üblicherweise mit 0,5 % angenommen wird, ergeben sich eben die 2,5 %. Nach DIN 18 015 Teil 1, sollen Steckdosen- und Beleuchtungsstromkreise über Leitungsschutzschalter abgesichert werden. Nach TAB (Technische Anschlussbestimmungen) müssen diese ein Bemessungsschaltvermögen von 6 kA und die Energiebegrenzungsklasse 3 (früher Strombegrenzungsklasse 3, s. Abschnitt 3.7.2) besitzen.

2.2.3.1 Steckdosenstromkreise

Nach DIN VDE 0623 Teil 1 gibt es Steckvorrichtungen für den industriellen Bereich bis zu einem Bemessungsstrom von 250 A. Im Bereich der Wohnungsinstallation und im Kleingewerbe sind typische Normwerte für Steckdosen 16 A, 25 A, 32 A und 63 A. Beim Überstromschutz von Steckdosenstromkreisen muss nach DIN VDE 0100 Teil 550 immer das schwächste Glied (Leitung oder Steckdose) geschützt werden. Bei der Wahl des Nennstroms der Überstromschutzeinrichtung muss somit der niedrigere der beiden Werte, also max. zulässige Belastungsstrom der Leitung oder Nennstrom der Steckdose, berücksichtigt werden. Für die Planung sollte das bedeuten, dass die Leitung auf den Bemessungsstrom der Steckdose abgestimmt wird, denn welchen Sinn macht es, eine Steckdose mit 32 A nur mit 20 A abzusichern? Der Nutzer solcher Steckvorrichtungen sollte davon ausgehen können, dass eine 32-A-Aufschrift auch 32 A Stromfluss zulassen. Eine Vorschrift hierüber gibt es aber nicht.

Zu beachten ist, dass bestimmte Steckdosenstromkreise immer über Fehlerstromschutzschalter mit $I_{\Delta n} \leq 30$ mA zu versorgen sind. Dies gilt z. B. für Schukosteckdosen eines Baderaumes (s. Abschnitt 2.12.1) oder für Steckdosen im

Freien bis 20-A-Nennstrom, bzw. von Steckdosen, die für die Benutzung von tragbaren Betriebsmitteln im Freien eingesetzt werden sollen. Nach DIN VDE 0100-739, einer VDE-Leitlinie, ist der Einsatz solcher RCDs auch für Steckdosenstromkreise bis 32 A Nennstrom in Küchen, Hobby-, Hausarbeits- und Werkstatträumen sinnvoll. Überlegenswert wäre solch eine Schutzeinrichtung auch für die Steckdosen im Kinderzimmer.

Gleichzeitigkeitsfaktoren bei Steckdosenstromkreisen reichen von 0,15...0,8, je nach Raumgröße und der Art der Nutzung. Statt einen Gleichzeitigkeitsfaktor anzuwenden, kann aber auch jeder Steckdose eine Leistung zugewiesen werden. Für die vorgestellten Projekte gilt Tabelle 2.22. Wie nachfolgende Betrachtungen zeigen, haben beide Methoden Vor- und Nachteile. In einem großen Wohnraum (z.B. 50 m^2) werden heute oft sehr viele Steckdosen installiert, aber nur wenige davon gleichzeitig und vor allem nicht auf Dauer für eine große Leistung genutzt. Währenddessen ist bei einem kleinen Verkaufsraum (15 m^2) damit zu rechnen, dass die wenigen vorhanden Steckdosen stark belastet werden, vor allem auch dann, wenn es gilt, elektrische Verbraucher zu präsentieren (z. B. im Sommer Ventilatoren). Diese Verhältnisse können aber auch umgedreht vorkommen. Da gibt es im Wohnraum nur die Mindestanzahl von Steckdosen nach DIN 18 015 (s. Tabelle 2.23) über die aber ein Musikverstärker mit 2 kW und im Winter noch die 2 kW des elektrischen Schnellheizers betrieben werden, während die Steckdosen im Verkaufsraum praktisch nur im Kurzzeitbetrieb für die elektrischen Reinigungsgeräte (z.B. Staubsauger) zum Einsatz kommen.

Betrachten wir nun eine klassische Wohnungsinstallation (TN-S-System, s. Abschnitt 3.3), in der nur Schukosteckdosen mit 16 A Nennstrom installiert werden sollen. Den Schutz gegen elektrischen Schlag soll hierbei ein Fehlerstromschutzschalter (s. Abschnitt 3.10) mit $I_{\Delta n} \leq 30$ mA übernehmen, sodass bei der Leitungsauslegung nur Überlast- und Spannungsfallbetrachtungen eine Rolle spielen sollen. Die Mantelleitungen (NYM) werden unter Putz (s. Abschnitt 3.6.3) verlegt, und es wird von 25 °C Umgebungstemperatur und keiner Häufung ausgegangen. Die Anzahl der Steckdosen wurde, in Anlehnung an DIN 18 015-2 (s. Abschnitt 2.1.1.4 und 2.2.2.3), für die einzelnen Räume nach Tabelle 2.23 festgelegt. In dieser Tabelle werden nur Steckdosen für Verbraucher mit einer Anschlussleistung ≤2 kW berücksichtigt, da in Abschnitt 2.2.3.3 die größeren Verbraucher behandelt werden.

Eine Mehrfachsteckdose wird nach DIN 18 015-2 nur als Einfachsteckdose (eine Unterputzschalterdose möglich) gerechnet. Diese Art der Installation, die nicht besonders zeitgemäß erscheint, sollte aber nicht mehr angewendet werden.

Tabelle 2.22 Bei der Planung zu berücksichtigende Leistung pro Steckdose

Art der Nutzung	Einfachsteckdose	Mehrfachsteckdose
Wohnung und Büro Gewerbe	200 W 500 W	300 W 700 W

Tabelle 2.23 Anzahl der Steckdosen in Anlehnung an Tabelle 2 aus DIN 18 015-2 vom August 2004

Nummer des Stromkreises	Raum	Fläche in m^2	Anzahl der Steckdosen
1	Wohnzimmer mit Essplatz	28	5; 2 davon als 3-fach-Steckdose (wegen 2 Antennensteckdosen)
1	Schlafzimmer	15	4; 2 davon als Doppelsteckdosen (wegen Betten) und eine 3-fach-Steckdose (wegen 1 Antennensteckdose)
2	Kinderzimmer	16	4, eine davon als Doppelsteckdose (wegen dem Bett) und als 3-fach-Steckdose (wegen 1 Antennensteckdose)
2	Bad	6	3
2	Flur	5	1
2	Terrasse	8	1
3	Küche	9	8; davon 2 als Doppelsteckdose (wegen den Arbeitsflächen)

Im Stromkreis Nr. 1 gibt es nun 4 Einfach- und 5 Mehrfachsteckdosen (3 + 1 = 4 und 2 + 3 = 5), die über einen Leitungsschutzschalter mit 16 A und der Auslösecharakteristik B abgesichert werden sollen. Die Leitung für diesen Stromkreis (Stichleitung mit Abzweigen) muss für diese 16 A dimensioniert werden, denn bei Steckdosenstromkreisen muss, unabhängig von der planerischen Leistungsannahme, immer damit gerechnet werden, dass der Nennstrom einer Steckdose zum Fließen kommt. Dieses Beispiel führt nach Tabelle 2.22 zu einer planerischen Leistung von 2,3 kW (4 · 200 W + 5 · 300 W = 2300 W), womit dieser Stromkreis (230 V · 16 A = 3,68 kVA) auch nicht überlastet ist. Nach DIN VDE 0298-4 (s. Abschnitt 3.6) kann bei den hier betrachteten Bedingungen NYM-J 3·1,5 (belastbar bis 21 A) gewählt werden.

Für den Spannungsfall wird die größte Leitungslänge vom Stromkreisverteiler benötigt. Hier sollen dafür 12 m angenommen werden. Da bei 2,5 % Spannungsfall und 16 A Nennstrom mit $\cos\varphi = 1$ sowie einem Kupferquerschnitt von 1,5 mm^2 die max. Leitungslänge (s. Gl. 2.1) ungefähr 15 m entspricht, befindet sich der Spannungsfall im zulässigen Toleranzbereich.

$$\frac{2{,}5\,\% \cdot 56\,\dfrac{\text{m}}{\Omega \cdot \text{mm}^2} \cdot 1{,}5\,\text{mm}^2 \cdot 230\,\text{V}}{2 \cdot 16\,\text{A} \cdot 100\,\%} = 15{,}094\,\text{m} \qquad \text{(Gl. 2.1)}$$

An den Stromkreis Nr. 2 werden 7 Einfach- und 2 Mehrfachsteckdosen (2 + 3 + 1 + 1 = 7) angeschlossen. Daraus ergibt sich eine planerische Leistung von 2 kW (7 · 200 W + 2 · 300 W = 2000 W) und auch dieser Stromkreis kann über NYM-J 3 · 1,5 an einen 16-A-LS-Automaten angeschlossen werden, ohne dass eine Überlastung vorliegt.

An den Stromkreis Nr. 3 werden 6 Einfach- und 2 Mehrfachsteckdosen angeschlossen. Das sind dann 1,8 kW (6 · 200 W + 2 · 300 W = 1800 W). Auch dieser Stromkreis kann über NYM-J 3 · 1,5 an einen 16-A-LS-Automaten angeschlossen werden. Der Spannungsfall gilt bei beiden Stromkreisen als eingehalten, da die maximale Länge von 15 m nicht überschritten werden soll. Die 3 Stromkreise gehen somit mit einer Leistung von 6,1 kW in die Planung ein.

2.2.3.2 Lichtauslässe

Beleuchtungsanlagen im Wohnungsbau werden über Decken- oder Wandauslässe angeschlossen. Nach DIN VDE 0100 Teil 559 muss bei einer Unterputzinstallation die Zuleitung zu Wandleuchten in Wanddosen (Wandleuchten-Anschlussdosen) enden. In der Regel wird der einzelne Lichtauslass nicht besonders hoch belastet (z. B. 100 W), wobei allerdings heute sehr oft Dimmer eingesetzt werden und dadurch die Belastung des Beleuchtungsstromkreises durch Grundschwingungs- und Verzerrungsleistung (s. Abschnitt 3.8.2) doch deutlich über dem Wert der reinen Anschlussleistung liegen kann.

Bei der Planung der Beleuchtungsstromkreise muss bei Glühlampen berücksichtigt werden, dass der Einschaltstrom ungefähr das 10…15-fache des Nennstroms betragen kann. In Verkaufs- und Ausstellungsräumen werden heute sehr oft umfangreiche Niedervolt-Beleuchtungsanlagen (12-V-Halogenlampen) eingesetzt. Sollen hier konventionelle Transformatoren zum Einsatz kommen, muss berücksichtigt werden, dass der Einschaltstrom mehr als das 15-fache des Nennstromes betragen kann, und deshalb sollten Leitungsschutzschalter der Auslösecharakteristik D (Elektromagnetischer Auslöser bis 20 · I_N) eingesetzt werden.

Bei elektronischen Transformatoren muss wiederum die durch solche Konverter hervorgerufene Oberwellenbelastung berücksichtigt werden und gerade bei Billigprodukten ist hier größte Vorsicht geboten. Bei großen Anlagen mögen sich für die Kalkulation dabei scheinbar Kostenvorteile ergeben, die aber über größere Leiterquerschnitte und den Einsatz von teueren Filtern (s. Abschnitt 3.9) sich schnell ins Gegenteil verkehren können.

Ist der Einsatz von Entladungslampen mit Drossel und einer Lampenleistung >250 W je Außenleiter vorgesehen (nach TAB 1991 waren es 130 W), so wird eine Kompensation der Blindleistung notwendig. Ab einer Leistung der Beleuchtungsanlage von 5 kVA, ist hierzu nach der TAB 2000 z. B. die Duo-Schaltung oder eine Zentralkompensation anzuwenden. Bei der Zentralkompensation sollte man mit dem Verteilungsnetzbetreiber (VNB) Rücksprache halten, da durch die Kompensationseinrichtung das Rundsteuersignal gestört werden kann (s. Abschnitt 3.9).

Für das Schalten von Beleuchtungsanlagen sollte beachtet werden, dass normale Unterputzinstallationsschalter nur für 10 A Schaltstrom ausgelegt sind und im Zusammenhang mit der Schaltmöglichkeit von mehreren Stellen sowieso der Einsatz von Fernschaltern (Stromstoßrelais mit 16 A) sich als zweckmäßig erweisen kann. Für komplexe Beleuchtungsaufgaben (z.B. Lichtszenarien) ist auch der Einsatz eines Bussystems (s. Abschnitt 2.1.3.2) empfehlenswert. Zum Schalten lassen sich auch Fernbedienungen verwenden, die es mittlerweile sogar sprachgesteuert gibt. Der Gleichzeitigkeitsfaktor für Licht liegt bei Büros und Gewerbe zwischen 0,7...0,95, wobei hierbei überwiegend von nichtkompensierten Leuchtstofflampen ausgegangen wird. Allerdings kann man auch hier, vor allem im Wohnbereich, dem einzelnen Leuchtenauslass eine Leistung zwischen 200...500 W zuweisen.

Nun soll ein Beispiel (steht im Zusammenhang mit dem Beispiel aus Abschnitt 2.2.3.1) für die Planung von Stromkreisen für Leuchtenauslässe im Wohnungsbau behandelt werden. Die Ausstattung ergibt sich aus Tabelle 2.24, die in direktem Zusammenhang mit der Tabelle 2.23 steht. Auch bei diesem Beispiel soll der Schutz gegen elektrischen Schlag durch automatische Abschaltung über ein RCD mit $I_{\Delta n} \leq 30$ mA im TN-S-System erfolgen, sodass also nur Überstromschutz (kombinierter Kurzschluss- und Überlastschutz) und Spannungsfall zu berücksichtigen sind.

Zuerst soll überlegt werden, ob es wegen des Schaltstroms von Installationsschaltern möglich ist, jeden Stromkreis mit einem Leitungsschutzschalter mit 10-A-Nennstrom abzusichern. Da zusätzlich zu Glühlampen, die über Dimmer betrieben werden könnten, auch der Einsatz von unkompensierten Entladungslampen nicht auszuschließen ist, soll von einem ungünstigen $\cos\varphi$ von 0,5 ausgegangen werden. Daraus ergibt sich eine max. Wirkleistung von 1,15 kW (230 V · 10 A · 0,5 = 1,15 kW). Diese Leistung verteilt sich bei Stromkreis Nr. 4 auf 4 und bei Nr. 5 auf 6 Leuchtenauslässe. Für den Stromkreis Nr. 4 ergibt sich somit rund 288 W pro Auslass (1150 W/4) und bei Nr. 5 noch ungefähr 192 W (1150 W/6). Dies könnte in der Praxis knapp werden und da 16-A-LS-Automaten auch noch kostengünstiger als solche mit 10 A sind, werden Beleuchtungsstromkreise meistens mit 16-A-Überstromschutzeinrichtungen abgesichert. Dadurch steigen

Tabelle 2.24 Anzahl der Lichtauslässe einer Wohnung in Anlehnung an Tabelle 2 aus DIN 18 015-2 vom August 2004

Nummer des Stromkreises	Raum	Fläche (m^2)	Anzahl der Auslässe für Licht
4	Wohnzimmer mit Essplatz	28	2
4	Schlafzimmer	15	1
4	Kinderzimmer	16	1
5	Bad	6	2
5	Küche	9	2
5	Flur	5	1
5	Terrasse	8	1

die entsprechenden Leistungen auf das 1,6-fache, also bei Stromkreis Nr. 4 auf ungefähr 461 W pro Auslass und bei Nr. 5 auf rund 307 W. Angesichts der Tatsache, dass es unwahrscheinlich ist, dass der gesamte Nennstrom des Leitungsschutzschalters über einen einzigen Ausschalter eines Raums als Dauerstrom fließt, und da die 10 A ja den Schaltstrom eines Schalters darstellen, scheint diese etwas höhere Absicherung doch gerechtfertigt.

Wie für die Steckdosenstromkreise des Beispiels aus Abschnitt 2.2.3.1 kann hier jeder Stromkreis über NYM-J 3 · 1,5 in Unterputzinstallation und Verlegeart C bei 25 °C Umgebungstemperatur versorgt werden. Auch jetzt sollen die Leitungslängen bei max. 15 m liegen, wodurch der Spannungsfall von 2,5 % auf jeden Fall eingehalten wird, zumal die Maximallänge wegen $\cos\varphi$ von 0,5 jetzt sogar auf das Doppelte, also auf 30 m steigt. Nimmt man einen Gleichzeitigkeitsfaktor von 0,7, so gehen für die Beleuchtung 2,58 kW (2 · 230 V · 16 A · 0,5 · 0,7 = 2576 W) in die planerische Gesamtleistung mit ein.

2.2.3.3 Stromkreise für Großverbraucher

Großverbraucher sind in der Industrie elektrische Verbraucher mit einigen 10 kW bis in den Megawattbereich hinein. Für die Planung solcher Anschlüsse müssen genaue Daten vorliegen, denn nur so ist eine exakte Planung möglich. Da dieses Buch sich schwerpunktmäßig mit dem Wohnungsbau beschäftigt, soll es sich hierbei i.d.R. um Verbraucher mit einer Anschlussleistung ≥2 kW handeln, also z.B. Kochmulden, Backöfen, Waschmaschinen, Wäschetrockner oder ein elektrischer Durchlauferhitzer (s. Abschnitt 2.1.2.2 und Tabelle 2.15 in Abschnitt 2.2.1.4). Die meisten dieser Geräte werden über eine Schukosteckdose mit der elektrischen Anlage verbunden. Wegen ihrer größeren Stromaufnahme muss nach DIN 18 015-2 (s. auch Abschnitt 2.2.2.3, Bild 2.7) jeder dieser Steckdosen ein eigener Stromkreis zugewiesen werden. Im Allgemeinen kann die Absicherung über einen Leitungsschutzschalter mit 16-A-Bemessungsstrom und der Auslösecharakteristik B erfolgen, da die Motoren in diesen Geräten nur wenige 100 W besitzen, und die Anlaufströme nicht besonders groß sind.

Das Beispiel aus Abschnitt 2.2.3.2, das sich an DIN 18 015-2 orientiert, soll nun für diese Verbraucher fortgesetzt werden. Auch hierbei soll der Schutz gegen elektrischen Schlag durch ein RCD mit $I_{\Delta n} \leq 30$ mA erfolgen. Es werden wieder Mantelleitungen des Typs NYM eingesetzt, und die Verlegeart ist C, 25 °C Umgebungstemperatur und keine Häufung. Tabelle 2.25 enthält die notwendigen Angaben.

Die Zuleitung eines Durchlauferhitzers ist nach DIN 18 015-2 für mindestens 35 A auszulegen. Solch ein Drehstromverbraucher muss nach DIN-VDE nicht über einen 3-poligen LS-Automaten abgesichert werden. Trotz der deutlich höheren Kosten, soll dies hier aber so geschehen. Ein Grund besteht darin, dass bei einem 1-poligen, satten Erd- oder Körperschluss, nach dem Durchschmelzen von nur einer Sicherung, eine erhöhte Fehlerspannung am Schutzleiter dieses Stromkreises anliegt, die als Berührungsspannung, unter ungünstigen Vorraussetzun-

Tabelle 2.25 Auswahl von Großverbrauchern in einer Wohnung

Raum	Nummer des Stromkreises	Geräte mit häufig mehr als 2 kW Anschlussleistung	Leitungslänge in m
Bad	6	Durchlauferhitzer	7
	7	Waschmaschine	10
	8	Wäschetrockner	10
Küche	9	Elektroherd	8
	10	Geschirrspülmaschine	9
	11	Mikrowellengerät	9

gen, auch über 50 V betragen kann. Ein weiterer Grund liegt in den allgemeinen Vorteilen von Leitungsschutzschaltern, z. B. Wiedereinschaltfähigkeit und absolute Sicherheit bei der Bedienung durch Laien, begründet. Wegen den geforderten 35 A, soll hier ein Automat mit 40 A Bemessungsstrom gewählt werden. Eine Mantelleitung NYM-J 5 · 6 darf bei symmetrischer Drehstrombelastung und den genannten Umgebungsbedingungen (s. Abschnitt 3.6) mit 43 A dauerhaft belastet werden. Für die Berechnung der Maximallänge bei Drehstrom, 6 mm² Cu, einem Spannungsfall von 2,5 % und $\cos\varphi = 1$ gilt Gl. 2.2. Da im gewählten Beispiel die Länge der Leitung zum Durchlauferhitzer 7 m, die Maximallänge jedoch über 48 m beträgt, ist der Spannungsfall sogar deutlich kleiner als 2,5 %.

$$\frac{2{,}5\,\% \cdot 56\,\dfrac{\mathrm{m}}{\Omega \cdot \mathrm{mm}^2} \cdot 6\ \mathrm{mm}^2 \cdot 400\ \mathrm{V}}{\sqrt{3} \cdot 40\ \mathrm{A} \cdot 100\,\%} = 48{,}497\ \mathrm{m} \qquad \text{(Gl. 2.2)}$$

Betrachten wir nun den Elektroherd. Nach DIN 18 015-1 muss die Leitung bei Wechselstrom mit mindestens 25 A und bei Drehstrom mit mindestens 16 A belastbar sein. Es soll sich in diesem Beispiel um eine Drehstromstromleitung handeln, die mit einem 3-poligen Leitungsschutzschalter mit 20 A Nennstrom abgesichert wird. Dieser Schutzschalter ist nur gering teuerer als einer mit 16 A, lässt aber eine Leistung von über 13 kW zu ($\sqrt{3} \cdot 400\ \mathrm{V} \cdot 20\ \mathrm{A} = 13{,}86\ \mathrm{kW}$), was bei einer gehobenen Ausstattung (s. Abschnitt 2.1.2.2 und Tabelle 2.15 in Abschnitt 2.2.1.4) unter Umständen sogar noch knapp werden kann. Da aber jetzt aus Gründen der Strombelastbarkeit ein Querschnitt von 2,5 mm² Cu gewählt werden muss, und eine entsprechende Leitung vom Typ NYM-J 5 · 2,5 bei den genannten Bedingungen mit 25 A belastbar ist, kann notfalls der 20-A-LS-Schalter gegen einen mit 25 A Nennstrom ausgetauscht werden. Setzt man in Gl. 2.2 statt 40 A die 20 A und für 6 mm² die 2,5 mm² ein, so ergibt sich eine Maximallänge von ungefähr 40 m, womit bei den gegebenen 8 m Leitungslänge der Spannungsfall auf keinen Fall überschritten wird.

Für Schukosteckdosen-Stromkreise der Waschmaschine, des Wäschetrockners, des Mikrowellengerätes und der Geschirrspülmaschine kann NYM-J 3 · 1,5 benutzt werden, und der Einsatz der schon bekannten Leitungsschutzschalter, mit 16 A Nennstrom aus Abschnitt 2.2.3.1, ist sowohl aus Überlast- als auch aus Spannungsfallbetrachtungen möglich.

Zwar kann in einem Haushalt damit gerechnet werden, dass alle diese Großgeräte zeitgleich betrieben werden, aber bei einem Gleichzeitigkeitsfaktor von $g = 1$ würde sich eine Summenleistung, alleine für diese Großverbraucher, von $\Sigma P = \sqrt{3} \cdot 400\ \text{V} \cdot (40\ \text{A} + 20\ \text{A}) + 4 \cdot 230\ \text{V} \cdot 16\ \text{A} = 56{,}29\ \text{kW}$ einstellen. Mit den Leistungsanteilen der Steckdosen und der Beleuchtung, käme man auf eine Anschlussleistung von über 60 kW einer Wohnung in Mindestausstattung, die dann mit 100 A abgesichert werden müsste. Das wäre völlig praxisfremd, und deshalb wird meistens für die gesamte Wohnung ein Gleichzeitigkeitsfaktor von max. 0,6 angenommen. Für unser Beispiel bedeutet das, dass die Gesamtleistung etwa 39 kW: $\Sigma P = (\sqrt{3} \cdot 400\ \text{V} \cdot (40\ \text{A} + 20\ \text{A}) + 4 \cdot 230\ \text{V} \cdot 16\ \text{A} + 6{,}1\ \text{kW} + 2{,}58\ \text{kW}) \cdot 0{,}6 = 38{,}98\ \text{kW}$ beträgt. Das liegt immer noch leicht über dem Anschlusswert aus DIN 18 015 Teil 1 (s. Abschnitt 2.1.2.2, Tabelle 2.11), ist aber so sicherlich noch vertretbar, zumal hierbei mit den Sicherungsnennströmen gerechnet wurde.

Manchmal wird bei Planungsaufgaben auch ein etwas anderer Weg beschritten. Dabei wird für den Großteil der Leistung ein Gleichzeitigkeitsfaktor zwischen 0,3 und 0,4 gewählt, jedoch der Durchlauferhitzer wird mit seiner vollen Leistung berücksichtigt. Allerdings werden dann meistens nicht die Sicherungsnennströme, sondern die Mindestbelastungswerte aus DIN 18 015 Teil 1 benutzt. In diesem Beispiel führt das zu rund 38 kW: $\Sigma P = (\sqrt{3} \cdot 400\ \text{V} \cdot 16\ \text{A} + 4 \cdot 230\ \text{V} \cdot 16\ \text{A} + 6{,}1\ \text{kW} + 2{,}58\ \text{kW}) \cdot 0{,}4 + \sqrt{3} \cdot 400\ \text{V} \cdot 35\ \text{A} = 38{,}04\ \text{kW}$. Wie man sieht, ist der Unterschied nicht besonders groß, und letztlich geht es sowieso um die Stromwerte. Bei der exakten Berechnung des Stroms, der in der Zuleitung zum Stromkreisverteiler fließt, müssten die unterschiedlichen Leistungsfaktoren (bei Sinusgrößen entspricht der Leistungsfaktor $\cos\varphi_1$, s. Abschnitt 3.8.2) berücksichtigt werden. Da der Großteil der Leistung von Verbrauchern mit $\cos\varphi \approx 1$ ausgeht, soll hier ein mittlerer Leistungsfaktor von 0,9 gelten. Gl. 2.3 gibt hierfür die entsprechende Berechnung wieder.

$$\frac{38{,}98\ \text{kW}}{\sqrt{3} \cdot 400\ \text{V} \cdot 0{,}9} = 62{,}51\ \text{A} \qquad \text{(Gl. 2.3)}$$

Im industriellen Bereich liegen oft die genauen Verbraucherdaten vor, und es lässt sich dann mit Gl. 2.4 der gemeinsame Leistungsfaktor bestimmen.

$$\cos\varphi_{\text{ges}} = \frac{P_1 + P_2 + \ldots + P_n}{\sqrt{(P_1 + P_2 + \ldots + P_n)^2 + (Q_1 + Q_2 + \ldots + Q_n)^2}} \qquad \text{(Gl. 2.4)}$$

mit $n = 1, 2, 3, \ldots, \infty$

Liegen die Leistungsfaktoren nicht sehr weit auseinander (z.B. zwischen 0,7...0,9), dann kann nach Gl. 2.5 ein mittlerer $\cos\varphi_m$ berechnet werden.

$$\cos\varphi_m = \frac{P_1 \cdot \cos\varphi_1 + P_2 \cdot \cos\varphi_2 + \ldots + P_n \cdot \cos\varphi_n}{P_1 + P_2 + \ldots + P_n} \qquad \text{(Gl. 2.5)}$$

mit $n = 1, 2, 3, \ldots, \infty$

Für das verwendete Beispiel könnte man bei 62,51 A Betriebsstrom eine NH00 Sicherung mit 63 A Nennstrom und der Betriebsklasse gL bzw. gG einsetzen. Beachtet werden muss aber auch die Selektivität (s. Abschnitt 3.7), also die Sicherheit, dass im Fehlerfall nur das Überstromschutzorgan auslöst, das dem Fehlerstromkreis direkt vorgeschaltet ist. Nach den technischen Anschlussbestimmungen (TAB) sind hierbei zwar nur die unter Verplombung stehenden Schutzeinrichtungen zu berücksichtigen (Überstromschutzeinrichtungen des Hauptstromversorgungssystem), aber eine ordentliche Planung sollte die Selektivität möglichst überall garantieren. Als pauschale Angabe gilt für diesen Sachverhalt, dass der Nennstrom der Schmelzsicherung ungefähr das 3fache des Bemessungsstroms des Leitungsschutzschalters aufweisen muss. Im gewählten Beispiel würde das zu 80 A für die NH-Sicherung führen. Für genaue Aussagen geben die Hersteller sog. Selektivitätstabellen heraus. In diesen kann man dann, je nach Kurzschlussstrom, die entsprechende Sicherungsnennstromstärke bestimmen. Da der Kurzschlussstrom (s. Abschnitt 3.6.1) in einem Wohngebäude in der Regel 1 kA nicht übersteigt (meistens <600 A), kann für den 40-A-Automaten und der vorgeschalteten 63-A-NH-Sicherung, je nach Hersteller, noch Selektivität bestehen.

2.2.3.4 Rollladen- und Jalousieanschlüsse

DIN 18 015-2 macht hierzu keine konkreten Angaben, außer dem Hinweis auf die dazu zusätzlichen Anschlüsse und der Empfehlung zum Schalten solcher Auslässe drahtlose Fernbedienungen einzusetzen. In Wohnungen, die nur eine Mindestausstattung aufweisen, sind solche elektrischen Antriebe wohl auch seltener anzutreffen. Die Motoren haben meist weniger als eine 100-W-Anschlussleistung, so dass die Gesamtbelastung nur bei Gebäuden mit vielen Fenstern (z.B. große Bürogebäude) entsprechend ansteigen kann. In bestehenden Anlagen gibt es allerdings einen sehr großen Bedarf an Nachrüstung für solche Einrichtungen und im gehobenen Wohnungsbau sollte auf jeden Fall pro Fenster und Balkon- bzw. Terrassentür ein entsprechender Auslass vorgesehen werden.

Die Zuordnung solcher Auslässe zu Beleuchtungsstromkreisen, z.B. pro Raum, ist genauso möglich, wie das Vorsehen eines eigenen Stromkreises.

Sehr komfortabel lassen sich Rollladen- und Jalousieantriebe über ein Bussystem (s. Abschnitt 2.1.3.2) steuern. Hier gibt es licht-, witterungs- und zeitabhängige Steuerungsmöglichkeiten, die sehr kundengerecht und flexibel programmiert werden können. Natürlich lassen sich solche Aufgaben auch mit konventioneller Technik oder mit elektronischen Kleinsteuerungen (s. Abschnitt 2.1.3.1) lösen.

2.2.3.5 Stromkreise für Motoren nach DIN VDE 0113-1

Im gewerblichen Bereich muss für Maschinen die DIN VDE 0113-1 praktisch immer beachtet werden. In einem informativen Anhang dieser Norm werden typische Anwendungsfälle benannt, die unter den Anwendungsbereich dieser VDE-Bestimmung fallen. Im Wohnbereich kann man z.B. motorisch angetriebene Türen und Tore dazu zählen. Es würde den hier vorgegebenen Rahmen sprengen, auf alle Besonderheiten, die für Maschinenausrüstungen gelten, einzugehen. Deshalb werden nur einige davon erwähnt.

Ist die elektrische Ausrüstung der Öffentlichkeit zugänglich, dann müssen die Betriebsmittel eine Mindestschutzart von IP 4X oder IP XXD (s. Abschnitt 3.11) aufweisen. In der Regel ist für die Steuerspannung ein Transformator mit getrennten Wicklungen (z.B. Steuertrafo nach DIN VDE 0570 Teil 2-2) notwendig. Eine Ausnahme gilt für Maschinen mit z.B. 1 Schütz und max. 2 Steuergeräten (z.B. Taster und Endschalter). Bei der Dimensionierung der Kabel und Leitungen ist zu beachten, dass die normale Umgebungstemperatur mit 40 °C angenommen wird. Abweichungen hiervon sollten schriftlich vereinbart werden. Der Spannungsfall darf, gerechnet von der Netzanschlussstelle bis zum Verbraucher, 5 % nicht übersteigen. Es muss eine Netz-Trenneinrichtung (Hauptschalter) vorhanden sein. Dies kann, bei einem Bemessungsstrom bis 16 A und einer Gesamtleistung bis 3 kW, auch ein Stecker sein. Dass Motoren gegen Überlastung und Übertemperaturen geschützt werden, sollte selbstverständlich sein. Für die Planung von Anlagen mit Maschinen nach DIN VDE 0113-1 ist auch von Bedeutung, dass eine umfangreiche Dokumentation erfolgen muss.

Im Zusammenhang mit Tor- und Türsteuerungen sei noch der Hinweis auf die Arbeitsstättenverordnung und die Arbeitsstättenrichtlinien (s. Abschnitt 2.1.1.5) gestattet, wonach z.B. Verletzungsgefahren durch Quetschungen, mittels geeigneter Maßnahmen verhindert werden müssen. Elektrisch betriebene Tore im Wohnungsbereich, wie Garagentore und Eingangstore, haben meistens nur kleine Anschlussleistungen und benötigen von daher nicht unbedingt einen eigenen Stromkreis.

2.2.4 Antennen- und Breitbandkommunikationsanlagen

Im Bereich der Antennentechnik hat sich in den letzten Jahren die Satellitentechnik durchgesetzt. Es gibt am Markt eine breite Palette von Anlagensystemen, die sogar die Versorgung ganzer Stadtteile ermöglichen. Zu speziell und umfangreich ist diese Technik, als dass sie hier genauer beleuchtet werden könnte. Insofern geht es hier nicht um Kanalaufbereitung, Receivertechnik oder exakte Betrachtungen von interaktiven Multimediadiensten. Auch Betrachtungen der strukturierten Verkabelung, durch die es möglich wird, Computer- und Telefonnetzwerke, als auch Ton- und Fernsehsignale über z.B. Glasfaserkabel und/oder entsprechende Kupferkabel gemeinsam zu übertragen und über entsprechende Schnittstellen, die verschiedenen Systeme, auch zukünftige, daran anzubinden, können hier nicht besprochen werden. Es geht mehr um Fragen der elektrotechnischen Sicherheit, wie Erdung und Potenzialausgleich, die es im Rahmen der allgemeinen Planung der Elektroanlage zu berücksichtigen gilt.

Antennensteckdosen werden heute teilweise auch Multimediaanschlüsse genannt, da über sie nicht nur Ton- und Fernsehrundfunksignale übertragen werden, sondern auch Internet und ähnliche Dienste. Die Anzahl solcher Steckdosen richtet sich nach der Quadratmeterzahl einer Wohnung. Bis 50 m^2 mindestens 2, bis 75 m^2 mindestens 3, bis 125 m^2 mindestens 4 und über 125 m^2 Wohnfläche müssen mindestens 5 Antennensteckdosen installiert werden. Jeder dieser Antennensteckdosen muss nach DIN 18 015-2 eine 3-fach-Steckdose zugeordnet werden. Nach den Ausstattungsmerkmalen von HEA (s. Abschnitt 2.2.2.3 und Bild 2.7 in Abschnitt 2.2.2.4) sind im 3-Sterne-Bereich, je nach Wohnungsgröße, mindestens 6...8 solcher Anschlüsse vorhanden. Nach Ansicht der Verfasser ist in jedem Raum, außer in Abstellräumen, mindestens 1 solche Anschlussmöglichkeit vorzusehen. Dies ist mit der Zunahme der Anwendung von multimedialen Diensten zu begründen.

2.2.4.1 Außenantennen und Erdung unter Beachtung von DIN VDE 0855 Teil 1

Im § 61 der Musterbauordnung MBO (Fassung November 2002) werden Antennen, einschließlich der Masten bis zu 10 m Höhe, auf oder an einer bestehenden baulichen Anlage als «verfahrensfreie Bauvorhaben» eingestuft. Allerdings können die einzelnen Landesbauordnungen von den Vorgaben der MBO abweichen (s. Abschnitt 2.1.1.2). So enthält die Bauordnung für das Saarland (LBO) im § 93 «Örtliche Bauvorschriften» den Hinweis, dass die Gemeinden durch Satzung bestimmte Abweichungen/Ergänzungen zur LBO erlassen können. Dies betrifft z.B. auch Antennenanlagen. Hiernach dürfen die Gemeinden die Unzulässigkeit von mehr als einem Antennengerüst auf Gebäuden sowie die Unzulässigkeit von Außenantennen, soweit der Anschluss an eine Gemeinschaftsantenne möglich ist, erklären. Da sich diese Vorschriften ständig ändern können, bleibt dem Elektroplaner nichts anderes übrig, als die zuständigen Landesbauordnungen zu berücksichtigen und in Zweifelsfällen sich direkt an die entsprechende Behörde zu wenden.

Nach DIN 18 015 Teil 1 sind bei der Bestimmung des Standortes von Antennen mehrere Dinge zu beachten. Neben der optimalen Nutzfeldstärke, geringen Störeinflüssen und großem Abstand zu Störquellen (z.B. Aufzugsmaschinen), gilt es auch eine sichere Montage und einen leichten Zugang zu gewährleisten. Durch Antennen darf der Zugang zu Schornsteinen und Abluftgebläsen nicht behindert, und die Sicherheitsabstände zu Freileitungen (z.B. 1 m zum Niederspannungsnetz) müssen eingehalten werden. Zu beachten ist, dass die Montage in der Nähe eines Schornsteins, wegen der Rauchgase, zu erhöhter Korrosion führen kann.

Die DIN VDE 0855-1 beschäftigt sich mit Sicherheitsanforderungen der Kabelnetze von Fernseh- und Tonsignalen sowie interaktiven Diensten. Hiernach müssen Außenantennen, wozu auch Satellitenschüsseln zählen können, gegen atmosphärische Überspannungen und Spannungsunterschiede geschützt werden. Nicht zu den Außenantennen zählen, neben Zimmerantennen und unter dem Dach angebrachten Antennen, auch sog. Fensterantennen, wenn diese mehr als 2 m unter der Dachkante (z.B. Dachrinne) und weniger als 1,5 m von der Gebäudeaußenwand entfernt angebracht werden. Ist eine Blitzschutzanlage (s, Abschnitt 2.2.6.1) vorhanden, so muss der metallische Antennenmast einer Außenantenne auf kürzesten Wege mit dieser Anlage, über einen Erdungsleiter, verbunden werden. So steht es jedenfalls in der VDE 0855 Teil 1 vom März 1994. Auch im Teil 1/A1 von 1999 und dem Teil 1/A2 von 1998 der VDE 0855 werden keine anderen Aussagen hierzu gemacht. Allerdings sind die VDE-Vorschriften bezüglich des Blitzschutzes (VDE 0185 Teil 1 und Teil 2) zwischenzeitlich zurückgezogen worden. Die zur Zeit gültigen Vornormen (VDE V 0185 Teil 1 bis Teil 4) behandeln die direkte Verbindung des Antennenmastes mit der äußeren Blitzschutzanlage sehr differenziert. Dies hat damit zu tun, dass man im modernen Blitzschutz sich bemüht, möglichst keine Teile der äußeren Blitzschutzanlage durch die Außenhaut eines Gebäudes nach innen zu führen (Blitzschutzzonenkonzept; s. Abschnitt 2.2.6). So steht in DIN V VDE V 0185-3 vom November 2002 im Hauptabschnitt 4 unter 1.5.5: «... Der Antennenmast auf dem Dach einer baulichen Anlage sollte nur mit der Fangeinrichtung verbunden werden, wenn die Antennenanlage nicht im Schutzbereich einer Fangeinrichtung liegt. ...». Dies widerspricht in gewisser Weise der Forderung der VDE 0855 Teil 1, da hiernach, ohne wenn und aber, die direkte Verbindung zum äußeren Blitzschutz herzustellen ist. Aber die moderne elektrotechnische Gebäudeplanung ist eben sehr komplex und deshalb wird in DIN V VDE V 0185-3 auch darauf hingewiesen, dass es entsprechende Absprachen zwischen den Beteiligten (z.B. Architekt, Blitzschutzplaner und Installateur der Außenantenne) geben soll. Fest steht jedenfalls, solange die direkte Verbindung des Antennenmastes mit der äußeren Blitzschutzanlage in der gültigen VDE 0855 gefordert wird, sollte man sie im Zweifelsfall besser realisieren als sie wegzulassen (siehe hierzu auch [2.1]).

Wie wird nun die Erdung des metallenen Antennenmastes realisiert? Es muss ein Leiter den Mast auf möglichst kurzem, direkten Weg mit der Erdungsanlage/Blitzschutzanlage (siehe hierzu oberen Absatz) verbinden. Für diesen Erdungsleiter wird häufig 16 mm^2 Kupferkabel verwendet. Allerdings sollte darauf geachtet werden, dass ein massiver, also 1-drähtiger Leiter, zur Anwendung kommt. Nach VDE zulässig wäre auch ein isolierter 25 mm^2 Aluminiumleiter oder 50 mm^2 Stahl. Andere, unter bestimmten Vorraussetzungen auch einsetzbare leitfähige Teile, z.B. die Wasserleitung, sind bei einer Neuanlage nicht empfehlenswert und sollten deshalb heute nicht mehr verwendet werden.

Das Schirmgeflecht der Koaxialkabel muss über Potenzialausgleichsleiter, deren Querschnitt mindesten 4 mm^2 Cu beträgt, mit dem Potenzialausgleichssystem (i.d.R. dem Hauptpotenzialausgleich oder auch der Masterdung; siehe hierzu vorherigen Absatz) des Gebäudes verbunden werden. Bei einem Verstärker gilt dies für die Außenleiter der Ein- und Ausgangskoaxialleitungen.

Als Erder dient in der Regel der Fundamenterder. Alternativ kann auch ein Staberder mit mindestens 2,5 m Länge oder 2 horizontale Erder (Oberflächenerder) von jeweils 5 m Länge diese Aufgabe übernehmen. Der Mindestquerschnitt beträgt bei Kupfer 50 mm^2 und bei Stahl 80 mm^2, und der Abstand zum Gebäudefundament sollte mindestens 1 m betragen.

Dass eine Außenantenne mechanisch stabil zu befestigen ist, sollte selbstverständlich sein, und deshalb darf das Biegemoment an der Einspannstelle 1650 Nm nicht überschreiten. Bei freien Mastlängen bis 6 m muss der eingespannte Teil mindesten $^1/_6$ der gesamten Länge des Mastes entsprechen. Ist mit extremen Windlas-ten zu rechnen, z.B. auf einer Bergkuppe oder an der Küste, sollte bei der Planung ein Statiker hinzugezogen werden.

Die Richtlinien der Versicherer zur Schadenverhütung (z.B. VdS 2080; s. auch Abschnitt 2.1.1.6) müssen bei der Planung einer Antennenanlage ebenfalls beachtet werden. Hiernach ist, unter anderem, bei der Montage von parabolförmigen Antennen (Satelittenschüssel) darauf zu achten, dass durch die Bündelung der Sonnenstrahlung keine Brandgefahr entsteht.

2.2.4.2 Einspeisung über BK-Kabel und Potenzialausgleich

Kabelfernsehanlagen werden auch als BK-Anlagen bezeichnet. Diese Anlagen dienen zur Versorgung von Gemeinden mit Ton- und Fernsehrundfunksignalen sowie interaktiven Diensten. Die Planung einer solchen Anlage in einem Gebäude beginnt ab dem Hausübergabepunkt. In der Regel ist nach diesem Übergabepunkt ein Verstärker, für den ein eigener Stromkreis einzuplanen ist, notwendig. Um eine Gefahr durch Spannungsunterschiede durch das von außen in das Gebäude eingeführte Kabel zu vermeiden, müssen nach DIN VDE 0855 Teil 1 die Außenleiter der Koaxialkabel in den geerdeten Hauptpotenzialausgleich einbezogen werden. Diese Verbindung wird am Hausübergabepunkt mit einem Kupferleiter von mindestens 4 mm^2 Querschnitt hergestellt. Durch Ableit- und Ausgleichströme und Stromoberwellen (s. Abschnitt 3.8) schafft diese notwendige Verbindung teilweise auch Probleme. So kann es zu Funktionsstörungen (z.B. Brummgeräusche, Monitorflackern, Datenübertragungsfehlern und Funktionsstörungen von Meldeanlagen) kommen. Verschiedentlich treten auch Sicherheitsgefahren (thermische Überlastung von Leitern, Koaxialschirmen und internen Geräteverbindungen, kritische Berührungsspannungen bei offener Schleife des Koaxial-Signal-Kabelnetzes) auf. Der Elektroplaner ist gut beraten, sich mit dieser Thematik ausführlich zu beschäftigen, um schon im Vorfeld entsprechende Maßnahmen (z.B. TN-S-System schon ab Transformator, teilweiser Einsatz von Trenntransformatoren, vermaschtes Potenzialausgleichsytem, vermehrter Einsatz von Geräten der Schutzklasse II, Einsatz von koaxialen Trenngliedern usw.) einleiten zu können. Hilfreich ist dabei das Beiblatt 1 zur VDE 0855 Teil 1 vom Januar 2002. Dort ist in 2 Tabellen diese Problematik ausführlich aufgeführt, und es werden mögliche «Gegenmaßnahmen» beschrieben.

2.2.4.3 Verteilungsnetz

Das Verteilungsnetz von terrestrischen Antennen- und BK-Anlagen wird meistens in Stern- oder Baumstruktur aufgebaut. Bei «kleineren» Satellitenempfangsanlagen (ca. 100...120 Anschlüsse) wird fast ausschließlich das Sternnetz installiert. Hier wird mit Multischaltertechnik relativ kostengünstig die gesamte Programmpalette eines oder mehrerer Satelliten (z.B. Astra, Eutelsat und Türksat) von vielen Teilnehmern empfangen. Soll jedoch in einem Hochhaus mit über 100 Wohnungen (viele 100 Anschlüsse) der Sat-Empfang realisiert werden, dann wird auch hier meistens die Baumstruktur in Verbindung mit einer Kanalaufbereitungsanlage (Kopfstelle mit Kanalumsetzung/Kanalaufbereitung) eingesetzt. Die DIN 18 015-1 : 2002-09 gibt das Stern- bzw. ein sog. Etagensternnetz vor. Auch in den Wohnungen selbst empfiehlt die Norm die Sternstruktur, also nicht das Durchschleifen der Antennenleitung von Steckdose zu Steckdose. Der Grund liegt offensichtlich im vermehrten Einsatz der Multischaltertechnik. Dies betrifft keineswegs nur den Satellitenempfang, sondern den gesamten «Multimediabereich». Dies muss bei der Planung unbedingt beachtet werden, denn es ist damit zu rechnen, dass diese Technik immer mehr eingesetzt wird. Um die zukünftige Entwicklung nicht zu behindern, sollte also die Sternstruktur im gesamten Gebäude bevorzugt eingesetzt werden. Ein Beispiel soll dies verdeutlichen. In einem 10-Familien-Haus, das 1990 gebaut worden ist, wurde für das BK-Netz die Baumstruktur installiert. Dies war zum Zeitpunkt der Errichtung eine kostengünstige und übliche Installation. Die Eigentümerversammlung will jetzt die Umrüstung auf den digitalen Satellitenempfang, wodurch mehrere 100 frei empfangbare Fernseh- und Rundfunkprogramme möglich sind. Nach Rücksprache mit einer Fachfirma zeigt sich aber, dass bei der vorhandenen Verkabelungsstruktur nur durch eine teure Kanalaufbereitung (ca. 2000...6000 € und teilweise noch mehr) die Möglichkeit eines obendrein eingeschränkten Sat-Empfangs gegeben ist. Eingeschränkt deshalb, weil bei dieser Technik nicht alle möglichen Programme eingespeist werden können. Die Eigentümer müssen sich also einigen, welche Programme nutzbar gemacht werden sollen. Eine große Programmvielfalt schlägt sich in den Kosten deutlich nieder. Wäre 1990 die Sternstruktur zum Einsatz gekommen, dann wäre eine Umrüstung im Regelfall wesentlich kostengünstiger, und es könnte jeder Teilnehmer auf alle empfangbaren Programme zugreifen. Natürlich hat auch die Kanalaufbereitung ihre Vorteile, da man in der Regel keine Satellitenempfangsreceiver benötigt und der Errichter der Anlage diese so einstellen kann, dass sogar das Umprogrammieren der Fernsehgeräte teilweise entfällt. Ein vorhandenes Sternnetz verhindert jedoch nicht die Kanalaufbereitung einzusetzen, so dass sich also diese Netzstruktur immer empfiehlt.

Nach den Richtlinien des VdS (s. Abschnitt 2.1.1.6), dürfen Kabelverteilsysteme von Antennenanlagen nicht in Räumen, die der Lagerung von leichtentzündlichen Stoffen, z.B. Heu oder Stroh, dienen, installiert werden. Dasselbe gilt auch für explosionsgefährdete Bereiche. Elektrische Betriebsmittel sollten der Schutzklasse II (s. Abschnitt 3.11) angehören, und der Netzanschluss darf dabei nur 2-polig ausgeführt werden. Nach VdS 2080 wird nicht nur ein umfassender Potenzialausgleich, sondern auch der Einsatz von Überspannungsableitern (s. Abschnitt 2.2.6.2), die alle aktiven elektrischen Leiter schützen, gefordert.

Nach DIN 18 015 ist für Verstärker ein eigener Stromkreis notwendig, und der Anbringungsort für solche elektronischen Betriebsmittel sollte trocken, erschütterungsfrei und allgemein zugänglich sein. Auch gilt es die vorgegebenen Umgebungsbedingungen des Herstellers zu beachten. Um auch für die Zukunft eine sichere Signalversorgung zu garantieren, müssen die Leitungen auswechselbar verlegt (z. B. Rohrverlegung) und gegen Beschädigung geschützt sein. Auch bei Antennenleitungen muss die max. Umgebungstemperatur, z. B. wegen der Dämpfung, nach den Herstellerangaben beachtet werden. 2 zusätzliche Leerrohre (≥30 mm Innendurchmesser), zwischen Dach- und Kellergeschoss, sollen die Versorgung mit zukünftigen Multimediasignalen ermöglichen. Um die Wartung und Reparatur des Verteilungssystems zu gewährleisten, müssen die Verteiler- und Abzweigdosen in jederzeit allgemein zugängliche Räume, z. B. Treppenräume, untergebracht werden.

Das Schirmgeflecht der Koaxialkabel muss über Potenzialausgleichsleiter, deren Querschnitt mindesten 4 mm^2 Cu beträgt, mit dem geerdeten Hauptpotenzialausgleich verbunden werden. Bei einem Verstärker gilt dies für die Außenleiter der Koaxialleitungen des Ein- und Ausgangs.

2.2.5 Fernmelde-, Klingel- und Türsprechanlagen

Im Zusammenhang mit Computernetzwerken verlieren klassische, analoge Anlagen der Fernmeldetechnik immer mehr an Bedeutung, mit der Folge, dass auch im privaten Bereich verstärkt ISDN-Anlagen eingesetzt werden. Auch das Telefonieren über das Internet-Protokoll durch die DSL-Technik, kurz VoIP genannt (VoIP = Voice over IP; DSL = Digital Subscriber Line), wird in Zukunft deutlich attraktiver werden. Die Verknüpfung von Hausruf- und externen Kommunikationsanlagen entwickelt sich immer mehr zum Standard. Im Zusammenhang mit einer strukturierten Verkabelung, wird ein schneller, breitbandiger und zukunftssicherer Übertragungsweg für alle multimedialen Dienste, einschließlich der Kommunikationstechnik, möglich. Auch hier muss klargestellt werden, dass dieses Buch, dessen Schwerpunkt die Elektroinstallation darstellt, sich im Detail mit diesen Datenübertragungstechniken nicht beschäftigen kann. Hier werden eher Standardlösungen behandelt, die jedoch auch in den nächsten Jahren im Wohnungsbau noch als typisch angesehen werden können. Dabei muss betont werden, dass moderne Türsprechanlagen meistens schon die Option der Anbindung an die Fernmeldeanlage enthalten.

Nach DIN 18 015-2 muss für jede Wohnung eine Klingelanlage vorhanden sein. Ab einem 3-Familien-Haus ist zusätzlich noch eine Türsprech- und Türöffneranlage vorzusehen. Klingeltableaus müssen ausreichend beleuchtet sein, z. B. über eine Außenleuchte mit Bewegungsmelder.

2.2.5.1 Hausübergabepunkt

Die Einspeisung des Fernmeldesystems eines Gebäudes geschieht in der Regel unterirdisch über ein Kabel. Dieses sollte dabei möglichst in einem Hausanschlussraum oder zu einer Hausanschlusswand bzw. Hausanschlussnische eingeführt werden. Bei einer oberirdischen Einführung darf die entsprechende Endeinrichtung (z.B. Abschlusspunkt der Deutschen Telekom AG) auch außen an der Fassade befestigt werden. Im Gebäude wird dieser Anschlusspunkt i.d.R. ungefähr 1,6 m über dem Fußboden befestigt werden. Soll dort auch eine Hausverteileranlage angebracht werden, wird meistens ein Stromanschluss (z.B. Schukosteckdose) benötigt. Zwar gibt es keine direkte Forderung hierfür einen eigenen Stromkreis vorzusehen, es scheint aber trotzdem sinnvoll, und bei einer größeren Telefonanlage ist es absolut notwendig. Falls die Gebäudekommunikationsanlage (Klingel-, Türsprech- und Hauskommunikationsanlage) mit der Fernmeldeanlage kombiniert werden soll, macht es Sinn, diese ebenfalls am selben Ort wie die Anschlusseinrichtung für das externe Telefon zu platzieren. Hierzu wird auf jeden Fall ein Stromanschluss benötigt.

2.2.5.2 Verteilungsnetz

Für die Rohrnetze von Kommunikationsleitungen in Gebäuden sollten die technischen Regeln der Deutschen Telekom AG, und hier besonders «FTZ 731 TR 1», und DIN 18 015-1 : 2002-09, berücksichtigt werden. Leitungen müssen demnach auswechselbar installiert sein. Zu diesem Zweck sind bei unterirdischer Einführung, Rohre vom Kellergeschoss bis zum letzten zu versorgendem Geschoss einzuplanen. Diese Installationsrohre sollten DIN VDE 0605 entsprechen. Falls die Einspeisung über einen Dachraum erfolgt, müssen 2 Rohre nach DIN 18 015 bis in den Keller geführt werden. Bei mehrgeschossigen Gebäuden muss in jedem Geschoss ein Zugriff auf dieses Rohrsystem, z.B. über eine Verteilerdose, bestehen. Gibt es im Gebäude nur maximal 8 Wohnungen, so können die Rohre auch ohne Verteiler direkt in die einzelnen Wohnungen geführt werden (nach DIN 18 015 nur bei sternförmiger Installation), vorausgesetzt die Maximallänge beträgt nur 15 m, und es gibt im Verlauf des Rohres nicht mehr als 2 Bögen. Nach FTZ 731 müssen die Steigrohre von Geschoss zu Geschoss einen Innendurchmesser von mindestens 29 mm, nach DIN 18 015 mindestens 30 mm besitzen. (Da seit Dezember 2001 für Installationsrohre in Deutschland die DIN EN 50 086 gilt, gibt es nur noch 7 Nennweiten, und diese beziehen sich auf den Außendurchmesser in mm. Die neuen Typenangaben sind: 16, 20, 25, 32, 40, 50 und 63. Dies gilt es bei der Planung zu berücksichtigen.) Für die Abzweigrohre in den Geschossen muss dieser Durchmesser mindestens 23 mm betragen. Grundsätzlich muss das Rohrsystem in allgemein zugänglichen Räumen, wie z.B. Treppenfluren, installiert werden. Dabei gilt es wiederum die bauordnungsrechtlichen Bestimmungen (s. Abschnitt 2.1.1.2) der Bundesländer, besonders hinsichtlich des vorbeugenden Brandschutzes, zu beachten.

Ist aus konstruktiven Gründen, z.B. in einem Fertighaus, die Verlegung von Rohren nicht möglich, so können in Gebäuden bis zu 2 Wohnungen und in den Wohnungen selbst, die Fernmeldeleitungen direkt in oder unter Putz verlegt werden. Dies sollte aber immer die Ausnahme darstellen. Ab einem 2-Familien-Haus muss nach DIN 18 015, auch wenn zuerst keine Fernmeldeanschlüsse vorgesehen sind, bis in jede Wohnung ein Leerrohr gelegt werden.

Für die verdeckte Rohr- und Leitungsverlegung gelten die Installationszonen nach DIN 18 015-3 (s. Abschnitt 2.1.2.5). Im gewerblichen Bereich und in Verwaltungen, ist ein Unterflur-, Wand- oder Deckeninstallationssystem zu bevorzugen, da hiermit eine größere Flexibilität erreicht wird.

Für die Telekommunikationsanlage (Fernsprechanlage) macht die DIN 18 015-2 : 2004-08 deutlich mehr Vorgaben als die Vorgängernorm. So müssen von dem in einem allgemein zugänglichen Raum installierten Anschlusspunkt (APL) des Gebäudes zu jedem Telekommunikationsanschlusspunkt mindestens 2 Doppeladern in einem Leerrohr geführt werden. Zu jeder weiteren TAE (Telekommunikationsanschlusseinheit) sind mindestens 4 Doppeladern im Leerrohr zu installieren. Jeder TAE ist eine Steckdose für Starkstrom zuzuordnen. TAE-Dosen und Antennensteckdosen sollen benachbart angeordnet werden. Nach DIN 18 015-2 ist die Anzahl der TAE von der Wohnfläche abhängig. Bis 50 m^2 mindestens 1 TAE, bis 75 m^2 mindestens 2 TAE, bis 125 m^2 sind 3 TAE und bei über 125 m^2 Wohnfläche mindestens 4 TAE vorzusehen. In der gehobenen Ausstattung nach HEA (s. Abschnitt 2.2.2.3, Bild 2.7) sind, je nach Wohnfläche und Anzahl der Räume, sogar mindestens 5 bzw. 6 Fernmeldesteckdosen notwendig. Der Grundsatz sollte hier immer lauten: «Es kann nie zu viel, sondern nur zu wenig Anschlusseinrichtungen geben». Soll eine moderne, kombinierte Fernmelde-, Türsprech- und Hauskommunikationsanlage verwendet werden, ist es sinnvoll, eine entsprechende Anschlussdose in jedem Raum und Flur, außer z.B. einem Abstellraum, vorzusehen. Natürlich bietet sich hierbei auch der Einsatz einer drahtlosen Anlage an. Dadurch wird der Verkabelungsaufwand deutlich reduziert, man ist dann aber immer an solche Übertragungswege gebunden. Deshalb sollte, zumindest im gehobenen Wohnbereich, ein Leerrohrsystem, das für jeden Raum einen Auslass vorsieht, installiert werden.

Innerhalb einer Wohnung oder eines Büros empfiehlt sich ein sternförmiger Aufbau der Netze. Die gemeinsame Verlegung in Schächten, Kanälen und Rohren von Starkstromleitungen und Leitungen der Kommunikationstechnik ist nach DIN VDE 0800 bei Mantelleitungen zwar nicht ausgeschlossen, kann aber bei ungeschirmten Leitungen zu Störungen führen. Hier hilft dann meistens nur das Einhalten von Abständen, z.B. durch getrennte Verlegesysteme oder teilweise auch durch den Einsatz von Trennstegen bei Kanälen. Fernmeldesteckdose und Schukosteckdose dürfen sich unter einer gemeinsamen Abdeckung (Unterputzkombination) befinden, vorausgesetzt durch das Entfernen der Abdeckung der Fernmeldedose ist ein direktes Berühren der Starkstromteile nach wie vor ausgeschlossen. Dies lässt sich z.B. durch Montieren von berührungssicheren Steckdosen, das sind meistens die schraubenlosen Ausführungen, realisieren.

Für Klingel- und Türsprechanlagen ist heute der Einsatz von Bussystemen (z. B. 2-Draht-Bus) interessant. Mit solchen Systemen lässt sich teilweise die gesamte Gebäudekommunikation, also Klingel-, Türöffner-, Türsprech- und Hauskommunikationsanlage, inklusive der Anbindung an eine Fernmeldeanlage, realisieren. Dabei werden sogar Videosignale mitübertragen, so dass von der Tür zur Hausstelle entsprechende Bilder übermittelt werden können. Selbst Steuersignale für das Licht sind hierbei noch möglich. Der Vorteil dieser Bussysteme des Kommunikationsbereiches liegt nicht nur am geringeren Verkabelungsaufwand, sondern auch in der Möglichkeit begründet, durch einfache Umprogrammierung entsprechende Anpassungen an die Kundenbedürfnisse vornehmen zu können.

2.2.5.3 Gefahrenmeldeanlagen

Nach DIN VDE 0833 gibt es Gefahrenmeldeanlagen für Brand, Einbruch und Überfall. Hiernach zählen Gefahrenmeldeanlagen (GMA) zu den Fernmeldeanlagen, und es werden 2 Klassen von GMA unterschieden. Dabei erfasst die Klasse 1 nur Störungen und Eingriffe, die sich wie betriebliche Störungen auswirken. Die Klasse 2 führt darüber hinaus zu einer Meldung, wenn Eingriffe stattfinden, die eine Meldung verhindern sollen. Die Signale einer Gefahrenmeldeanlage können als örtliche, z. B. optische und/oder akustische Meldung, oder auch als Fernmeldung, ein sog. stiller Alarm, erfolgen. Dabei können unterschiedliche Übertragungsmedien, unter anderem auch der Fernmeldeanschluss, eingesetzt werden. Neben diesen VDE-Bestimmungen sind besonders die Auflagen, die sich durch die Richtlinien des VdS (s. Abschnitt 2.1.1.6) ergeben, zu beachten. Zu erwähnen wäre hier z. B. VdS 2095 «Brandmeldeanlagen», oder auch VdS 2465 «Übertragungsprotokoll für Gefahrenmeldeanlagen».

Für Gefahrenmeldeanlagen gibt es oft spezielle, technische Anforderungen. So müssen teilweise überwachte Stromkreise und auch eine unabhängige Stromversorgung, z. B. über Akkumulatoren, vorhanden sein. Es gibt sowohl drahtgebundene als auch drahtlose Anlagen, für die wiederum jeweils besondere Sachverhalte eingehalten werden müssen. Tatsache ist jedenfalls, dass auch im privaten Wohnbereich, vor allem bei freistehenden 1-Familien Häusern, ein verstärkter Bedarf nach solchen Anlagen besteht. Auch hier muss wieder betont werden, dass hier solche speziellen Systeme nicht besprochen werden können, da dies den Rahmen der normalen Elektroinstallation übersteigt. Hinzu kommt, dass hier meistens nur Firmen zum Zuge kommen, die vom VdS auch zugelassen sind. Jedoch muss der Elektroplaner in der Regel vom Einsatz solcher Systeme unterrichtet sein, denn im Zusammenhang mit der Stromversorgung müssen entsprechende Abstimmungen stattfinden

2.2.6 Blitzschutz

Wohl kaum ein anderes Thema als der Blitzschutz, und hier vor allem der äußere Blitzschutz (s. Abschnitt 2.2.6.1), wird in Fachkreisen so strittig diskutiert. Immer wieder kann man die Meinung hören, dass es keinen wirklichen Schutz gegen den direkten Blitzeinschlag gibt, und diese Ansicht ist ja auch nicht völlig falsch. Einen absolut sicheren Schutz gibt es bis heute noch nicht! Aber die Blitzfolgeschäden lassen sich doch erheblich begrenzen, wenn eine ordnungsgemäße Blitzschutzanlage vorhanden ist, und diese besteht immer aus äußerem und innerem Blitzschutz (s. Abschnitt 2.2.6.2). Leider halten sich aber auch hartnäckig Gerüchte, erst die vorhandene Fangeinrichtung der äußeren Blitzschutzanlage habe zum Blitzeinschlag geführt. Und auch hier muss man zugeben, dass dies durchaus möglich ist, denn natürlich ist es die Aufgabe einer entsprechenden Einrichtung, den Blitz «einzufangen». Aber hier endet ja schließlich nicht die Funktion einer Blitzschutzanlage, sondern die gezielte und sichere Ableitung des Blitzstroms gegen Erde, mit möglichst keinen oder doch nur geringen Schäden für Menschen, Tiere und Sachwerte, ist Ziel und Aufgabe des Blitzschutzes. Und wer kann denn beweisen, dass der Blitz ohne Fangeinrichtung nicht doch, und zwar dann mit Sicherheit auch größere Schäden hinterlassend, in ein Gebäude eingeschlagen wäre. Wonach soll man sich also richten?

Nun, da gibt es zum einen die Bauordnungen der Länder (s. Abschnitt 2.1.1.2) und zum anderen die entsprechenden DIN-VDE-Bestimmungen, in denen entsprechende Forderungen bzw. Vorgaben gemacht werden. Tatsache ist aber auch, dass die Versicherungsbranche einen Anhaltspunkt für das richtige Verhalten geben kann, denn dass diese Gesellschaften daran interessiert sind, ihre Ausgaben für entsprechende Schadensfälle klein zu halten, dürfte nicht nur jedem bekannt sein, sondern entspricht auch einem wirtschaftlich sinnvollen Handeln. Und hier sprechen die Zahlen eine eindeutige Sprache, sodass die Schaden- und Feuerversicherer für bestimmte Gebäude immer einen Blitzschutz fordern. In diesem Zusammenhang hat in den letzten Jahren die Forderung nach einem Überspannungsschutz der elektrischen Anlage und Betriebsmittel deutlich zugenommen, da durch den verstärkten Einsatz der Elektronik die Blitzfolgeschäden in diesem Bereich stark zugenommen haben.

Betrachtet man die geschichtliche Entwicklung der Normung des Blitzschutzes, so kann festgestellt werden, dass es in den letzten 30 Jahren gelungen ist, entsprechend technisch ausgereifte und geprüfte Produkte zu standardisieren. In der internationalen Normung wird ein Blitzschutzsystem mit LPS (Lightning Protection System) abgekürzt. Es enthält sowohl die Fang- und Ableitungseinrichtung, als auch die Erdungsanlage und den Blitzschutz-Potenzialausgleich. Nach einem modernen Blitzschutzzonenkonzept (s. Bild 2.8), das sich an das schon seit längerem im Bereich der elektromagnetischen Verträglichkeit (EMV) verwendete Schutzzonenkonzept anlehnt, werden unterschiedliche Gefährdungsbereiche bestimmt.

In VDE V 0185 Teil 2, einer Vornorm, wird für die Planung einer Blitzschutzanlage eine Risikoabschätzung (Risikomanagement) verlangt. Danach müssen

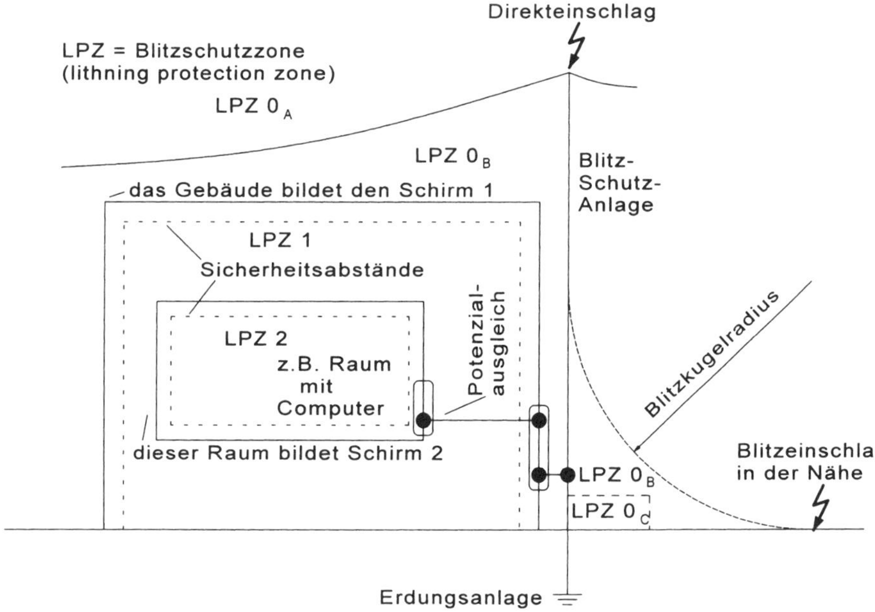

Bild 2.8 Blitzschutzzonenkonzept

dann die Schutzklassen (s. Tabelle 2.26), deren Schutzwirkung von Schutzklasse I zu Schutzklasse IV abnehmen, bestimmt werden.

Die Einordnung hängt von vielen Faktoren ab, und es muss betont werden, dass für die Planung eines solchen Systems, vor allem bei komplexen Anlagen Erfahrung absolut notwendig ist. Allerdings gibt es hier mittlerweile auch Computerprogramme, mit deren Hilfe die verschiedenen Faktoren, die für eine solche Planung notwendig sind, bestimmt werden können. Zu beachten ist, dass die Einhaltung einer Vornorm der besonderen vertraglichen Vereinbarung bedarf. In diesem Buch orientiert sich die Planung in erster Linie an gültigen Normen. Für den Blitzschutz gibt es aber zur Zeit keine gültigen Normen. In DIN V VDE V 0185-1 vom November 2002 steht auf der Seite 2 oben hierzu: «Für den allgemeinen Blitzschutz galten bisher die Normen DIN 57 185-1 (VDE 0185 Teil 1): 1982-11 und DIN 57 185-2 (VDE 0185 Teil 2): 1982-11, für den Schutz gegen elektro-

Schutzklasse	Blitzstromamplitude (kA)	Wirksamkeit (%)
I	200	98
II	150	95
III	100	90
IV	100	80

Tabelle 2.26 Schutzklassen eines Blitzschutzsystems in Anlehnung an die ältere DIN V ENV 61 024-1 (VDE V 0185 Teil 100) vom August 1996

magnetischen Blitzimpuls bisher nur DIN VDE 0185-103 (VDE 0185 Teil 103): 1997-09. Obwohl diese Normen technisch überholt und unvollständig sind und zahlreiche neue Entwürfe veröffentlicht wurden, gelang es bisher nicht, sie durch neue Normen zu ersetzen. IEC/TC81 hat im September 2000 beschlossen, alle Blitzschutznormen neu zu ordnen. Das hatte zur Folge, dass alle in Überarbeitung befindlichen Normen, die teilweise bereits kurz vor der Veröffentlichung standen, auf den Stand von ersten Entwürfen zurückgestuft werden mussten. Es wird deshalb mehrere Jahre dauern, bis die überarbeiteten Normen in der neuen Reihe IEC 62 305 veröffentlicht werden können. Um die Arbeiten bei IEC zu unterstützen, wurde im K 251 beschlossen, für den Blitzschutz eine Reihe von Vornormen zu veröffentlichen, die den aktuellen Stand der Technik dokumentieren und bereits nach der künftigen Struktur der Reihe IEC 62 305 gegliedert sind. Gleichzeitig werden alle bisherigen Normen und Entwürfe zum Blitzschutz zurückgezogen, wodurch nur noch die neuen Vornormen den Stand der Technik wiedergeben.» Von daher bleibt dem Elektroplaner nichts anders übrig, als sich an die Vornormen zu halten, denn nur so befindet er sich technisch und rechtlich auf der sicheren Seite. Folgenschwere Blitzschäden, bei vorhandenem, aber falsch geplanten und/oder ausgeführtem Blitzschutz könnten, bei Nichtbeachtung der aktuellen Normenlage, eintreten.

Bleibt jetzt nur noch die Klärung der Frage, für welches Gebäude eine Blitzschutzanlage gefordert wird. Nach § 46 «Blitzschutzanlagen» der Musterbauordnung aus dem Jahre 2002 müssen bauliche Anlagen, bei denen nach der Lage, Bauart oder Nutzung Blitzeinschlag leicht eintreten oder zu schweren Folgen führen kann, mit einer dauernd wirksamen Blitzschutzanlage versehen werden. Die einzelnen Landesbauordnungen enthalten diese Aussage teilweise in einem Paragrafen zum Brandschutz, da in der älteren Musterbauordnung der Blitzschutz im § 17 «Brandschutz» gefordert wurde. Unabhängig davon, wo dies nun in der jeweiligen Landesbauordnung steht, bedeutet das, dass hohe und/oder großflächige Gebäude, sowie alleinstehende bauliche Anlagen auf einem Berg auf jeden Fall mit einer entsprechenden Blitzschutzanlage ausgestattet werden müssen. Die Energieversorger besitzen Karten, auf denen die Gebiete mit einer hohen Einschlagsdichte leicht ersichtlich sind, so dass auch daraus entsprechende Schlussfolgerungen gezogen werden können. In DIN V VDE V 0185-2 vom November 2002 gibt es Tabellen bezüglich der Erdblitzdichten/km^2 in Deutschland, die auch zu einer Abschätzung herangezogen werden können. Nicht zuletzt gibt es das Internet, in dem es zahlreiche Links mit entsprechenden Diensten zu diesem Thema gibt (z.B. BLIDS – der Blitz-Informations-Dienst von Siemens unter http://www.blids.de). Zu den Anlagen, bei denen mit schweren Folgen gerechnet werden muss, zählen auch Gebäude mit teuren Computer- und Kommunikationsnetzen, wie bei großen Banken oder Sparkassen.

Für die Planung von Blitzschutzanlagen sind neben den VDE-Bestimmungen auch DIN 48 803, DIN 48 830 und im Zusammenhang mit der VOB (s. Abschnitt 2.1.1.4) noch DIN 18 384 zu berücksichtigen.

2.2.6.1 Äußerer Blitzschutz

Die Aufgabe des äußeren Blitzschutzes ist es, die Gebäudesubstanz einer baulichen Anlage bei einem direkten Blitzeinschlag dadurch zu schützen, dass der Blitzstrom gegen Erde abgeleitet wird. Dabei soll es zu keinen Schäden durch thermische, mechanische oder elektrische Wirkungen kommen. Des weiteren sollen auch Überschläge und gefährliche Berührungs- und Schrittspannungen im Gebäude möglichst verhindert werden.

Das Grundprinzip der äußere Blitzschutzanlage ist eine Art Faraday-Käfig, also eine Schirmung, mit der das Gebäude «überzogen» wird. Bei einem engmaschigen Aufbau entsteht in dessen Inneren ein fast feldfreier Raum. Bei einem Gebäude lässt sich allerdings nur eine weitmaschige Struktur aufbauen, wodurch ein Teil der Feldlinien auch nach innen gelangen kann. Durch die dadurch bei einem Direkteinschlag entstehende Induktion, kann es zu Überspannungen kommen. Neben der richtigen Anzahl und Größe dieser Maschen, spielt die Zahl und Anordnung der Fangeinrichtungen und der notwendigen Ableitungen eine entscheidende Rolle, und nicht zuletzt muss eine Erdungsanlage vorhanden sein. Diese Aufgabe übernimmt meistens ein Fundamenterder (s. Abschnitt 2.2.1.2). Dazu ist es aber notwendig, dass ausreichend Anschlussfahnen vorhanden sind, denn nur so kann eine richtige Anbindung der Ableitungen an den Erder erfolgen. Natürlich muss dabei auf die notwendigen Trennstellen zum Messen geachtet werden.

Die Planungsunterlagen einer Blitzschutzanlage müssen nach DIN V VDE V 0185-3: 2002-11 Zeichnungen und Beschreibungen enthalten, aus denen die wesentlichen Bestandteile der Blitzschutzanlage hervorgehen. Für die Ausführungszeichnung sollte man sich der Symbole der Tabelle F.1 aus DIN V VDE V 0185-1 bedienen. Dabei ist eine farbige Zeichnung zu bevorzugen. Die Farbe Schwarz gilt für Gebäuderisslinien (z.B. Giebel-, First- und Traufenkanten, Schornsteine und alle Aufbauten, die nicht aus Metall sind). Grün wird für Bauwerksteile aus Blech verwendet (z.B. Blechabdeckungen, Regenrinnen, Fallrohre, Entlüftungsrohre). Der äußere Blitzschutz wird in Rot dargestellt. Für den inneren Blitzschutz sowie Stahlkonstruktionen, Rohrleitungen, Stahlarmierung, Elektroleitungen und Gleisanlagen ist in der Norm die Farbe Blau vorgesehen. Die Planung einer Blitzschutzanlage muss mit der Planung und der Entwicklung des Gebäudes abgestimmt sein. Das betrifft vor allem metallische Teile der baulichen Anlage, da diese eventuell als Bestandteile der Blitzschutzanlage einbezogen werden können. In Abhängigkeit der Schutzklasse (s. Tabelle 2.26) müssen z.B. Blitzkennwerte (Scheitelwerte, spezifische Energie, Impulsladung, Zeitparameter), Trennungsabstände bezüglich der Funkenbildung oder auch die Mindestlänge der Erdungsleiter bestimmt werden. Auch das Verfahren zur Auslegung der Blitzschutzanlage muss bestimmt werden. In Anwendung kommen das Schutzwinkel, Blitzkugel- und das Maschenverfahren (s. Bild 2.9).

Die Wahl des Planungsverfahrens einer Anlage steht dem Prinzip nach dem Blitzschutz-Planer frei. Das Schutzwinkelverfahren ist aber eher geeignet für einzeln stehende bauliche Anlagen oder kleinere Einrichtungen, die die Dachfläche

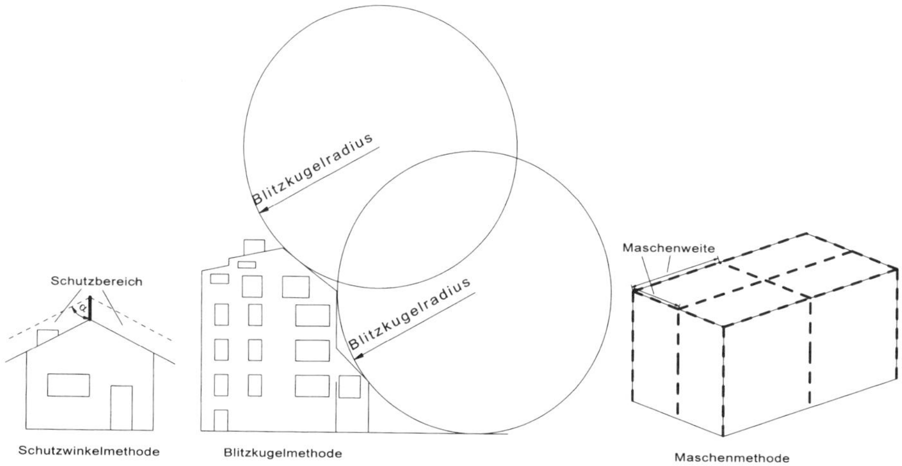

Bild 2.9 Die 3 Blitzschutzplanungsverfahren

überragen (z.B. Schornsteine). Dieses Verfahren ist nicht geeignet für bauliche Anlagen, die höher sind als der Radius der Blitzkugel, der bei einer entsprechenden Schutzklasse nach dem Blitzkugelverfahren zu wählen ist. Das Blitzkugelverfahren ist das modernste und ist geeignet für bauliche Anlagen mit komplexen Strukturen. Das Maschenverfahren ist für allgemeine Zwecke und besonders für den Schutz ebener Flächen (z.B. große Flachdächer) geeignet.

Das einzusetzende Material und die entsprechenden Betriebsmittel sollten geprüft sein und von anerkannten Herstellern stammen.

Schornsteine, Firste, Antennen und sonstige herausragende Dachaufbauten sind bevorzugte Einschlagstellen des Blitzes. Falls diese nicht im Schutzbereich von Fangstangen liegen, müssen sie mit Fangeinrichtungen versehen werden. Bei Dachaufbauten mit elektrisch leitenden Teilen, die ins Innere des Gebäudes führen, muss darauf geachtet werden, dass hierbei Teilblitzströme in den zu schützenden Bereich eingeführt werden, wenn solche Teile direkt mit Fangeinrichtungen verbunden sind. Dies trifft z.B. auf metallische Schornsteine zu. Deshalb sollte man versuchen, zumindest bei großflächigen Flachdächern, die mit solchen Dachaufbauten bestückt sind, mit gespannten Fangleitungen auf Isolierstützen oder teilisolierten Fangstangen zu arbeiten. Diese müssen den Trennungsabstand s gegen die zu schützenden Einrichtungen einhalten. Dieser Trennungsabstand ist nach DIN V VDE V 0185-3 der «Abstand, der zur Vermeidung gefährlicher Funkenbildung gegen Teile des äußeren Blitzschutzes eingehalten werden muss».

Normalerweise kann der äußere Blitzschutz am Gebäude direkt befestigt werden. Ausnahmen hierbei sind z.B. Anlagen mit brennbarer Dachbedeckung oder mit brennbarer Wandbekleidung und Anlagen mit Explosionsgefahr.

Metallische Fassaden mit ausreichendem Querschnitt oder auch das Stahlskelett eines Gebäudes sollten als Teil der Blitzschutzanlage genutzt werden. Dies trifft z.B. auch auf die Stahlbewehrung in einer baulichen Anlage aus Beton zu, wenn wesentliche Teile der Verbindungen von senkrechten und waagerechten Stäben verschweißt oder anderweitig sicher und elektrisch leitend verbunden sind.

Die Ableitungen sollen eine kurze Verbindung der Fangeinrichtung mit der Erdungsanlage gewährleisten sowie gerade und senkrecht verlegt werden. Mehrere parallele Strompfade sind anzustreben. Gerade hier zeigt es sich, dass der Architekt und Bauingenieur schon bei der Planung einer Anlage großen Einfluss auf die Wirksamkeit der Blitzschutzanlage hat. Denn hierbei sind richtig eingebrachte Stahlträger, Stahlarmierungen und entsprechende Metallfassaden extrem hilfreich.

Bei den Ableitungen müssen eventuell Verbindungen zu leitfähigen Teilen der baulichen Anlage realisiert werden. Dies muss z.B. bei Kreuzungen der Ableitung mit metallischen Regenrinnen geschehen. Im Regelfall muss an jedem Anschluss einer Ableitung an die Erdungsanlage eine Messstelle angebracht sein.

Da bei einem Direkteinschlag in die Blitzschutzanlage eventuell gefährliche Berührungs- und Schrittspannungen außerhalb des Gebäudes in der Nähe der Ableitungen auftreten können, gilt es diese Gefährdungen bei der Planung zu berücksichtigen. DIN V VDE V 0185-3 benennt hierzu mehrere Möglichkeiten, um eine mögliche Lebensgefahr zu verringern. Eine technische Realisierung gegen gefährliche Berührungsspannungen ist dabei eine spezielle, hochwertige Isolation der Ableitung. Diese muss einer Stehstoßspannung von 100 kV 1,2/50 ms standhalten, also z.B. aus mindestens 3 mm dickem, vernetztem Polyethylen bestehen. Eine weitere Maßnahme ist eine mögliche Erhöhung des spezifischen Widerstandes der Oberflächenschicht der Erde im Abstand bis zu 3 m um die Ableitung. Beträgt dieser mindestens 5 kΩ × m, dann ist weder eine gefährliche Berührungs- noch eine lebensgefährliche Schrittspannung zu erwarten. Nach der Vornorm reicht zur Realisierung dieses Widerstandes Asphalt mit 5 cm Dicke. Sind keine der in DIN V VDE V 0185-3 aufgeführten Schutzmöglichkeiten gegeben, so sind eventuell Verbotsschilder oder sogar Absperrungen anzubringen.

In den meisten Fällen ist die Erdungsanlage, mit der die Ableitungen verbunden werden müssen, der Fundamenterder. Dies ist aus Sicht des Blitzschutzes sehr günstig, da hierdurch eine Erdungsanlage zur Verfügung steht, an die alle anderen technischen Einrichtungen, z.B. die Niederspannungsanlage, angeschlossen sind. Auch wird dadurch die Blitzschutzanlage teilweise schon in einen Potenzialausgleich, nämlich den Hauptpotenzialausgleich, einbezogen. Wurde in älteren VDE-Bestimmungen für die Höhe des Ausbreitungswiderstandes der Erdungsanlage kein Richtwert benannt, so wird in den jetzigen Vornormen hier ein Maximalwert von <10 Ω empfohlen. Nach DIN V VDE V 0185-3 gibt es eine Einteilung der Erdungsanlage nach der Art der Erderanordnung. Ein Fundamenterder gehört hiernach zum Typ B, während ein Tiefenerder zum Typ A gerechnet wird. Bei einem Tiefenerder wird, wie in den Vorgängernormen auch, eine Erderlänge von mindestens 9 m als vorteilhaft angesehen.

Falls kein Fundamenterder zur Verfügung steht, bzw. keine ausreichenden Anschlussfahnen vorhanden sind, kann z.B. ein Ringerder (Erder Typ B) mit einer Mindesttiefe von 0,5 m, in der Regel als geschlossener Ring und mit einem Abstand von ca. 1 m um das Außenfundament des Gebäudes verlegt werden.

Nun sei noch eine Bemerkung zu den Kosten des äußeren Blitzschutzes gestattet. Da bei einem Neubau ein Fundamenterder, unabhängig vom Blitzschutz, vorhanden sein muss, betragen die Mehrkosten ca. 100 € pro Anschlussfahne. Für ein normales 1-Familien-Haus ergibt sich für die gesamte äußere Anlage eine Preisspanne von ca. 1000...2000 €. Dies ist teilweise weniger als 1 % der Bausumme, und das sollte einem der Schutz der Gebäudesubstanz und der darin lebenden Menschen wert sein.

2.2.6.2 Innerer Blitzschutz

Gleich vorweg eine Bemerkung: Es ist völlig falsch zu glauben, dass ein innerer Blitzschutz nur dann notwendig wird, wenn es auch eine äußere Blitzschutzanlage gibt. Schließlich können Blitzströme über andere Systeme, z.B. den elektrischen Hausanschluss, in ein Gebäude eingebracht werden und dadurch erhebliche Schäden verursachen. Auf diese Tatsache wird ausdrücklich in DIN V VDE V 0185-3 hingewiesen.

Alle Maßnahmen zum Schutz der metallenen Installationen, einschließlich der Elektroinstallation einer baulichen Anlage gegen die negativen Auswirkungen durch elektromagnetische Felder des Blitzstroms, werden als innerer Blitzschutz bezeichnet. Dabei geht es auch und gerade um das Verhindern von gefährlicher Funkenbildung.

Kann der innere Blitzschutz nicht durch eine entsprechende Isolierung, also im Regelfall durch einen Trennungsabstand *s*, zwischen Teilen des äußeren Blitzschutzes und z.B. metallischen Installationen, realisiert werden, so spielt der Blitzschutzpotenzialausgleich eine zentrale Rolle. Durch diesen Potenzialausgleich werden metallene Installationen, wie z.B. die Heizungs-, Wasser-, Feuerlösch- und Gasleitungen, Aufzugführungsschienen, Sprinkleranlagen, Kanäle der Klima- und Lüftungsanlage usw., miteinander verbunden. Einbezogen wird auch der Schutzleiter der Anlage. Die Verbindungen werden i.d.R. über Potenzialausgleichsleiter an Potenzialausgleichschienen hergestellt, und meistens geschieht dies an der Schiene für den Hauptpotenzialausgleich (s. Abschnitt 3.4). Aus Tabelle 2.27 können die Querschnitte für geeignete Leiter entnommen werden. Ist eine direkte Verbindung nicht möglich, so wird die Einbeziehung in den Blitzschutzpotenzialausgleich durch Überspannungsschutzableiter der Kategorie I hergestellt. Dies betrifft z.B. aktive Teile der elektrischen Energieeinspeisung, wobei die Einbeziehung durch entsprechende Ableiter möglichst direkt hinter dem Hausanschlusskasten stattfinden sollte. Hierzu ist allerdings die Zustimmung des zuständigen Verteilungsnetzbetreibers notwendig. Sind innerhalb der zu schützenden baulichen Anlage in Gas- oder Wasserleitungen Isolierstücke eingefügt, müssen diese nach Zustimmung der Gas- und Wasserwerke mit Überspannungsschutzgeräten, die für die entsprechenden Betriebsbedingungen ausgelegt sind, überbrückt werden. Dieser Hinweis aus DIN V VDE V 0185-3 ist insofern wichtig, da nach DIN VDE 0100-410, die Einbindung einer leitfähigen Gashauptleitung in den Hauptpotenzialausgleich sowieso immer stattfinden muss. Allerdings gab es in früheren

Tabelle 2.27 Leiter für den Blitzschutzpotenzialausgleich

Material	Mindestquerschnitt in mm^2 von Leitern, die verschiedene Potenzialausgleichschienen miteinander oder mit der Erdungsanlage verbinden	Mindestquerschnitt in mm^2 von Leitern, die innere metallene Installationen mit Potenzialausgleichschienen verbinden
Kupfer	16	6
Aluminium	25	10
Stahl	50	16
Die Werte sind DIN V VDE V 0185-3: 2002-11 entnommen. Nach anderen Normen können auch größere Querschnitte gefordert werden.		

Ausgaben dieser VDE-Bestimmung noch den Hinweis, dass bei einem Isolierstück die Verbindung zum Potenzialausgleich, in Flussrichtung gesehen, hinter dieser Isolation stattzufinden hat. Für den Blitzschutz sollte dieses Isolierstück jedoch sinnvoller Weise, z.B. mit einer Trennfunkenstrecke, nach Rücksprache und schriftlicher Zustimmung des Betreibers der Gasversorgung überbrückt werden.

Wichtig für die Planung und Ausführung des inneren Blitzschutzes ist, dass Verbindungen des äußeren Blitzschutzes zu Einrichtungen der elektrischen Energie- und Informationstechnik, außer auf Höhe des Erdbodens, vermieden werden sollten.

Kommt es bei einem Gebäude mit äußerem Blitzschutz zu einem Direkteinschlag, so entstehen, wegen des steilen Stromanstiegs, nach dem Induktionsgesetz ($u_0 = -L \cdot di/dt$) in den Leitern der Ableitungen Spannungen im hohen kV-Bereich. Über die dabei vorhandenen elektromagnetischen Felder werden, unter anderem auch in den Leitungen der Elektroinstallation, sehr hohe Spannungen induziert. In diesem Zusammenhang spielt auch die Leitungsverlegung der unterschiedlichen Systeme, z.B. der Leitungen der Elektroinstallation und der Kommunikationstechnik, eine große Rolle. Zum einen sollte bezüglich der gegenseitigen Beeinflussung ein bestimmter Abstand eingehalten werden, zum anderen darf dieser Abstand nicht zu groß gewählt werden, da sonst zu große Induktionsschleifen entstehen. Da diese unterschiedlichen Systeme an bestimmten Stellen im Gebäude wieder zusammentreffen, z.B. in einem Telefon mit Verstärker, führen große Induktionsschleifen zu sehr hohen Potenzialdifferenzen. Dadurch kann es zur Zerstörung der Geräte durch Überspannung und gar zur Funkenbildung mit Brandgefahr kommen.

Da über die Kabel der Strom- und Fernmeldeversorgung, aber auch über die Erde selbst, bei dichter Bebauung die einzelnen baulichen Anlagen miteinander gekoppelt sind, kommt es auch bei Ferneinschlägen des Blitzes zu nicht unerheblichen Überspannungen in den verschiedenen elektrischen Anlagen eines Gebäudes.

In beiden Fällen, also Direkteinschlag oder Ferneinschlag, hat der Überspannungsschutz eine entscheidende Rolle. Durch ihn werden also aktive Teile der

Stromversorgung, aber auch der Gebäudekommunikation (s. Abschnitt 2.2.5) über Ableiter in den Potenzialausgleich mit einbezogen. Die Ventilableiter und Trennfunkenstrecken für die Stromversorgung müssen dabei so eingebaut werden, dass sie für eine Prüfung zugänglich sind, und deshalb werden sie meistens in den einzelnen Zählerschränken und Verteilungen integriert. Wichtig ist, dass dieser Überspannungsschutz mit Ableitern, als Staffelschutz in Grob-, Mittel- und Feinschutz aufgebaut ist, denn nur so lassen sich bei Direkteinschlägen größere Schäden verhindern. In diesem Zusammenhang sind die Bemessungsstoßspannungen der eingesetzten Betriebsmittel, je nach Überspannungskategorie, zu beachten. Die Tabelle 2.28 gibt für das öffentliche Niederspannungsnetz (230 V/ 400 V) hierzu einen Überblick.

Da der Blitzstromableiter des Grobschutzes (Überspannungsschutzgerät der Klasse I; diese Klasse wird i.Allg. empfohlen für den Einsatz an Orten hoher Beanspruchungen) möglichst nahe hinter der Stromeinspeisung, also auf dem Hauptstromversorgungssystem, angeordnet sein sollte, könnte ein Fehler zu einem Erdschluss führen, und es würde eventuell ungezählte Energie ständig zur Erde abfließen. Deshalb dürfen hier ausschließlich Überspannungsschutzeinrichtungen der Anforderungsklasse B, z.B. eine Funkenstrecke mit 100 kA, verwendet werden, und der Planer muss, wie oben schon erwähnt, beim zuständigen Verteilungsnetzbetreiber die notwendige Zustimmung einholen. Die Klassifizierung von Überspannungsschutzgeräten (**SPD** ist die Abkürzung in Normen für Überspannungsschutzgerät «**S**urge **P**rotektive **D**evice») wurde zwischenzeitlich durch DIN EN 61 643-11: 2002-12 geändert. Für Ableiter der Anforderungsklasse B steht jetzt «SPD-Typ 1», für Anforderungsklasse C steht «SPD-Typ 2» und für Anforderungsklasse D steht «SPD-Typ 3».

Wie die Überspannungsschutzableiter einzubauen sind, hängt mit dem Netzsystem zusammen. Bild 2.10 zeigt hierzu eine Prinzipdarstellung. Je nachdem an welcher Stelle der Anlage diese Ableiter eingesetzt werden sollen, müssen sie den entsprechenden Prüfklassen entsprechen. Hinter dem Hauptstromversorgungssystem, also ab dem Zähler, ist dies SPD-Typ 2 (Mittelschutz; Anforderungsklasse C). Danach, z.B. in einer Schukosteckdose, werden nur noch Überspannungsschutzableiter vom SPD-Typ 3 (Feinschutz; Anforderungsklasse D) benötigt. Verweigert ein Verteilungsnetzbetreiber (VNB) die Zustimmung zum Einsatz der entsprechenden Ableiter auf dem Hauptstromversorgungssystem, so gibt es noch

Tabelle 2.28 Bemessungsstoßspannungen in Abhängigkeit von der Überspannungskategorie (Werte aus Tabelle 44B der DIN V VDE V 0100-534 vom April 1999)

Überspannungskategorie	Ort oder Art des Betriebsmittels	Bemessungsstoßspannung (kV)
I	speziell geschütztes	1,5
II	Verbraucher	2,5
III	Verteil- und Endstromkreis	4
IV	Speisepunkt der Anlage	6

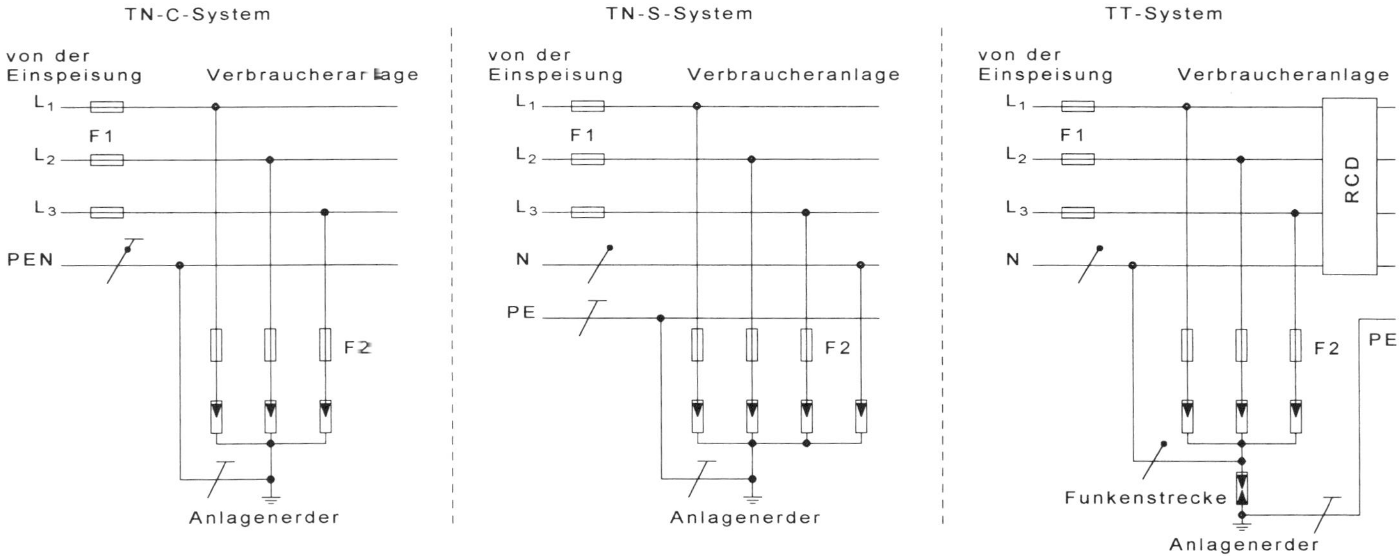

Bild 2.10 Überspannungsschutzableiter in verschiedenen Netzsystemen

die Möglichkeit, hinter dem Zähler sog. Kombiableiter, eine Art Grob- und Mittelschutz in einem Gehäuse kombiniert, zu installieren. Dies stellt zwar einen Kompromiss dar, ist aber besser, als nur einen Mittel- und Feinschutz vorzusehen. Die im Bild 2.10 dargestellten Überstromschutzeinrichtungen F2 können entfallen, falls der Schutz der Überspannungsschutzeinrichtungen bei Kurzschluss durch die Schutzorgane F1 übernommen wird. Wichtig ist auch, dass ein eingesetzter Fehlerstromschutzschalter (RCD) in Energieflussrichtung hinter den Überspannungsschutzeinrichtungen der Anforderungsklasse B und C angeordnet wird. Zum einen werden dadurch Fehlauslösungen von RCDs, bedingt durch große Stoßstromamplituden, reduziert, zum anderen werden dadurch die Kontakte der Fehlerstromschutzeinrichtungen nicht durch solche Stoßströme belastet, und ein Verschweißen der Schaltkontakte wird vermieden.

Aus Bild 2.10 ist ersichtlich, dass im TT-System die Überspannungsschutzeinrichtungen der Außenleiter nicht direkt mit dem Anlagenerder, sondern mit dem Neutralleiter verbunden sind. Die Verbindung zum Erder des Gebäudes geschieht hier über eine zusätzliche Trennfunkenstrecke. Diese Art des Aufbaus wird als «3+1-Schaltung» bezeichnet. Der Grund für diese Anordnung liegt einmal darin, dass bei eingesetzten Varistoren ein Erdschluss nicht ausgeschlossen werden kann. Da die Fehlerschleife im TT-System meist nicht besonders niederohmig ist, führt der fließende Erdschlussstrom nicht zum Auslösen der Sicherungen F1 bzw. F2. Dadurch entsteht eine Fehlerspannung, die sich – beim Einsatz von ortsveränderlichen Verbrauchern, die zwar aus dieser Anlage versorgt, aber außerhalb des Einflussbereiches des Hauptpotenzialausgleichs verwendet werden – als gefährliche Berührungsspannung darstellen kann (s. Abschnitt 3.3 und Abschnitt 3.4). Außerdem würde ein satter Erdschluss, hervorgerufen durch einen Überspannungsableiter, zu einer unzulässigen Verbindung zwischen Neutralleiter (N) und Schutzleiter (PE) führen, wodurch dann ja ein TN-System entstünde. Durch die «3+1-Schaltung» führt ein fehlerbehafteter Überspannungsableiter nicht zu einem Erd-, sondern zu einem Kurzschluss zwischen Außenleiter und Neutralleiter. Den jetzt notwendigen Schutz übernehmen die Überstromschutzeinrichtungen F1 und/oder F2. Der Neutralleiter ist durch die Funkenstrecke auch gegen Überspannungen geschützt.

Im Zusammenhang mit dem inneren Blitzschutz und dem Blitzschutzzonensystem ist nach DIN V VDE V 0185-3 auch die Schirmung von Bedeutung. Da jeder Blitzeinschlag in die bauliche Anlage Teilblitzströme verursacht und durch diese Ströme in den metallenen Installationen und Leitungssystemen Spannungen induziert werden, können, wie schon mehrfach angesprochen, empfindliche elektronische Einrichtungen gefährdet sein. Sowohl Kabelschirme, die in der Lage sind die jeweiligen Teilblitzströme zu führen, als auch die Verlegung der Leitungen und Kabel in gut geschlossenen, metallenen Kabelkanälen oder leitfähigen Rohren, stellen entsprechende Schirmungsmaßnahmen dar.

Spezielle VDE-Vorgaben hinsichtlich des Überspannungsschutzes finden sich noch in den Teilen 442, 443 und 444 der DIN VDE 0100.

3 Ausgewählte Sachthemen

3.1 Massenermittlung und Kalkulation

Die Kalkulation dient zum einen der Ermittlung eines Angebotspreises, zum anderen kann sie für den eigenen Betrieb die Preisuntergrenze aufzeigen, wenn der Preis durch den Markt bereits vorbestimmt ist. Folgende Ausführungen sind für den Planer und für die mit der Ausführung beauftragte Elektrofachfirma hilfreich: Im Elektrohandwerk wird ein Angebotspreis meist nach dem Prinzip der Zuschlagskalkulation ermittelt. Zu den vorhandenen Einzelkosten werden, durch einen prozentualen Aufschlag, die Gemeinkosten dazugerechnet.

Um ein Angebot zu erstellen, müssen Lohn- und Materialkosten sowie Arbeitszeit bekannt sein. In vielen Elektrobetrieben wird hierfür die vom Zentralverband der Elektrohandwerke (ZVEH) herausgegebene Kalkulationshilfe (KfE) [3.1] bei Neubau-Installationsarbeiten zu Hilfe genommen. Daraus lassen sich Arbeitszeiten, Lohnkosten mit und ohne Lohngemeinkostenzuschläge sowie Materialkosten mit und ohne Materialgemeinkostenzuschl äge entnehmen. Wer die KfE anwendet, sollte aber in jedem Fall prüfen, ob die Lohn- und Materialkosten, insbesondere die Zuschläge, auch in seinem Betrieb anwendbar sind. Auch der Umgang mit der Kalkulationshilfe bedarf einiger Erfahrung, da für eine bestimme Installationstätigkeit Arbeitszeit, Lohn- und Materialkosten manchmal auf 2 unterschiedlichen Wegen erzielt werden kann. Als Beispiel wird der Einzelpreis für die Montage einer Einfach-Schukosteckdose unter Putz ermittelt.

Weg 1: Der Zeitwert für eine Einfach-Schukosteckdose u.P. ohne Schalterdose beträgt 6,9 min, der Montagepreis 3,39 € (bei einem Stundenverrechnungssatz von 29,51 €) und der Materialpreis 2,43 €. Für die Montage einer Schalterdose inkl. Stemmarbeiten braucht man 6,3 min, Kosten für Montage betragen 3,10 € und für das Material 0,34 €. Addiert man die einzelnen Werte zusammen, werden 13,2 min an Arbeitszeit benötigt, die Lohnkosten betragen 6,49 €, die Materialkosten 2,77 €. Weg 2: Aus dem Abschnitt der KfE (U.-P.-Schalt- und Steckgeräte Ausführung mit Dose) kann man die Arbeitszeit von 13,2 min, die Lohnkosten von 6,49 € und die Materialkosten von 2,77 € direkt ablesen. In beiden Fällen ist für die Montage als Netto-Einzelpreis 9,26 € anzusetzen.

Oft soll der Planer einer elektrischen Anlage auch das Leistungsverzeichnis (LV) für das Angebot erstellen. Damit er das tun kann, müssen die Angaben über Art und Menge der benötigten Installationsmaterialien vorhanden sein. Dazu eignet sich ein Aufmaßplan, in dem man in Form einer Tabelle für jeden Stromkreis die erforderlichen Betriebsmittel, wie z. B. Schalter und Steckdosen, sowie Länge und Querschnitt der jeweils benötigten Leitungen einträgt. Ist dies für jeden Stromkreis geschehen, wird durch Addition des jeweiligen Artikels die Gesamtsumme ermittelt, die dann in das LV übernommen wird. Die Kenntnis im Umgang mit der Kalkulationshilfe hat auch Auswirkung auf die Anfertigung des Aufmaßplans für die Massenermittlung, der als Grundlage für die Mengenangaben im Angebot dient. Nach Weg 1 müssten Schalterdosen und Steckdosen getrennt gezählt und aufgeführt werden, bei Weg 2 reicht nur das Erfassen der Steckdosen. Ein Beispiel dafür ist in Abschnitt 1.1.6 in Tabelle 1.15 und 1.16 gegeben.

Für die Ermittlung der Montagepreise, die sich aus der Multiplikation von Minutenzeitwert und verrechenbaren «Minutensätzen» ergibt, ist zunächst der Stundenverrechnungssatz zu bestimmen.

3.1.1 Lohnkosten, Gemeinkosten und sonstige Kosten

Zu den Lohnkosten gehört nicht nur der an den Monteur gezahlte Stundenlohn, sondern auch die Lohnzusatzkosten wie Weihnachts- und Urlaubsgeld, vermögenswirksame Leistungen, die Arbeitgeberbeiträge zur gesetzlichen Sozialversicherung, wie Renten-, Kranken-, Arbeitslosen- und Pflegeversicherung, sowie Beiträge zur gesetzlichen Unfallversicherung (Berufsgenossenschaft). Auch die Lohnfortzahlung im Krankheitsfall, bei Urlaub, an gesetzlichen Feiertagen und sonstigen Ausfallzeiten, bei denen die Lohnfortzahlung gilt, z. B. Bildungsurlaub, sind den Lohnzusatzkosten hinzuzurechnen. Nach KfE von 2004/2005 beträgt der Aufschlag der Lohnzusatzkosten in den alten Bundesländern für eine produktive Arbeitsstunde 97,37%. Das bedeutet, dass zu einem an den Gesellen gezahlten Stundenlohn von 12,01 € noch 11,69 € (12,01 € · 0,9737 = 11,69 €) addiert werden.

Damit dieser Monteur auch arbeiten kann, muss der Betrieb ihm die notwendigen Werkzeuge, Messgeräte, evtl. Berufskleidung und Fahrzeug für den Transport von Material und Werkzeug, zur Verfügung stellen. Für Arbeiten, die nicht direkt beim Kunden oder auf der Baustelle durchgeführt werden können, wie z. B. Reparaturen, muss eine Werkstatt vorhanden sein. Meist ist auch ein Lager, ein Büro und evtl. auch ein Ausstellungsraum vorhanden. Dadurch entstehen dem Betrieb ebenfalls Kosten, die sog. Betriebskosten, die dem Kunden aber nicht direkt berechnet werden können. Hierzu zählen neben den Kosten für die Instandhaltung von Werkzeug, Fuhrpark und Gebäude auch allgemeine Verwaltungskosten für Büroangestellte, Reinigungskräfte, Lagerarbeiter usw. Auch Gebäudemieten, Energiekosten, wie Strom und Heizung, betriebliche Steuern und Versicherungen, Beiträge zu Verbänden, wie Innung oder Kammern, Zins- und Kreditkosten, Sachkosten im Büro, um nur einige zu nennen. Ebenfalls nicht direkt verrechenbar sind die sog. unproduktiven Lohnkosten, denn jeder Monteur arbeitet nicht nur produktiv, Wege- und Rüstzeiten, Wartung der Werk- und Fahrzeuge sowie die Anfertigung von Aufmaßen und Arbeitsberichten oder

Materialbesorgungen sind nicht direkt verrechenbar. Diese Kosten nennt man die betrieblichen Gemeinkosten. Nach der KfE betragen diese je nach Betriebsgröße zwischen 85 % und 125 %. Die betrieblichen Gemeinkosten und die Lohnzusatzkosten werden in einem Lohngemeinkostenzuschlag in % zusammengefasst und zu dem Nettolohn (Stundenlohn des Monteurs) dazu gerechnet. Beispiel: Stundenlohn des Monteurs = 12,01 €, Lohnzusatzkosten = 97,37%, Gemeinkostenzuschlag = 90% ergibt: 12,01 € + 11,69 € + 10,81 € = 34,51 €. Mit diesem Stundensatz sind bis jetzt nur die dem Betrieb entstehenden Kosten gedeckt, aber er hat noch keinen Gewinn gemacht.

Neben den Lohnkosten für die Montage sind auch die Zuschläge für die Materialkosten zu bestimmen. Ein vom Großhändler gekauftes Material wird, um Skonto zu bekommen, innerhalb weniger Tage bezahlt. Dem Kunden kann man dies aber erst viel später, evtl. erst bei Fertigstellung der Anlage in Rechnung stellen, bezahlt wird es wiederum noch später. Während dieser Zeit sind dem Betrieb schon Kosten für z.B. Abholung oder Transport, Lagerung, Kreditzinsen usw. entstanden. All diese Kosten werden durch einen prozentualen Materialgemeinkostenzuschlag zum Materialpreis dazugerechnet. Zusätzlich muss bei Kabel und Leitungen noch ein Kupferzuschlag (Cu-Zuschlag) dazugerechnet werden. Bei den meisten Leitungen ist schon ein Anteil an Cu-Kosten von 150 €/100 kg enthalten, bei Kabeln aber nicht. Da Kupfer auf dem Weltmarkt gehandelt wird, schwankt der Preis täglich und wird als DEL-Notiz in den Börsenkursen täglich bekannt gegeben. 2 Beispiele sollen die Berechnung des Cu-Zuschlags zeigen:

Beispiel 1: Bei einer Leitung, NYM-J 5 · 10 mm², ist im Preis ein Kupferanteil von 150 €/100 kg enthalten, der Tagespreis beträgt 200 €/100 kg. Das Kupfergewicht wird den Händlerkatalogen entnommen und beträgt bei NYM-J 5 · 10 mm² 48 kg/100 m → 0,48 kg/m. Die Differenz zwischen Kupfertagespreis und im Leitungspreis enthaltenen Kupferanteil ist = 50 €/100 kg (200 €/100 kg – 150 €/100 kg) → 0,50 €/kg. Multipliziert man jetzt das Kupfergewicht von 0,48 kg/m mit der Differenz zwischen Kupfertagespreis und im Leitungspreis enthaltenen Kupferanteil von 0,50 €/kg, ergibt das einen Cu-Zuschlag von 0,24 €/m.

Beispiel 2: Bei einem Kabel, NYY-J 5 · 10 mm², ist der aufgeführte Preis ein Hohlpreis, es ist kein Kupferanteil enthalten. Bei einem Tagespreis von 200 €/100 kg → 2 €/kg multipliziert mit dem Cu-Gewicht 0,48 kg/m müssen noch 0,96 € zum Hohlpreis addiert werden.

3.1.2 Betriebsabrechnungsbogen (BAB)

Für die Bestimmung der Lohn- und Materialgemeinkostenzuschläge wird meist der Betriebsabrechnungsbogen zu Hilfe genommen. In Tabelle 3.1 ist in stark vereinfachter Form ein solcher BAB dargestellt. Die folgenden Zahlen für 1 Jahr hierfür wurden willkürlich ausgewählt: Direkt verrechenbare Löhne = 300 000 €, Materialeinzelkosten 250 000 €, Lohnzusatzkosten = 97,37% (Verteilung: 95% Handwerk, 5% Material), Gemeinkosten 200 000 € (Verteilung: 25% Handwerk, 20% Material, 55% Verwaltung).

Tabelle 3.1 Beispiel eines Betriebsabrechnungsbogens

	1	2	3	4	5
	Kostenart	Gesamtbetrag in €	Handwerk in €	Material in €	Verwaltung in €
1a	direkt verrechenbare Löhne	300 000,00	300 000,00		
1b	Materialeinzelkosten	250 000,00		250 000,00	
2	Lohnzusatzkosten in % von 1a	292 110,00 97,37	269 919,00 87,63	29 991,00 10	
3	Gemeinkosten	200 000,00	50 000,00	40 000,00	110 000,00
4	Summe Gemeinkosten 1 (2 + 3):	492 110,00	312 899,00	69 211,00	110 000,00
5	Gesamtkosten (1 + 4):	1 042 110,00	612 899,00	319 211,00	110 000,00
6[1)]	Umlage Verwaltungs-gemeinkosten		72 325,00	37 675,00	
7	Summe Gemeinkosten 2 (Zeile 4, Spalte 3 + Zeile 6, Spalte 3)		385 224,00	106 886,00	
8[2)]	Lohngemeinkosten-zuschlag (LGZ) (%)		128,41		
9[3)]	Materialgemeinkosten-zuschlag (MGZ) (%)			42,75	
10[4)]	Gewinnzuschlag 10 % für LGZ		22,84		
11[5)]	LGZ inkl. Gewinn (%)		151,25		
12[6)]	Gewinnzuschlag 10 % für MGZ			14,28	
13[7)]	MGZ inkl. Gewinn (%)			57,03	

[1)] Gesamtkosten aus Zeile 5, Spalte 3 → 4 → 612 899,00 + 319 211,00 = 932 110,00 € = 100 %; 612 899,00 = 65,75 %; 319 211,00 = 34,25 %. Verwaltungsgemeinkosten aus Zeile 5, Spalte 5 = 110 000,00 € = 100 %; 72 325,00 = 65,75 % in Zeile 6, Spalte 3; 37 675,00 = 34,25 % in Zeile 6, Spalte 4

[2)] LGZ in % = Wert aus Zeile 7, Spalte 3/Wert aus 1a, Spalte 3 · 100 % = 128,41 %

[3)] MGZ in % = Wert aus Zeile 7, Spalte 4/Wert aus 1b, Spalte 4 · 100 % = 42,75 %

[4)] Einzelkosten Zeile 1a, Spalte 3 + Summe Gemeinkosten Zeile 7, Spalte 3 = Gesamtkosten = 685 224,00 €; 10 % Gewinn = 68 522,40 €. Wert aus Zeile 11, Spalte 3 – Wert aus Zeile 8, Spalte 3

[5)] LGZ inkl. Gewinn in % = Wert aus Zeile 7, Spalte 3 + 68 522,40 €/Wert aus 1a, Spalte 3 · 100 % = 153,9 %

[6)] Einzelkosten Zeile 1b, Spalte 4 + Summe Gemeinkosten Zeile 7, Spalte 4 = Gesamtkosten = 356 886,00 €; 10 % Gewinn = 35 688,60 €. Wert aus Zeile 13, Spalte 4 – Wert aus Zeile 9, Spalte 4

[7)] MGZ inkl. Gewinn in % = Wert aus Zeile 7, Spalte 3 + 35 688,60 €/Wert aus 1b, Spalte 4 · 100 % = 57,03 %

Dies soll nur eine Übersicht geben, wie die einzelnen Zuschläge ermittelt werden können. Ausführlicher wird diese Thematik in verschiedenen Fachbüchern, die sich mit Kalkulation befassen, behandelt.

3.2 Gefährdungen durch elektrischen Strom

Dass elektrischer Strom für Menschen, Tiere und Sachen gefährlich werden kann, ist eine allgemein bekannte Tatsache. Durch Lichtbögen und Schaltfunken besteht, bei einer vorhandenen explosionsfähigen Atmosphäre, Explosionsgefahr. Fehlerströme, hervorgerufen durch eine schadhafte Isolation, aber auch zu hohe Verlustwärme, unzulässige Erwärmung an hohen Übergangswiderständen von z. B. Klemmstellen oder Lichtbögen können zu Bränden führen. Konstruktionen und Installationen aus Metall werden durch elektrochemische Korrosion angegriffen, ja sogar zerstört. Vor allem bei Kurzschlussströmen treten große elektrodynamische Kräfte auf, die zu Schäden an Stromschienensystemen oder auch Verteilungen sowie Kabel- und Leitungssystemen führen können. Nicht zuletzt vermögen elektromagnetische Felder negative Beeinflussung an Mensch, Tier und bestimmten Geräten, Maschinen und Anlagen hervorzurufen.

Kommt es zu Sachschäden, dann können natürlich auch Menschen und Tiere Schaden nehmen. Schwere Verbrennungen oder auch Blendungen, hervorgerufen durch Lichtbögen, gibt es leider viel zu oft. Und jedes Jahr kommt es zu etlichen Brandopfern, wobei ein Defekt in der elektrischen Anlage oder einem elektrischen Verbraucher die Ursache für den Brand darstellte. Über 10 % aller Brände in Deutschland sind auf entsprechende Ursachen zurückzuführen. Die wirtschaftlichen Schäden sind dabei immens, und man kann nur hoffen, dass der Elektroplaner, falls er dafür haftbar gemacht werden kann, sehr gut versichert ist, sonst wird er seines Lebens nicht mehr froh. Aber auch die beste Versicherung kann einem nicht vor den emotionalen Folgen bewahren, wenn eine falsche Planung zu menschlichen Opfern geführt hat. Deshalb ist es so wichtig, alle brandschutztechnischen Auflagen exakt einzuhalten.

Natürlich können Menschen und Tiere auch direkt durch elektrischen Strom Schaden nehmen. Beim Fließen von Strom durch den menschlichen Körper ergeben sich physikalische, chemische und physiologische Wirkungen. Tabelle 3.2 gibt hierzu einen Überblick. Bei Mittelspannung und besonders im Hoch- und

Tabelle 3.2 Wirkungen von Stromfluss auf den Menschen

physikalische und chemische Wirkungen	physiologische Wirkungen
innere und äußere Verbrennungen	Muskelverkrampfungen
Strommarken auf der Haut, an den Ein- und Austrittstellen des Stroms	Blutdrucksteigerung Herzkammerflimmern
Flüssigkeitsverlust	Herzstillstand

Höchstspannungsbereich sind beide Wirkungsarten vorhanden. Im Niederspannungsbereich ist die gefährlichste direkte Wirkung das Herzkammerflimmern, das letztlich dann zu Herzstillstand führen kann. Ob es zu diesem Kammerflimmern kommt, ist im Wesentlichen abhängig von der Stromstärke, der Dauer des Stromflusses, dem Stromweg durch den Körper und der Stromart. Die Stromstärke ergibt sich durch das OHMSCHE Gesetz $I = U/Z$. Im Regelfall ist die max. Spannung durch die Nennspannung 400 V/230 V des öffentlichen Elektrizitätsversorgungsnetzes vorgegeben. Somit gilt es den Körperwiderstand etwas näher zu betrachten.

In diesem Zusammenhang sei auf die Vornorm DIN V VDE V 0140-479 verwiesen, in der entsprechende Ersatzschaltbilder des menschlichen Körpers dargestellt werden. Bild 3.1 gibt, in Anlehnung an diese Vorschrift, entsprechende Abbildungen wieder. Die Hautimpedanz Z_H wird von der Parallelschaltung aus R_H und C_H gebildet und ist stark spannungsabhängig. I.d.R. ist sie, wie abgebildet, 2-mal vorhanden, da der Strom durch die Haut eintritt und wieder aus ihr austritt. Schon ab 20 V kann es zum Durchschlag der Hautkapazität C_H kommen, wodurch Z_H einen Wert von ungefähr 0 Ω annimmt. Die Körperinnenimpedanz Z_i ist dann die bestimmende Größe. Zwar haben Untersuchungen eine leicht kapazitive Komponente, dargestellt durch die gestrichelte Reihenschaltung von R_a und C_a, festgestellt, die jedoch keine entscheidende Rolle spielt. Somit wird, nach Durchlagen der Haut, der Innenwiderstand R_i die bestimmende Größe, und die Gesamtimpedanz Z_M des menschlichen Körpers kann dann diesem Widerstand gleichgesetzt werden ($Z_M = R_i$). Somit ist die Gesamtkörperimpedanz Z_M meist nur bei Spannungen unter 100 V frequenzabhängig, da bei den meisten Menschen ab dieser Spannung die Hautkapazität durchschlagen worden ist. Der Körperwiderstand ist aber außer von der Spannung auch vom Stromweg abhängig. Unter Vernachlässigung der Hautimpedanz ergibt sich dadurch die weitere Darstellung in Bild 3.1. Der Teilwiderstand R wird zwar in der Vornorm von VDE nicht direkt beziffert, kann aber mit ungefähr 500 Ω angenommen werden.

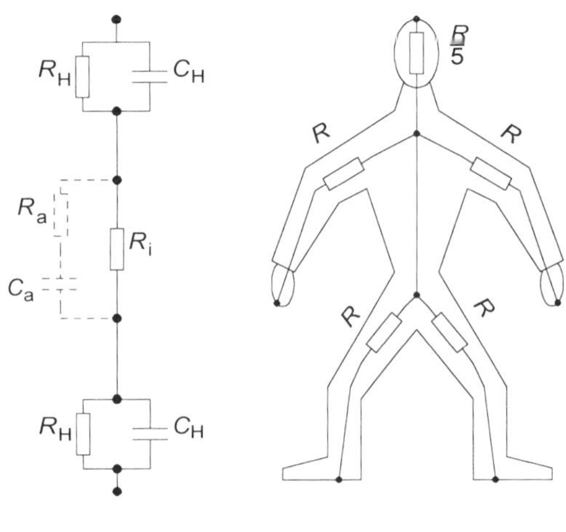

Bild 3.1
Ersatzschaltbilder vom Körperwiderstand des Menschen

Selbstverständlich ist diese Darstellung eine starke Vereinfachung, da hierbei z. B. im Rumpf kein Widerstand vorhanden ist. Aber die dominierenden Widerstände sind abgebildet. Damit lässt sich, bei gegebenem Stromweg, der Innenwiderstand R_i überschlägig berechnen. Nicht jeder Mensch besitzt exakt diese Widerstandswerte. Vielmehr gibt es eine breite Streuung. Oft liegt der tatsächliche Wert etwas höher. Bei einfachen Berechnungen werden für den Gesamtwiderstand meistens 1...2 kΩ angenommen. Die Körperimpedanz ist auch von der Größe, Art und Beschaffenheit der Kontaktfläche sowie dem Druck auf die Haut und dem Zustand des Menschen, z. B. starkes Schwitzen oder Krankheit, abhängig.

Entscheidend für das Herzkammerflimmern ist aber die Stromdichte im Herzen, und diese ist wiederum abhängig vom Stromweg. Der Herzstromfaktor $F = I_{ref}/I_H$ hilft hier bei der Abschätzung der Gefährdung. I_{ref} ist der Referenzkörperstrom für den Stromweg (linke Hand zu beiden Füßen), während I_H den Körperstrom für einen anderen Stromweg darstellt. Ist der Herzstromfaktor > 1, wie beim Stromweg Brustkorb zur linken Hand ($F = 1{,}5$), dann kann schon ein kleinerer Körperstrom als der Referenzkörperstrom zu Herzkammerflimmern führen. In DIN V VDE V 0140-479 gibt es entsprechende Diagramme und Tabellen, die bei diesen Fragen sehr hilfreich sind. So findet man dort eine sog. Wahrnehmbarkeitsschwelle, die für einen bestimmten Stromwert (0,5 mA bei AC) steht, bis zu dem normalerweise ein Stromfluss nicht gespürt wird. Auch ist eine sog. Loslassschwelle dargestellt, ab deren Stromwert (10 mA bei AC) ein Loslassen stromdurchflossener Teile aufgrund von Muskelkontraktionen immer schwieriger wird. Pauschal kann man sagen, dass bei einer Stromflusszeit von mehr als 1 s ein sinusförmiger Wechselstrom von 50 mA, bei einer Frequenz von 50 Hz, zu Herzkammerflimmern führen kann, wobei bei einer kleineren Stromflusszeit ein größerer Strom die gleiche Wirkung hat. Wird ein Körperwiderstand von 1 kΩ angenommen, so ergeben 50 mA eine Berührungsspannung von 50 V. Aufgrund dieser allgemeinen Erkenntnisse hat man sich bei normalen Umgebungsbedingungen, wie sie z. B. in Wohnräumen üblicherweise vorherrschen, auf eine max. dauernd zulässige Berührungsspannung $U_L = 50$ V bei Wechselspannung (AC) und 120 V bei Gleichspannung (DC) geeinigt. Für erschwerte Umgebungsbedingungen, z. B. in medizinisch genutzten Räumen, gelten die halbierten Werte, also 25 V bei AC und 60 V bei DC. Die höheren Gleichspannungswerte ergeben sich aus entsprechenden Versuchen, nach denen im unteren Strombereich Gleichstrom weniger gefährlich ist als Wechselstrom mit 50...100 Hz. Die gleichen Untersuchungen belegen auch, dass deutlich größere Körperströme fließen müssen, um bei höheren Frequenzen Herzkammerflimmern zu erzeugen. Bei extrem ungünstigen Umgebungsbedingungen sind die zulässigen Spannungen noch kleiner. So sind innerhalb einer Badewanne nur max. 12 V AC bzw. 30 V DC zugelassen (s. Abschnitt 3.12.1).

Welche Hohe kann die Berührungsspannung U_B in der Praxis annehmen? Dazu noch eine Vorbemerkung. Die Normung, auch und gerade in Bezug auf den Schutz gegen oder bei elektrischem Schlag, bleibt nicht stehen, sondern entwickelt sich ständig weiter. Daraus ergeben sich dann immer wieder neue, differenziertere Begriffe. So wird schon seit einiger Zeit die Berührungsspannung unterschieden in eine unbeeinflusste, sog. prospektive Berührungsspannung U_{TP}, und in die tatsächlich auftretende Berührungsspannung U_T. Hier wird jedoch, wie meistens noch üblich, ganz allgemein von der Berührungsspannung U_B gesprochen. Dies ist der Teil einer Fehlerspannung U_F, der von einem Menschen überbrückt werden kann.

In Bild 3.2 wird ein Körperschluss eines Verbrauchers im TN-System dargestellt. Unter der Voraussetzung, dass der Innenwiderstand des Versorgungsnetzes vernachlässigbar klein ist ($Z_i \approx 0\ \Omega$), gilt dann die ebenfalls in Bild 3.2 abgebildete, vereinfachte Ersatzschaltung. Nachfolgend werden die Verhältnisse aus Bild 3.2 berechnet.

$U_0 = 230$ V; $R_{L1} = 0{,}5\ \Omega$; $R_{PE} = 0{,}5\ \Omega$; $R_B = 1\ \Omega$; $R_A = 10\ \Omega$; $R_M = 1$ kΩ

$$R_E = \frac{1}{\dfrac{1}{R_{PE}} + \dfrac{1}{R_M + R_A + R_B}} \quad \Rightarrow \quad R_E = 0{,}5\ \Omega$$

$$U = \frac{R_E}{R_E + R_{L1}} \cdot U_0 \quad \Rightarrow \quad U = 115\ \text{V}$$

$$U_B = \frac{R_M}{R_M + R_A + R_B} \cdot U \quad \Rightarrow \quad U_B = 113{,}749\ \text{V}$$

$$I = \frac{U_B}{R_M} \quad \Rightarrow \quad I = 113{,}75\ \text{mA}$$

Bei einem Körperstrom I von über 113 mA besteht nur dann keine Gefahr von Herzkammerflimmern, wenn die Stromflusszeit möglichst $\leq 0{,}4$ s beträgt. Dies kann durch eine schnelle automatische Abschaltung, z. B. mit einem RCD, reali-

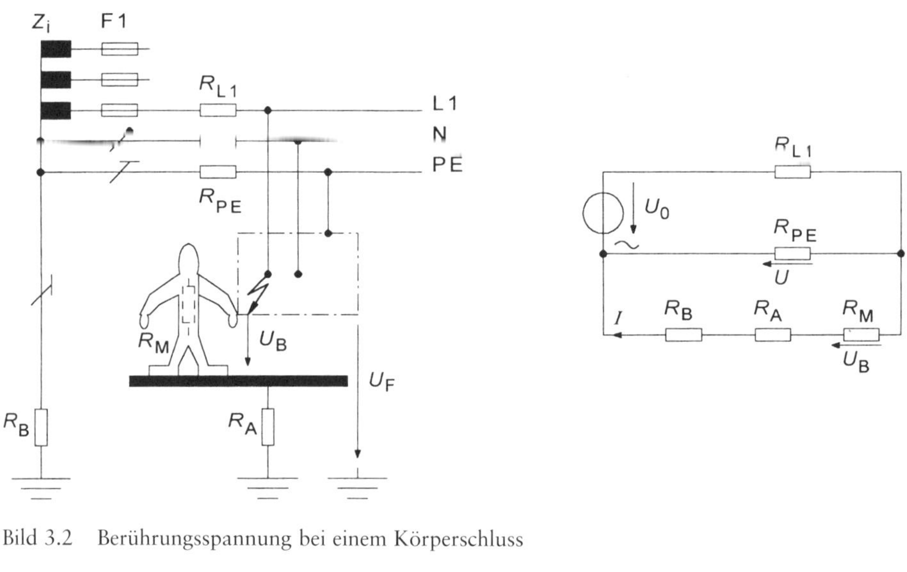

Bild 3.2 Berührungsspannung bei einem Körperschluss

siert werden. Die Schutzmaßnahme «Schutz durch automatische Abschaltung» ist, bei anlagentechnischer Betrachtung, sowieso die wohl am häufigste eingesetzte Form des Schutzes bei indirektem Berühren.

In Bild 3.3 wird ein Körperschluss bei einem Drehstromverbraucher dargestellt. Durch den Stromfluss über den Schutzleiter soll die nicht ordnungsgemäße PE-Verbindung so stark erhitzt worden sein, so dass ein Übergangswiderstand von 5 Ω vom PE zum Körper des Betriebsmittels, z.B. einem elektrischen Durchlauferhitzer, entstanden ist. Gleichzeitig hat, wegen des größeren Stromflusses, die Schmelzsicherung F3 ausgelöst. Dieser sicherlich untypische Fehler führt zu einer Spannung von 53,72 V, die vom Körper (Gehäuse) des Betriebsmittels zum Schutzleiter, z.B. dem Schutzkontakt einer Schukosteckdose, als Berührungsspannung anstehen kann. Wäre hier statt Schmelzsicherungen ein 3-poliger Leitungsschutzschalter eingesetzt worden, käme es zu einer allpoligen Abschaltung, und eine Gefahr würde es nicht geben. Deshalb ist der Einsatz, zumindest im Wohnungsbau, von 3-poligen LS-Schaltern bei Drehstromverbrauchern immer zu empfehlen.

Bild 3.4 verdeutlich den Unterschied zwischen direktem (A) und indirektem (B) Berühren. Zum indirektem Berühren gehört immer ein Fehler, der i.d.R. aus einem Körperschluss (C) besteht.

Im Zusammenhang mit dem Schutz gegen elektrischen Schlag hat DIN VDE 0100-410 eine Pilotfunktion, d.h., dass andere VDE Vorschriften sich an dieser orientieren müssen. Der Schutz sowohl gegen direktes als auch bei indirektem Berühren wird durch SELV (Schutzkleinspannung) oder PELV (Funktionskleinspannung mit sicherer Trennung) realisiert.

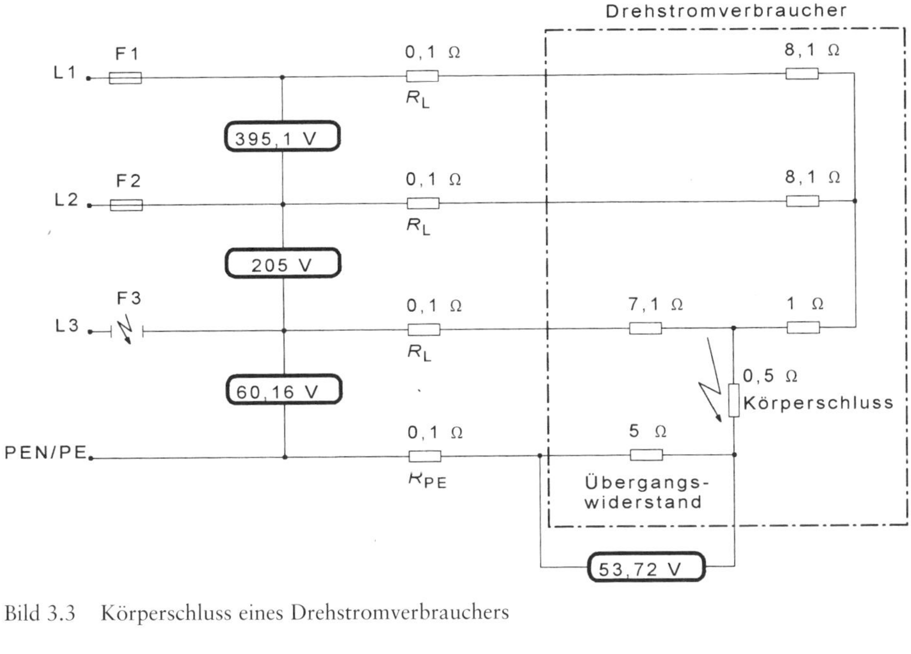

Bild 3.3 Körperschluss eines Drehstromverbrauchers

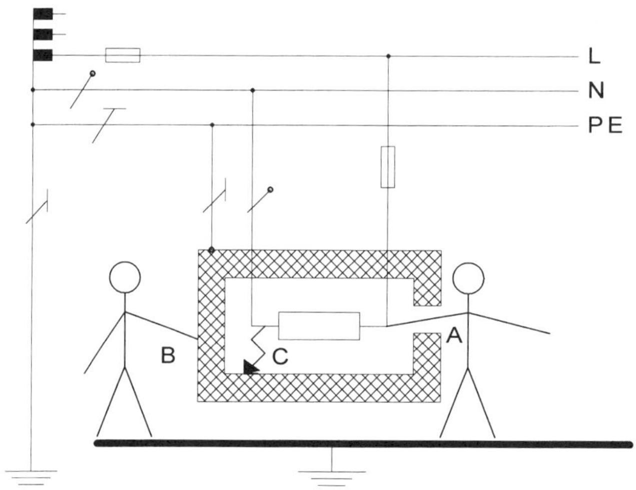

Bild 3.4
Darstellung von direktem und indirektem Berühren

Der Grundgedanke bei beiden ist, dass bei einer kleinen Spannung auch nur ein kleiner Strom fließen kann. Die max. zugelassenen Spannungen betragen 50 V bei AC und 120 V bei DC. Die Welligkeit einer Gleichspannung bei SELV und PELV darf 10 % effektiv, bei überlagerter sinusförmiger Wechselspannung nicht überschreiten. Außerdem gilt bei DC 120 V ein u_{max} von 140 V, und bei DC 60 V ein u_{max} von 70 V. Solche Spannungen gelten als oberschwingungsfrei. Typische Anwendung einer Kleinspannung ist die Klingelanlage, wobei für den Klingeltrafo selbst die Bemessungsausgangsspannung max. 24 V bei AC beträgt.

Der Schutz gegen direktes Berühren wird auch als Basisschutz bezeichnet. Dabei wird das Berühren aktiver Teile durch entsprechende Maßnahmen verhindert. Die Isolierung sowie die Abdeckung oder Umhüllung aktiver Teile darf dabei immer angewendet werden. Währenddessen ist der Einsatz von Hindernissen oder das Einhalten von einem Abstand zu aktiven Teilen nur in elektrischen Betriebsstätten erlaubt.

Im Zusammenhang mit dem Schutz durch Abstand ist der Begriff Handbereich von Bedeutung. Bild 3.5 gibt die Maße des Handbereiches wieder und zeigt auch ein Anwendungsbeispiel, wie es in einer abgeschlossenen elektrischen Betriebsstätte zur Anwendung kommen kann.

Als **zusätzlicher** Schutz bei direktem Berühren gilt der Einsatz einer Fehlerstromschutzeinrichtung (RCD) mit $I_{\Delta n} \leq 30$ mA, wobei die Betonung hier auf «zusätzlich» liegt, denn Untersuchungen der Berufsgenossenschaften haben gezeigt, dass diese hochempfindliche Schutzeinrichtung leider nicht zu 100 % funktioniert. Dazu gehört in diesem Zusammenhang auch der Abschnitt 3.10.

Der Schutz bei indirektem Berühren, der auch Fehlerschutz genannt wird, kann z. B. durch eine schnelle automatische Abschaltung realisiert werden. Hierbei spielt das eingesetzte Netzsystem eine wichtige Rolle. Das TN- und das TT-System werden ausführlich in Abschnitt 3.3 behandelt, während hier in Bild 3.6 ein IT-System dargestellt ist. Bei diesem System soll jedoch eine Abschaltung möglichst vermieden werden, indem der erste Fehler schnell beseitigt wird. Das IT-System zeichnet sich durch einen isolierten Sternpunkt (bei Industrienetzen wird auch eine hochohmige Impendanz gegen Erde geschaltet) und auch sonst durch nicht direkt geerdete aktive Teile aus. Dieses gegen Erde isolierte System wird in Deutschland bei einigen Industrienetzen und vor allem in medizinisch genutzten Räumen der Gruppe 2 (Anwendungsgruppe 2) eingesetzt. Allerdings wird hier meistens das Netz, anders als in Bild 3.6 dargestellt, ohne Neutralleiter aufgebaut. Dies hat ausschließlich isolationstechnische Gründe, da sonst alle Betriebsmittel für die volle Außenleiterspannung isoliert sein müssten, weil bei einem Erdschluss diese hohe Spannung gegen die ideale Erde anstehen kann. Die Isolationsüberwachungseinrichtung (D) ist im IT-System absolut notwendig, um den ersten Fehler rechtzeitig angezeigt zu bekommen.

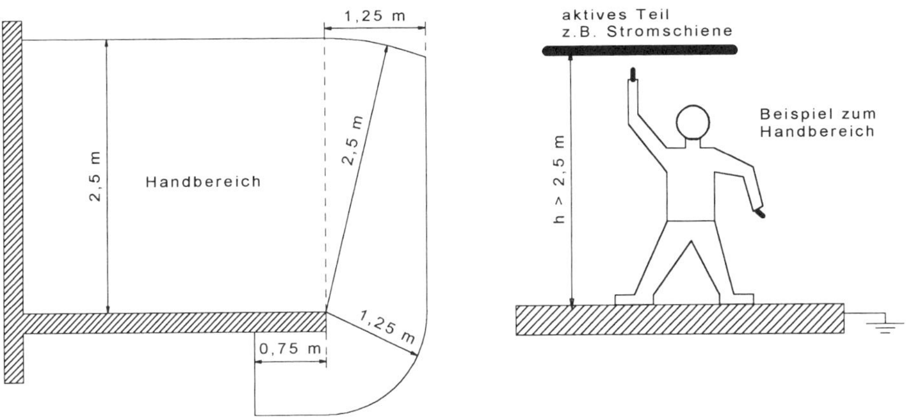

Bild 3.5 Darstellung des Handbereiches mit Anwendungsbeispiel

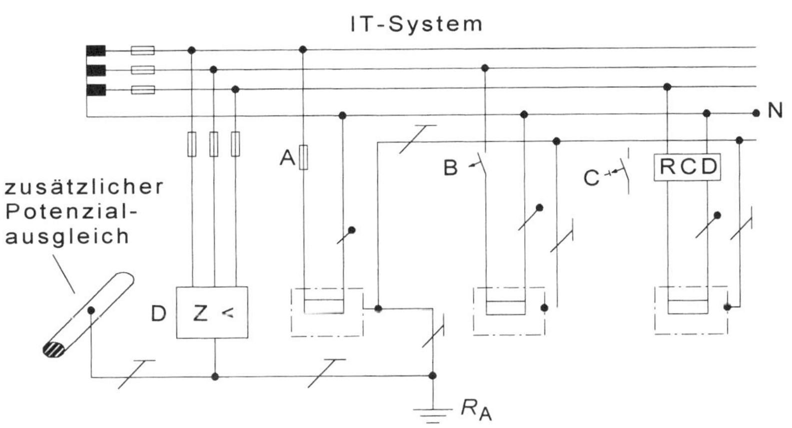

Bild 3.6 Darstellung eines IT-Systems mit Isolationsüberwachungseinrichtung D

Als Schutzeinrichtungen können theoretisch in allen Netzen Schmelzsicherungen (A), Leitungsschutzschalter (B) oder auch Fehlerstromschutzeinrichtungen (RCDs) benutzt werden. Des Weiteren kommt in allen Netzsystemen dem Potenzialausgleich eine entsprechende Bedeutung zu, da er dazu beitragen soll im Fehlerfall die Berührungsspannung möglichst klein zu halten. Hierbei muss unterschieden werden in Hauptpotenzialausgleich (s. Abschnitt 3.4) und in zusätzlichen Potenzialausgleich (s. Abschnitt 3.12).

Eine in jedem Netz eingesetzte Schutzmaßnahme bei indirektem Berühren ist das Benutzen von Betriebsmitteln der Schutzklasse II (Schutzisolierung, s. Abschnitt 3.11). Die Schutzisolierung besteht entweder aus einer verstärkten oder einer zusätzlichen Isolation. Bei einem Fehler fließt nur ein kleiner Strom unter der Wahrnehmbarkeitsschwelle, da der Isolationswiderstand mindestens 2 MΩ beträgt. Andere Schutzmaßnahmen, wie der Schutz durch nichtleitende Räume oder auch der erdfreie Potenzialausgleich, spielen im Rahmen dieses Buches eigentlich keine Rolle. Nur die Schutztrennung findet, z.B. in Form einer Rasiersteckdose, ihre Anwendung. Der Schutz beruht hier auf einer galvanischen Trennung vom Netz, was durch den Einsatz entsprechender Trenntransformatoren nach VDE 0570 erreicht wird.

3.3 Vorteile und Nachteile von TN- und TT-System

Bei den Schutzmaßnahmen gegen elektrischen Schlag (s. Abschnitt 3.2), spielen die Netzsysteme eine wichtige Rolle. Auch wenn in Fachkreisen immer wieder Kritik an der Verknüpfung von Schutzmaßnahme und Netzsystem geäußert wird, ist es seit fast 20 Jahren eine übliche Betrachtung. Um die Unterschiede dieser beiden Systeme genauer betrachten zu können, sollen diese Netze erst einmal einzeln dargestellt werden. Bei Fehlerbetrachtungen wird der Übersichtlichkeit wegen das Netz nur 2-polig skizziert.

Bild 3.7 zeigt das in Deutschland weit verbreitete TN-C-S-System, das von den meisten Stromnetzbetreibern als TN-C- bis zum Hausanschlusskasten (HAK) verlegt, und danach, spätestens ab dem Stromkreisverteiler, i.d.R. als TN-S-System weitergeführt wird. Als Schutzeinrichtungen sind Schmelzsicherungen (A), Leitungsschutzschalter (B) und Leistungsschalter sowie RCDs ohne Hilfsspannungsquelle (C), also Fehlerstromschutzeinrichtungen, zulässig. Im Fehlerfall fließt über den PE/PEN-Leiter ein Strom, der das Schutzorgan zum Auslösen bringt. Voraussetzung dazu ist, dass die Abschaltbedingung $Z_S \cdot I_a \leq U_0$ eingehalten wird. Hierin bedeuten Z_S die Schleifenimpedanz, I_a den Abschaltstrom der Schutzeinrichtung und U_0 die Nennspannung gegen Erde, die im Allgemeinen 230 V beträgt. Die Grundidee ist, dass ein Körperschluss quasi zu einem Kurzschluss (Erdkurzschluss) wird. Der jetzt fließende Strom muss, aufgrund der Niederohmigkeit, so groß sein, dass das eingesetzte Überstromschutzorgan in der notwendigen Abschaltzeit t_a auslöst. Im TN-System ist t_a je nach U_0 und der Art des Stromkreises gestaffelt. Bei U_0 = 230 V und nicht ortsfesten Betriebsmitteln der Schutzklasse I, darunter fallen vor allem Steckdosenstromkreise, gilt: $t_a \leq 0{,}4$ s.

Bild 3.7
Darstellung eines
TN-C-S-Systems

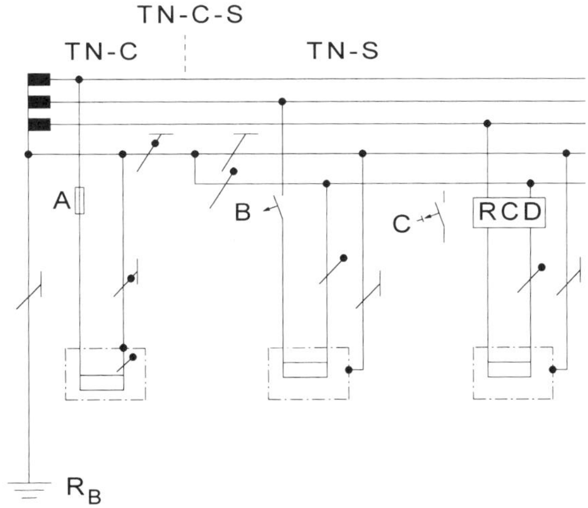

In Bild 3.8 wird ein Körperschluss dargestellt, und es fließt dabei ein Strom von 186,3 A. Wird davon ausgegangen, dass die eingesetzte 16 A Schmelzsicherung der Betriebsklasse gL oder gG (s. Abschnitt 3.7) entspricht, dann würde die Auslösezeit weniger als 0,2 s betragen. Genaue Aussagen hierzu können durch den Einsatz von Sicherungsnomogrammen, die man über die entsprechenden Hersteller beziehen kann, gemacht werden. Für überschlägige Berechnungen kann man Tabelle 3.3 benutzen, deren Werte zur sicheren Seite aufgerundet wurden. Aus dieser Tabelle ergibt sich für das gewählte Beispiel und bei einem Schukosteckdosenstromkreis, ein notwendiger Strom von 8 · 16 A = 128 A, damit die

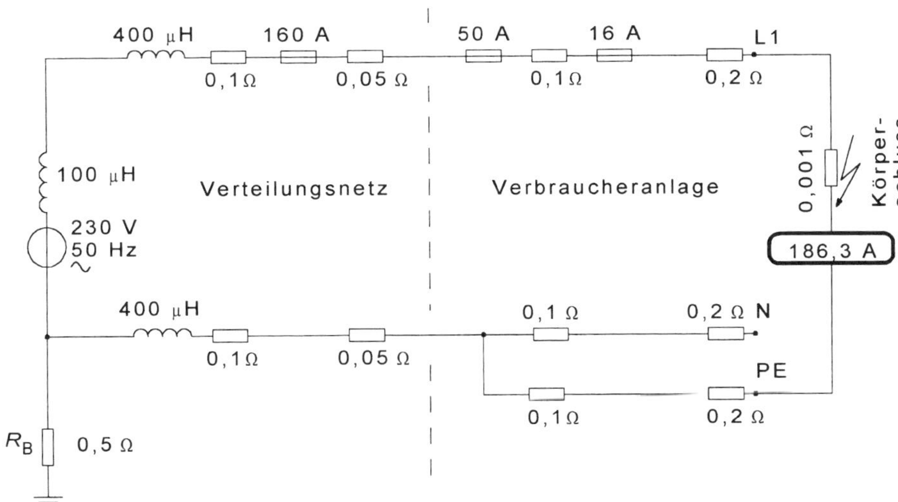

Bild 3.8 Körperschluss in einem TN-System

Tabelle 3.3 Faktoren zur überschlägigen Bestimmung der Auslöseströme von Überstromschutzeinrichtungen

Nennstrom I_n in A	**Faktor k zur Bestimmung des Auslösestromes nach der Formel $I_a = k \times I_n$**							
	Schmelzsicherung Betriebsklasse gL (gG)		*LS-Schalter der Charakteristik B*		*LS-Schalter der Charakteristik C*		*LS-Schalter der Charakteristik D*	
	Abschaltzeit t_a in s		*Abschaltzeit t_a in s*		*Abschaltzeit t_a in s*		*Abschaltzeit t_a in s*	
	0,4	5	0,4	5	0,4	5	0,4	5
2...20	8	×						
2...35(32)	×	5						
25...63	10	×	5	5	10	10	20	20
50...100	×	6						
80...100	11	×						

Schmelzsicherung in 0,4 s auslöst. Da über 186 A fließen, wäre die Abschaltbedingung erfüllt.

Wichtig bei der Planung einer Elektroinstallation ist die Berechnung der Kurzschlussbeanspruchung der Anlage. Hierfür kann DIN VDE 0102 herangezogen werden. Danach gilt es den größten und den kleinsten Dauerkurzschlussstrom zu berechnen. Für den Schutz durch automatische Abschaltung wäre der kleinste Strom entscheidend, da nur dann die Sicherheit gegeben ist, dass der entsprechende Auslösestrom auch wirklich zum Fließen kommt. In der Praxis kann der Planer für kleinere Anlagen den entsprechenden Strom, der bei einem Erdkurzschluss am Hausanschlusskasten zum fließen kommt, beim Verteilungsnetzbetreiber (VNB) erfragen. Der Rest liegt dann in seinen Händen, d.h., er muss durch die Wahl der entsprechenden Querschnitte dafür sorgen, dass auch an der letzten Steckdose, bzw. am letzten Auslass noch ein ausreichend großer Strom zum Fließen kommt.

Für Verteilungsstromkreise, also Stromkreise zur Versorgung von Verteilungstafeln oder Schaltschränken, gilt eine Abschaltzeit von $t_a \leq 5$ s. Sollen Endstromkreise von ortsfesten Betriebsmitteln der Schutzklasse I ebenfalls eine Abschaltzeit von 5 s bekommen, was z.B. wegen dem hohen Anlaufstrom bei Motoren notwendig sein kann, und sie werden aus normalen Verteilungen gespeist, aus denen auch z.B. Steckdosen versorgt werden, müssen bestimmte Bedingungen eingehalten werden. Einmal ist es möglich einen zusätzlichen Potenzialausgleich, der den Anforderungen des Hauptpotenzialausgleichs (s. Abschnitt 3.4) entspricht, im Bereich der entsprechenden Unterverteilung durchzuführen, oder der Schutzleiter der Zuleitung zum Stromkreisverteiler hat nur eine Impedanz Z_{PE} zwischen der Verteilung und dem Punkt, an dem er am Hauptpotenzialausgleich des Gebäudes angeschlossen ist, über die im Fehlerfall max. 50 V abfallen. Bild 3.9 gibt diesen letzten Sachverhalt wieder.

In den seltenen Fällen, in denen sich die Abschaltbedingung mit Überstromschutzeinrichtungen nicht einhalten lässt, kann ein zusätzlicher Potenzialaus-

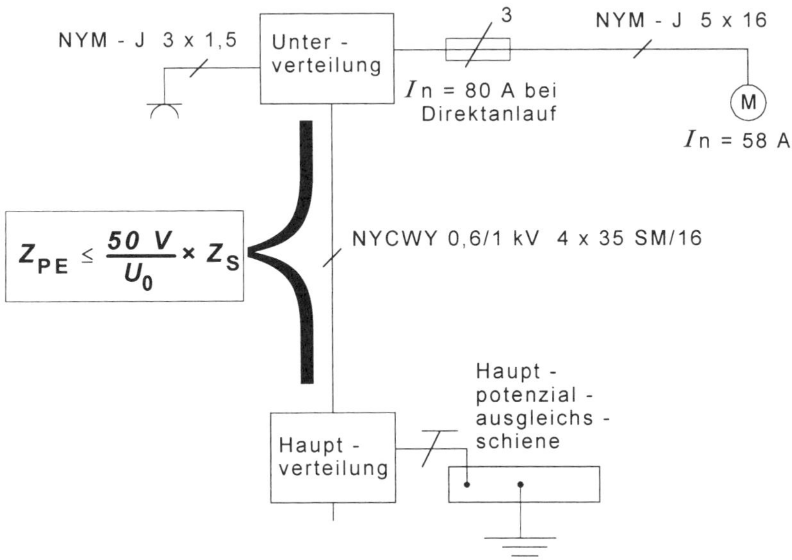

Bild 3.9 Mögliche Bedingung für eine Abschaltzeit von 5 s bei einem ortsfesten Verbraucher der Schutzklasse I

gleich durchgeführt werden. Aber auch der Einsatz einer Fehlerstromschutzeinrichtung (RCD), zumal bei stoßstromfester Ausführung (s. Abschnitt 3.10) und somit einer hohen Betriebssicherheit, wäre möglich. I.d.R. sollte der Elektroplaner allerdings dafür sorgen, dass die Schleifenimpedanz möglichst so niederohmig ist, dass mit Überstromschutzeinrichtungen der Schutz durch Abschaltung eingehalten wird. Denn diese Schutzorgane sind extrem zuverlässig, was für ein RCD nur bedingt gilt (s. Abschnitt 3.10). Letztlich hat eine große Impedanz aber auch immer einen großen Spannungsfall zur Folge (s. Abschnitt 3.5), der sich schon aus betriebstechnischen Gründen negativ auswirken kann.

Einen Nachteil des TN-Systems gilt es zu beachten. Der Schutzleiter einer Verbraucheranlage wird vom Netzbetreiber von außen in die Anlage eingeführt. Eine mögliche Fehlerspannung auf diesem PEN/PE wird somit in die Anlage übertragen, ohne dass in dieser selbst ein Fehler vorliegt. Deshalb ist eine Spannungsbegrenzung bei Erdschluss eines Außenleiters notwendig. Bild 3.10 verdeutlicht diesen Zusammenhang. Als Fehlerspannung soll hier eine Definition aus VDE 0413 Teil 1 herangezogen werden, wonach dies eine Spannung ist, die bei einem Fehler zwischen berührbaren, leitfähigen Teilen einer elektrischen Anlage und der Bezugserde auftritt. Um negative Auswirkungen klein zu halten, muss der Betriebserder R_B deutlich kleiner sein als ein möglicher Erdschlusswiderstand R_E. Früher galt deshalb für den Betriebserder die Bedingung $R_B \leq 2\ \Omega$. Heute muss Gl. 3.1, die sog. «Spannungswaage», erfüllt werden.

$$\frac{R_B}{R_E} \leq \frac{50\ \text{V}}{U_0 - 50\ \text{V}} \qquad \text{(Gl. 3.1)}$$

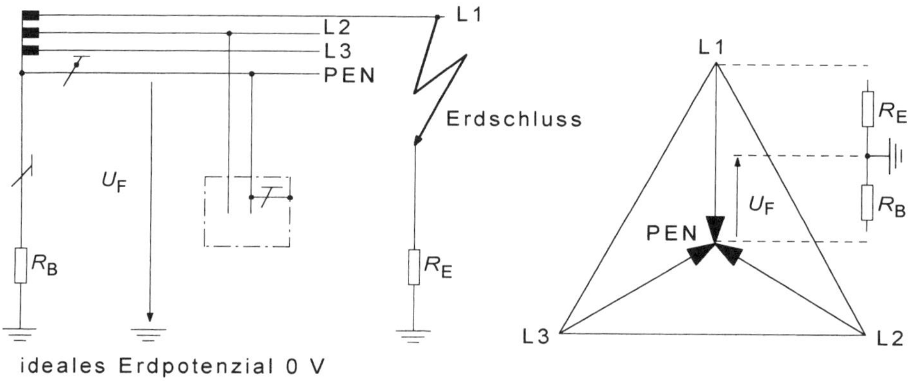

Bild 3.10 Erdschluss mit Fehlerspannung im TN-System

Demnach hat der Verteilungsnetzbetreiber, durch die Erfüllung der Spannungswaage, die Fehlerspannung U_F auf 50 V zu begrenzen.

Die Problematik soll an einem Beispiel klargemacht werden. Im öffentlichen Verteilungsnetz kommt es zu einem Erdschluss. Bild 3.11 a zeigt den entsprechenden Sachverhalt. Das Haupthaus hat einen Fundamenterder R_{A1}. Die Gartenlaube steht außerhalb des Einflussbereiches von R_{A1} (außerhalb des Hauptpotenzialausgleiches R_{HPA}) auf R_{A2}. Der Erdungswiderstand R_{A2} soll von einem metallischen Gartenbrunnenrohr gebildet werden. Die auftretende Berührungsspannung beträgt laut Bild 3.11 b 39,07 V und kann mit einem Voltmeter, dessen Innenwiderstand 1 kΩ beträgt, gemessen werden. (Der Innenwiderstand wurde so klein gewählt, um dem Körperwiderstand eines Menschen möglichst nahe zu kommen.) Sie wäre nach VDE 0100 Teil 705 von 1992 in einer Landwirtschaftlichen Betriebsstätte teilweise nicht zulässig, da hier die max. dauernd zulässige Berührungsspannung U_L = 25 V (AC) beträgt (s. Abschnitt 3.12.3).

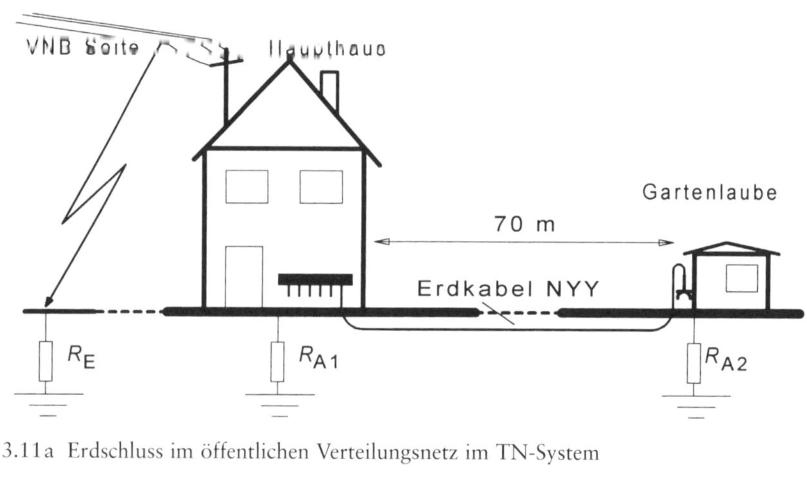

Bild 3.11 a Erdschluss im öffentlichen Verteilungsnetz im TN-System

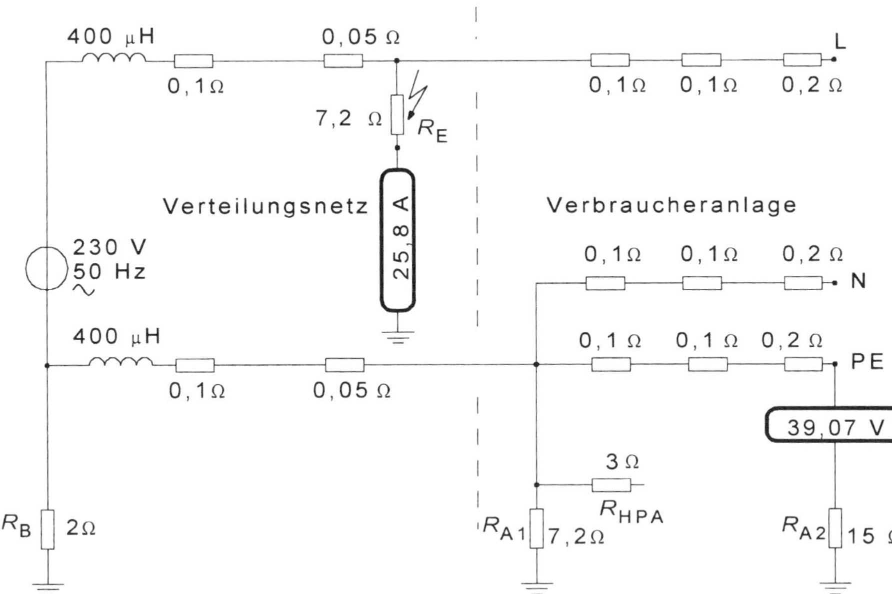

Bild 3.11b Ersatzschaltbild zum Erdschluss im öffentlichen Verteilungsnetz im TN-System

Die Berührungsspannung U_B kann bei einem Kurzschluss sogar noch größere Werte annehmen, was sich aus Bild 3.12 ergibt. Findet dieser Kurzschluss auf der Hausanschlussleitung statt, so könnte diese durchaus mit der dargestellten Schmelzsicherung von 160 A abgesichert sein, und die Abschaltzeit würde bei rund 488 A dann ungefähr 160 s betragen. Würde ein Mensch einen ortsveränderlichen Verbraucher der Schutzklasse I über die Steckdose an der Gartenlaube betreiben, könnte über diese Zeit ein gefährlicher Körperstrom fließen. Ein der Schukosteckdose vorgeschalteter Fehlerstromschutzschalter würde diesen Strom nicht registrieren, da dieser am RCD vorbei über den PE zur Erde abfließt. Die Gefahr durch diesen Fehler, der ja nicht in der Verbraucheranlage aufgetreten ist, kann jedoch durch die Erweiterung des Einflussbereiches des Hauptpotenzialausgleiches deutlich reduziert werden. Dies lässt sich z.B. dadurch realisieren, dass bei einer Verlegung des Versorgungskabels für die Laube in Erde z.B. Bandstahl von 30 mm × 3,5 mm mit in den Graben eingebracht wird. Im Haupthaus wird er an der Hauptpotenzialausgleichsschiene angeschlossen, und an der Gartenlaube werden fremde leitfähige Teile, wie ein metallischer Gartenzaun oder auch das Metallrohr eines Brunnens, mit diesem Bandstahl verbunden. Das Prinzip gibt Bild 3.13a und die Auswirkung dieser Maßnahme Bild 3.13b wieder. Wie man sieht ist die Berührungsspannung gegenüber Bild 3.11b deutlich kleiner, und denselben Effekt hat dieser Potenzialsausgleich auch bei dem Kurzschluss aus Bild 3.12.

Eine andere Möglichkeit die Gefahr zu vermeiden, besteht in der Schaffung eines TT-Systems für den Steckdosenstromkreis der Gartenlaube. Der Schutzlei-

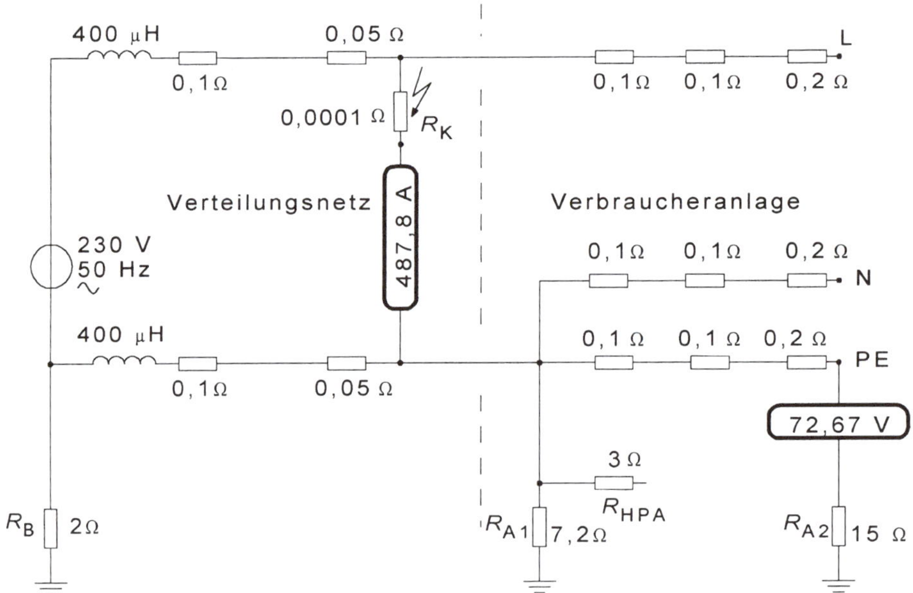

Bild 3.12 Berührungsspannung bei einem Kurzschluss auf dem Hausanschlusskabel im TN-System ohne Hauptpotenzialausgleich

ter (PE) des Haupthauses wird dann allerdings nicht benutzt, sondern das angesprochene Brunnenrohr kann, bei ausreichendem Querschnitt und entsprechendem Material (25 mm Durchmesser, 2 mm Dicke und Feuerverzinkung mit 55 µm Auflage), als Erder eingesetzt werden. Da hierbei jedoch immer die Gefahr besteht, dass dieses Rohr entfernt oder zerstört werden kann, weil die Zugehörigkeit zur Elektroanlage nicht klar ersichtlich ist, ist es besser einen eigenen Erder,

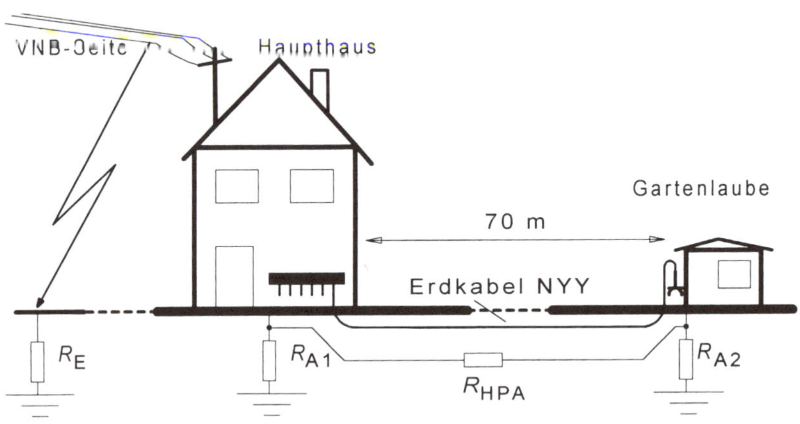

Bild 3.13a Erweiterung des Einflussbereiches des Hauptpotenzialausgleiches

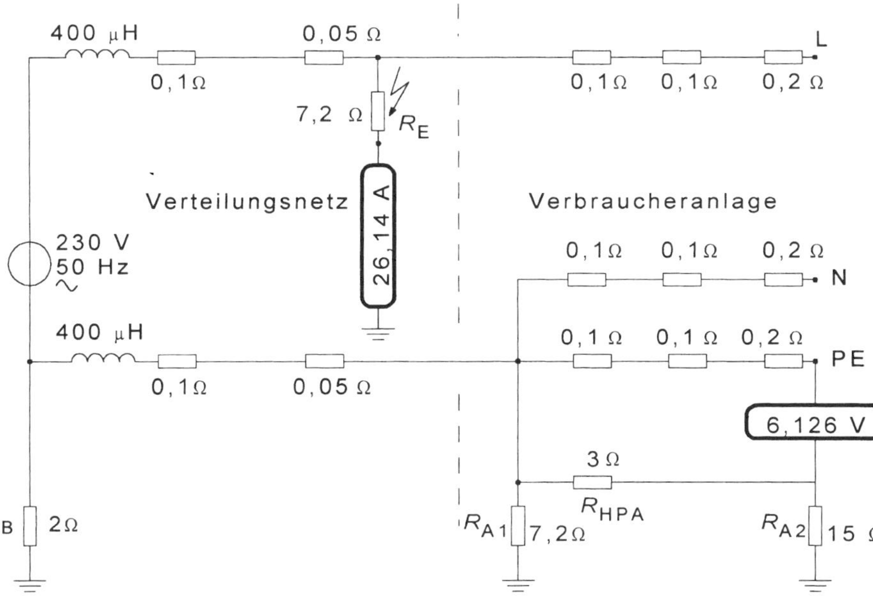

Bild 3.13b Berührungsspannung bei einem Erdschluss im öffentlichen Verteilungsnetz im TN-System bei Erweiterung des Hauptpotenzialausgleiches

z.B. einen Staberder, zu setzen. An diesen Erder werden dann fremde leitfähige Teile und der PE der Steckdose angeschlossen. Wird als Schutzeinrichtung ein RCD mit $I_{\Delta n} \leq 30$ mA verwendet, so darf der Erderwiderstand R_A bei 50 V max. zulässiger Berührungsspannung, 1,6 kΩ nicht überschreiten. Im betrachteten Beispiel wären die 15 Ω des R_{A2} also völlig ausreichend. Bild 3.14 zeigt diese Lösung des Problems. Es ist leicht zu erkennen, warum die Berührungsspannung jetzt 0 V beträgt.

Die Unabhängigkeit vom Schutzleiter des Versorgungsnetzes ist eindeutig der Vorteil eines TT-Systems, aber zu gleich auch sein Nachteil. Doch dazu gleich. Zunächst soll dieses System anhand von Bild 3.15 erst noch einmal vorgestellt werden. Als Schutzeinrichtungen sind theoretisch Schmelzsicherungen (A), Leitungsschutzschalter (B) und Leistungsschalter, sowie RCDs ohne Hilfsspannungsquelle (C), also dieselben wie im TN-System zulässig. Da die Widerstände im Fehlerstromkreis wesentlich größer als Z_S im TN-System sind, wird in Deutschland praktisch ausschließlich eine Fehlerstromschutzeinrichtung (C) eingesetzt.

Im nachfolgenden Beispiel, bei gutem Anlagenerder R_A, beträgt $I_a = 36{,}77$ A. Es handelt sich dabei um einen Körperschluss über den Widerstand R_K. Bild 3.16 zeigt die entsprechenden Zusammenhänge. Bei den rund 37 A Fehlerstrom würde es ungefähr 200 s dauern, bis die 16-A-Sicherung auslöst. Da im TT-System bei Schmelzsicherungen eine Abschaltzeit von $t_a \leq 5$ s vorgeschrieben ist, wäre diese Zeit deutlich überschritten. Allerdings beträgt im Beispiel die Berührungsspannung U_B nur 11 V, und es bestünde noch keine Gefahr von Herzkammerflim-

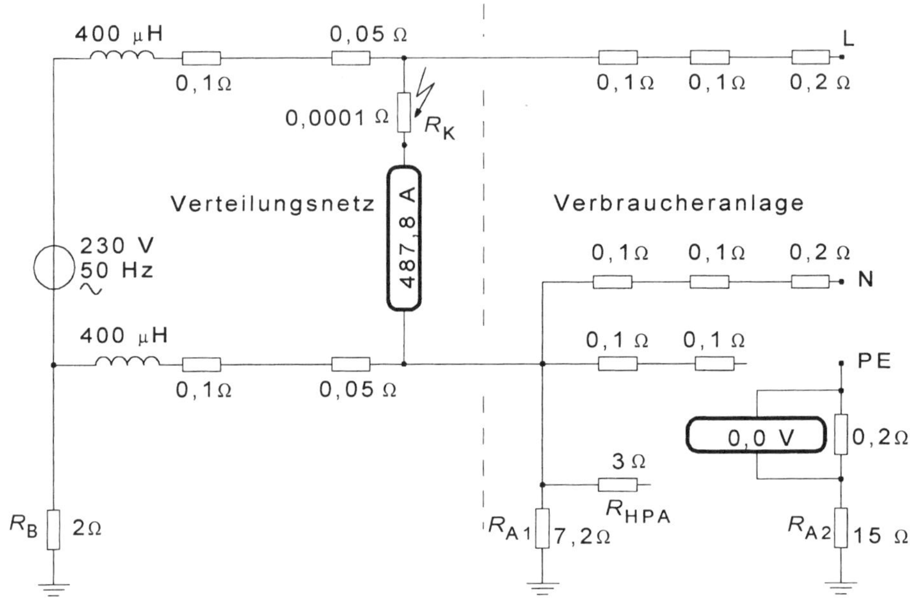

Bild 3.14 Berührungsspannung bei einem Kurzschluss auf dem Hausanschlusskabel im TN-System mit einem Übergang zum TT-System

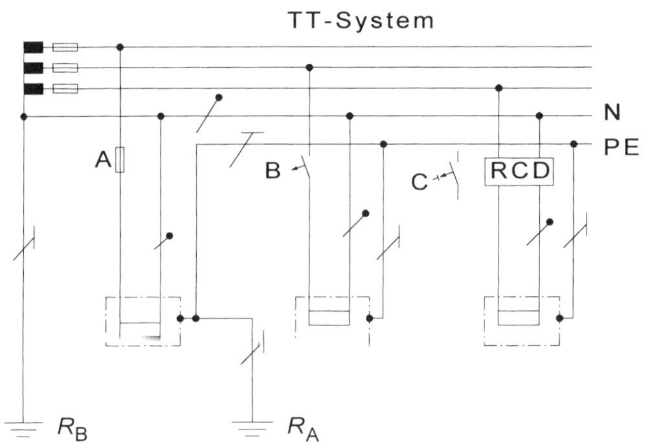

Bild 3.15 Darstellung eines TT-Systems

mern. Bei einer anderen Fehlerkonstellation könnte vielleicht ein größerer Strom fließen, wodurch die Berührungsspannung ansteigen kann. Da eine gefährliche Situation durch automatische Abschaltung unterbunden werden soll, gilt es die Abschaltbedingung des TT-Systems, $R_A \cdot I_a \leq 50$ V, einzuhalten. Nach Tabelle 3.3 gilt für die hier verwendete Sicherung ein Abschaltstrom von 5 · 16 A = 80 A damit die Abschaltzeit von 5 s eingehalten wird. Danach ergibt sich ein max. Anlagenerder inklusive der notwendigen PE-Widerstände von $R_A \leq 50$ V/80 A = 625 mΩ. Solch ein Wert für R_A lässt sich in der Praxis nur sehr schwer realisie-

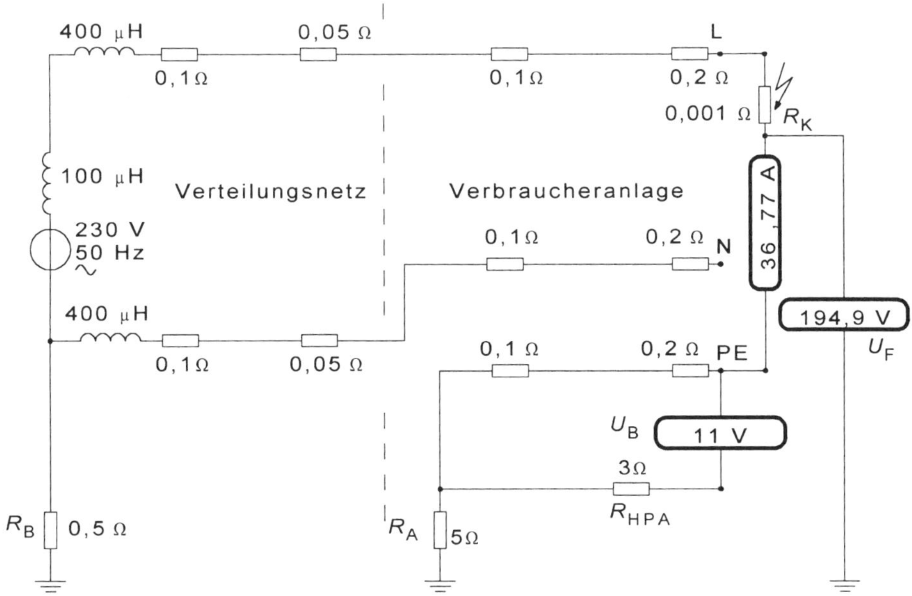

Bild 3.16 Körperschluss im TT-System

ren. Wird jedoch ein RCD mit $I_{\Delta n}$ = 500 mA eingesetzt, erhöht sich R_A auf 100 Ω, ein normalerweise ohne Schwierigkeiten zu erzielender Widerstandwert, da Fundamenterder meistens einen Wert zwischen 2…15 Ω besitzen.

Es zeigt sich also, dass das TT-System, wegen den relativ großen Widerständen in der Fehlerschleife, auf den Einsatz eines RCD angewiesen ist. Diese sehr sensible Schutzeinrichtung hat jedoch den Nachteil, dass sie eine Fehlerquote von bis zu 4 % aufweisen kann, was sich aus entsprechenden Untersuchungen ergibt. In Abschnitt 3.10 wird auf diese Problematik etwas näher eingegangen. Das soll nun nicht heißen, dass eine Fehlerstromschutzeinrichtung absolut unzuverlässig ist, denn durch regelmäßige Betätigung der Prüftaste hätten viele Fehler rechtzeitig erkannt werden können. Nur sind Überstromschutzeinrichtungen in aller Regel wesentlich zuverlässiger, und ihr Einsatz bedeutet demnach auch ein mehr an Sicherheit. Dazu ist aber das TT-System, wie eben aufgezeigt, ungeeignet.

Betrachten wir nun denselben Körperschluss in einem TN-System. Aus Bild 3.17 ergibt sich hier ein Auslösestrom von über 200 A, und die eingesetzte Schmelzsicherung würde auf jeden Fall weniger als 0,4 s für die Abschaltung benötigen, was sich aus Tabelle 3.3 klar ablesen lässt (I_a = 8 · 16 A = 128 A). Tatsächlich läge die Auslösezeit laut Herstellerangaben sogar unter 0,1 s, und damit in einem Zeitbereich, der auch für RCDs als typisch anzusehen ist. Die Berührungsspannung liegt allerdings bei über 81 V und damit bei mehr als 70 V über der im TT-System. Kleine Berührungsspannungen gelten deshalb auch als charakteristisch für ein TT-System. Dabei wird allerdings die auftretende Fehlerspannung gerne übersehen. Nach Bild 3.16 sind es fast 195 V, aber nach Bild 3.17 nur rund 115 V, wobei hier ein TN-System ohne Anlagenerder abgebildet ist, wie es

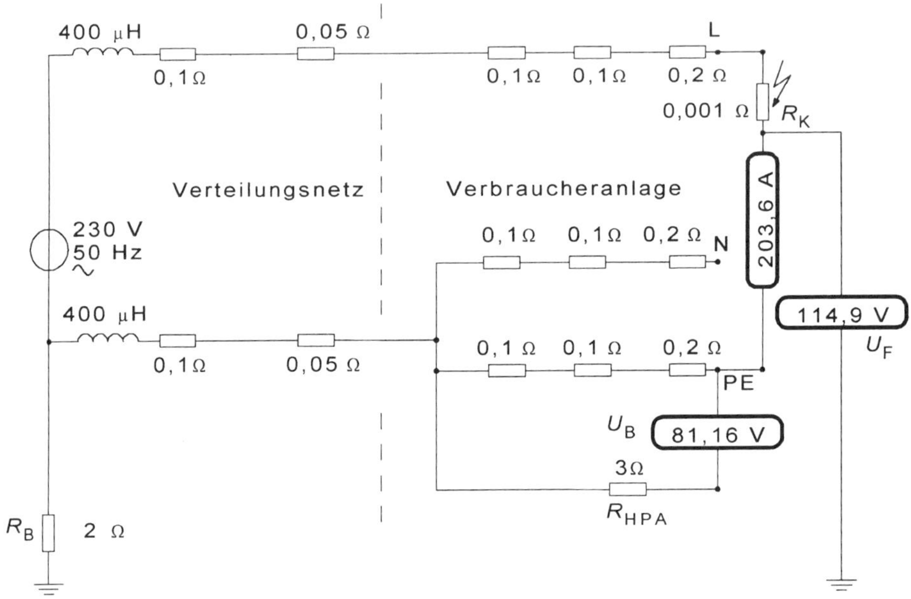

Bild 3.17 Körperschluss im TN-System

für eine Neuanlage nicht zutrifft. Bild 3.18 zeigt, dass ein vorhandener R_A die Fehlerspannung U_F noch weiter leicht absenkt. Welche Bedeutung hat nun eine Fehlerspannung?

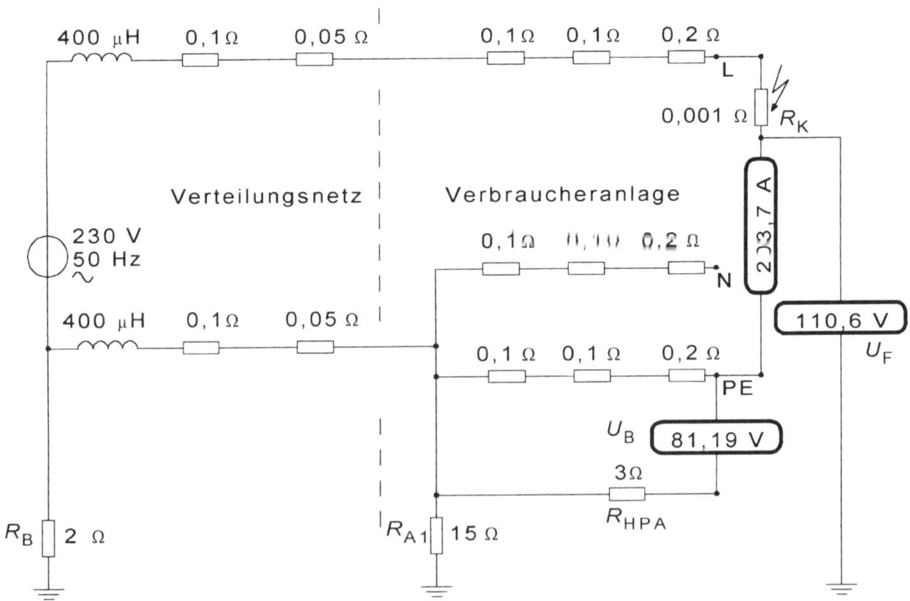

Bild 3.18 Fehlerspannung im TN-System mit Anlagenerder

Nun, dazu kommen wir noch einmal auf die Gartenlaube, die außerhalb des Einflussbereiches des Hauptpotenzialausgleiches, aber in der Einwirkung von einem anderen Erder, nämlich R_{A2} liegt, zurück. Bild 3.19 zeigt hierzu die Verhältnisse in einem TN-System und Bild 3.20 für ein TT-System. Es wird ersichtlich, dass fast die gesamte Fehlerspannung an der Gartenlaube als Berührungsspannung U_{B2} abgegriffen werden kann. Das Voltmeter zur Messung der Fehlerspannung hat hier übrigens einen Innenwiderstand von 1 MΩ, das für die Berührungsspannung einen von 1 kΩ, so dass hierbei die Verhältnisse der Berührung durch einen Menschen sehr nahe kommen. Es zeigt sich also, dass ein TT-System im Fehlerfall außerhalb des Wirkungsbereiches des Anlagenerders zu einer höheren Berührungsspannung führen kann, als bei einem TN-System.

Natürlich würde ein vorgeschaltetes, funktionstüchtiges RCD mit $I_{\Delta n} \leq 30$ mA rechtzeitig abschalten, aber dies geschieht im TN-System ja auch, und zwar ohne wenn und aber. Und letztlich kann eine entsprechende Fehlerstromschutzeinrichtung im TN-System ja noch zusätzlich zu den Überstromschutzeinrichtungen verwendet werden. Falls dieser Zusatzschutz jedoch einmal nicht funktioniert, gibt es dann immer noch die Rückversicherung über die Überstromschutzeinrichtung. Das TT-System bietet diese Option leider nicht.

Auswirkungen des Hauptpotenzialausgleiches auf die Berührungs- und Fehlerspannung in den beiden Systemen, werden übrigens im Abschnitt 3.4 noch näher beleuchtet. Abschließend lässt sich feststellen, dass zwar U_B i.Allg. in einem TT-System direkt über die Größe des Anlagenerders bestimmt wird und dadurch

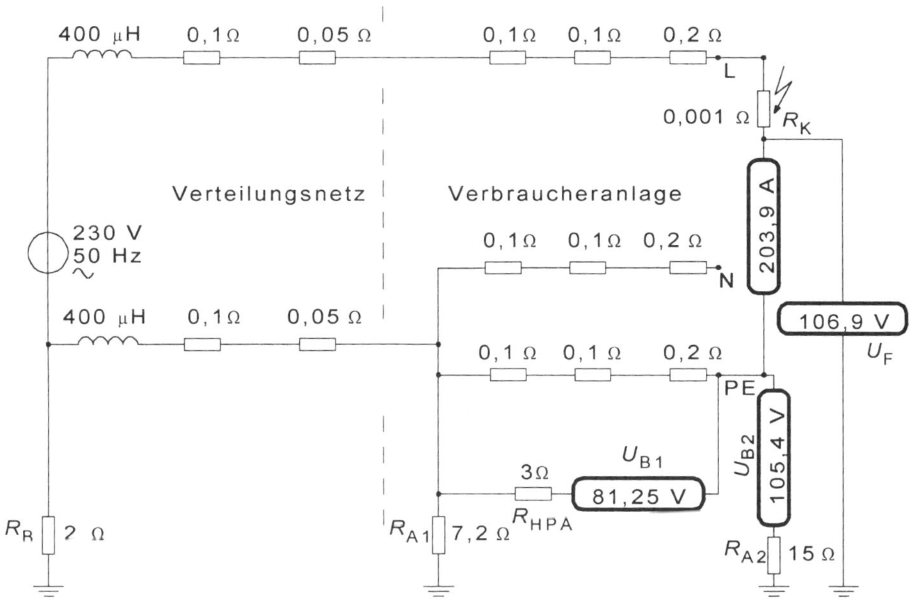

Bild 3.19 Berührungsspannung außerhalb des Einflussbereiches des Hauptpotenzialausgleiches im TN-System

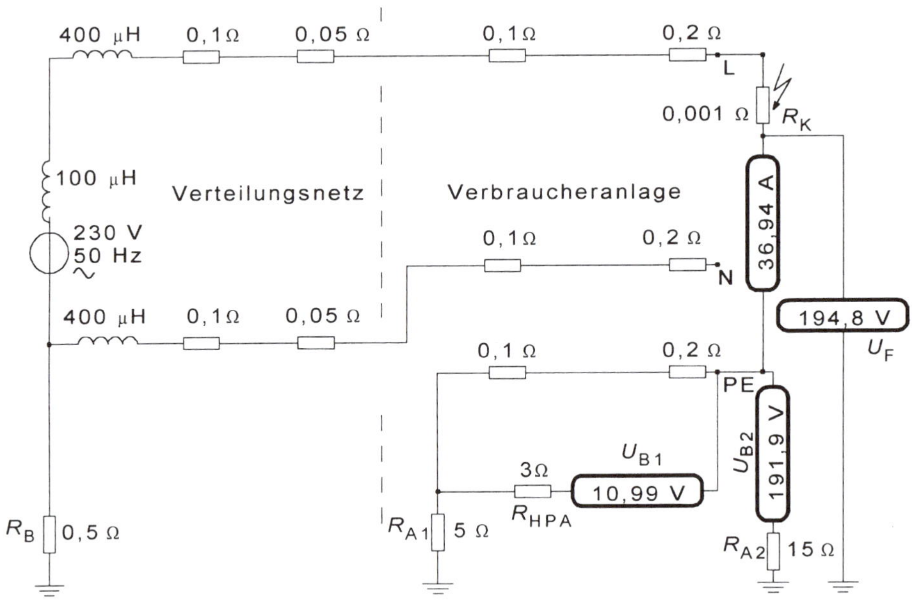

Bild 3.20 Berührungsspannung außerhalb des Einflussbereiches des Hauptpotenzialausgleiches im TT-System

innerhalb der Anlage auch relativ kleine Werte annimmt, aber dieser Vorteil mit dem Nachteil des notwendigen Einsatzes einer Fehlerstromschutzeinrichtung erkauft werden muss. In Österreich wurde dieses Problem erkannt, und es gibt deshalb eine Nullungsverordnung, nach der neue Netze als TN-Systeme aufzubauen sind, und bestehende TT-Systeme langfristig betrachtet umgebaut werden müssen, so dass auch dort eine «moderne Nullung», also ein TN-S-System, möglich wird.

3.4 Bedeutung des Hauptpotenzialausgleiches

Die grundsätzliche Aufgabe eines Potenzialausgleiches ist es, gefährliche Potenzialunterschiede zu unterbinden, damit Berührungsspannungen möglichst klein bleiben. Betrachtet man ein Gebäude aus elektrotechnischer Sicht, so besteht es aus einem Widerstandsnetzwerk. Gebäudeteile und Installationen können hoch- oder niederohmig sein, und somit kann jeder Teilwiderstand einen anderen Wert haben. Bild 3.21 versucht diesen Sachverhalt zu veranschaulichen. Natürlich sind bei dieser Darstellung unendlich viele Variationen möglich. Das macht exakte Berechnungen eigentlich unmöglich, und es gilt eine Ersatzschaltung zu finden, die für die Betrachtungen zum Hauptpotenzialausgleich das Wesentliche widerspiegelt. Dabei gilt es z. B. zu beachten, dass eine metallische Wandhalterung eines leitfähigen Rohres, über die Stahlbewehrung im Beton, mit dem Erdpotenzial in

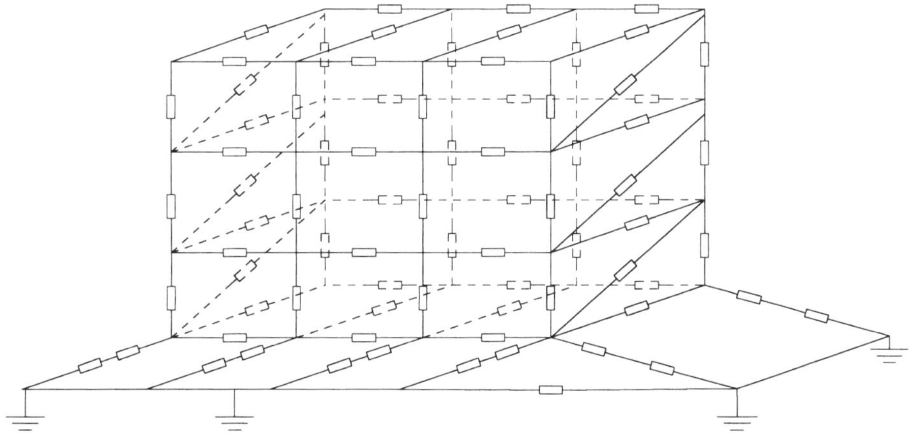

Bild 3.21 Darstellung eines Gebäudes als ein Widerstandsnetzwerk

Verbindung steht. Kommt es zu einem Körperschluss, dann ergeben sich unterschiedliche Potenziale und Potenzialgefälle. Die reale Situation lässt sich somit über Widerstandsersatzschaltungen nur schwer nachbilden. Wichtig ist, dass ein Potenzialausgleich dafür sorgen soll, dass es bei gleichzeitig berührbaren Teilen nicht zu einer gefährlichen Berührungsspannung kommt.

Zunächst soll ein TN-System in einem Gebäude ohne Hauptpotenzialausgleich, jedoch mit einem Fundamenterder R_A, der sich in die Teilwiderstände R_{A1} und R_{A2} aufteilt, betrachtet werden. Der Übersichtlichkeit wegen wird das System nur 2-polig dargestellt, und es muss betont werden, dass dies insgesamt eine starke Vereinfachung bedeutet. Aufgrund der Komplexität sollte auch klar sein, dass die nachfolgenden Darstellungen immer nur Tendenzen aufzeigen können. Bei allen nun folgenden Bildern gilt, dass der Innenwiderstand eines Amperemeters 1 µΩ, der eines Voltmeters zur Messung der Fehlerspannung U_F 40 kΩ, und der Spannungsmesser für die Berührungsspannung U_B 1 kΩ besitzt.

In Bild 3.22 soll bei Erdarbeiten auf dem Hausanschlusskabel ein Kurzschluss über den Widerstand R_K entstanden sein. Die Abschaltzeit der 160-A-Sicherung beträgt in diesem Beispiel, bei rund 470 A, ungefähr 160 s. Über den Übergangswiderstand $R_Ü$ steht ein Wasserrohr aus Kupfer und dem elektrischen Widerstand R_{Rohr}, mit dem Anlagenerder in Verbindung. Wie man sieht, ist kein Hauptpotenzialausgleich durchgeführt, denn der Anlagenerder $R_A = R_{A1} + R_{A2}$, ist weder mit dem Schutzleiter der Anlage noch mit dem Wasserrohr verbunden. Durch den Kurzschluss entsteht eine Berührungsspannung von ungefähr 70 V. Es soll hier übrigens nicht unterschieden werden in die zu erwartende Berührungsspannung U_{TP} und die tatsächlich auftretende U_T, sondern es wird allgemein von der Berührungsspannung U_B gesprochen. Bild 3.23 zeigt nun sehr deutlich, dass alleine schon die Verbindung des Schutzleiters (PE) mit dem Anlagenerder zu einer drastischen Reduktion von U_B führt. Wird jetzt noch zusätzlich das Wasserrohr direkt über den Widerstand R_{HPA} mit in den Hauptpotenzialausgleich einbezogen,

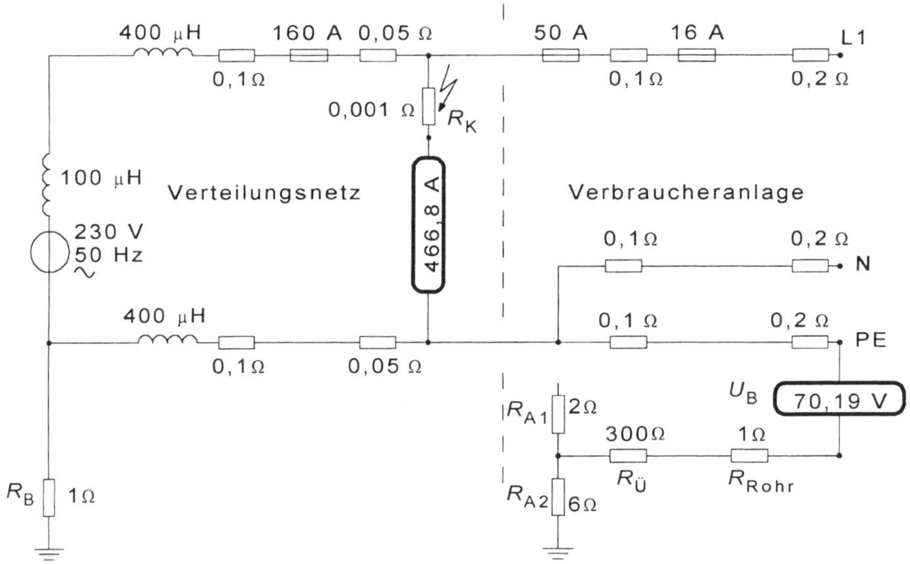

Bild 3.22 Berührungsspannung ohne Hauptpotenzialausgleich

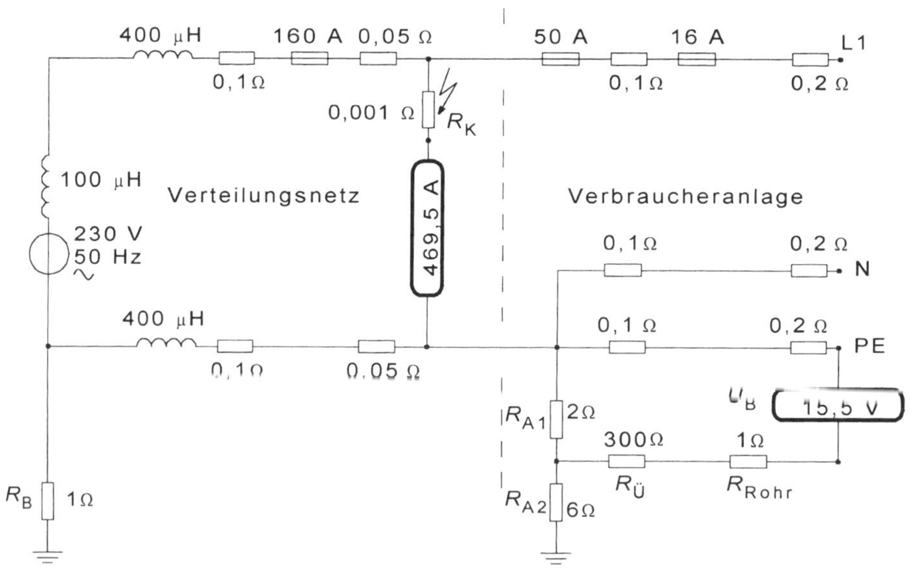

Bild 3.23 Berührungsspannung ohne vollständigen Hauptpotenzialausgleich

wie es ja von entsprechenden Vorschriften gefordert wird, so sinkt die Spannung auf nahezu 0 V! Dies wird aus Bild 3.24 ersichtlich, wobei hier aber auch deutlich wird, dass die Fehlerspannung immer noch gefährliche Werte aufweist. Die daraus entstehenden Probleme werden in Abschnitt 3.3 ausführlich behandelt.

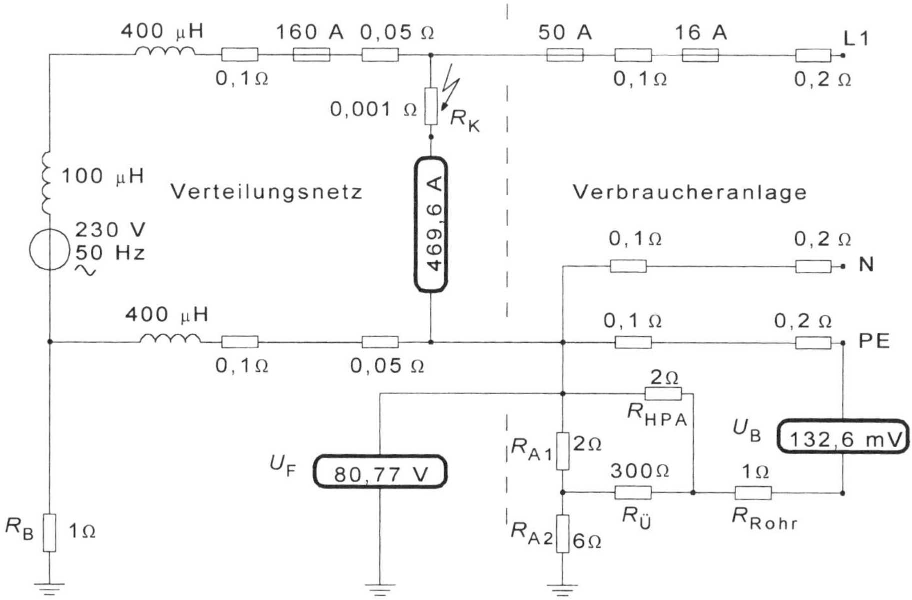

Bild 3.24 Berührungsspannung bei vollständigem Hauptpotenzialausgleich

Als nächstes soll ein Körperschluss in einem TN-System betrachtet werden. Ohne Hauptpotenzialausgleich ergibt sich nach Bild 3.25 eine Berührungsspannung von über 66 V. Wird Vorschriftengemäß verfahren, so zeigt Bild 3.26, dass die Berührungsspannung immer noch über dem normal zulässigen Wert von 50 V liegt. Der Hauptpotenzialausgleich hat hier also nicht die gleiche Wirkung wie bei einem Fehler auf dem Versorgungsnetz. Es ist also wichtig, dass der Fehlerschutz, Schutz durch automatische Abschaltung, funktioniert. Im betrachteten Beispiel übernimmt das die 16-A-Sicherung, die bei der Betriebsklasse gL und einem Strom von über 186 A schon nach weniger als 0,2 s den Stromfluss unterbindet. Folglich kann es auch nicht zu Herzkammerflimmern kommen (s. Abschnitt 3.2).

Nun soll derselbe Fehler in einem TT-System betrachtet werden. Zuerst zeigt Bild 3.27 die Situation ohne Hauptpotenzialausgleich. Zwar ist die Berührungsspannung hier kleiner, aber in einer landwirtschaftlichen Betriebsstätte wären 40 V im Standbereich der Nutztiere auch ungünstig. Nach Bild 3.28 zeigt es sich, dass hierbei die Wirkung des Hauptpotenzialausgleiches zu einer deutlichen Reduzierung von U_B führt. Aber die hohe Fehlerspannung von fast 190 V birgt hier doch ein erhebliches Gefährdungspotenzial, und es ist deshalb wichtig, dass das eingesetzte RCD eine schnelle Abschaltung übernimmt (s. Abschnitt 3.3).

Damit die grundsätzlich positive Wirkung des Hauptpotenzialausgleiches voll zur Geltung kommt, muss dieser natürlich ordnungsgemäß geplant und durchgeführt werden. Zunächst gilt es zu klären, was alles einbezogen werden muss, wobei dabei zu bedenken ist, dass eigentlich alle fremden leitfähigen Teile mit dem Schutzleiter und dem Erder der Anlage zu verbinden sind. Nur lässt sich das

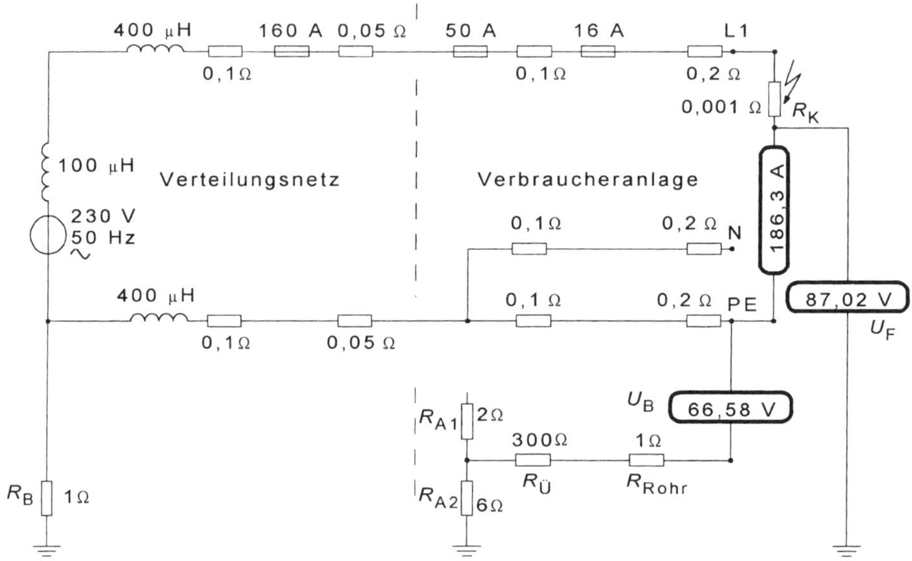

Bild 3.25
Berührungs- und Fehlerspannung bei einem Körperschluss ohne Hauptpotenzialausgleich

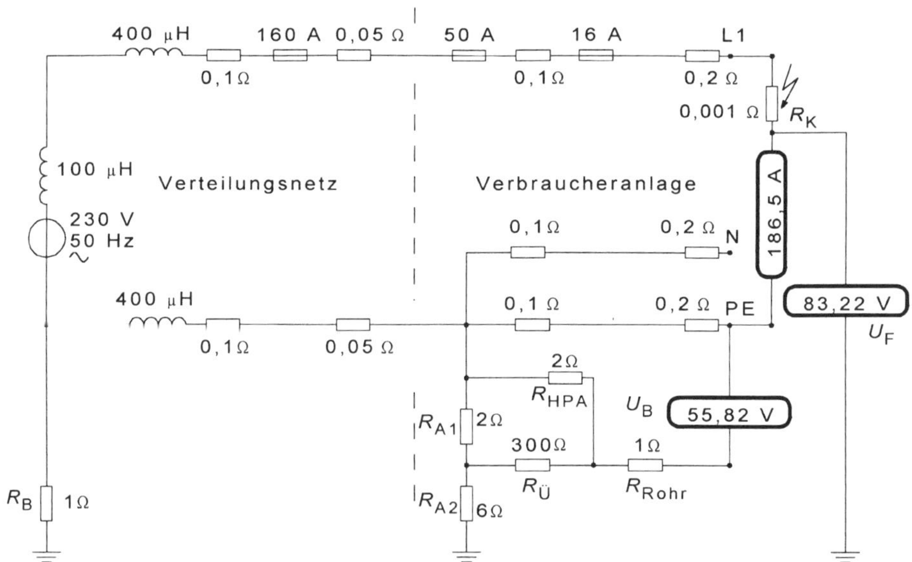

Bild 3.26
Berührungs- und Fehlerspannung bei einem Körperschluss mit Hauptpotenzialausgleich

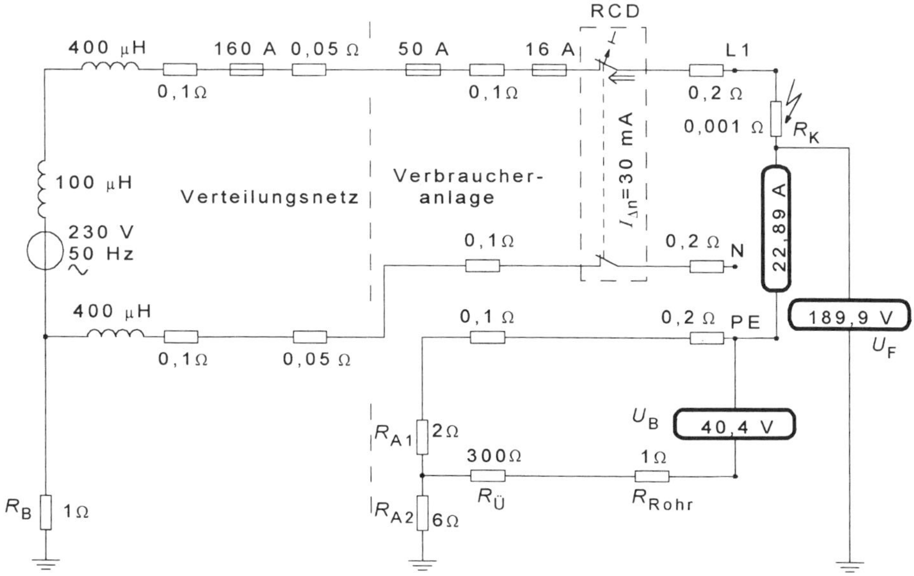

Bild 3.27 Körperschluss im TT-System ohne Hauptpotenzialausgleich

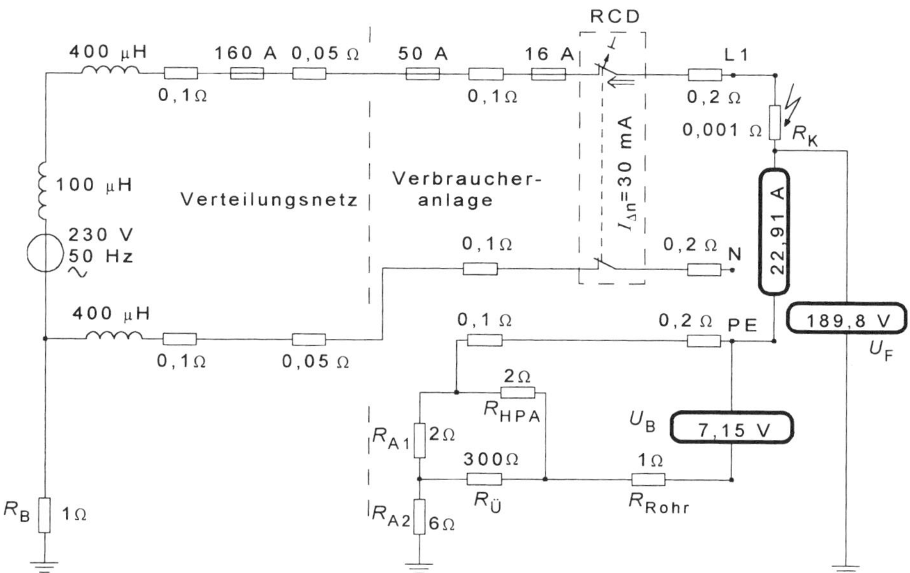

Bild 3.28 Körperschluss im TT-System mit Hauptpotenzialausgleich

nicht immer so realisieren. Auf jeden Fall gehören der Hauptschutz- und Haupterdungsleiter (PEN/PE; Fundamenterder) dazu, die sowohl an der Hauptpotenzialausgleichsschiene (Haupterdungsklemme) mit den leitfähigen Rohren der Wasser- und Gasversorgung als auch mit Metallteilen der Gebäudekonstruktion, der Zentralheizungs- und Klimaanlage zu verbinden sind. Eine vorhandene Blitzschutzanlage wird ebenso dort angeschlossen, wie, soweit möglich, wesentliche Teile der Metallbewehrung des Betons. Auch metallische Umhüllungen der Fernmeldekabel gehören in den Hauptpotenzialausgleich. Allerdings muss dazu der entsprechende Betreiber oder Eigentümer des Fernmeldesystems seine Zustimmung geben. Lehnt er dies ab, so trägt er aber auch die Verantwortung, dass dadurch keine gefährliche Situation entsteht.

Grundsätzlich werden einzubeziehende Teile, die von außerhalb in das Gebäude kommen, möglichst nahe an ihrem Eintrittspunkt miteinander verbunden. Dies ist üblicherweise der Hausanschlussraum (s. Abschnitt 2.2.1.1). Den Querschnitt dieser Potenzialausgleichsleitungen betreffend muss beachtet werden, dass die nun folgenden Angaben nicht für die Erdungsleitung einer Antennen- oder Blitzschutzanlage gelten, da hierfür andere Vorgaben berücksichtigt werden müssen, wie sie in den Abschnitten 2.2.6.1 und 2.2.4.1 enthalten sind. Bemessungsgrundlage für den Hauptpotenzialausgleich ist nach DIN VDE 0100-540 der Querschnitt des größten Schutzleiters der Anlage. Dies ist der größte PE-Querschnitt, der vom Hauptverteiler abgeht. Normalerweise wird unter einem Hauptverteiler die erste niederspannungsgemäße Aufteilung nach der Einspeisung verstanden. Da die gültigen VDE-Bestimmungen keine exakte Definition geben, orientieren sich viele Sachverständige an einer früheren Norm, der VDE 0190, nach der die zentrale Zähleranordnung eines Mehrfamilienhauses als Hauptverteiler angesehen werden konnte. Die Leiter des Hauptpotenzialausgleiches (HPA) müssen die Hälfte dieses Schutzleiterquerschnittes aufweisen, jedoch mindestens 6 mm^2. Bei sehr großen Querschnitten reichen auch 25 mm^2 Kupfer bzw. leitwertgleiche Materialien. In Bild 3.29 wird links die Dimensionierung des HPA bei einem 1-Familien-Haus mit Zählerschrank und integriertem Stromkreisverteiler dargestellt. Als Hauptverteiler wird hier der Hausanschlusskasten (HAK) angesehen. Folglich ist der Schutzleiterquerschnitt der Hauptleitung maßgebend. Jetzt wird die Betrachtung etwas schwierig. Der verlegte Querschnitt des PEN-Leiters beträgt 25 mm^2. Nach DIN VDE 0100-540 reichen bei 25 mm^2 Außenleiterquerschnitt für den Schutzleiter 16 mm^2 aus. Rein formal besteht nun die Möglichkeit, sich auf die 16 mm^2 zu beziehen. Somit beträgt der Querschnitt des HPA $0{,}5 \cdot 16$ mm^2 = 8 mm^2, und es wird der nächstgrößere Normquerschnitt, nämlich 10 mm^2, eingesetzt. Das rechte Beispiel in Bild 3.29 steht für ein Mehrfamilienhaus, bei dem der dargestellte Zählerschrank, wie schon erwähnt, als Hauptverteiler angesehen werden kann. Somit sind die 10 mm^2 PE-Querschnitt der Verbindungsleitungen zu den Stromkreisverteilern für den HPA bestimmend. Daraus ergibt sich die abgebildete Dimensionierung, also $0{,}5 \cdot 10$ mm^2 = 5 mm^2 und damit ein Normquerschnitt von 6 mm^2. Die etwas eigentümliche Situation, dass der Querschnitt für den Hauptpotenzialausgleich im 1-Familien-Haus, bei kleinerem Hauptleitungsquerschnitt als im Mehrfamilienhaus, trotzdem größer

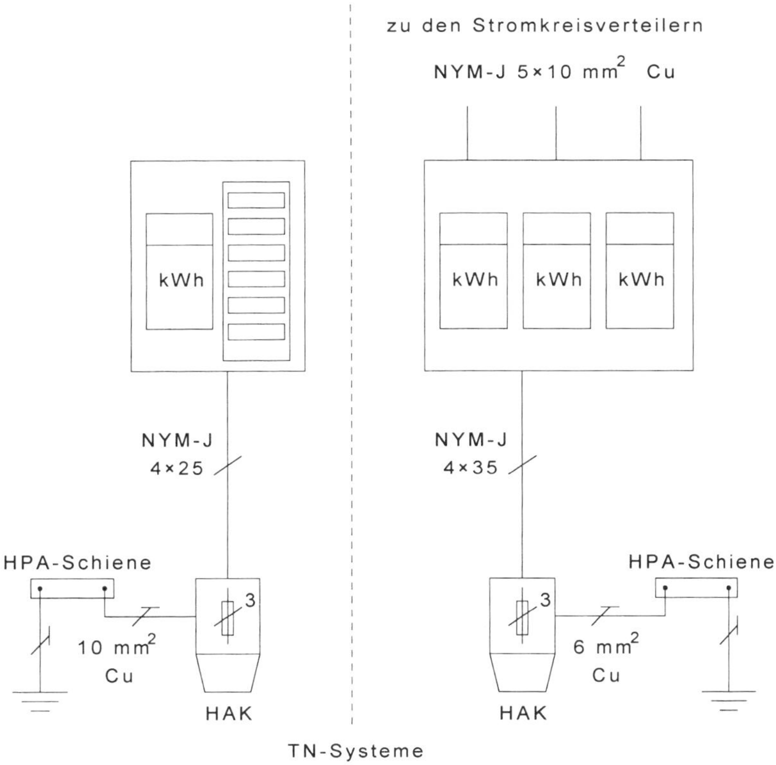

Bild 3.29 Dimensionierungsbeispiele für den Querschnitt des Hauptpotenzialausgleiches

ist, bleibt in Fachkreisen keineswegs unbestritten. Dieser Mindestquerschnitt (6 mm²) sollte aber auch nur dann verwendet werden, wenn die Hauptleitung sehr kurz, z.B. 2 m, ist. Sicherer ist es jedenfalls, auch im Mehrfamilienhaus den Schutzleiterquerschnitt der Hauptleitung als Bemessungsgrundlage heranzuziehen. In dem dargestellten Beispiel würde das zu 10 mm² führen, da bei 35 mm² Außenleiterquerschnitt, der PE mit 16 mm² zu berücksichtigen ist. Natürlich könnte man sich auch am verlegten PE-Querschnitt orientieren, was dann zu größeren Querschnitten des Hauptpotenzialausgleiches führt. Dies ist aber sicherlich keine wirtschaftliche Sichtweise, und es sollte auch nicht vergessen werden, dass es möglich ist, den Schutzleiter separat zu verlegen.

Dabei darf ein Mindestquerschnitt von 2,5 mm² bei mechanisch geschützter und 4 mm² bei ungeschützter Verlegung nicht unterschritten werden. Die Berechnungsformel lautet dann $S = I \cdot \sqrt{t}/k$ und gilt für eine Abschaltzeit von bis zu 5 s. Darin ist S der PE-Querschnitt, I der Effektivwert eines Fehlerstroms, t die tatsächliche Abschaltzeit und k ein spezieller Materialfaktor, der sich z.B. aus Tabellen in DIN VDE 0100-540 ergibt. Gesetzt den Fall, die Schmelzsicherung im HAK hat einen Nennstrom von 100 A, dann führt ein Strom von $I = 11 \cdot 100$ A = 1100 A innerhalb von $t = 0{,}4$ s zur Abschaltung (s. Abschnitt 3.3, Tabelle 3.3).

Falls dieser Strom auf dem Hauptstromversorgungssystem auch zum Fließen kommen kann, und der Materialbeiwert mit k = 143 A · $\sqrt{s}$/mm^2 angenommen wird, führt die Berechnung zu einem Querschnitt von S = 4,87 mm^2. Der einzeln verlegte Schutzleiter müsste dann also einen Normquerschnitt von 6 mm^2 Cu besitzen. Daraus ergebe sich ein Querschnitt des HPA mit ebenfalls 6 mm^2, und somit hätte er die gleiche Größe wie im Bild 3.29 dargestellt. Man sieht also, dass die Dimensionierung über die Stromkreisverteilerzuleitungen durchaus ihre Berechtigung haben kann.

Wird im TN-System der Hauptpotenzialausgleich i.d.R. mit dem PEN-Leiter im HAK oder auch im Hauptverteiler verbunden, so wird diese Verbindung im TT-System, quasi automatisch, an der HPA-Schiene durchgeführt, da ja hier der Hauptschutzleiter und der Anlagenerder zusammengeführt werden. Für die Querschnittbestimmung des Hauptschutzleiters im TT-System drängt sich die Formel $S = I \cdot \sqrt{t}/k$ geradezu auf, denn der max. Fehlerstrom ist hier meistens relativ klein (s. Abschnitt 3.3). Vernachlässigt man den Innenwiderstand des Versorgungsnetzes und die Außenleiterwiderstände, so sind die strombegrenzenden Widerstände praktisch nur noch der Anlagenerder R_A inklusive der Anschlussleitungen (PE) und der Betriebserder. Nimmt man die 230 V als max. Spannung, die den Fehlerstrom über diese Widerstände treibt, so wird diese Annahme leicht bestätigt. An einem einfachen Beispiel kann dieser Sachverhalt aufgezeigt werden. Der Betriebserder R_B soll 0,5 Ω und der R_A = 2 Ω betragen. Daraus folgt für den Fehlerstrom I_F ein Wert von 230 V/2,5 Ω = 92 A. Da im TT-System üblicherweise ein RCD eingesetzt wird, kommt es spätestens nach t = 0,3 s zur Stromflussunterbrechung. Die Rechnung 92 A · $\sqrt{(0{,}3\ \text{s})}$/(143 A · $\sqrt{s}$/mm^2) ergibt einen Schutzleiterquerschnitt von rund 0,35 mm^2. Demnach müsste bei ungeschützter Verlegung ein Mindestquerschnitt von 4 mm^2 verwendet werden, und die zugehörigen Leiter des Hauptpotenzialausgleiches hätten 6 mm^2, wären also größer als der Hauptschutzleiterquerschnitt.

Abschließend sei noch einmal daran erinnert, dass der HPA zwar kein Ersatz für den Fehlerschutz, aber doch eine wichtige Ergänzung darstellt. Und es ist sowohl wichtig ihn richtig zu Dimensionieren als auch die elektrische Anlage erst nach vollständig ausgeführtem Hauptpotenzialausgleich mit dem Versorgungsnetz zu verbinden.

3.5 Berechnung des Spannungsfalles auf Leitungen und Kabel

Ein mögliches Ersatzschaltbild einer 2-adrigen Leitung, das genauso auch für ein Kabel gilt, zeigt Bild 3.30. Zu beachten ist, dass jedes Teilstück der Leitung, d.h. jeder Meter, jeder Zentimeter usw. so zu betrachten ist. Nur mit Hilfe der Differenzialrechnung lässt sich eine genaue Herleitung von Gleichungen durchführen. In diesem Buch soll aber weitgehend auf die höhere Mathematik verzichtet werden. Im Niederspannungsbereich kann dies im Zusammenhang mit dem Spannungsfall ohne großen Verlust an Genauigkeit geschehen. Betrachtet man die einzelnen Bauteile der Ersatzschaltung etwas genauer, lässt sich die Schaltung noch

Bild 3.30
Ersatzschaltbild einer 2-adrigen Leitung

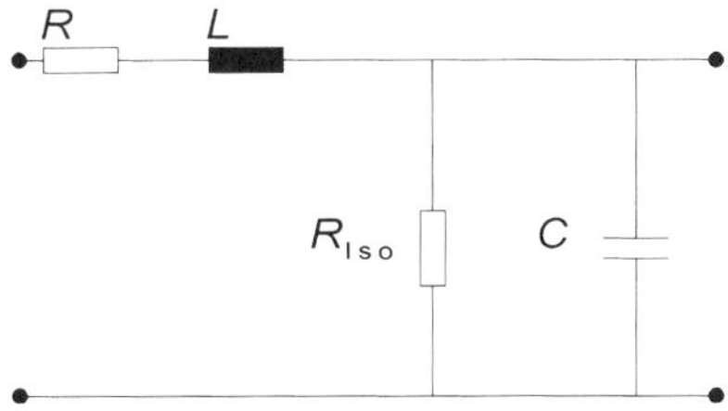

vereinfachen. Da der Isolationswiderstand im hohen MΩ-Bereich liegt, kann hier $R_{\text{Iso}} \approx \infty$ angenommen werden. Solange die Frequenz $f \leq 50$ Hz beträgt und Lade-/Entladevorgänge unberücksichtigt bleiben, gilt für $C \approx 0\ \text{F} \rightarrow X_C \approx \infty$. Die Induktivität L ist leider nur bei kleinen Querschnitten vernachlässigbar. Deshalb gelten nachfolgende Darstellungen streng genommen nur für $A \leq 16\ \text{mm}^2$. Für das Verständnis ist es aber erst einmal einfacher, die Induktivität nicht zu berücksichtigen. In Abschnitt 3.5.4 sind dann die allgemeingültigen Formeln, also auch für große Leiterquerschnitte, angegeben.

3.5.1 Stichleitung ohne Abzweige

Als erstes wird nun ein Verbraucher an einer Leitung bei Gleichspannung bzw. bei Wechselspannung und einem Leistungsfaktor $\cos\varphi = 1$ betrachtet. In Bild 3.31 sieht man diese Schaltung mit den Leiterwiderständen $R_{\text{Leiter 1}} = R_{\text{Leiter 2}} = R_{\text{Leiter}}$ und dem Verbraucherwiderstand R_{Last}. Die Länge der Kupferleitung beträgt 49,5 m und der Leiterquerschnitt 1,5 mm². Bei einer Leitfähigkeit von γ = 56 m/(Ω mm²) bei 20 °C und einer Umgebungstemperatur von 25 °C ist $R_{\text{Leiter}} \approx$ 0,6 Ω. Der Verbraucher soll eine Bemessungsleistung (Nennleistung) von 2,3 kW bei einer Bemessungsspannung (Nennspannung) von 230 V besitzen. Der Widerstand R_{Last} ist als spannungs- und temperaturunabhängig anzusehen. Der Innen-

Bild 3.31
Spannungen auf einer belasteten Leitung bei Gleichstrom

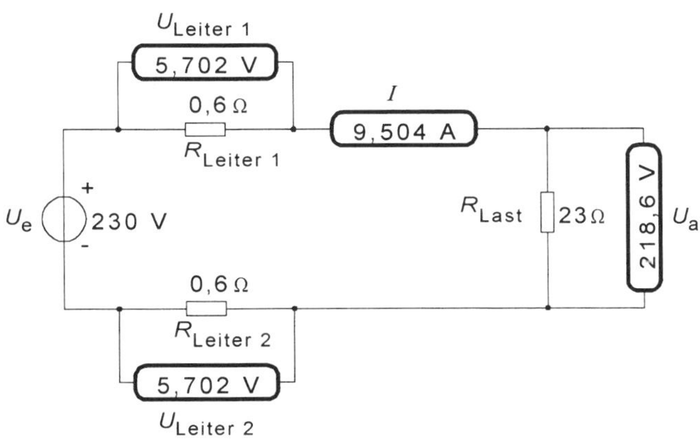

widerstand der Spannungsquelle wird mit 0 Ω, der des Amperemeters mit 1 nΩ und des Voltmeters mit 100 MΩ angenommen. Nachfolgende Berechnungen bestätigen bei einer Eingangsspannung U_e = 230 V die Messergebnisse aus Bild 3.31.

$$U_e = 230\text{ V};\ P_n = 2{,}3\text{ kW};\ l = 49{,}5\text{ m};\ \gamma = 56\,\frac{\text{m}}{\Omega\cdot\text{mm}^2}$$

$$\alpha_{20} = 3{,}9\cdot 10^{-3}\cdot\text{K}^{-1};\ \vartheta = 25\,°\text{C};\ A_{Cu} = 1{,}5\cdot\text{mm}^2;\ R_{Last} = 23\ \Omega$$

$$R_{Leiter20} = \frac{l}{\gamma\cdot A_{Cu}} \Rightarrow R_{Leiter20} = 0{,}5893\ \Omega\text{, das ist der Widerstand bei } 20\,°\text{C}$$

$$R_{Leiter} = R_{Leiter20}\cdot\left[1 + \alpha_{20}\cdot(\vartheta - 20\,°\text{C})\cdot\frac{\text{K}}{°\text{C}}\right]$$

$$\Rightarrow R_{Leiter} = 0{,}6008\ \Omega\text{, das ist der Widerstand bei } 25\,°\text{C}$$

$$I = \frac{U_E}{2\cdot R_{Leiter} + R_{Last}} \Rightarrow I = 9{,}5\text{ A} \Rightarrow U_{Leiter1} = I\cdot R_{Leiter}$$

$$\Rightarrow U_{Leiter1} = 5{,}71\text{ V};\ U_a = I\cdot R_{Last} \Rightarrow U_a = 218{,}59\text{ V}$$

Da es sich um eine Reihenschaltung handelt, lassen sich der Hin- und Rückwiderstand der Leitung zu einem $R_{Leitung} = 2\ R_{Leiter}$ zusammenfassen, wodurch die Spannung auf der Leitung $U_{Leitung} = 2\cdot 5{,}7\text{ V} = 11{,}4\text{ V}$ beträgt. Bild 3.32 zeigt, dass sich dadurch die Ausgangsspannung nicht ändert. In der Praxis interessiert nur die Spannungsdifferenz $\Delta U = U_e - U_a$. Bei Gleichspannung und auch bei Wechselspannung mit $\cos\varphi = 1$ gilt: $\Delta U = U_{Leitung}$! Die Berechnung von ΔU erfolgt mit der Gleichung Gl. 3.2.

$$\Delta U = \frac{2\cdot l\cdot I}{\gamma\cdot A} \quad\text{und}\quad I = \frac{P_n}{U_n} \Rightarrow \Delta U = \frac{2\cdot l\cdot P_n}{\gamma\cdot A\cdot U_n} \qquad \text{(Gl. 3.2)}$$

Da bei der Planung einer Anlage nur die Nenndaten der Verbraucher vorliegen und in der Praxis der Spannungsfall nur wenige % von der Nennspannung U_n

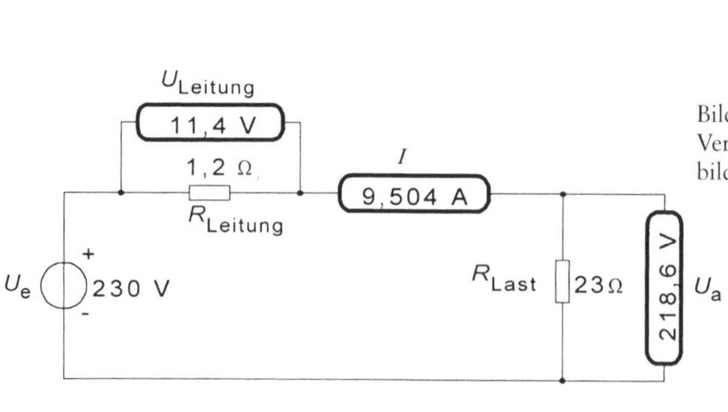

Bild 3.32
Vereinfachtes Ersatzschaltbild

beträgt, kann man die tatsächliche Leistung P eines elektrischen Betriebsmittels ungefähr gleichsetzen mit der Nennleistung P_n. Dadurch ergeben sich die weiteren Formeln aus Gl. 3.2. Die Abweichung der nachfolgenden Berechnungen gegenüber der genauen Rechnung am Anfang ergibt sich zum einen aus der nicht berücksichtigten Abhängigkeit der Leitfähigkeit γ von der Temperatur (20 °C auf 25 °C), und zum anderen muss der Strom ja aus den Nennwerten berechnet werden. Wie man sieht, ist der jetzt berechnete Spannungsfall größer und damit ist man auf der sicheren Seite.

$$I = \frac{P_n}{U_n}$$

$$\Delta U_1 = \frac{2 \cdot l \cdot I}{\gamma \cdot A_{Cu}} \quad \Rightarrow \Delta U_1 = 11{,}8 \text{ V}$$

$$\Delta U_2 = \frac{2 \cdot l \cdot P_n}{\gamma \cdot A_{Cu} \cdot U_n} \quad \Rightarrow \Delta U_2 = 11{,}8 \text{ V}$$

Für Wechselspannung und $\cos\varphi < 1$ ergibt sich die Ersatzschaltung nach Bild 3.33. Das entsprechende Zeigerdiagramm gibt Bild 3.34 wieder. Das Problem besteht nun darin, dass die Spannung auf der Leitung, also U_{RL}, für den praktischen Betrieb erst mal nicht wichtig ist. Nur ΔU und somit der Unterschied zwischen der Eingangsspannung U_e und der Spannung am Verbraucher U_a ist interessant. Bild 3.35 macht die Zusammenhänge an einem Beispiel deutlich. Hier ist $\Delta U = U_e - U_a = 2{,}1$ V, aber U_{RL} beträgt 4,9 V, somit mehr als das Doppelte von ΔU. Da in der Praxis der Spannungsfall relativ klein gegenüber der angelegten Spannung ist, verschieben sich die Verhältnisse im Zeigerdiagramm derart, dass für die Winkel gilt: $\alpha \approx \varphi$! Die entsprechenden Zusammenhänge zeigt Bild 3.36. Da zur Ermittlung von ΔU nur der Teil von U_{RL} mit der gleichen Richtung wie U_e bzw. wie U_a zu berücksichtigen ist, wird ΔU mit dem Verschiebungsfaktor (Leistungsfaktor) des Verbrauchers multipliziert. Die folgende Rechnung zeigt, dass der Fehler relativ klein ist.

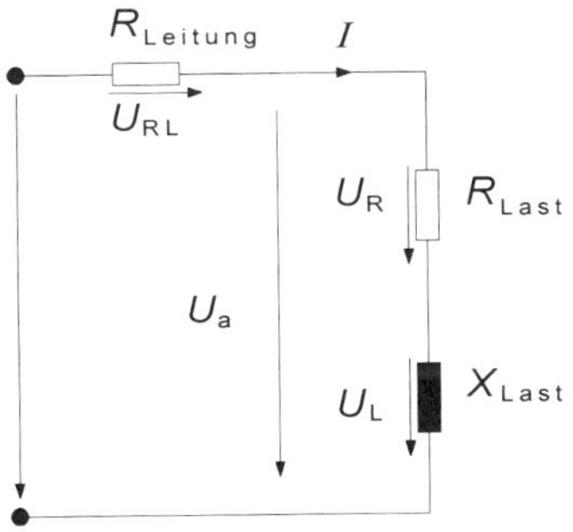

Bild 3.33
Spannungen einer belasteten Leitung bei Wechselstrom und $\cos\varphi < 1$

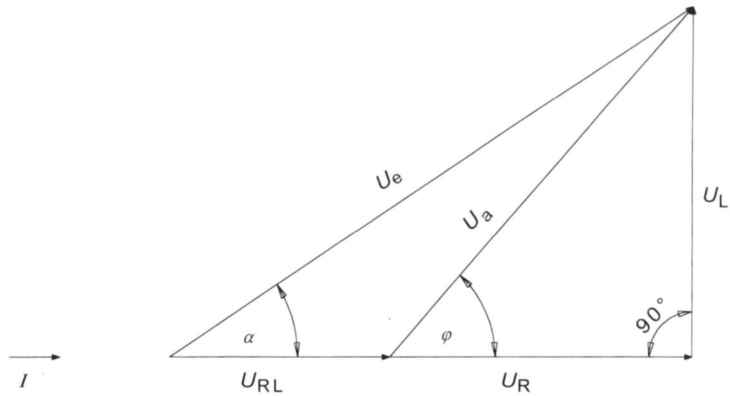

Bild 3.34 Zeigerdiagramm der Spannungen aus Bild 3.33

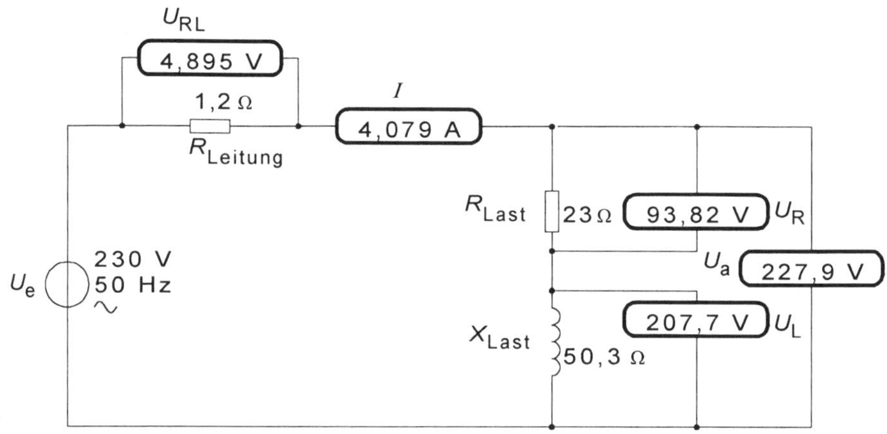

Bild 3.35 Beispielhafte Spannungsverhältnisse zu Bild 3.33

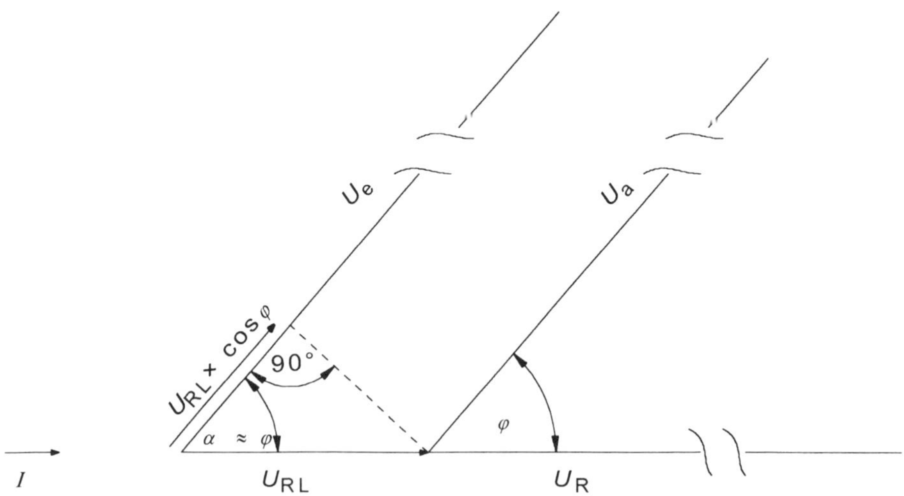

Bild 3.36 Ausschnitt aus dem Zeigerdiagramm einer belasteten Leitung bei Wechselstrom

$X_{Last} = 2 \cdot \pi \cdot 50\text{ Hz} \cdot 160\text{ mH}; \quad R_{Last} = 23\ \Omega; I = 4{,}08\text{ A}; \quad R_{Last} = 1{,}2\ \Omega$

$$Z = \sqrt{R_{Last}^2 + X_{Last}^2}; \quad \cos\varphi = \frac{R_{Last}}{Z} \Rightarrow \cos\varphi = 0{,}416081$$

$$\Delta U = I \cdot R_{Leitung} \cdot \cos\varphi \Rightarrow \Delta U = 2{,}04\text{ V}$$

Statt 2,1 V ($\Delta U = U_e - U_a = 230\text{ V} - 227{,}9\text{ V} = 2{,}1\text{ V}$; s. Bild 3.35) werden 2,04 V berechnet, was bei den vorgegebenen Vereinfachungen sicher vertretbar ist.

Bei einem Drehstromsystem wird bei der Berechnung des Spannungsfalls von symmetrischer Belastung ausgegangen. Bild 3.37 zeigt eine Prinzipdarstellung. Wie bei Gleich- und Wechselspannung ist $U_{Leiter} = I \cdot R_{Leiter}$. Bei $\cos\varphi < 1$ muss, wegen der Phasenlage, mit dem Leistungsfaktor multipliziert werden. Dadurch erhält man allerdings den Spannungsfall als Stranggröße. Da üblicherweise mit der Bemessungsgröße U, also der Außenleitspannung gerechnet wird, muss noch der Verkettungsfaktor $\sqrt{3}$ berücksichtigt werden. In Gl. 3.3 ist die endgültige Formel dargestellt.

$$\Delta U = \frac{\sqrt{3} \cdot I \cdot l \cdot \cos\varphi}{A \cdot \gamma} \quad \text{mit} \quad P = \sqrt{3} \cdot U \cdot I \cdot \cos\varphi \qquad \text{(Gl. 3.3)}$$

$$\Rightarrow \Delta U = \frac{P \cdot l}{A \cdot \gamma \cdot U} \quad \text{mit} \quad U = U_{Nenn}$$

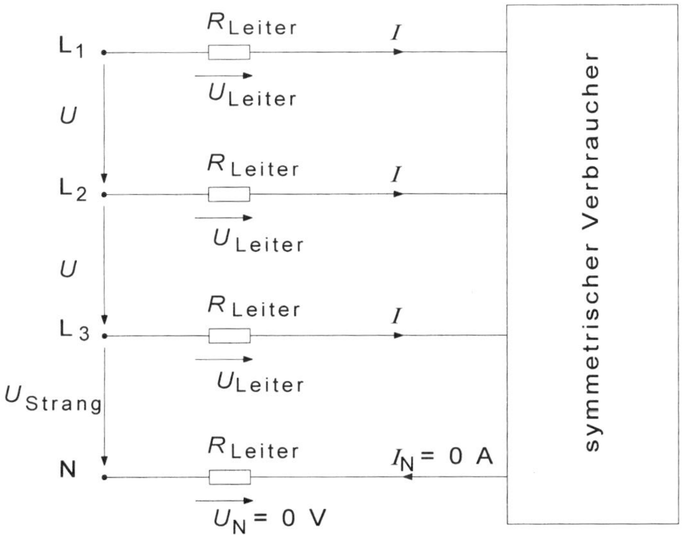

Bild 3.37 Vereinfachte Prinzipdarstellung einer symmetrisch belasteten Drehstromleitung

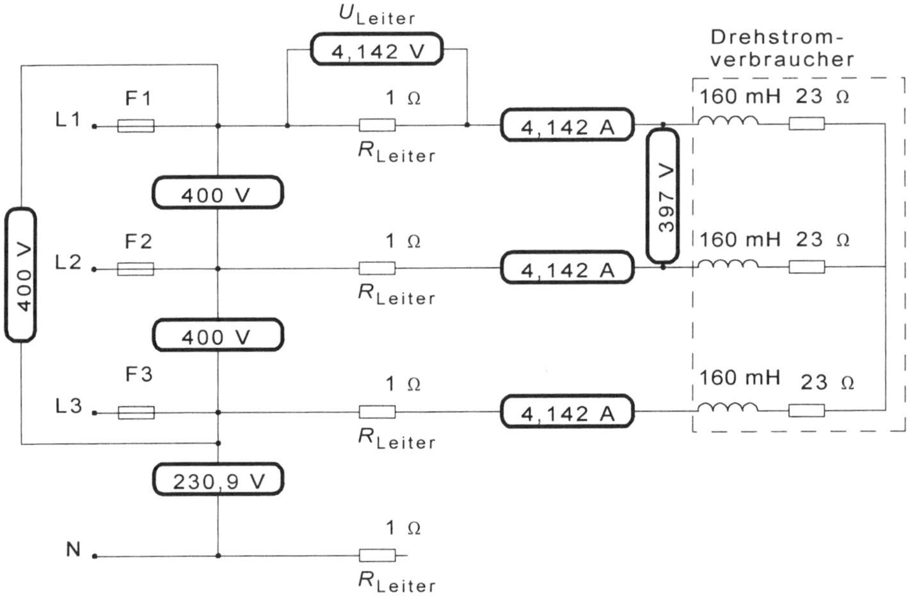

Bild 3.38 Spannungen auf einer symmetrisch belasteten Drehstromleitung

Bild 3.38 zeigt noch einmal die Verhältnisse bei einem symmetrisch belasteten Drehstromsystem. ΔU beträgt hier ungefähr 3 V. Die folgende Berechnung des Beispiels aus Bild 3.38 zeigt, dass das Ergebnis mit der Formel relativ genau ist.

$$R_{\text{Leiter}} = 1\ \Omega\ ;\ I = 4{,}142\ \text{A};\ R_{\text{Last}} = 23\ \Omega;\ X_{\text{Last}} = 2 \cdot \pi \cdot 50\ \text{Hz} \cdot 160\ \text{mH}$$

$$\gamma = 56\ \frac{\text{m}}{\Omega \cdot \text{mm}^2}\ ;\ Z = \sqrt{R_{\text{Last}}{}^2 + X_{\text{Last}}^2}\ ;\ \cos\varphi = \frac{R_{\text{Last}}}{Z}$$

$$\Delta U = \sqrt{3} \cdot I \cdot \cos\varphi \cdot \frac{l}{\gamma \cdot A} \quad \text{mit} \quad R_{\text{Leiter}} = \frac{l}{\gamma \cdot A}$$

$$\Rightarrow \Delta U = \sqrt{3} \cdot I \cdot \cos\varphi \cdot R_{\text{Leiter}} \quad \Rightarrow \quad \Delta U = 2{,}99\ \text{V}$$

3.5.2 Stichleitung mit Abzweigen

Bisher wurden nur einfache Stichleitungen betrachtet. Jetzt sollen noch Abzweige hinzu kommen. Bild 3.39 enthält eine Prinzipdarstellung. Die Stichleitung soll bei dieser Betrachtung aus Kupfer bestehen und hat überall gleichen Querschnitt. Über die Länge l_{23} wird die Leistung P_2 übertragen, wodurch sich ein Spannungsfall ΔU_{23} ergibt. Über den Leitungsabschnitt l_{12} werden beide Leistungen übertragen, und es stellt sich ΔU_{12} ein. Wird die Gleichung Gl. 3.3 mit der Leistung P benutzt, können beide Spannungsfälle addiert werden zu $\Delta U_{13} = \Delta U_{12} + \Delta U_{23}$. Die in Gleichung Gl. 3.4 und 3.5 enthaltenen Summenausdrücke $\Sigma P \cdot l$ und $\Sigma I \cdot$

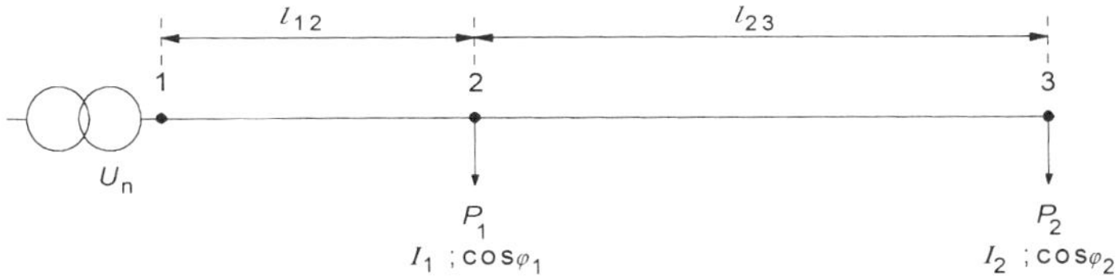

Bild 3.39 Prinzipdarstellung einer Stichleitung mit Abzweigen

$l \cdot \cos\varphi$ haben folgende Bezeichnung: $\Sigma P \cdot l$ = Summe der Leistungs- oder auch Lastmomente, und $\Sigma I \cdot l \cdot \cos\varphi$ = Summe der Strommomente.

Gleich- ($\cos\varphi = 1$) und Wechselspannung:

$$\Delta U = \frac{2 \cdot \Sigma\,(P \cdot l)}{\gamma \cdot A \cdot U} = \frac{2 \cdot \Sigma\,(I \cdot l \cdot \cos\varphi)}{\gamma \cdot A} = \frac{2 \cdot \cos\varphi_m \cdot \Sigma\,(I \cdot l)}{\gamma \cdot A} \qquad \text{(Gl. 3.4)}$$

mit $U = U_{Nenn}$

Drehstrom: $$\Delta U = \frac{\Sigma\,(P \cdot l)}{\gamma \cdot A \cdot U} = \frac{\sqrt{3} \cdot \Sigma\,(I \cdot l \cdot \cos\varphi)}{\gamma \cdot A} = \frac{\sqrt{3} \cdot \cos\varphi_m \cdot \Sigma\,(I \cdot l)}{\gamma \cdot A}$$

mit $U = U_{Nenn}$ (Gl. 3.5)

Oft liegen in der Praxis die einzelnen Werte der Leistungsfaktoren nicht weit auseinander. Dann kann ein mittlerer $\cos\varphi_m$ gebildet werden. Eine mögliche Bestimmungsgleichung ist Gl. 3.6.

mittlerer Leistungsfaktor:

$$\cos\varphi_m = \frac{P_1 \cdot \cos\varphi_1 + P_2 \cdot \cos\varphi_2 + \ldots + P_n \cdot \cos\varphi_n}{P_1 + P_2 + \ldots + P_n} \qquad \text{(Gl. 3.6)}$$

mit $n = 1, 2, 3, \ldots, \infty$

Im Folgenden wird an einem Beispiel, das sich auf Bild 3.39 bezieht, die Anwendung der Formeln dargestellt. Die Leitung ist NYM-J 3 · 4. Die Strombelastbarkeit usw. soll hier nicht betrachtet werden. Gesucht ist der Spannungsfall ΔU_1 über die Leistungen, ΔU_2 über die Ströme und ΔU_3 mit $\cos\varphi_m$.

Bemessungsspannung für beide Verbraucher: $U_n = 230$ V; $U = U_n$

$P_1 = 405{,}72$ W; $I_1 = 4{,}2$ A; $\cos\varphi_1 = 0{,}42$; $l_{12} = 30$ m; $A = 4$ mm^2

$P_2 = 533{,}99$ W; $I_2 = 3{,}27$ A; $\cos\varphi_2 = 0{,}71$; $l_{23} = 80$; $\gamma = \dfrac{56\text{ m}}{\Omega \cdot \text{mm}^2}$

$$\Delta U_1 = \frac{2 \cdot [(P_1 + P_2) \cdot l_{12} + P_2 \cdot l_{23}]}{\gamma \cdot A \cdot U} \Rightarrow \Delta U_1 = 2{,}75 \text{ V}$$

$$\Delta U_2 = \frac{2 \cdot [(I_1 \cdot \cos\varphi_1 + I_2 \cdot \cos\varphi_2) \cdot l_{12} + I_2 \cdot \cos\varphi_2 \cdot l_{23}]}{\gamma \cdot A} \Rightarrow \Delta U_2 = 2{,}75 \text{ V}$$

$$\cos\varphi_m = \frac{P_1 \cdot \cos\varphi_1 + P_2 \cdot \cos\varphi_2}{P_1 + P_2} \Rightarrow \cos\varphi_m = 0{,}584792$$

$$\Delta U_3 = \frac{2 \cdot \cos\varphi_m \cdot [(I_1 + I_2) \cdot l_{12} + I_2 \cdot l_{23}]}{\gamma \cdot A} \Rightarrow \Delta U_3 = 2{,}54 \text{ V}$$

Aus der Berechnung geht hervor, dass $\Delta U_1 = \Delta U_2$ ist. Da die einzelnen Leistungsfaktoren sich doch deutlich unterscheiden, führt die Berechnung mit $\cos\varphi_m$ zu einem abweichenden Ergebnis.

In der Praxis wird im Bereich der Wohnungsinstallation auch gern der Leistungsfaktor ganz weggelassen, also $\cos\varphi = 1$ gesetzt. Dies führt dann zwar zu einem falschen Resultat, liegt aber auf der sicheren Seite, d.h., der Spannungsfall ΔU wird bei dieser Rechnung größer. Nachfolgende Berechnung mit den vorherigen Daten bestätigt diese Aussage.

$$\Delta U = \frac{2 \cdot [(I_1 + I_2) \cdot l_{12} + I_2 \cdot l_{23}]}{\gamma \cdot A} \Rightarrow \Delta U = 4{,}34 \text{ V}$$

Der große Unterschied liegt alleine daran, dass die Leistungsfaktoren sehr klein sind, was bei Planungsaufgaben für Wohnhäuser nur selten vorkommt.

3.5.3 Ringleitung

Eine 2-seitig gespeiste Leitung, bei der die beiden Speisespannungen gleich groß sind, kann als Ringleitung angesehen werden. Bild 3.40 zeigt die Prinzipdarstellung. Es ist leicht zu erkennen, dass die Stichleitung mit Abzweigen einfach verlängert wurde und am Punkt 4 zusätzlich mit U_n verbunden ist. Theoretisch gibt es 3 unterschiedliche Möglichkeiten der verschiedenen Leistungsflüsse. Es kann $P_{12} > P_1$ sein, wodurch eine Leistung P_{23} zum Knoten 3 fließt. Dieser Punkt 3 hat dann die kleinste Spannung, und er wird deshalb *Tiefpunkt* genannt. Der Span-

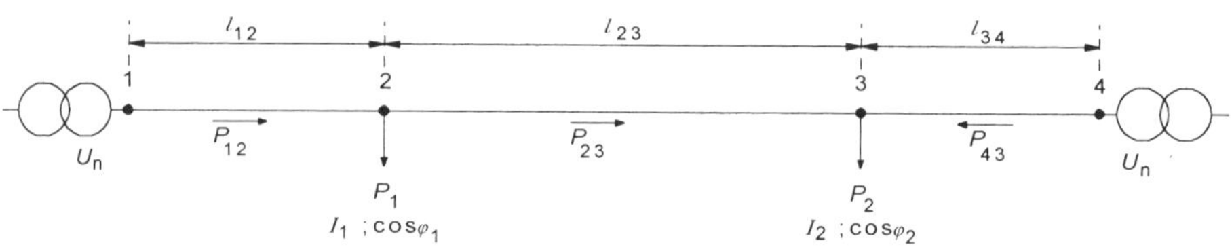

Bild 3.40 Prinzipdarstellung einer 2-seitig gespeisten Leitung mit 2 gleichen Speisespannungen und möglichen Leistungsflüssen

nungsfall von links ist genauso groß wie der von rechts $\rightarrow \Delta U_{13} = \Delta U_{43}$. Ist jedoch $P_{43} > P_2$, so wird Punkt 2 zum Tiefpunkt, denn die Leistung P_{32} ruft auf der Strecke l_{23} noch einen Spannungsfall hervor. Unwahrscheinlich, aber doch möglich ist der Fall, dass $P_{12} = P_1$ und $P_{43} = P_2$ ist, wodurch dann 2 Tiefpunkte entstehen würden, da Punkt 2 und Punkt 3 jeweils die kleinste Spannung aufweisen. Der Streckenabschnitt l_{23} wäre dann stromlos. Anhand der ersten Betrachtung, also $P_{12} > P_1$ und dem Tiefpunkt in 3 werden nun die Gleichungen für die Ringleitung hergeleitet. Dabei wird von einer Drehstromleitung ausgegangen.

$$\Delta U_{13} = \Delta U_{43}$$

$$\frac{[P_{12} \cdot l_{12} + (P_{12} - P_1) \cdot l_{23}]}{\gamma \cdot A \cdot U} = \frac{P_{43} \cdot l_{34}}{\gamma \cdot A \cdot U} \qquad | \text{ multipliziert mit: } \gamma \cdot A \cdot U$$

$$P_{12} \cdot l_{12} + (P_{12} - P_1) \cdot l_{23} = P_{43} \cdot l_{34} \qquad | \text{ es gilt: } P_{43} = P_1 + P_2 - P_{12}$$

$$P_{12} \cdot l_{12} + (P_{12} - P_1) \cdot l_{23} = (P_1 + P_2 - P_{12}) \cdot l_{34} \qquad | \text{ jetzt muss ausmultipliziert werden}$$

$$P_{12} \cdot l_{12} + P_{12} \cdot l_{23} - P_1 \cdot l_{23} = P_1 \cdot l_{34} + P_2 \cdot l_{34} - P_{12} \cdot l_{34} \qquad | \text{ jetzt wird geordnet}$$

$$P_{12} \cdot l_{12} + P_{12} \cdot l_{23} + P_{12} \cdot l_{34} = P_1 \cdot l_{34} + P_2 \cdot l_{34} + P_1 \cdot l_{23} \qquad | \text{ nun werden gemeinsame Faktoren ausgeklammert}$$

$$P_{12} \cdot (l_{12} + l_{23} + l_{34}) = (P_1 + P_2) \cdot l_{34} + P_1 \cdot l_{23} \qquad | \text{ nun wird noch mit dem Term } \frac{1}{l_{12} + l_{23} + l_{34}} \text{ multipliziert}$$

$$P_{12} = \frac{(P_1 + P_2) \cdot l_{34} + P_1 \cdot l_{23}}{l_{12} + l_{23} + l_{34}}$$

Allgemein gilt: $P_{\text{Links}} = \dfrac{\Sigma P \cdot l_{\text{Rechts}}}{l_{\text{ges}}}$; $P_{\text{Rechts}} = \dfrac{\Sigma P \cdot l_{\text{Links}}}{l_{\text{ges}}}$

$$P_{\text{ges}} = P_{\text{Links}} + P_{\text{Rechts}}$$

Wäre man bei der Herleitung der Gleichungen nicht über die Leistungen, sondern über die Ströme gegangen, so hätten die unterschiedlichen Leistungsfaktoren verhindert, eine allgemeingültige Formel zu finden. Daraus ergibt sich die Tatsache, dass bei einem Lösungsansatz über die Ströme, ein mittlerer $\cos \varphi_{\text{m}}$ gebildet werden muss und eine Gleichung mit Strömen nie genau sein wird. Sollen also die Speiseströme bestimmt werden, muss man mit dieser Ungenauigkeit leben.

3.5.4 Allgemein gültige Gleichungen zum Spannungsfall

In Abschnitt 3.5 wurde darauf hingewiesen, dass eine Vernachlässigung der Induktivität einer Leitung oder eines Kabels ab einem Normquerschnitt von $\geq 25\ \text{mm}^2$ zu Abweichungen gegenüber dem tatsächlichen Spannungsfall führt. Einige Hersteller von Leitungen und Kabeln haben deshalb Tabellen veröffentlicht, in denen Widerstandsbeläge (R' und X', das sind die Widerstandswerte in Ω/km), bei einem Kabeltyp mit entsprechenden Querschnitt aufgeführt sind. Für Gleichstrom kann R' auch aus DIN VDE 0295 entnommen werden. Bei Wechselstrom muss man berücksichtigen, dass noch frequenzabhängige Größen, wie z. B. der «Skineffekt» (Stromverdrängung auf die Leiteroberfläche), hinzukommen. In Tabelle 3.4 sind für den Kabeltyp NYY mit 4 Leitern einige Orientierungswerte für R' und X' enthalten. Die Tabelle gilt für Wechselstrom mit 50 Hz und einer Leitertemperatur von 70 °C, wobei R' näherungsweise auch für Gleichstrom benutzt werden kann. Die Umrechnung des Wirkwiderstandsbelags R' auf R'_ϑ für eine andere Temperatur ϑ erfolgt mit der Gleichung Gl. 3.7, wobei hier der Temperaturbeiwert α für 20 °C und in der Einheit K^{-1} einzusetzen ist.

$$R'_\vartheta = \frac{\tau + \vartheta}{\tau + 70\,°C} \cdot R' \quad \text{mit} \quad \tau = \frac{1}{\alpha} \cdot \frac{°C}{K} - 20\,°C \qquad \text{(Gl. 3.7)}$$

Für Kupferleiter kann α mit 0,0039 K^{-1} angenommen werden. Gleichung Gl. 3.8 gilt für den Spannungsfall bei Gleichstrom, Gl. 3.9 für Wechselstrom und Gl. 3.10 für Drehstrom und symmetrische Belastung.

$$\Delta U = 2 \cdot l \cdot R' \cdot I \qquad \text{(Gl. 3.8)}$$

$$\Delta U = 2 \cdot l \cdot I \cdot (R' \cdot \cos\varphi + X' \cdot \sin\varphi) \qquad \text{(Gl. 3.9)}$$

$$\Delta U = \sqrt{3} \cdot I \cdot l \cdot (R' \cdot \cos\varphi + X' \cdot \sin\varphi) \qquad \text{(Gl. 3.10)}$$

Aus $\cos\varphi$ des Verbrauchers errechnet man, unter Verwendung eines technisch-wissenschaftlichen Taschenrechners, $\sin\varphi$.

Querschnitt (mm²)	***R'*** (Ω/km)	***X'*** (Ω/km)
25	0,863	0,086
35	0,627	0,083
50	0,463	0,083
70	0,321	0,082
95	0,232	0,082
120	0,184	0,8
150	0,15	0,08
185	0,12	0,08
240	0,075	0,079

Tabelle 3.4
Mögliche Widerstandsbeläge eines PVC-isolierten Kabels mit 4 Leitern und 70 °C Leitertemperatur

3.6 Kabel- und Leitungsschutz

Werden Leitungen (hier gilt: Leitung = Kabel) übermäßig erwärmt, dann wird die Isolation geschädigt. Eine zu starke Erwärmung kann durch den elektrischen Strom im Zusammenspiel mit der Verlegeart und durch die Umgebungstemperatur hervorgerufen werden. Fließt Strom über einen elektrischen Leiter aus Metall, so ruft dies nach der Formel $P = I^2 \cdot R_{\mathrm{Leiter}}$ eine Leistung hervor, die über eine bestimmte Zeit betrachtet, in erster Linie eine Wärmemenge $Q = P \cdot t$ mit sich bringt. Dies führt zu einer Temperaturerhöhung des Leiters und seiner unmittelbaren Umgebung, also der Leiter- und Leitungsisolation. Es hängt nun von den Umgebungsbedingungen, z. B. der Umgebungstemperatur ab, ob keine unzulässig hohe Temperatur für die Isolation entsteht. Bei der Verlegung von Kabeln wird dabei in der Praxis oft die negative Auswirkung der Häufung unterschätzt. Jede belastete Ader ist für sich genommen eine Wärmequelle. Je mehr solcher Wärmequellen in einem Raum vorhanden sind, desto höher wird die Temperatur und desto schlechter kann der einzelne Leiter seine Wärme abgeben. Steigt die Temperatur einer mit PVC isolierten Ader längere Zeit über 70 °C, so kann der Weichmacher ausschwitzen, das Material wird spröde, und es verliert seine guten elektrischen Isolationseigenschaften. Durch die Einwirkung von Luftfeuchte oder auch von Verunreinigungen, können Kriechströme fließen, und teilweise treten sogar Lichtbogenerscheinungen auf. Die Folge sind Fehlerströme, die ab 300 mA und teilweise sogar darunter eine Brandgefahr darstellen.

Die zulässigen Betriebs- und Kurzschlussendtemperaturen einiger Isolierstoffe von Leitungen und Kabeln sind in Tabelle 3.5 aufgeführt. Die angegebene Betriebstemperatur darf im Dauerbetrieb nicht überschritten werden (s. Abschnitt 3.6.2). Die zulässige Endtemperatur im Kurzschlussfall für PVC isolierte Typen ist in der Tabelle mit Klammerwerten versehen, da es hierbei nicht nur auf den Leiterquer-

Tabelle 3.5 Max. Betriebstemperaturen von ausgewählten Leitungen/Kabeln in Anlehnung an Tabelle 28 aus DIN VDE 0298-4 vom August 2003

Isolierstoff	**mögliches Bauartkurzzeichen**	**max. zulässige Betriebstemperatur** (°C)	**max. zulässige Kurzschlussendtemperatur** (°C)
Natur- oder synthetischer Kautschuk	H05RR-F oder H07RN-F	60	200
PVC	H05VVH6-F, NYM, NYY	70	140, (150), (160)
wärmebeständiges PVC	H03V2V2-F	90	150
Ethylen-Propylen-Kautschuk	H05BB-F	90	250
Ethylen-Vinylacetat-Copolymer	H05GG-F	110	250
Silikon-Kautschuk	H05S-K	180	350

schnitt ankommt, sondern ob es sich um flexible Leitungen oder um Leitungen/ Kabel für feste Verlegung handelt.

Außer der erwähnten Temperaturbeanspruchungen, müssen auch mechanische Belastungen berücksichtigt werden. Hier gibt es Zug-, Druck- und Torsionsbeanspruchungen, die es bei der Auswahl der entsprechenden Typen zu beachten gilt. Hilfreich sind hier die Teile 3 und 300 von DIN VDE 0298. Gerade bei der Errichtung einer elektrischen Anlage gilt es ein besonderes Augenmerk auf eventuelle mechanische Beanspruchungen zu richten. Für den Einsatz von Leitungen und Kabeln sind auch Umgebungseinflüsse wie Feuchte und Nässe und chemische Stoffe, wie z. B. Öle und Fette, zu berücksichtigen. Auch UV-Strahlung muss beachtet werden, da bei PVC-solierten Leitungen durch direkte Sonneneinstrahlung die Isolation geschädigt wird.

Nicht zuletzt ist die Wahl der Nennspannung von Bedeutung. Die Nennspannung ist die Spannung, für die eine Leitung bemessen ist und wird deshalb heute auch als Bemessungsspannung bezeichnet. Dabei wird das Verhältnis der max. zulässigen Effektivwerte U_0/U angegeben. 0,6/1 kV bedeutet, dass zwischen 1 Phasenleiter und der Erde 600 V und zwischen 2 Phasenleiter 1000 V als Betriebsspannungen auftreten dürfen. Werden diese Werte auf Dauer überschritten, dann sinkt nicht nur die Lebensdauer der Leitung, sondern bei größeren Überschreitungen kann es auch zu direkten Durchschlägen der Isolation kommen. Für die Nennspannungen von harmonisierten Leitungen gibt Tabelle 3.6 einen Überblick.

Allgemein kann man festhalten, dass Kabel- und Leitungssysteme gegen die vielfältigsten Einflüsse geschützt werden müssen. Hier gilt es im besonderen Maße DIN VDE 0100-520 zu beachten, wonach neben schon angesprochenen Sachverhalten auch Schwingungen, Erdbeben, Wind und das Vorhandensein von Pflanzen und Tieren zu berücksichtigen ist. Hiernach müssen dann die richtigen Bauarten und Installationssysteme ausgewählt werden. Dabei spielt die Zusammenarbeit von Planer und Errichter eine zentrale Rolle, denn nicht immer sind im Planungszeitraum alle angesprochenen Sachverhalte bekannt, und dann trägt der Errichter eine besondere Verantwortung. Notfalls müssen hier, in Absprache mit dem Planer bzw. der Bauleitung, entsprechende Änderungen vorgenommen werden.

Kennzeichnung	U_0 (V)	U (V)
01	100	100
03	300	300
05	300	500
07	450	750

Tabelle 3.6
Nennspannungen harmonisierter Leitungen

3.6.1 Kurzschlussschutz

Kurzschlussströme sind im Regelfall deutlich größer als die Betriebsströme. Sie reichen selbst im Wohnungsbau manchmal bis in den kA-Bereich und führen zu thermischen und mechanischen Belastungen der Leitungssysteme. Im Zusammenhang mit den auftretenden elektromagnetischen Kräften, können bei mehr- und vieladrigen Leitungen sogar Verformungen auftreten, und 1-adrige Leitungen und Kabel können z. B. aus ihren Halterungen gerissen werden. Grundsätzlich sind also auch die mechanischen Auswirkungen von Kurzschlüssen zu berücksichtigen. So müssen Leitungen auf und in Kabelwannen bzw. Pritschen so befestigt werden, dass ein Heraus- oder Herunterfallen nicht möglich ist. In diesem Abschnitt soll es aber um den Schutz vor negativen thermischen Auswirkungen gehen.

Im Gegensatz zum Dauerstrom geschieht die Erwärmung des Leiters und der Aderisolation bei Kurzschluss extrem schnell, so dass kaum eine Wärmeabgabe an die Umgebung stattfinden kann. Dadurch werden kurzfristig relativ hohe Temperaturen erreicht, wodurch die Isolationsmaterialien stark geschädigt werden können. Dies gilt es durch eine richtige Planung zu verhindern. Wird davon ausgegangen, dass die im Leiter auftretende Wärmemenge nicht schnell an die Umgebung abgeben werden kann, ist folgender Ansatz möglich:

$$I^2 \cdot R_\vartheta \cdot \Delta t = K \cdot \Delta\vartheta$$

mit:
I Kurzschlussstrom
R_ϑ temperaturabhängige Leiterwiderstand
t Zeit
ϑ Temperatur

In der Konstante K ist außer dem spezifischen Wärmefaktor c noch der temperaturabhängige Querschnitt in Verbindung mit der Dichte des Materials des Leiters enthalten. Statt der Differenzen sind strenggenommen Differenziale einzusetzen. Eine mögliche Lösung dieser Gleichung für die thermische Kurzzeitbelastbarkeit I_{thz} (bis 5 s) ist Gl. 3.11.

$$I_{thz} = \frac{S}{\sqrt{t}} \cdot \sqrt{\frac{c \cdot (r + 20\,°\mathrm{C})}{\varrho} \cdot \ln\left(\frac{\tau + \vartheta_e}{\tau + \vartheta_a}\right)} \qquad \text{(Gl. 311)}$$

mit $\tau = \frac{1}{\alpha} \cdot \frac{°\mathrm{C}}{\mathrm{K}} - 20\,°\mathrm{C}$

Darin ist die Leiterfläche S in mm^2, der spezifische Wärmefaktor c in $J/(°C \cdot mm^3)$, der spezifische Widerstand ϱ bei 20 °C in Ω·mm, die Endtemperatur ϑ_e und die Anfangstemperatur ϑ_a in °C sowie der Temperaturbeiwert α, bezogen auf 20 °C, in K^{-1} einzusetzen. Die folgende Rechnung gilt für einen PVC-isolierten

Kupferleiter mit 25 mm² und einer Anfangstemperatur von 30 °C sowie einer Stromflusszeit von 0,4 s. Die zulässige Endtemperatur wird mit 160 °C angenommen. Dies gilt z. B. für NYY bis zu einem Querschnitt von 300 mm² (s. Abschnitt 3.6, Tabelle 3.5).

$$\vartheta_a = 30\,°\mathrm{C};\quad \vartheta_e = 160\,°\mathrm{C};\quad t = 0{,}4\ \mathrm{s};\quad \varrho = 1{,}72 \cdot 10^{-5}\ \Omega \cdot \mathrm{mm}$$

$$c = 3{,}45 \cdot 10^{-3} \frac{\mathrm{J}}{°\mathrm{C} \cdot \mathrm{mm}^3};\quad \alpha = 3{,}93 \cdot 10^{-3}\ \mathrm{K}^{-1};\quad S = 25\ \mathrm{mm}^2;$$

$$\tau = \frac{1}{\alpha} \cdot \frac{°\mathrm{C}}{\mathrm{K}} - 20\,°\mathrm{C}$$

$$I_{thz} = \frac{S}{\sqrt{t}} \cdot \sqrt{\frac{c \cdot (r + 20\,°\mathrm{C})}{\varrho} \cdot \ln\left(\frac{\tau + \vartheta_e}{\tau + \vartheta_a}\right)} \quad \Rightarrow \quad I_{thz} = 5{,}65\ \mathrm{kA}$$

In den VDE-Bestimmungen wird Gleichung 3.11 meistens dadurch vereinfacht, dass der gesamte Wurzelausdruck zu einem Faktor k zusammengefasst wird. Die sich daraus ergebende Formel $I_{thz} = S \cdot k/\sqrt{t}$ gilt für Kurzschlüsse mit bis zu 5 s Abschaltzeit. Für das betrachtete Beispiel ist $k = 143\ \mathrm{A} \cdot \sqrt{\mathrm{s}}/\mathrm{mm}^2$, und es errechnet sich für I_{thz} ein Wert von ebenfalls 5,65 kA. Aus Tabelle 3.7 kann man I_{thz} für Kupferleiter in PVC-isolierten Mantelleitungen und Kabeln für die Abschaltzeiten 0,4 s und 5 s ablesen. Bei diesen mehradrigen Leitungen oder Kabeln wird von einer Anfangstemperatur von 70 °C ausgegangen, und der Materialbeiwert k beträgt dabei $115\ \mathrm{A} \cdot \sqrt{\mathrm{s}}/\mathrm{mm}^2$.

Wichtig ist, dass die berechnete Kurzschlussbelastbarkeit I_{thz} größer oder gleich dem thermisch wirksamen Kurzzeitstrom I_{th} ist. I_{th} ist der Effektivwert

Tabelle 3.7
Kurzschlussbelastbarkeit von NYM und NYY

Querschnitt in mm²	I_{thz} in kA	
	bei einer Abschaltzeit in s	
	0,4	5
1,5	0,273	0,077
2,5	0,455	0,129
4	0,729	0,206
6	1,093	0,309
10	1,821	0,515
16	2,914	0,824
25	4,554	1,288
35	6,375	1,803
50	9,107	2,576
70	12,750	3,606
95	17,304	4,894
120	21,857	6,182
150	27,322	7,728
185	33,697	9,531
240	43,715	12,364

eines Stroms, der die gleiche Wirkung und Dauer wie der tatsächliche fließende Kurzschlussstrom hat. Näheres hierzu ist VDE 0103 zu entnehmen, wobei die Kurzschlussstromberechnung in Drehstromnetzen nach VDE 0102 erfolgen kann. Statt der Berechnung nach VDE 0102 kann der Kurzschlussstrom über ein Netzmodell ermittelt oder durch die Messung der Schleifenimpedanz erfolgen, wobei Letzteres bei einer Neuanlage bis zur Fertigstellung nur auf der Versorgungsseite (Einspeiseseite) möglich ist. Hier ist es dann einfacher, beim Verteilungsnetzbetreiber (VNB) die entsprechenden Kurzschlusswerte zu erfragen. Meistens sind solche Daten bis zum Hausanschlusskasten bekannt. Handelt es sich um ein Gebäude in dem nur wenige Asynchronmaschinen mit zumeist kleiner Leistung eingesetzt werden, so wird der Kurzschlussstrom in der Anlage auf keinen Fall einen größeren Wert als der vom VNB benannte annehmen.

Nach den technischen Anschlussbestimmungen (TAB) wird meistens eine bestimmte Kurzschlussfestigkeit hinter dem Hausanschluss gefordert. Für das Hauptstromversorgungssystem gelten 25 kA (s. Abschnitt 2.2.1.3), für Betriebsmittel zwischen der Messeinrichtung und dem Stromkreisverteiler sind 10 kA notwendig. Diese Werte entsprechen den Stoßkurzschlussströmen und sind nicht identisch mit dem thermischen Kurzschlussstrom. Für Leitungsschutzschalter im Stromkreisverteiler wird übrigens ein Schaltvermögen von mindestens 6 kA verlangt.

Üblicherweise wird im Wohnungsbau der Kurzschlussschutz mit dem Überlastschutz koordiniert (s. Abschnitt 3.6.2). Da hierbei für den Leitungs- und Kabelschutz Tabellen aus DIN VDE 0298-4 zur Anwendung kommen, erübrigt sich ein separater Kurzschlussschutz. Nur in Fällen in denen nicht so verfahren wird, müssen Überlegungen zum Schutz gegen negative Auswirkungen beim Kurzschluss stattfinden. In Beiblatt 5 der DIN VDE 0100 gibt es entsprechende Tabellen zum Kurzschlussschutz. Als Beispiel sei hier die Absicherung von größeren Drehstromasynchronmotoren mit Schmelzsicherungen angeführt. Den Überlastschutz kann dabei ein Motorschutzrelais (Bimetall) übernehmen, sodass die Leitung dann nur noch gegen Kurzschluss zu schützen ist. Gesetzt den Fall, es handelt sich um NYM-J 5 · 6 mit einer Länge l von 15 m, und es soll nur geklärt werden, ob eine Schmelzsicherung der Betriebsklasse gG mit 63 A Nennstrom für den Kurzschlussschutz zulässig ist, wenn die Schleifenimpedanz Z_S bis zur Sicherung 0,35 Ω beträgt. Im Grunde genommen geht es hierbei darum, dass die Ausschaltkennlinie der Sicherung so verläuft, dass zu keiner Zeit die Kurzschlussbelastbarkeit überschritten wird. Bild 3.41 beschreibt diesen Sachverhalt. Zu beachten ist, dass die Achseneinteilung logarithmisch sein soll, denn nur dann wird der Kennlinienverlauf im Prizip so aussehen. Ist die Zeit $t > t_{max}$, so ist die Leitung nicht geschützt. Erst wenn $I \geq I_{min}$ ist, wird die Schmelzsicherung rechtzeitig den Strom abschalten, so dass bei dem Kurzschlussstrom I_K die Zeit t_L der Leitungskurve im Regelfall größer ist, als die Auslösezeit t_{Si} der Sicherung. Um eine grafische Lösung zu benutzen, benötigt man Sicherungsnomogramme, die sich über die Hersteller solcher Produkte beziehen lassen. Hier kann dann mit der Gleichung Gl. 3.11 die Kurzeitbelastungskurve ermittelt und eingezeichnet werden. Für das hier betrachtete Beispiel ergibt sich für $I_{min} \approx 370$ A. Das bedeutet, dass die max. zulässige Impedanz $Z_{max} = 230$ V/ 370 A = 0,62 Ω betragen darf.

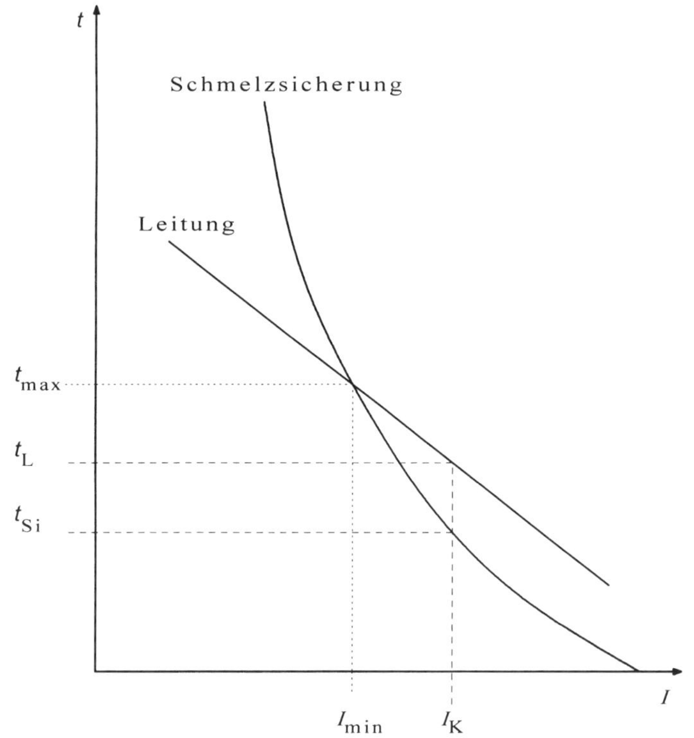

Bild 3.41 Prinzipdarstellung der Abschaltkennlinien einer Schmelzsicherung und der Kennlinie der Kurzzeitbelastbarkeit einer Leitung

Ohne Berücksichtigung der Phasenlage bleiben noch 0,62 Ω – 0,35 Ω = 0,27 Ω für den Widerstand der NYM-Leitung. Die sich daraus ergebende max. Länge $l_{max} = (0{,}27\ \Omega \cdot \gamma \cdot 6\ \text{mm}^2)/2$ beträgt bei $\gamma = 56\ \text{m}/(\Omega \cdot \text{mm}^2)$ dann rund 45 m.

Bei sehr großen Kurzschlussströmen macht sich die strombegrenzende Wirkung von Schmelzsicherungen bemerkbar. Die Abschaltzeit ist dann bei 50 Hz oft kleiner als 5 ms. Hier kann man nicht mehr mit den Schmelzkennlinien arbeiten, sondern es wird zum sog. Joule-Integral übergegangen (s. Abschnitt 3.7). Es werden dann die I^2t-Werte der Leitung und der Sicherung miteinander verglichen. Ein Schutz bei Kurzschluss ist dann gegeben, wenn der Wert des Joule-Integrals der Leitung wesentlich größer ist, als der entsprechende Wert der Sicherung.

Ob ein Schutz bei Kurzschluss gegeben ist, lässt sich wie schon erwähnt, unter Verwendung der Tabelle 3 des Beiblattes 5 der DIN VDE 0100 bewerkstelligen. Danach würde die Länge nur 38 m betragen, da hier der Tabellenwert von 0,4 Ω für die Schleifenimpedanz herangezogen werden muss. Eine weitere Möglichkeit diesen Sachverhalt zu lösen wird nachfolgend aufgezeigt.

Als erstes wird der max. Kurzschlussstrom I_{Kmax} mit der Formel $I_{Kmax} = U_0/Z_S$ berechnet. Mit $U_0 = 230$ V und $Z_S = 0{,}35\ \Omega$ ergibt das einen Strom von $I_{Kmax} = 657$ A. Aus Tabelle 3.3 von Abschnitt 3.3 folgt, dass die gegebene 63-A-Sicherung bei dem 10fachen des Nennstroms in spätestens 0,4 s ausgelöst hat. Stellt man die Gleichung Gl. 3.11 nach der Zeit t um, so muss diese Zeit $t \geq 0{,}4$ s betragen. Wichtig dabei ist, dass in Ermangelung von anderen Daten, für die Anfangstemperatur ϑ_a die max. zulässige Betriebstemperatur von 70 °C angenommen wird. Nachfolgend wird diese Zeit t berechnet.

$$\vartheta_a = 70\,°\text{C};\quad \vartheta_e = 160\,°\text{C};\quad I_{thz} = 657\ \text{A};\quad \varrho = 1{,}72 \cdot 10^{-5}\ \Omega \cdot \text{mm}$$

$$c = 3{,}45 \cdot 10^{-3}\ \frac{\text{J}}{°\text{C} \cdot \text{mm}^3};\quad \alpha = 3{,}93 \cdot 10^{-3}\ \text{K}^{-1};\quad S = 6\ \text{mm}^2;$$

$$\tau = \frac{1}{\alpha} \cdot \frac{°\text{C}}{\text{K}} - 20\,°\text{C}$$

$$t = \frac{S^2}{I_{thz}^2} \cdot \left[\frac{c \cdot (\tau + 20\,°\text{C})}{\rho} \cdot \ln\left(\frac{\tau + \vartheta_e}{\tau + \vartheta_a}\right)\right] \Rightarrow t = 1{,}1\ \text{s}$$

Ein Kurzschluss direkt hinter der Sicherung wäre für die NYM-Leitung also kein Problem. Nun gilt es noch zu klären, ob bei einem Kurzschluss am Ende der Leitung die Sicherung ebenfalls den Schutz garantiert.

Zunächst wird dazu der Schleifenwiderstand der Leitung nach der Formel $R_S = 2 \cdot l/(\gamma \cdot S)$ berechnet. Setzt man für $\gamma = 56\ \text{m}/(\Omega \cdot \text{mm}^2)$ ein, beträgt $R_S = 0{,}089\ \Omega$. Dieser Wert wird noch mit 1,24 multipliziert, um den Widerstand für eine Leitertemperatur von 80 °C zu bestimmen ($1 + 3{,}93 \cdot 10^{-3} \cdot \text{K}^{-1} \cdot 60 \cdot \text{K} = 1{,}24$). Dies geschieht in Anlehnung an VDE 0102, worin für Kurzschlussberechnungen diese Temperatur für den Leiterwiderstand angenommen werden soll. Somit ist $R_{S\vartheta} = 0{,}11\ \Omega$. Da die Phasenlage der Schleifenimpedanz nicht gegeben ist, wird die max. Impedanz Z durch einfache Addition ermittelt. Ihr Wert beträgt dann $Z = 0{,}46\ \Omega$ ($0{,}35\ \Omega + 0{,}11\ \Omega = 0{,}46\ \Omega$), und damit kann nun der Kurzschlussstrom $I_K = U_0/Z$ bestimmt werden. Das ergibt bei 230 V einen Strom von ungefähr 500 A. Laut Angabe des Sicherungsherstellers beträgt die Abschaltzeit bei 500 A höchstens $t = 1{,}5$ s. Diese Zeit wird nun in Gl. 3.11 eingesetzt und die Kurzzeitbelastbarkeit I_{thz} berechnet. Ist diese größer als 500 A, dann ist der Einsatz der 63-A-Sicherung zulässig. Die folgende Berechnung zeigt, dass es tatsächlich möglich ist.

$$\vartheta_a = 70\,°\text{C};\quad \vartheta_e = 160\,°\text{C};\quad t = 1{,}5\ \text{s};\quad \rho = 1{,}72 \cdot 10^{-5}\ \Omega \cdot \text{mm}$$

$$c = 3{,}45 \cdot 10^{-3}\ \frac{\text{J}}{°\text{C} \cdot \text{mm}^3};\quad \alpha = 3{,}93 \cdot 10^{-3}\ \text{K}^{-1};\quad S = 6\ \text{mm}^2;$$

$$\tau = \frac{1}{\alpha} \cdot \frac{°\text{C}}{\text{K}} - 20\,°\text{C}$$

$$I_{thz} = \frac{S}{\sqrt{t}} \cdot \sqrt{\frac{c \cdot (r + 20\,°\text{C})}{\varrho} \cdot \ln\left(\frac{\tau + \vartheta_e}{\tau + \vartheta_a}\right)} \quad \Rightarrow \quad I_{thz} = 5{,}65\ \text{kA}$$

Es sei noch einmal darauf hingewiesen, dass all diese Überlegungen nicht notwendig sind, wenn der Überlast- und Kurzschlussschutz kombiniert wird.

Nun soll geklärt werden, wo das Überstromschutzorgan zum Schutz bei Kurzschluss anzuordnen ist. Normalerweise ist das der Anfang eines Stromkreises. Außerdem an Stellen, an denen die Kurzschlussstrombelastung kleiner wird, z. B. bei Einsatz einer Leitung mit anderem Isolationsmaterial, und das vorgeschaltete Schutzorgan diesen Leitungsabschnitt nicht mehr schützen kann. Handelt es sich nicht um besondere Gebäudearten, wie z. B. einer feuergefährdeten Betriebsstätte, dann darf unter bestimmten Vorraussetzungen die Schutzeinrichtung im Zuge der Leitung versetzt werden. Dabei muss die Gefahr von Feuer und Personenschäden möglichst vermieden werden, was praktisch auf eine kurzschluss- und erdschlusssichere Verlegung hinausläuft. Dies trifft z. B. auf Mantelleitungen und Kabel zu, die zugänglich und mechanisch geschützt in einer abgeschlossenen elektrischen Betriebsstätte verlegt sind. Dabei dürfen sie nicht in der Nähe von brennbaren Stoffen angebracht werden, was für solche Betriebsstätten ja normalerweise auch zutrifft. Außer dieser sicheren Verlegung der Leitung, darf die Schutzeinrichtung vom Anfang des Stromkreises, bzw. von der Stelle der Veränderung der Kurzschlussbelastbarkeit, nicht mehr als 3 m entfernt angeordnet werden. In Bild 3.42 wird dieser Sachverhalt dargestellt, in der die erste Schmelzsicherung mit I_{n1} den Querschnitt S_2 nicht schützen kann. Für die Nennströme gilt $I_{n1} > I_{n2}$ und für die Querschnitte $S_1 > S_2$.

Nach DIN VDE 0100-430 gibt es auch Fälle, in denen auf den Schutz bei Kurzschluss verzichtet werden darf. Für die in diesem Buch behandelten Installationen, trifft dies praktisch nur auf den Sekundärstromkreis von Stromwandlern zu und für Stromkreise, die der Sicherheit dienen, wie z. B. bei Feuerlöscheinrichtungen. Die Elektrizitätsversorger nutzen teilweise auch die Möglichkeit, dass z. B. in Erde verlegte Kabel des öffentlichen Verteilungsnetzes ohne eine Gefährdung hervorzurufen ausbrennen können, und von daher auch der Kurzschlussschutz entfallen kann.

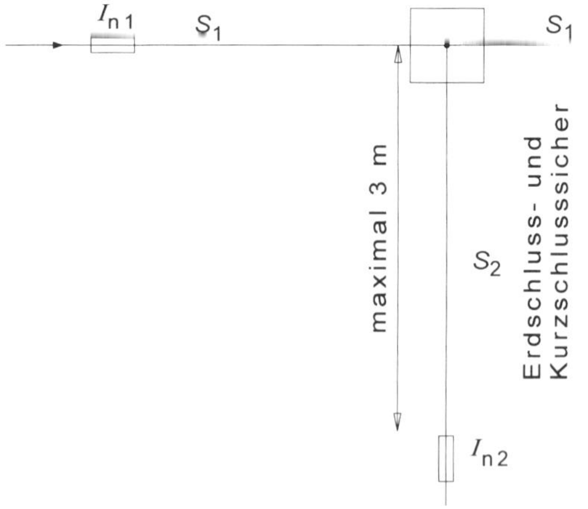

Bild 3.42
Möglichkeit der Versetzung des Schutzorgans für den Kurzschlussschutz

3.6.2 Überlastschutz

Aufgabe des Überlastschutzes ist es, eine Leitung oder ein Kabel vor einer unzulässigen Temperaturerhöhung durch zu große Betriebsströme zu schützen. Bei den folgenden Betrachtungen handelt es sich nicht um kurzfristige Überlastungen, sondern es geht um den Dauerbetrieb. Das bedeutet, dass bei einer anderen Betriebsart, wie z. B. bei Aussetzbetrieb eines Motors, unter Umständen noch weitere Betrachtungen angestellt werden müssen. Wichtig ist, dass die Betriebstemperatur der Leitung nicht über einen längeren Zeitraum überschritten wird (s. Abschnitt 3.6, Tabelle 3.5), da sonst die Isolation sehr schnell altern kann. Diese Aufgabe übernimmt im Normalfall eine Überstromschutzeinrichtung. Zunächst soll der Erwärmungsvorgang betrachtet werden.

Im Gegensatz zur schnellen Erwärmung beim Kurzschluss (s. Abschnitt 3.6.1) wird jetzt die erzeugte Wärme nicht nur im Leiter gespeichert, sondern ein Teil auch an die Umgebung abgegeben. Das Bild 3.43 zeigt hierzu ein thermisches Ersatzschaltbild mit der Leitertemperatur ϑ_L und der Umgebungstemperatur ϑ_U. Der Widerstand R_{th1} enthält dabei die Wärmeverluste der inneren und äußeren Isolations- und Schutzumhüllungen, inklusive der dielektrischen Verluste. Bei Luft steht der Widerstand R_{thk} für die Konvektion und R_{ths} für die Verluste durch die Wärmestrahlung. Zusammen bildet diese Parallelschaltung R_{th2}, der bei Erdverlegung für sich alleine den Wärmewiderstand des Erdbodens repräsentiert. Im Gesamtwiderstand $R'_{th} = R_{th1} + R_{th2}$, mit der Einheit K · m/W, sind dann alle Wärmeverluste enthalten. Die Bestimmung dieses Widerstandsbelages ist sehr aufwendig, da viele Faktoren, wie z. B. die geometrischen Abmessungen der Leiter und deren Anordnung, eine Rolle spielen. So eine Bestimmung würde das gewählte Thema hier übersteigen. Näheres dazu können Sie in [3.2] erfahren. Nach einer vereinfachten Betrachtung muss die Verlustleistung P_V, die der max. zulässige

Bild 3.43
Vereinfachtes thermisches
Ersatzschaltbild einer Leitung

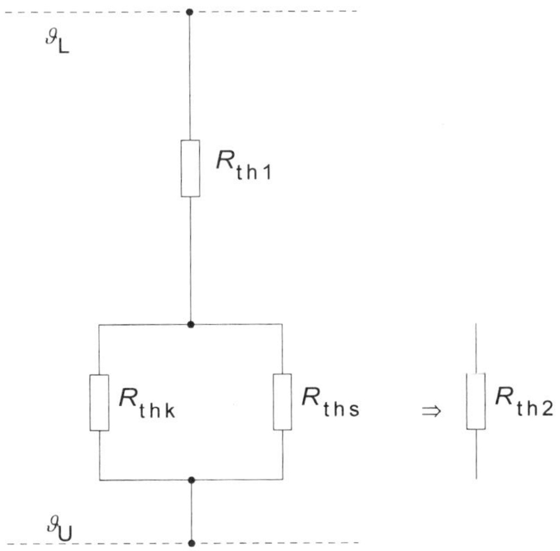

Betriebs- oder Belastungsstrom I_r im Wirkwiderstandsbelag R'_W des Leiters hervorruft, über den Wärmewiderstand an die Umgebung abgegeben werden. Für ein Kabel oder eine Leitung mit n Leiter folgt daraus die Gleichung $n \cdot I_r^2 \cdot R'_W = (\vartheta_L - \vartheta_U)/ R'_{th}$. In Gl. 3.12 ist diese Formel nach I_r umgestellt. In ihr sind die dielektrischen Verluste eines Kabels oder einer Leitung nicht berücksichtigt.

$$I_r = \sqrt{\frac{\vartheta_L - \vartheta_U}{n \cdot R'_W \cdot R'_{th}}} \qquad \text{(Gl. 3.12)}$$

Nachfolgende Berechnung gilt für ein frei in Luft verlegtes Kabel NYY-J 0,6/1 kV 4 · 50 SM. Die Ermittlung von R'_{th} hat einen Wert von 1,17 K·m/W ergeben. R'_W beträgt bei 70 °C Betriebstemperatur $0{,}463 \cdot 10^{-3}$ Ω/m, und die Umgebungstemperatur ϑ_U ist 30 °C. Daraus berechnet sich ein Betriebsstrom von 156,89 A (s. [3.31]).

$$\sqrt{\frac{70\,°\mathrm{C} - 30\,°\mathrm{C}}{3 \cdot 0{,}463 \cdot 10^{-3}\,\frac{\Omega}{\mathrm{m}} \cdot 1{,}17\,\frac{\mathrm{K} \cdot \mathrm{m}}{\mathrm{W}}}} = 156{,}89\ \mathrm{A}$$

Dieser Strom gilt für einen Luftdruck von 1013 hPa. Bei kleinerem Luftdruck, also in größeren Höhen, verändert sich die Wärmeabgabe durch Konvektion, so dass das Kabel mit 156,89 A etwas überlastet wäre. Auch Sonneneinstrahlung führt, durch die zusätzliche Erwärmung, zu einer geringeren Belastbarkeit. Werden mehrere belastete Kabel gebündelt, so führt diese Häufung ebenfalls zu einer Reduktion (s. Abschnitt 3.6.5). Auf der anderen Seite könnte dieses Kabel bei einer kleineren Umgebungstemperatur auch einen größeren Betriebsstrom führen, ohne dadurch Schaden zu nehmen. Jeder einzelne die Belastung beeinflussende Faktor kann durch die Formel $f = I_z/I_r$ erfasst werden. Darin ist I_z der unter den veränderten Bedingungen zulässige und I_r der mit Gl. 3.12 berechnete Belastungsstrom. Üblicherweise wird I_r wegen des komplexen Rechenverfahrens zur Bestimmung von R'_{th} vom Elektroplaner nicht berechnet, sondern es werden hierzu Tabellen z. B. aus DIN VDE 0298-4 benutzt. In diesen Tabellen sind dann schon übliche Verlegebedingungen berücksichtigt (s. Abschnitt 3.6.3). Schließlich ergibt sich der zulässige Strom I_z nach Gl. 3.13.

$$I_z = I_r \cdot \prod_{n=1}^{\infty} f_n = I_r \cdot f_1 \cdot f_2 \cdot \ldots \cdot f_n \qquad \text{(Gl. 3.13)}$$

Für die Zuordnung der Überstromschutzeinrichtung gelten 2 Bedingungen. Der Betriebsstrom I_b und der Nennstrom des Schutzorgans I_n müssen 1. zusammen mit I_z die Ungleichung $I_b \leq I_n \leq I_z$ erfüllen. Die 2. Bedingung lautet $I_2 \leq 1{,}45\ I_z$. Darin ist I_2 der große Prüfstrom, bei dem das Überstromschutzorgan innerhalb einer festgelegten Zeit auslösen muss. In einigen Normen wird dieser Strom bei Schmelzsicherungen mit I_f abgekürzt und bei Leitungsschutzschaltern teilweise als festgelegter Auslösestrom I_t bezeichnet. Leitungsschutzschalter für den Haushalt und ähnliche Anwendungen nach DIN VDE 0641-11 sowie Schmelzsicherungen der

Betriebsklasse gG nach VDE 0636 Teil 10 erfüllen mittlerweile die Ungleichung $I_2 \leq 1{,}45\ I_n$, sodass dann nur noch die 1. Bedingung $I_b \leq I_n \leq I_z$ beachtet werden muss. Es sollte eigentlich selbstverständlich sein, dass der Betriebsstrom I_b niemals den Nennstrom der Schutzeinrichtung überschreitet. Problematisch sind in diesem Zusammenhang geringe, ständige Überlastungen. Das Schutzorgan löst dann vielleicht nicht aus, da es ja den großen Prüfstrom $I_2 \leq 1{,}45\ I_n$ unter Umständen über eine längere Zeit führen kann (1…2 h).

Beachtet werden muss, dass ältere Schmelzsicherungen sowie auch welche für spezielle Anwendungen, wie z.B. für Bahnen, einen anderen Auslösefaktor f_{I2}, nach der Formel $I_2 \leq f_{I2} \cdot I_n$, besitzen. Falls ein Einsatz von solchen Überstromschutzeinrichtungen vorgesehen ist, muss eine entsprechende Umrechnung erfolgen. Der Nennstrom der Schutzeinrichtung mit $f_{I2} > 1{,}45$ kann dann nach Gl. 3.14 bestimmt werden.

$$I_n \leq \frac{1{,}45}{f_{I2}} \cdot I_z \qquad \text{(Gl. 3.14)}$$

An einem Beispiel soll dieser Sachverhalt betrachtet werden. Eine 16-A-Schmelzsicherung für den Einsatz im Bergbau besitzt einen Faktor f_{I2} von 1,75. Sie soll eine Drehstromleitung NYM-J 5 · 1,5 mit einem I_z von 17,5 A gegen Überlast schützen. Nachfolgende Berechnung zeigt, dass dies leider nicht möglich ist.

$$\frac{1{,}45}{1{,}75} \cdot 17{,}5\ \text{A} = 14{,}5\ \text{A}$$

Aber auch bei Erfüllung der Bedingung $I_2 \leq 1{,}45 \cdot I_z$ kann die zulässige Betriebstemperatur des Leiters überschritten werden. Nachfolgende Betrachtung soll dies verdeutlichen. Dazu wird Gl. 3.12 etwas modifiziert, und es entsteht Gl. 3.15 mit dem tatsächlichen Belastungsstrom I_B und der dabei auftretenden Leiterendtemperatur ϑ_{L2}.

$$I_B = \sqrt{\frac{\vartheta_{L2} - \vartheta_U}{n \cdot R'_W \cdot R'_{th}}} \qquad \text{(Gl. 3.15)}$$

Nun wird Gl. 3.15 mit Gl. 3.12 ins Verhältnis gesetzt und die entsprechende Gleichung nach ϑ_{L2} umgestellt. Dadurch entsteht Gl. 3.16, mit deren Hilfe jetzt die Leiterendtemperatur berechnet werden kann.

$$\frac{I_B}{I_r} = \frac{\sqrt{\frac{\vartheta_{L2} - \vartheta_U}{n \cdot R'_W \cdot R'_{th}}}}{\sqrt{\frac{\vartheta_L - \vartheta_U}{n \cdot R'_W \cdot R'_{th}}}} \rightarrow \vartheta_{L2} = \left(\frac{I_B}{I_r}\right)^2 \cdot (\vartheta_L - \vartheta_U) + \vartheta_U \qquad \text{(Gl. 3.16)}$$

Da es hierbei nur um eine Prinzipbetrachtung gehen soll, wurde bei dieser Herleitung die Änderung des Wirkwiderstandsbelag R'_W vernachlässigt. Mit Gl. 3.16 wird jetzt für eine Leitung NYM-J 3 · 1,5 die Leiterendtemperatur berechnet, wenn bei der Umgebungstemperatur ϑ_U = 25 °C der zulässige Belastungsstrom I_z = 21 A beträgt. Die Sicherung hat einen Nennstrom von 20 A, und der große Prüfstrom wird mit $I_2 \leq 1{,}45\ I_n$ angegeben. Die nachfolgende Berechnung zeigt, dass die Temperatur des Leiters deutlich über den zulässigen 70 °C, die für eine PVC isolierte Leitung vorgesehen sind, liegt.

$$\left(\frac{1{,}45 \cdot 20\ \text{A}}{21\ \text{A}}\right)^2 \cdot (70\ °\text{C} - 25\ °\text{C}) + 25\ °\text{C} = 110{,}82\ °\text{C}$$

Dass trotzdem f_{I2} in den gültigen Normen nicht auf 1, sondern auf 1,45 gesetzt wurde, ist ein Kompromiss zwischen sicherheitstechnischen und wirtschaftlichen Überlegungen. Schließlich geht es darum, dass die Überstromschutzeinrichtung den zulässigen Belastungsstrom I_z auf Dauer fließen lässt, und kurzfristige Überlastungen nicht zu einer Abschaltung führen. Dieser Anspruch lässt sich aber nicht mit f_{I2} = 1 realisieren, und so hat man sich international auf 1,45 geeinigt. Da für eine Schmelzsicherung mit einer konventionellen Prüfdauer von 1 h die Ungleichung $I_2 \leq 1{,}45\ I_n$ ja eine Grenzbedingung darstellt, ist dies, wie die Praxis zeigt, absolut vertretbar, denn die meisten Schutzorgane lösen schon früher aus. Da aber auch der kleine Prüfstrom $I_1 (I_{nf})$, bei dem das Schutzorgan innerhalb der Prüfzeit nicht auslösen darf, größer als der Nennstrom I_n sein muss, ist es wichtig, dass die 1. Bedingung $I_b \leq I_n \leq I_z$ unbedingt eingehalten wird.

Nach VDE 0636 Teil 10 gilt für Schmelzsicherungen der Betriebsklasse gG mit einem Nennstrom $I_2 \leq 16$ A ein kleiner Prüfstrom von $I_{nf} = 1{,}25\ I_n$. Da dieser Strom mindestens 1 h fließen muss, ohne dass es zu einer Auslösung kommt, besteht bei einer geringen Überlastung immer die Gefahr, dass die Leiterendtemperatur ϑ_{L2} über der zulässigen Temperatur liegt. Wenn also bei einem Stromkreis regelmäßige Überlastungsströme zu befürchten sind, muss eigentlich ein größerer Querschnitt verlegt werden oder, falls möglich, wird ein kleinerer Nennstrom der Schutzeinrichtung ausgewählt. Ein Beispiel soll diese Problematik verdeutlichen.

Als Zuleitung zu einer Maschine, deren Nennstrom laut Datenblatt 56 A beträgt, wird NYM-J 5 · 16 verlegt. In dieser Maschine können Halogenglühlampen in schneller Folge ein- und ausgeschaltet werden, wodurch es zu einer zusätzlichen Belastung durch Stromoberwellen kommt (s. Abschnitt 3.8). Da bei einer Umgebungstemperatur von 25 °C und der Verlegeart B2 (s. Abschnitt 3.6.3) für die Leitung ein I_z von 66 A zulässig ist, beschließt der Elektroplaner eine 63-A-Schmelzsicherung der Betriebsklasse gG, deren kleiner Prüfstrom $I_{nf} = 1{,}25\ I_n$ beträgt, vorzusehen. Berechnet man jetzt mit Hilfe von Gl. 3.16 die Leiterendtemperatur unter der Vorraussetzung, dass über mehr als 1 h hinweg ein Betriebsstrom mit einem echten Effektivwert von 1,2 · 63 A = 75,6 A fließen kann, dann ergibt sich eine Temperatur von ungefähr 84 °C.

$$\left(\frac{75{,}6\ \text{A}}{66\ \text{A}}\right)^2 \cdot (70\ °\text{C} - 25\ °\text{C}) + 25\ °\text{C} = 84{,}04°\text{C}$$

Falls eine Querschnittserhöhung, z.B. wegen mangelnder Anschlussmöglichkeit nicht möglich ist, könnte vielleicht ein Leistungsschalter mit einstellbarem Nennstrom verwendet werden. Solche Schalter sind oft bis 100 kA kurzschlussfest und können im Allgemeinen in ihrem Überlastbereich sehr empfindlich eingestellt werden, so dass sie beim 1,2-fachen des eingestellten Stroms meist nach weniger als einer Stunde sicher auslösen. Für das betrachtete Beispiel bedeutet das, dass der Leistungsschalter, eingestellt auf 56 A, bei einem Strom von 75,6 A eine Ausschaltzeit von weniger als 15 min aufweisen kann und damit eine dauerhafte Schädigung sicher ausgeschlossen ist. I.d.R. ist der kleine Prüfstrom von Leistungsschaltern kleiner als der von Schmelzsicherungen oder Leitungsschutzschaltern, und natürlich ist es zulässig, den Einstellstrom des Schalters auf den zulässigen Belastungsstrom der Leitung einzustellen. Dann sollten aber auch wieder keine ständigen Überlastungen auftreten. Natürlich ist solch ein Leistungsschalter wesentlich teuerer als ein Leitungsschutzschalter.

Jetzt soll noch geklärt werden, wo Überstromschutzeinrichtungen anzuordnen sind und wann auf sie verzichtet werden kann. Dabei werden besondere Betriebsbedingungen, wie sie z.B. in feuergefährdeten Betriebsstätten vorherrschen, und auch IT-Systeme außer Acht gelassen. Im Allgemeinen sitzen die Schutzorgane am Anfang eines Stromkreises oder an Stellen an denen die Strombelastbarkeit gemindert wird. Diese Minderung der Belastbarkeit kann durch Querschnittsverkleinerung oder einen anderen Leitungstyp, eine höhere Umgebungstemperatur, eine andere Verlegeart oder auch durch Häufung hervorgerufen werden. Meistens wird dabei der Überlast- und Kurzschlussschutz kombiniert, indem die eingesetzten Schutzeinrichtungen für beide Aufgaben geeignet sind. Besteht keine Kurzschlussgefahr, z.B. bei erd- und kurzschlusssicherer Verlegung (s. Abschnitt 3.6.1), dann darf die Überstromschutzeinrichtung bis zu max. 3 m im Leitungszug versetzt werden, vorausgesetzt der Leitungsabschnitt liegt nicht in der Nähe von brennbaren Stoffen. Das Überstromschutzorgan braucht auch dann nicht am Anfang des Stromkreises angeordnet sein, wenn der entsprechende Leitungsabschnitt bei Kurzschluss geschützt ist. So benötigt die Zuleitung einer Maschine mit eingebauter Überstromschutzeinrichtung nur einen Kurzschlussschutz, vorausgesetzt es gibt bis zur Maschine keine Abzweige und Steckvorrichtungen. Gänzlicher Verzicht auf den Überlastschutz ist z.B. bei Stromkreisen möglich, bei denen mit Überlast nicht zu rechnen ist. Hierunter fallen Hilfsstromkreise. Aber auch Verbindungsleitungen zwischen Transformatoren oder Gleichrichtern sind dazuzurechnen, vorrausgesetzt sie enthalten keine Abzweige und Steckvorrichtungen. Kabel und Leitungen, die von einer Stromquelle gespeist werden, deren Maximalstrom den zulässigen Belastungsstrom nicht überschreitet, benötigen ebenfalls keinen Überlastschutz. Dies trifft z.B. bei einigen Konvertern zu, die für Halogenlampenstromkreise eingesetzt werden.

Wichtig ist noch, dass bei einigen Stromkreisen wegen möglicher Gefahren auf den Überlastschutz sogar bewusst verzichtet werden muss. Hierunter fallen Sekundärstromkreise von Stromwandlern, Erregerstromkreise von umlaufenden Maschinen, z.B. Gleichstromnebenschlussmotor, oder auch der Speisestromkreis eines Hubmagneten. Aber auch Stromkreise, die der Sicherheit dienen, wie z.B.

bei einer Brandmeldeeinrichtung oder bei bestimmten Signalanlagen, müssen ohne eine Überlasteinrichtung auskommen. Natürlich sollten solche Stromkreise und Anlagen so geplant und ausgeführt werden, dass mit Überlastströmen möglichst nicht gerechnet werden muss. Trotzdem ist der Einsatz einer Überlastmeldeeinrichtung in all diesen Fällen empfehlenswert.

Zum Abschluss des Themas Überlastschutz folgen noch einige Überlegungen zu parallelgeschalteten Leitern und Leitungen. Aus wirtschaftlichen und manchmal auch aus technischen Gründen ist die gemeinsame Absicherung der Parallelschaltung von Leitern zur Versorgung einer Verteilung oder einer großen Maschine notwendig. Bild 3.44 zeigt hierzu eine Prinzipschaltung. Es geht um 2 parallelgeschaltete Kabel, von denen jedes einzelne unter bestimmten Umgebungs- und Verlegebedingungen einen zulässigen Belastungsstrom von 125 A besitzt. Unter der Vorraussetzung, dass sowohl Leiterquerschnitt und Leitermaterial gleich als auch Länge, Verlegeart und Umgebungstemperatur nahezu identisch sind und keine Abzweige vorkommen, darf die Summe der Belastungsströme als Bemessungsgrundlage für die Überstromschutzeinrichtung herangezogen werden. In diesem Fall sind das 2 · 125 A = 250 A. Dass die Klemmverbindungen besonders sicher sein müssen ist naheliegend, da bei Ausfall einer Ader der gesamte Strom über die andere fließt, und diese damit eindeutig überlastet und nicht geschützt wäre. Deshalb wird diese Methode bei mehradrigen Kabeln meistens erst bei größeren Querschnitten z. B. ab 25 mm² angewendet. Besonders bei eng verlegten 1-adrigen Kabeln und Leitungen muss neben der räumlichen Anordnung und Phasenfolge auch auf einen ausreichend großen Querschnitt geachtet werden. Der Leiterquerschnitt bei Kupfer sollte mehr als 50 mm² und bei Aluminium mehr als 70 mm² betragen.

Bild 3.44
Prinzipansicht zweier parallelgeschalteter Kabel oder Leitungen

3.6.3 Verlegearten

Der Wert vom Wärmewiderstand R'_{th} aus Abschnitt 3.6.2 ist unter anderem stark davon abhängig, wie die direkte Leitungsumgebung beschaffen ist. So wird die Wärmeabgabe durch Konvektion bei einer Verlegung auf Böden, Wänden oder an Decken behindert. Eine Verlegung in Rohren oder Kanälen ist meistens ungünstiger als in freier Luft. Die Beschaffenheit und Temperatur der angrenzenden Flächen spielt für die Wärmestrahlung eine Rolle. Die Wärmeleitfähigkeit der Materialien auf denen Kabel und Leitungen direkt montiert sind ist für die Wärmeleitung ausschlaggebend. In Gleichung Gl. 3.12 in Abschnitt 3.6.2 muss für all diese unterschiedlichen Fälle R'_{th} neu ermittelt werden. Um den Aufwand für die gängigsten Aufgaben der Verlegung zu reduzieren, werden typischen Verlegebedingungen sog. Referenzverlegearten zugeordnet und in Tabellen die entsprechenden zulässigen Belastungsströme angegeben (s. [3.4]).

Die zu wählende Verlegeart ist unter anderem abhängig vom Montageort und von der Bauart des Kabels oder der Leitung. Eine Aderleitung wird im Allgemeinen in einem Installationsrohr oder einem entsprechenden Kanal untergebracht. Mantelleitungen sind für fast alle Verlegearten geeignet, im Gegensatz zu den meisten Kabeln aber nicht zur direkten Verlegung in Erde oder Wasser.

Die Referenzverlegearten lassen sich grob in 5 Gruppen unterteilen:

A Verlegung in wärmegedämmten Wänden,
B Elektroinstallationsrohre,
C direkte Verlegung auf einer Wand oder Fußboden,
D Verlegung in der Erde,
E, F und G Montage frei in Luft.

In Tabelle 3.8 werden die Referenzverlegearten genauer beschrieben. Die Montage auf einer Holzwand bei den Referenzverlegearten B1, B2 und C ist i.d.R. für die Strombelastbarkeit ungünstiger als auf Mauerwerk oder Putz. Bild 3.45 zeigt die Referenzverlegearten bei jeweils 3 belasteten Adern (Drehstrom). Sind in einer mehr- oder vieladrigen Leitung unbelastete Adern enthalten, wie z.B. der Schutzleiter, dann erhöht sich die Strombelastbarkeit etwas.

In [3.4] werden bestimmten Montagebedingungen Kennziffern vergeben und diese dann den Referenzverlegearten zugeordnet. Die Verlegung einer Mantelleitung direkt auf einer Wand unter Putz hat die Kennziffer 57 (52) und wird der Verlegeart C zugeordnet. Ein mehradriges Kabel in einem geschlossenen Elektroinstallationskanal, der auf einer Wand montiert ist, entspricht 8 bzw. 9 und darf als Verlegeart B2 angesehen werden.

In Tabelle 3.9 sind für feste Verlegung in einem Gebäude und der Referenzverlegearten B2 und C die zulässige Belastungsströme I_r für gängige Normquerschnitte angegeben. Zu beachten ist, dass die mit einem Stern gekennzeichneten Ströme nicht für eine Montage auf Holz, sondern auf einer Wand aus Steinen oder Beton gelten. Dadurch sind nämlich etwas höhere Belastungen

Tabelle 3.8 Beschreibung der Referenzverlegearten in Anlehnung an DIN VDE 0298-4 vom August 2003

Referenz-verlegeart	Beschreibung der Referenzverlegeart	
	Gemeinsamkeiten	Ergänzende Hinweise
A1	Verlegung in einer wärmegedämmten Wand, mit wetterfester äußerer Platte, Wärmedämmung und innerer Platte aus Holz oder ähnlichem Material	Aderleitungen im Elektroinstallationsrohr
A2		mehradrige Mantelleitung oder mehradriges Kabel im Elektro-installationsrohr
B1	Verlegung auf einer Holzwand. Der Abstand zwischen der Wandoberfläche und dem Rohr ist kleiner als 0,3 × Rohrdurchmesser	Aderleitungen im Elektroinstallationsrohr
B2		mehradrige Mantelleitung oder mehradriges Kabel im Elektro-installationsrohr
C	Verlegung auf einer Holzwand. Der Abstand zwischen der Wandoberfläche und dem Mantel ist kleiner als 0,3 × Außendurchmesser des Kabels bzw. der Leitung	1-adrige oder mehradrige Mantelleitung bzw. 1-adriges oder mehradriges Kabel
D	Verlegung im Installationsrohr oder Kabelschacht im Erdboden	mehradriges Kabel oder mehradrige Mantelleitung
E	Verlegung frei in Luft. Der Abstand zwischen dem Mantel und jeder angrenzenden Fläche beträgt mehr als 0,3 × Außendurchmesser des Kabels bzw. der Leitung	mehradrige Mantelleitung oder mehradriges Kabel
F	Verlegung frei in Luft. Der Abstand zwischen dem Mantel und jeder angrenzenden Fläche beträgt ≥1 × Außendurchmesser des Kabels bzw. der Leitung	1-adrige Mantelleitung bzw. 1-adriges Kabel mit Berührung der einzelnen Mäntel
G		1-adrige Mantelleitung bzw. 1-adriges Kabel mit einem Abstand der einzelnen Mäntel von ≥1 × Außendurchmesser des Kabels bzw. der Leitung

möglich, und es wird eine wirtschaftliche Zuordnung zu entsprechenden Nennströmen von Überstromschutzeinrichtungen erreicht. Zusätzlich sind in der Tabelle die Bemessungsströme für NH-Sicherungseinsätze der Betriebsklasse gG dem Belastungsstrom zugeordnet. Für Leitungsschutzschalter ist diese Einteilung der Nennströme, mit Ausnahme von 35 A, bis zu einem Bemessungsstrom von 63 A identisch. Die Tabelle gilt für die Mantelleitung vom Typ NYM bzw. für

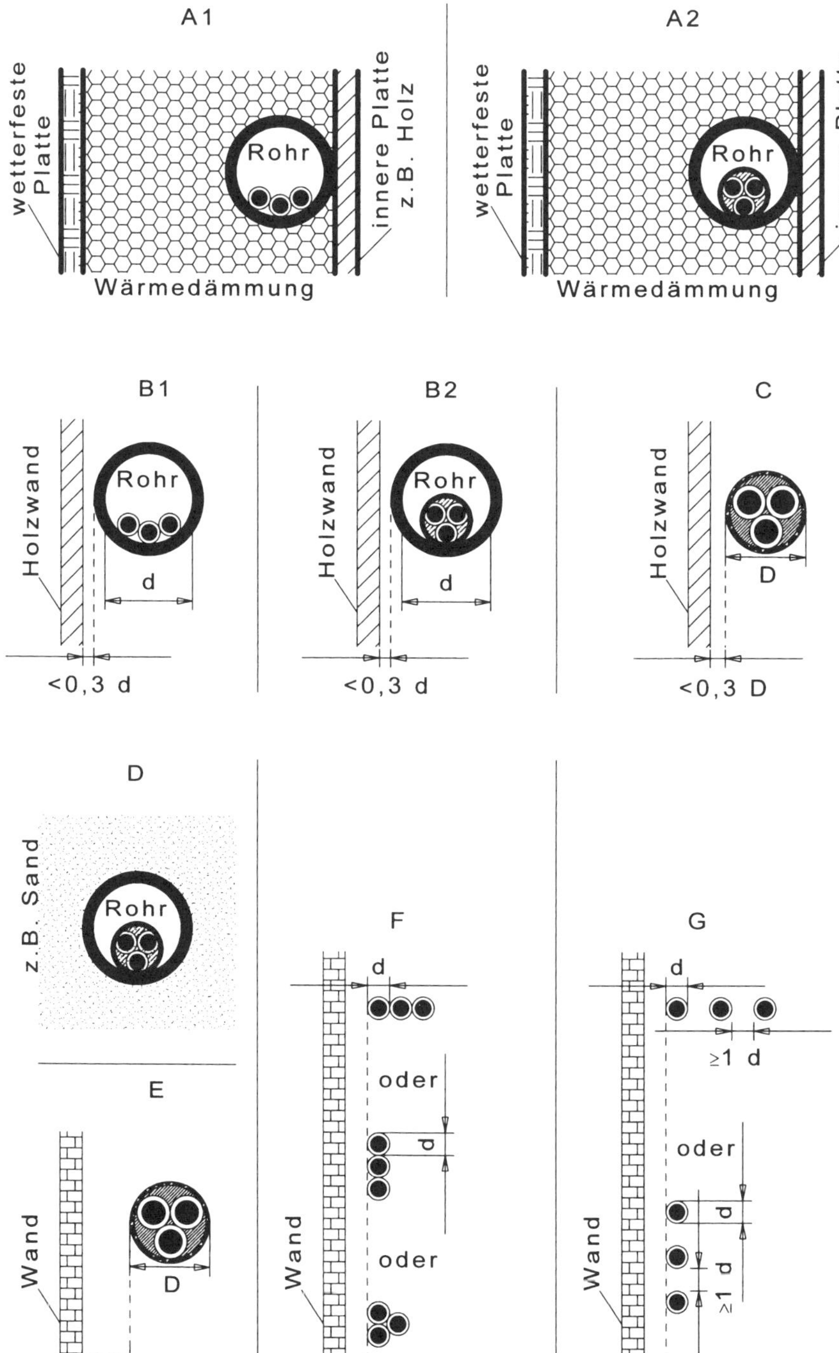

Bild 3.45 Bildliche Darstellung der Referenzverlegearten bei 3 belasteten Adern

Tabelle 3.9 Strombelastbarkeit von NYM oder NYY bei der Verlegeart B2 und C bei $\vartheta_U = 25\,°C$ (Stromwerte für I_r entnommen aus Tabelle A.1 der DIN VDE 0298-4 vom August 2003)

Verlege-art	**Anzahl belasteter Adern**		**Normquerschnitt (mm²)**											
			1,5	2,5	4	6	10	16	25	35	50	70	95	120
B2	2	I_r (A)	17,5	24	32	40	55	73	95	118	141	178	213	246
		I_n (A)	16	20	32	40	50	63	80	100	125	160	200	224
	3	I_r (A)	16	21	29	36	50*	66	85	105	125	158	190	218
		I_n (A)	16	20	25	35	50*	63	80	100	125	125	160	200
C	2	I_r (A)	21	29	38	49	67	90	119	146	178	226	273	317
		I_n (A)	20	25	35	40	63	80	100	125	160	224	250	300
	3	I_r (A)	18,5	25	35*	43	63*	81	102	126	153	195	236	275
		I_n (A)	16	25	35*	40	63*	80	100	125	125	160	224	250

ein Kabel der Bauart NYY und geht somit von einer max. zulässigen Leitertemperatur von 70 °C aus (s. Abschnitt 3.6.2). Die Umgebungstemperatur ϑ_U wird mit 25 °C angenommen. Außerdem wird immer nur von 1 Kabel oder 1 Leitung ausgegangen, es ist also keine Häufung berücksichtigt. Bei einer anderen Umgebungstemperatur gilt Abschnitt 3.6.4 und für eine Leitungshäufung Abschnitt 3.6.5.

Ein typischer Anwendungsfall für 2 belastete Adern ist die Leitung von einem Schukosteckdosenstromkreis. Der mitgeführte Schutzleiter (PE) führt, wie schon erwähnt, zu einer höheren Belastbarkeit, sodass man bei Anwendung dieser Tabelle immer auf der sicheren Seite liegt. Die Werte für 3 belastete Adern werden üblicherweise bei Drehstromkreisen angewendet. Wichtig ist jedoch, dass dabei der Neutralleiter nicht belastet sein darf. Aufgrund der vermehrt eingesetzten nichtlinearen Betriebsmittel, z. B. Thyristoren, kann es aber trotz symmetrischer Drehstromverbraucher zu einer Belastung des Neutralleiters durch Stromoberwellen kommen. Für diese Fälle kann Tabelle 3.9 dann nicht herangezogen werden. Allerdings ist man einigermaßen auf der sicheren Seite, wenn man den zulässigen Stromwert I_r für 3 belastete Adern mit 0,85 multipliziert. Bei einer unsymmetrischen Belastung geht man immer auf «Nummer Sicher», wenn der größte Stromwert und 4 belastete Adern angenommen wird. Dies führt jedoch nicht immer zur wirtschaftlichsten Auslegung.

Grundsätzlich gilt es festzuhalten, dass auch aufwendige Berechnungen nicht immer zu einer optimalen Gestaltung führen und deshalb in einschlägiger Fachliteratur auch auf empirische bzw. messtechnisch ermittelte Werte zurückgegriffen wird. Um zu garantieren, dass die Betriebstemperatur einer Leitung oder eines Kabels an keiner Stelle überschritten wird, muss bei unterschiedlichen Verlegearten die ungünstigste Bedingung als Bezugsgröße betrachtet werden. Dies gilt z. B. auch für eine direkte Montage unter der Decke eines Raums. Hier ist der entsprechende Tabellenwert mit 0,95 zu multiplizieren (s. Abschnitt 3.6.4). Es sei noch erwähnt, dass die Verlegung von Stegleitung im und unter Putz als Verlegeart C anzusehen ist.

3.6.4 Umgebungstemperatur

Die Temperatur, die das Medium, z.B. Luft, um eine unbelastete Leitung oder ein unbelastetes Kabel hat, ist die für die Auslegung von Kabel- und Leitungssystemen bestimmende Umgebungstemperatur. In der Energietechnik hat man sich international auf eine Bezugsgröße von 30 °C verständigt. Dies ist aber für die meisten Anwendungsfälle der Wohnungsinstallation in Deutschland sicherlich zu hoch. Für normal klimatisierte Räume, also Wohnräume oder auch Büros, kann hier eine Temperatur von 25 °C angenommen werden. Im industriellen Bereich wird jedoch meistens mit einer höheren Umgebungstemperatur gerechnet. Nach einer europäischen Maschinenrichtlinie [3.5] wird im Normalfall von 40 °C Umgebungstemperatur ausgegangen, und eine andere Bezugsgröße sollte schriftlich mit dem Auftraggeber vereinbart werden. Üblicherweise werden für Werkstätten allerdings meistens 30 °C angesetzt. Aber natürlich können auch höhere Umgebungstemperaturen als die 40 °C auftreten, z. B. in der Nähe schlecht isolierter Dampfleitungen oder auch großer Heizkessel. Hier ist dann oft der Einsatz von wärmebeständigen Leitungen notwendig.

Bei der Planung der Elektroinstallation von Wohnräumen wird also normalerweise von 25 °C ausgegangen, warum auch die Strombelastbarkeitswerte der Tabelle 3.9 aus 3.6.3 für diese Temperatur angegeben wurden. Eine Besonderheit gilt es bei der Verlegung unter der Decke eines Raums zu beachten. Aufgrund der Konvektion kann die Luft unter der Raumdecke eine etwas höhere Temperatur annehmen. Um diesen Wärmestau zu berücksichtigen, muss bei einer direkten Montage unter der Decke der entsprechende Tabellenwert mit 0,95 multipliziert werden.

Die Umgebungstemperatur einer Leitung wird natürlich auch durch benachbarte, belastete Leitungen oder Kabel beeinflusst. Dies muss dann durch entsprechende Reduktionsfaktoren für Häufung Berücksichtigung finden (s. Abschnitt 3.6.5). Dass auch die Sonnenstrahlung Einfluss auf die Strombelastbarkeit eines Kabels oder einer Leitung hat, wurde schon in Abschnitt 3.6 erwähnt. Da die Berücksichtigung dieses Einflusses recht aufwendig ist und direkte Sonneneinstrahlung bei einer Leitung vom Typ NYM sowieso vermieden werden muss und in einem Gebäude normalerweise auch nicht vorkommt, soll hier nicht näher darauf eingegangen werden. Näheres hierzu findet man z.B. in [3.2].

Nun soll eine Formel zur Bestimmung des Umrechnungsfaktor f für eine andere Umgebungstemperatur als die Bezugstemperatur hergeleitet werden. Dazu wird Gl. 3.12 aus 3.6.2 etwas modifiziert und ein bestimmtes Verhältnis gebildet. Das Ergebnis ist Gl. 3.17. Hierin ist neben der Leitertemperatur ϑ_L und der Umgebungstemperatur ϑ_U noch die Bezugstemperatur ϑ_B enthalten, das ist die Umgebungstemperatur auf die sich die Strombelastbarkeitswerte einer Tabelle beziehen. Mit Hilfe von Gl. 3.13 aus Abschnitt 3.6.2, lässt sich dann der zulässige Belastungsstrom I_z bei gegebener Umgebungstemperatur und dem Tabellenwert von I_r berechnen.

$$\frac{I_z}{I_r} = \frac{\sqrt{\dfrac{\vartheta_L - \vartheta_U}{n \cdot R'_W \cdot R'_{th}}}}{\sqrt{\dfrac{\vartheta_L - \vartheta_B}{n \cdot R'_W \cdot R'_{th}}}} \quad \Rightarrow \quad \frac{I_z}{I_r} = \sqrt{\frac{\vartheta_L - \vartheta_U}{\vartheta_L - \vartheta_B}} = f_\vartheta \qquad \text{(Gl. 3.17)}$$

Im nachfolgenden Beispiel handelt es sich um die Leitung eines Schukosteckdosenstromkreises. Sie soll in einem Backhaus einer Großbäckerei in einem Elektroinstallationskanal auf einer Wand verlegt werden. Die max. Umgebungstemperatur wird vom Betreiber mit 40 °C angegeben. Aus brandschutztechnischen Gründen soll eine halogenfreie Leitung eingesetzt werden. Zur Anwendung ist (N)HMH-J 3 · 1,5 mit ϑ_L = 70 °C vorgesehen. Da dies die gleiche Leitertemperatur wie für NYM ist, wird zur Bestimmung der Strombelastbarkeit Tabelle 3.9 aus Abschnitt 3.6.3 herangezogen. Die Montage kann der Referenzverlegeart B2 zugeordnet werden. Somit ergibt sich aus Tabelle 3.9 ein I_r von 17,5 A. Zur Lösung dieser Aufgabe wird zunächst *f* berechnet.

$$f_\vartheta = \sqrt{\frac{\vartheta_L - \vartheta_U}{\vartheta_L - \vartheta_B}} = \sqrt{\frac{70\,°C - 40\,°C}{70\,°C - 25\,°C}} = 0{,}816497$$

Es zeigt sich also, dass die Leitung nur noch mit ca. 81,6 % vom Tabellenwert belastbar ist. Mit Gl. 3.13 ergibt sich jetzt eine zulässiger Belastungsstrom I_z von 17,5 A · 0,816 = 14,28 A. Ein Leitungsschutzschalter, der dieser Leitung zum Schutz gegen Überlastung vorgeschaltet wird, dürfte nur noch einen Nennstrom von 13 A aufweisen. Da Schukosteckdosenstromkreise üblicherweise mit 16 A abgesichert werden, wäre (N)HMH-J 3 · 2,5 notwendig, welches dann mit 24 A · 0,816 = 19,58 A belastbar ist. Die Kostensteigerung beträgt dabei ungefähr das 1,8fache gegenüber dem Einsatz von 1,5 mm². Eine etwas kostengünstigere Alternative wäre der Einsatz von einem halogenfreien Starkstromkabel vom Typ N2XH-J 3 · 1,5, das inklusive Kupferzuschlag nur ungefähr das 1,6fache gegenüber (N)HMH-J 3 · 1,5 beträgt. Laut Herstellerangaben hat das Starkstromkabel eine zulässige Leitertemperatur von 90 °C und ist mit 22 A in der Verlegeart B2 bei 30 °C Umgebungstemperatur belastbar. Nachfolgend wird der Reduktionsfaktor *f* für 40 °C berechnet.

$$f_\vartheta = \sqrt{\frac{\vartheta_L - \vartheta_U}{\vartheta_L - \vartheta_B}} = \sqrt{\frac{70\,°C - 40\,°C}{70\,°C - 30\,°C}} = 0{,}912871$$

Daraus ergibt sich eine Strombelastbarkeit von 22 A · 0,912 = 20,09 A, und dem Einsatz einer Überstromschutzeinrichtung mit einem Bemessungsstrom von 16 A steht nichts mehr im Wege.

3.6.5 Häufung

Da jedes belastete Kabel seine Verlustwärme über die Manteloberfläche an die Umgebung durch Konvektion, Strahlung und Wärmeleitung abgibt, stellt es quasi eine kleine Heizquelle da. Werden Leitungen gebündelt, führt dies zwangsläufig zu einer gegenseitigen Erwärmung. Außerdem kann an den Berührungsflächen der Leitungen die Wärme nicht oder doch nur schlechter abgegeben werden. Die Folge ist, dass die Belastbarkeit sinkt. Mit Hilfe von anerkannten Rechenverfahren ist es zwar grundsätzlich möglich diese Beeinflussung zu erfassen, aber der Aufwand ist doch recht erheblich. Dabei muss neben dem Leitungs- oder Kabeltyp auch der Querschnitt, also der Kabelumfang, berücksichtigt werden. Deshalb werden in der Praxis hier Tabellen verwendet, in denen entsprechende Reduktionsfaktoren enthalten sind. Wegen der Komplexität des Sachverhaltes sind die Tabellenwerte nur für gleichartige und ungefähr gleichbelastete Kabel und Leitungen verwendbar. Sie dürfen sich höchstens um eine Querschnittsstufe unterscheiden, da bei größeren Unterschieden im Regelfall das Kabel mit dem kleinen Querschnitt negativer beeinflusst wird, d.h., es kann noch weniger belastet werden. Diese Einschränkung begrenzt natürlich die Anwendbarkeit solch einer Tabelle.

Beträgt der horizontale Abstand zwischen Leitungen oder Kabeln mindestens das 2-fache des Außendurchmessers, so ist die gegenseitige Beeinflussung so gering, dass in diesem Fall keine Häufung vorliegt. In Bild 3.46 wird versucht die entsprechenden Sachverhalte darzustellen, wobei die Verlegeanordnung nach a) auch für eine Häufung im Elektroinstallationsrohr steht.

Die bildliche Darstellung der Häufung mit 3-adrigen Leitungen oder Kabeln steht stellvertretend für 1-adrige und mehradrige Systeme und ist somit nur als Beispiel zu verstehen.

In Tabelle 3.10 werden Reduktionsfaktoren f_H für die Häufungsanordnung nach a), b) und c) angegeben. Diese Faktoren gelten für die Referenzverlegearten A1, A2, B1, B2 und C. Die Tabelle geht bei mehradrigen Leitungen von 2 bzw. 3 belasteten Adern aus. Handelt es sich um eine Anzahl n 1-adriger Kabel oder Leitungen, so lassen sich daraus $n/2$ Wechselstromkreise (2 belastete Adern) oder $n/3$ Drehstromkreise (3 belastete Adern) bilden. An einem Beispiel soll dieser Sachverhalt erläutert werden. In einem Elektroinstallationsrohr für leichte mechanische Beanspruchung (BC 105), dessen Innendurchmesser 22,9 mm beträgt, sollen in der Verlegeart A1 6 Aderleitungen vom Typ H07V-U eingezogen werden. Der Querschnitt beträgt 2,5 mm², und es handelt sich um einen Schukosteckdosen- und einen Beleuchtungsstromkreis. Es gibt somit jeweils 2 schwarze, 2 hellblaue und 2

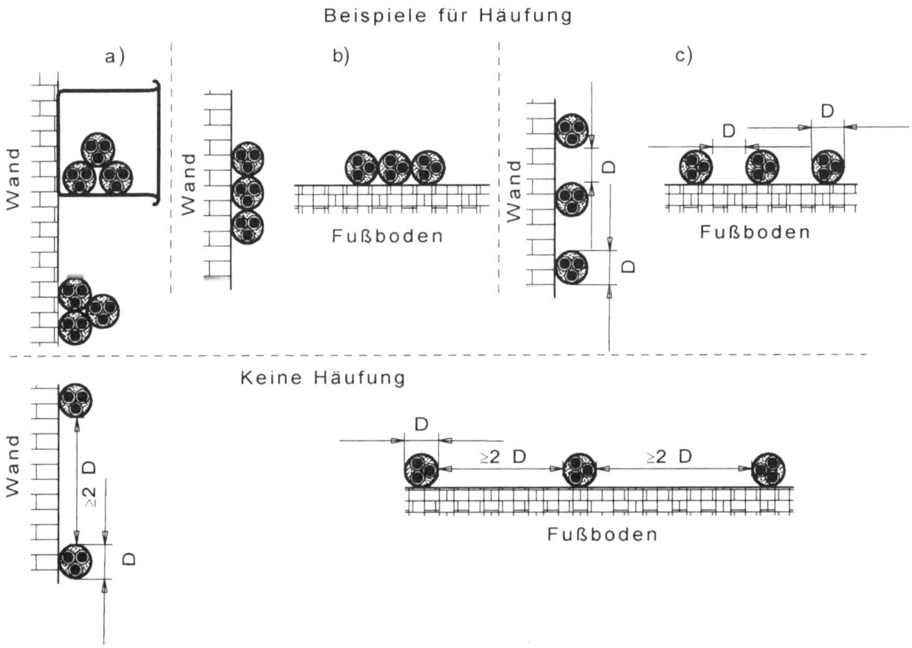

Bild 3.46 Darstellung von Häufung und Nichthäufung

Tabelle 3.10 Einige Reduktionsfaktoren für Häufung in Anlehnung an Tabelle 21 aus DIN VDE 0298-4 vom August 2003

Anordnung der Verlegung nach Bild 3.46	**Anzahl der Leitungen oder Kabel**					
	2	3	4	5	10	20
	Reduktionsfaktoren f_H					
a	0,8	0,7	0,65	0,6	0,48	0,38
b	0,85	0,79	0,75	0,73	0,7	
c	0,94	0,9				

grüngelbe Adern. Da der Schutzleiter als nichtbelastete Ader zählt, gibt es also 4/2 = 2 Stromkreise mit jeweils 2 belasteten Leitern. Nach [3.4] gilt bei einer Umgebungstemperatur von 30 °C für H07V-U mit 2,5 mm^2 in der Referenzverlegeart A1 ein zulässiger Belastungsstrom von I_r = 19,5 A. Da es sich um eine Häufung nach der Verlegeanordnung a) handelt, folgt aus Tabelle 3.10 ein Reduktionsfaktor von 0,8. Daraus errechnet sich die max. Belastbarkeit zu 19,5 A · 0,8 = 15,6 A. Wie man sieht, wäre hier trotz 2,5 mm^2 der Einsatz von Überstromschutzeinrichtungen mit 16-A-Nennstrom nicht möglich. Geht man jedoch davon aus, dass es sich um die Installation eines normalklimatisierten Wohnraums handelt, dann kann mit 25 °C Umgebungstemperatur gerechnet werden. Nach Gl. 3.17 aus Abschnitt 3.6.4 folgt ein Umrechnungsfaktor f_ϑ von 1,06. Mit Gl. 3.13 aus Abschnitt 3.6.2 ergibt sich jetzt eine Belastbarkeit von 19,5 A · 1,06 · 0,8 ≈ 16,5 A, womit der Einsatz von 16-A-Leitungsschutzschaltern wieder möglich wird.

Nicht selten wird in der Praxis das Problem der Häufung unterschätzt, und zwar von Monteuren als auch von Planern. Da wird von einem Elektroplaner in einer Schlosserei ein Leitungsführungskanal in der Größe 40 mm × 40 mm (H × B) für 5 Drehstromleitungen vom Typ NYM-J 5 · 2,5 vorgesehen. Die vereinbarte Umgebungstemperatur beträgt 30 °C, was bei dieser Verlegeart (B2) für die betrachteten Leitungen nach [3.4] einen zulässigen Strom von 20 A bedeutet. Bei der Planung wurde für die Leitungen in diesem Kanal ein Gleichzeitigkeitsfaktor von 0,6 angenommen (s. Abschnitt 2.1.2.2). Dies bedeutet, dass nur noch von 5 · 0,6 = 3 mehradrigen Leitungen ausgegangen werden muss. Der Reduktionsfaktor für Häufung beträgt somit 0,7. Für die Leitungen ergibt sich somit ein zulässiger Belastungsstrom von 20 A · 0,7 = 14 A. Den Stromkreisen wurden jetzt 3-polige Leitungsschutzschalter der Auslösecharakteristik D mit einem Bemessungsstrom von 13 A vorgeschaltet. Eine Überlastung scheint somit ausgeschlossen, nur an eine Reserve wurde hierbei nicht gedacht. In den vorhandenen Kanal können durchaus noch 3 Leitungen gleichen Typs eingebracht werden. Bei gleichem Gleichzeitigkeitsfaktor, muss jetzt von 8 · 0,6 = 4,8 Leitungen ausgegangen werden. Aus Tabelle 3.10 folgt hiernach für 5 Leitungen ein Faktor von 0,6. Das bedeutet, dass alle Leitungen nur noch eine Belastbarkeit von 20 A · 0,6 = 12 A besitzen und somit nicht mehr mit 13-A-Überstromschutzeinrichtungen abgesichert werden dürfen. Natürlich ist hierfür zuallererst einmal der Errichter dieser Erweiterung verantwortlich. Aber in Ermangelung der entsprechenden Planungsdaten wird bei solchen Erweiterungen meistens nur von der Größe eines Elektroinstallationskanals ausgegangen, und dies kann dann zu solchen Überlastungen führen.

Dass trotzdem oft nichts passiert, liegt meistens daran, dass die tatsächliche Umgebungstemperatur kleiner als die angenommene ist, und dass meistens die zugrundegelegten Betriebsströme nicht ständig in der angenommenen Stärke fließen. Aber immer dann, wenn diese günstigen Umstände nicht zutreffen, kommt es zu Schädigungen der Leitungen oder Kabel, was leider dann auch zu einem Brand führen kann (s. Abschnitt 3.6). Deshalb sollte ein verantwortlicher Planer von Elektroanlagen immer eine ausreichende Reserve, auch und gerade hinsichtlich der Strombelastbarkeit, berücksichtigen. Dies kann z. B. dadurch geschehen, in dem die Leitungen und Kabel immer nur mit max. 80...85 % ihres zulässigen Stroms belastet werden. Also lieber einen Querschnitt höher gehen oder einen Leitungs- bzw. Kabeltyp wählen, dessen Leitertemperatur größer ist, sodass eine leicht veränderte Umgebungsbedingung nicht gleich zu einem Schaden führt. Dies wirkt sich natürlich kostenmäßig aus, und im Konkurrenzkampf zählt teilweise ja bekanntlich jeder Euro. Trotz dieses Kostendruckes sollte die Sicherheit nicht außer Acht gelassen werden.

Was hätte der Planer nun in obigem Beispiel besser machen können? Nun, der Einsatz von N2XH-J 5 · 2,5, dessen zulässige Leitertemperatur 90 °C beträgt, wäre hier durchaus zu empfehlen. Dieses Starkstromkabel ist bei der Referenzverlegeart B2 und bei 30 °C Umgebungstemperatur laut Hersteller mit 26 A belastbar. Das sind 30 % mehr an Belastbarkeit bei rund 20 % Mehrkosten gegenüber NYM-J 5 · 2,5. Eine andere Alternative wäre der Einsatz eines kleineren Leitungsführungskanals mit den Maßen 30 mm × 45 mm, in den ohne große Anstrengung nur noch 1 weitere Leitung gleichen Typs eingebracht werden kann. Damit wäre wenigstens ein wenig einer späteren Überlastung entgegengesteuert. Auf der anderen Seite macht dieses Beispiel auch klar, dass ein Planer nie alle Eventualitäten berücksichtigen kann, denn bekanntlich ist Platz in der kleinsten Hütte. Deshalb muss an jede Elektrofachkraft appelliert werden, nicht jeden vorhandenen Platz in einem Verlegesystem, sei er auch noch so klein, unbedingt zu nutzen. Dies geht eben nur dann, wenn man alle Planungsdaten und Randbedingungen der Anlage eines Gebäudes kennt, was in der Praxis der Wohnungsinstallation nur selten der Fall sein dürfte.

3.7 Überstromschutzeinrichtungen und Selektivität

Die Aufgabe der hier zu besprechenden Überstromschutzorganen ist es, Leitungen oder Kabel gegen die negativen Folgen von zu großen Strömen zu schützen. Dabei geht es neben zu großen Betriebsströmen vor allem um den Schutz bei Kurzschluss und in diesem Zusammenhang um Selektivität. Beachtung der Selektivität bedeutet, dass nur der fehlerbehaftete Stromkreis abgeschaltet wird. Die

Forderung nach Selektivität ist für die Betriebssicherheit von eminenter Bedeutung. Leider wird dem in der Praxis nicht immer Rechnung getragen. Aber nach TAB (s. Abschnitt 2.1.1.3) muss auf jeden Fall gegenüber den unter Plombenverschluss stehenden Überstromschutzeinrichtungen Selektivität eingehalten werden.

Egal um welche Überstromschutzeinrichtung es sich handelt, der Schutz erfolgt auf jeden Fall durch einen Ausschaltvorgang. Bei solchen Schaltvorgängen handelt es sich um recht komplexe Abläufe. Aufgabe eines Buches zur Planung und Kalkulation der Elektroinstallation kann es nicht sein, diese physikalischen Sachverhalte im Einzelnen zu durchleuchten. Hierzu gibt es spezielle Fachliteratur, wie z.B. [3.6 oder 3.7]. Andererseits müssen bestimmte Grundlagenthemen zumindest angesprochen werden. Im Allgemeinen kann ein Einschaltstrom im induktiv belasteten Niederspannungsnetz als eine Kurve mit einem nach einer e-Funktion abklingenden Gleichstromglied und einem stationären, sinusförmigen Wechselstromanteil dargestellt werden. Allerdings ist der exakte Verlauf von vielen Faktoren abhängig. Neben der Größe der Induktivität und dem Anteil des Ohm'schen Widerstandes, spielt unter anderem auch die Höhe der Momentanspannung, also der Zeitpunkt des Schaltvorganges, eine Rolle.

Ein Kurzschlussstrom ist im Prinzip wie solch ein Einschaltstrom zu betrachten, und seine Kurve sieht demnach genauso aus. In Bild 3.47 werden die Zusammenhänge grafisch dargestellt. Die nichtgestrichelte Linie ist dabei der idealisierte Stromverlauf, der sich mathematisch aus der Addition der beiden anderen Kurven ergibt. Ein Ausschaltvorgang, vor allem wenn es sich um Kurzschlussströme induktiv belasteter Wechselstromkreise handelt, kann nicht unmittelbar stattfinden. Sondern es wird, egal um welches Schutzorgan es sich handelt, immer zu einem Lichtbogen kommen. Das bedeutet, dass die Widerstandsänderung des Lichtbogens für die Kurvenform des Ausschaltstroms verantwortlich ist. Natürlich entsteht auch beim Einschalten eines Stromkreises ein Lichtbogen, wodurch sich die Kurvenform des Stroms gegenüber Bild 3.47 etwas ändert. Alleine schon wegen den Prellvorgängen beim Einschalten ist ein Lichtbogen fast unvermeidbar. Aber er hat doch nicht diese Dominanz auf den Stromverlauf, wie beim Ausschalten oder gar beim Unterbrechen eines Kurzschlussstroms.

Ein Lichtbogen ist praktisch ein hochenergetischer Stromfluss in einem ionisierten Gas. Bei einem Schaltvorgang entsteht der Lichtbogen, wenn die Spannung zwischen den Kontakten die notwendige Zündspannung erreicht. Die Höhe dieser Spannung ist unter anderem von der Temperatur und der Art des Gases abhängig. Da die I/U-Kennlinie einer Gasstrecke nicht linear verläuft, trifft dies auch auf die Kennlinie eines Lichtbogens zu. Wichtiger als der nichtlineare Verlauf ist allerdings die Tatsache, dass mit zunehmendem Strom die Lichtbogenspannung abnimmt, was einer Widerstandsverkleinerung gleichkommt. Bild 3.48 zeigt den prinzipiellen Verlauf der statischen Kennlinie eines Lichtbogens bei einer Länge von 1 cm und bei 3 cm. Bei einer einfachen Betrachtung eines durch einen Lichtbogen belasteten Gleichstromkreises in Reihenschaltung begrenzt der Vorwiderstand R_v den Strom. Die Arbeitsgerade von R_v ist für 2 unterschiedliche Betriebsspannungen U_B im Kennlinienfeld mit eingezeichnet. Es wird ersichtlich, dass bei der Betriebspannung U_{B1} und einer Lichtbogenlänge von 1 cm, sich eine

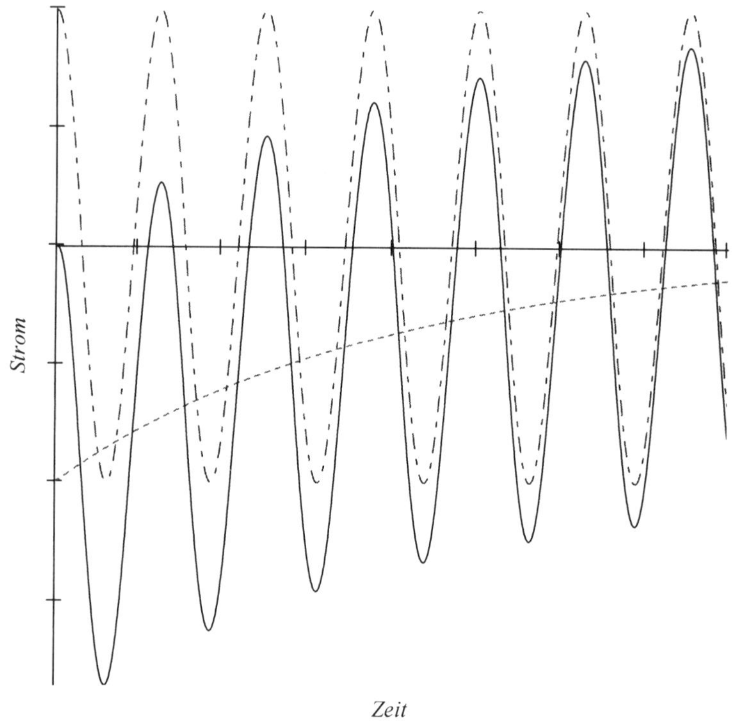

Bild 3.47 Prinzipdarstellung des Einschwingvorganges eines Kurzschlussstroms

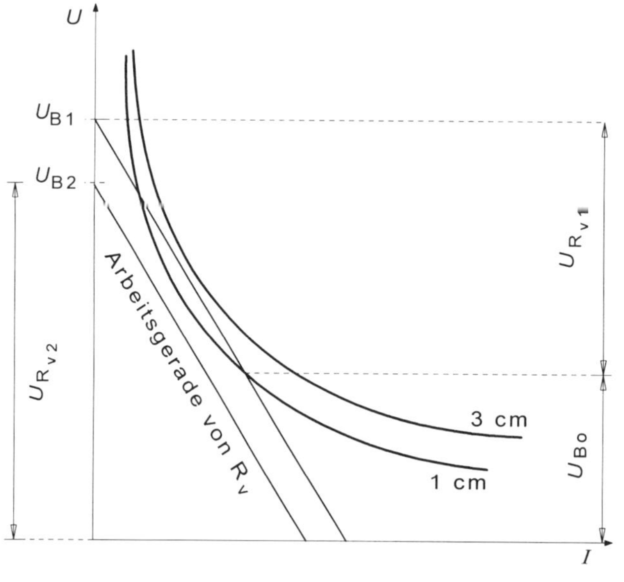

Bild 3.48 Prinzipverlauf der statischen Kennlinie eines Lichtbogens bei unterschiedlicher Lichtbogenlänge

Lichtbogenspannung U_{Bo} einstellt, die den Lichtbogen brennen lässt. Eine mögliche Lichtbogenlöschung bei Gleichstrom ist praktisch nur möglich, wenn die Spannung zwischen den Kontakten kleiner ist als die benötigte Lichtbogenspannung, also die gesamte Spannung als Spannungsfall U_{Rv} über dem Vorwiderstand abfällt. Die Verschiebung der Arbeitsgeraden von R_v durch eine Verkleinerung der Betriebsspannung U_{B1} auf U_{B2} ist in der Praxis wohl kaum möglich. Bleibt also nur die Verlängerung des Lichtbogens, bzw. der Kühlung, wodurch ebenfalls die benötigte Lichtbogenspannung steigt. Da der größte Teil der Spannung an Anode und Katode auftritt, also z. B. an der Oberfläche der Kontaktstücke eines Schalters und nicht an der eigentlichen Bogensäule des Lichtbogens, ist die Aufteilung eines Bogens in mehrere Teillichtbögen ebenfalls eine Möglichkeit der Lichtbogenlöschung.

In der Praxis wird meistens eine Kombination dieser Möglichkeiten angewendet. Zum einen wird der Lichtbogen durch Kühlbleche gekühlt und gleichzeitig in viele Teillichtbögen aufgeteilt. Dabei wird auch oft die elektrodynamische Wirkung des Stroms genutzt, um den Lichtbogen gezielt zu verlängern. Hierzu kann auch die Form der Kontaktstücke beitragen. Bei Wechselstrom wird die Löschung des Lichtbogens durch die Nulldurchgänge des Stroms begünstigt. Es muss allerdings eine Wiederzündung verhindert werden. Dies geschieht wiederum durch eine Widerstandsvergrößerung des Lichtbogens während des Nulldurchgangs. Also auch hier wird bei Schaltern der Lichtbogen gekühlt und durch die Aufteilung in Teillichtbögen verlängert.

Die hohen Temperaturen des Lichtbogens führen verstärkt zur Verflüssigung und Verdampfung von Teilen der metallischen Kontaktoberfläche. Auf diese Problematik kann hier aber nicht weiter eingegangen werden. Nur noch der Hinweis auf das mögliche Verschweißen von Kontakten soll den Planer noch einmal auf die richtige Auswahl von Schaltgeräten aufmerksam machen.

Die Gesamtausschaltzeit eines Selbstschalters kann nach Bild 3.49 in verschiedene Zeitabschnitte unterteilt werden. Dabei setzt sich der Öffnungsverzug aus der Auslösezeit t_1 und der Eigenzeit t_2 zusammen. Zur Zeit für den Öffnungsverzug addiert sich dann noch die Lichtbogendauer t_3. Nach Eintritt eines Kurzschlusses passiert während der Auslösezeit praktisch nichts. Danach folgt die Eigenzeit des Schaltmechanismus, also die Zeit, die vergeht, bis nach der Aufhebung der Sperre die Öffnung der Kontakte beginnt. Während des eigentlichen Vorgangs des Öffnens der Schaltkontakte fängt der Lichtbogen an zu brennen, und auch nachdem die Kontakte vollständig geöffnet haben, muss der Lichtbogen erst noch gelöscht werden, damit der Stromfluss beendet ist.

Beim Ausschaltvorgang durch eine Schmelzsicherung gibt es zwar im eigentlichen Sinne keinen Öffnungsverzug, aber bevor es zum Lichtbogen kommt, muss zuerst die notwendige Schmelzwärme zum Erhitzen des Schmelzleiters aufgenommen werden. Im Überlastbereich, also bis ungefähr zum 8-fachen des Bemessungsstroms, wird das in der Mitte des Schmelzleiters aufgebrachte Weichlot innerhalb der Schmelzzeit t_S flüssig, und es kommt dann während der Lichtbogendauer t_{Bo} zum vollständigen Abschmelzen des Schmelzleiters durch einen Lichtbogen. Mehrere Querschnittsverkleinerungen des Schmelzdrahtes führen im

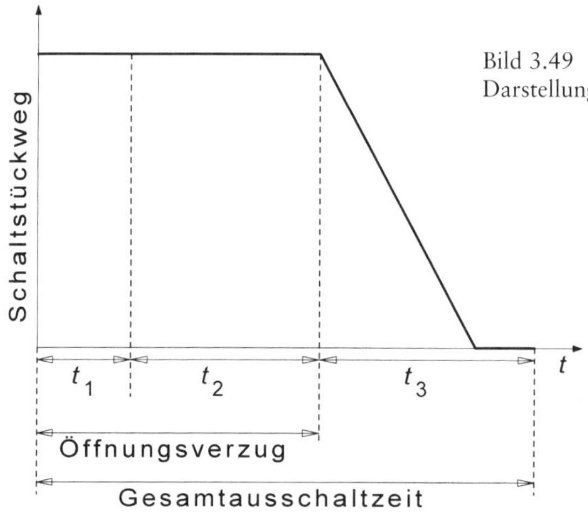

Bild 3.49
Darstellung der Ausschaltzeit eines Selbstschalters

Kurzschlussfall zu einem Schmelzvorgang an vielen Stellen und letztlich dann zu mehreren Teillichtbögen. Zur Lichtbogenkühlung wird bei Schmelzsicherungen meistens Quarzsand eingesetzt. Den prinzipiellen Stromverlauf i bei einer Unterbrechung eines sinusförmigen Kurzschlussstroms durch eine Sicherung zeigt Bild 3.50. Der tatsächliche Verlauf des Abschaltstroms i ist während der Lichtbogendauer t_{Bo} vom eingesetzten Schmelzeinsatz, also der Sicherung selbst, abhängig.

In Bild 3.50 gibt die gestrichelte Linie den Verlauf des prospektiven Kurzschlussstroms i_p wieder. Dieser unbeeinflusste Kurzschlussstrom würde fließen, wenn statt einer Sicherung eine leitende Brücke eingebaut wäre, deren elektri-

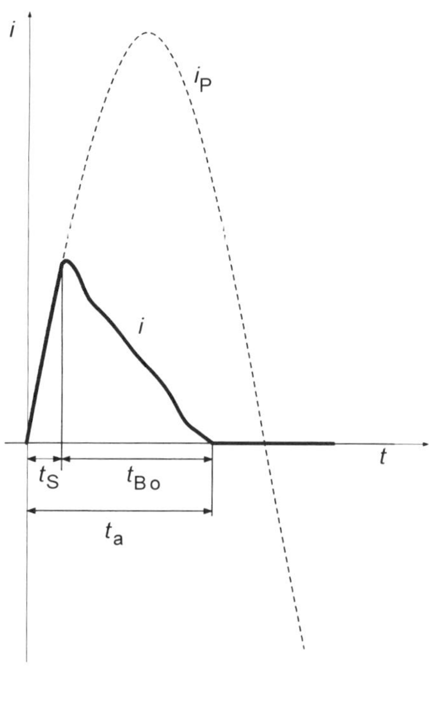

Bild 3.50
Unbeeinflusster Kurzschlussstrom i_p und ungefährer Stromverlauf i bei der Abschaltung durch eine Schmelzsicherung

scher Widerstand nahezu 0 Ω beträgt. Er wird meistens als Effektivwert I_p, also als konstanter Stromwert, angegeben. Diese Betrachtung eines faktisch fiktiven Stroms ist notwendig, da die Fläche unter der Stromkurve ein Maß für die Energie darstellt, und die Fläche wiederum von der Kurvenform von i_p abhängt. Die gesamte Ausschaltzeit ist also die Summe aus t_S und t_{Bo}.

Im Zusammenhang mit der Selektivität sind sowohl die entsprechenden Zeitabschnitte des Ausschaltvorganges von Selbstschaltern und Schmelzsicherungen als auch das sog. Joule-Integral von Bedeutung. Das Joule-Integral $\int i^2 \cdot dt$ ist praktisch die Fläche unter der **quadrierten** Stromkurve und wird teilweise auch so $I^2 \cdot t = \int i^2 \cdot dt$ angegeben. Hier wird der veränderliche Strom i einem konstanten Strom, dem Effektivwert I von i_p, während einer virtuellen Schmelzzeit t gleichgesetzt. In diesem Zusammenhang wird dann einfach nur vom $\boldsymbol{I^2t}$-Wert gesprochen. Es ist ein Maß für die dabei umgesetzte Energie.

3.7.1 Schmelzsicherung → Schmelzsicherung

Für die Selektivität von Schmelzsicherungen untereinander ist die jeweilige Schmelz- und Ausschaltenergie entscheidend. Um darauf näher eingehen zu können, werden zuerst noch einige Begriffe geklärt. Es geht dabei um den kleinen Prüfstrom I_{nf} und den großen Prüfstrom I_f. Diese Prüfströme dienen dazu, das Ausschaltverhalten von Schmelzsicherungen zu normieren. Dabei darf der Schmelzeinsatz innerhalb einer festgelegten Zeit bei I_{nf} nicht auslösen, während bei I_f eine sichere Abschaltung erfolgen muss. Für Niederspannungssicherungen der Betriebsklasse gG beträgt bei einem Nennstrom $I_n \geq 16$ A $I_{nf} = 1{,}25\ I_n$ und $I_f = 1{,}6\ I_n$. Zwischen 16 A und 63 A Nennstrom ist die Prüfzeit 1 h. Diese beiden Prüfströme bestimmen somit das Ausschaltverhalten im Überlastbereich.

Bei der Betriebsklasse steht der 1. Buchstabe für den Ausschaltbereich (Funktionsklasse) und der 2. für die Anwendung (Schutzobjekt). Schmelzsicherungen der Betriebsklasse gG sind Ganzbereichssicherungseinsätze (g) für die allgemeine Anwendung (G). Damit gG-Sicherungen Kabel und Leitungen gegen Überlast sicher schützen, sollten sie die Bedingung $I_2 \leq 1{,}45\ I_z$ erfüllen (s. Abschnitt 3.6.2). Da aber $I_2 = I_f > 1{,}45\ I_n$ ist, werden i.d.R. Sicherungen mit Nennströmen >10 A einer weiteren Prüfung unterzogen. Dabei wird der Prüfstrom auf $1{,}45\ I_z$ erhöht, und die Abschaltzeit muss jetzt kleiner sein als die konventionelle Prüfzeit, also z.B. weniger als 1 h. Mittlerweile gibt es in der Normung von Niederspannungssicherungen nicht nur die beiden wichtigen Kenngrößen I_{nf} und I_f, sondern es werden noch weitere sog. «Tore» definiert. Diese, ebenfalls für bestimmte Zeiten festgelegte Stromwerte, spielen z.B. für den Leitungsschutz wie gerade besprochen eine Rolle. Genauso gibt es Stromwerte bei 5 s, die für den Fehlerschutz von Bedeutung sind.

Für die Selektivität sind die in Abschnitt 3.7 besprochenen I^2t-Werte entscheidend. Für die verschiedenen Sicherungssysteme, die im Anlagenschutz wichtig sind, also Schraubsicherungen Diazed (D), Neozed (D0) und Messersicherungen (NH), gibt es für die verschiedenen Betriebsklassen und Nennströme entsprechende I^2t-Werte, und zwar jeweils als Schmelz- und als Ausschaltwert. Diese Werte werden in Baunormen für eine Zeit von 10 ms vorgegeben, was bei 50 Hz und sinusförmigem Wechselstrom einer Halbschwingung entspricht. Sie können bei kleineren Abschaltzeiten auch in Abhängigkeit vom Effektivwert I des unbeeinflussten Stroms i_p angegeben werden. Selektivität ist letztlich dann gegeben, wenn der kleinste Schmelz-I^2t-Wert der vorgeschalteten Sicherung (F_1) größer ist als der größte Ausschalt-I^2t-Wert der Nachgeschalteten (F_2). Dies ist i.d.R. ab einem Bemessungsstrom von 16 A bei einem Nennstromverhältnis von $I_{n(F1)}/I_{n(F2)} \geq 1{,}6$ der Fall. Praktisch bedeutet das einen Unterschied von 2 Nennstromstufen. Bild 3.51 zeigt hierzu ein Beispiel. Bei D- und D0-Sicherungen trifft diese Aussage auch bei kleineren Sicherungsnennströmen zu. Bei NH-Sicherungen gilt dies leider nicht immer. Hier kann beim Hersteller hinsichtlich Selektivitätsverhalten nachgefragt werden.

Da in den Baunormen meistens Grenzwerte festgelegt sind, die von den Herstellern eingehalten werden müssen, ist es durchaus möglich, dass auch bei kleinerem Nennstromverhältnis Selektivität vorliegt. Dies ist dann ebenfalls beim Hersteller erfragbar. Es sollte aber bedacht werden, dass bei Einsatz eines speziellen Herstellertyps dann nur noch Schmelzsicherungen dieses Fabrikats einsetzbar sind, und solch eine Einschränkung sollte die Ausnahme darstellen.

Schmelzsicherungen spielen heute bei der Wohnungsinstallation eine untergeordnete Rolle, da vermehrt LS-Automaten zum Einsatz kommen. Trotzdem wird auch hier die hohe Kurzschlussfestigkeit und im Zusammenhang mit dem «Backup-Schutz» (s. Abschnitt 3.7.2) die extrem starke strombegrenzende Eigenschaft von Sicherungen genutzt. Das Bemessungsausschaltvermögen (Kurzschlussfestigkeit) von D- und D0-Sicherungen beträgt bei Wechselspannung mindestens 50 kA und ist bei NH-Sicherungen sogar noch größer. Da bei großen Kurzschlussströmen das Abschmelzen des Schmelzleiters extrem schnell und in Verbindung mit einer hohen Lichtbogenspannung geschieht, wird der Strom rasch auf kleinere Werte begrenzt und schnell abgeschaltet (s. Abschnitt 3.7, Bild 3.50). Neben diesen Vorteilen haben Schmelzsicherungen den Nachteil, dass sie nicht wiederverwendbar sind und einen größeren Platzbedarf gegenüber Leitungsschutzschaltern aufweisen. Auch der Einsatz eines falschen Schmelzeinsatzes lässt sich nicht ganz verhindern und ist leider bei nicht vorhandener richtiger Sicherungspannung auch bei Fachkräften nicht immer auszuschließen. Da durch solch ein fahrlässiges Verhalten neben Betriebsstörungen auch eine große Brandgefahr bestehen kann, ist der Einsatz von Schmelzsicherungen teilweise nicht zulässig. So dürfen z.B. zum Überstromschutz nach VdS 2067 in landwirtschaftlichen Betrieben bei Verbraucher- und Steckdosenstromkreisen bis 63 A Bemessungsstrom nur Leitungsschutzschalter nach DIN VDE 0641 verwendet werden (s. auch Abschnitt 3.12.3).

Bild 3.51
Beispiel für die Selektivität von Schmelzsicherungen

3.7.2 Schmelzsicherung → Leitungsschutzschalter oder Leistungsschalter

In Leistungsflussrichtung betrachtet, sitzt bei der Wohnungsinstallation oft vor einem Leitungsschutzschalter (LS-Schalter) eine Schmelzsicherung. Da das Auslöseverhalten von Leistungsschaltern in vieler Hinsicht mit dem von Leitungsschutzschaltern identisch ist, gelten nachfolgende Betrachtungen prinzipiell auch für diese Betriebsmittel. Bevor nun Erläuterungen zu Selektivitätsfragen folgen, werden noch einige Zusammenhänge in Bezug auf Aufbau und Normung von LS-Schaltern betrachtet.

LS-Schalter zählen zu den Selbstschaltern und besitzen einen thermischen Überstromauslöser, der im Regelfall aus einem Bimetallauslöser besteht und einem elektromagnetischen Schnellauslöser für den Kurzschlussschutz. In der Normung werden wie für Sicherungen bestimmte Kennwerte definiert. Für den Überlastschutz sind hier der festgelegte Nichtauslösestrom I_{nt} und der festgelegte Auslösestrom I_t zu nennen. Teilweise wird I_{nt} auch mit I_1 als kleiner Prüfstrom und I_t mit I_2 als großer Prüfstrom bezeichnet. Wie bei Sicherungen darf bei I_{nt} innerhalb der konventionellen Prüfzeit, z.B. 1 h, keine Abschaltung erfolgen, während bei I_t innerhalb der festgelegten Zeit die Stromunterbrechung stattgefunden haben muss. Für die Auslösecharakteristiken B, C und D gilt für I_{nt} = 1,13 I_n und für I_t = 1,45 I_n. Sie sind also auf den Überlastungsschutz von Leitungen und Kabeln abgestimmt (s. Abschnitt 3.6.2) und im thermischen Abschaltbereich identisch. Anderen Charakteristiken, wie z.B. A, K oder Z, werden hier teilweise unterschiedliche Werte zugewiesen.

Den prinzipiellen Verlauf der Kennlinien von LS-Schaltern der Auslösecharakteristik B, C und D bei logarithmischer Achseneinteilung gibt Bild 3.52 wieder. Der schraffierte Bereich, der zwischen I_{nt} und I_t liegt, ist der Toleranzbereich der thermischen Auslösung. Danach beginnt die elektromagnetische Auslösung. Man erkennt, dass ein B-Automat spätestens nach 5 I_n abschaltet und der Kennlinienverlauf bei großen Kurzschlussströmen für alle Auslösecharakteristiken fast identisch ist. Da dieser untere, rechte Kennlinienteil auch für andere Nennströme gilt, sind normale LS-Schalter, wenn überhaupt, nur bei kleinen Kurzschlussströmen selektiv (s. Abschnitt 3.7.3).

Die Löschung des Lichtbogens erfolgt bei modernen LS-Schaltern in einer Lichtbogenkammer durch Kühlung und Aufteilung in Teillichtbögen. Durch die extrem hohe Lichtbogenspannung tritt eine strombegrenzende Wirkung ein. Diese Strombegrenzungseigenschaften von Leitungsschutzschaltern werden durch die I^2t-Durchlasswerte bestimmt. Die Größe dieser Werte ist durch die sog. Energiebegrenzungsklasse (Strombegrenzungsklasse) vorgegeben, die auf jedem LS-Schalter in einem Quadrat durch eine Zahl angegeben werden muss. In der Normung gibt es 3 Klassen der Energiebegrenzung, nämlich 1, 2 und 3. Je höher die Zahl, desto geringer sind die I^2t-Durchlasswerte, und umso schneller erfolgt die Abschaltung eines Kurzschlussstroms. Durch die technischen Anschlussbestimmungen der Verteilungsnetzbetreiber (VNB) wird generell der Einsatz der Energiebegrenzungsklasse 3 gefordert.

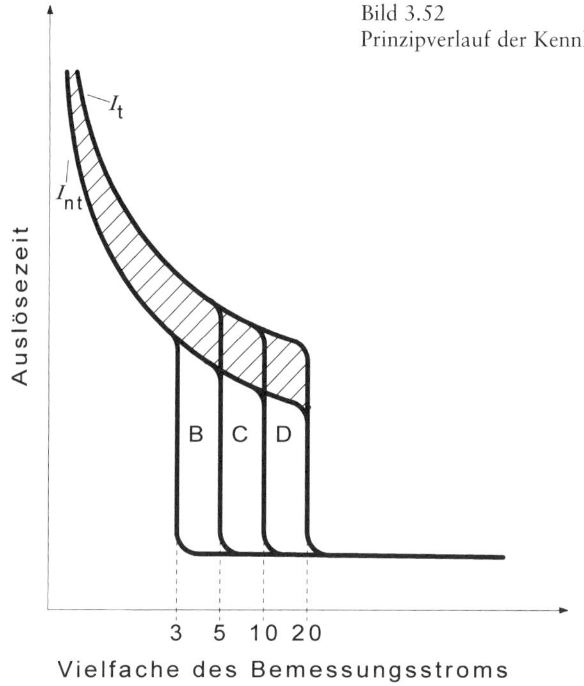

Bild 3.52
Prinzipverlauf der Kennlinien von Leitungsschutzschaltern

Um zwischen Schmelzsicherung F_1 und Leitungsschutzschalter F_2 Selektivitätsbetrachtungen anstellen zu können, werden in Bild 3.53 der Prinzipverlauf der Auslösekennlinien dieser beiden Überstromschutzeinrichtungen dargestellt. Bei Strömen, die kleiner als I_s sind, besteht Selektivität, da hier nur der LS-Schalter auslöst. Ab I_s macht sich die starke Strombegrenzung der Schmelzsicherung bei großen Strömen bemerkbar, d.h., die Sicherung wird jetzt ansprechen, und es besteht somit keine Selektivität mehr. Die Selektivität ist demnach von der Größe des unbeeinflussten Kurzschlussstroms I_P abhängig (s. Abschnitt 3.7). Im Bereich der Wohnungsinstallation ist der Effektivwert dieses Stroms meistens kleiner als 600 A. Hier wird i.d.R. Selektivität erreicht, wenn der Nennstrom der vorgeschalteten Sicherung um den Faktor 3 größer ist als der des LS-Schalters, wie dies auch in Bild 3.53 dargestellt wird. Da hierbei allerdings die Auslösecharakteristik eine entscheidende Rolle spielt, sollte man sich an die Tabellenwerte aus den Katalogen der namhaften Hersteller von Leitungsschutzschaltern halten. Denn letztlich geht es im Kurzschlussbereich darum, dass die max. I^2t-Durchlasswerte des LS-Schalters kleiner sind als die kleinsten I^2t-Schmelzwerte der vorgeschalteten Sicherung (s. Abschnitt 3.7.1). Bei einer Reihe von auf dem Markt erhältlichen Leitungsschutzschaltern sind die max. I^2t-Durchlasswerte deutlich kleiner als bei der Energiebegrenzungsklasse 3 gefordert, so dass man nur über die Herstellertabellen eine wirtschaftlich sinnvolle Selektivitätsabstimmung erreichen kann.

Im industriellen Bereich und auch z.B. bei großen Bürogebäuden können relativ große Kurzschlusswerte auftreten. Hierbei tritt das Problem auf, dass ein LS-

Bild 3.53
Auslösekennlinie einer Sicherung und eines Leitungsschutzschalters

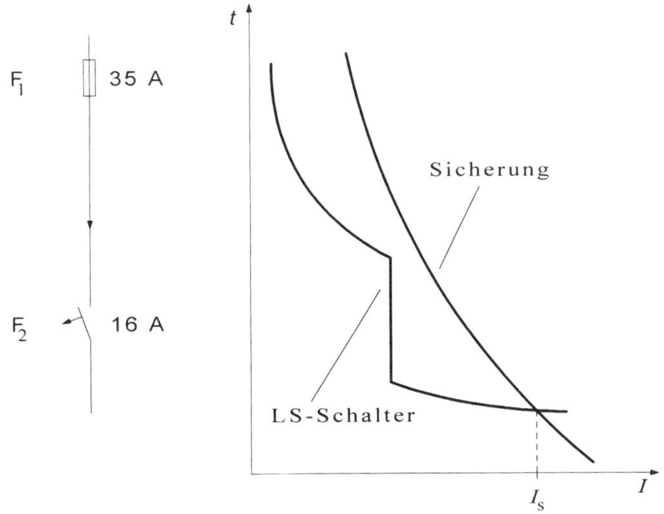

Schalter nur ein begrenztes Ausschaltvermögen besitzt und die Ausschaltkennlinie bei großen Strömen kaum noch fällt. D.h., dass trotz zunehmendem Strom die Abschaltzeiten sich kaum verkleinern. Damit nimmt aber die umgesetzte Energie zu. Ab einer bestimmten Energiemenge besteht die Gefahr der Zerstörung. Um dies zu verhindern, wird dann z.B. eine Vorsicherung notwendig, die, eingesetzt nach Bild 3.53, dann den Kurzschlussstrom auf ungefährliche Werte begrenzt. Beim Schnittpunkt $I_s = I_P$ übernehmen der Leitungsschutzschalter und die Schmelzsicherung gemeinsam die Stromflussunterbrechung. Man nennt diese Art der Absicherung des LS-Schalters einen «Back-up-Schutz». I.d.R. ist dieser Schutz gegeben, wenn bei der Energiebegrenzungsklasse 3 und einem Bemessungsschaltvermögen von mindestens 6 kA der Nennstrom einer Sicherung der Betriebsklasse gL oder gG max. 100 A beträgt. Da es hier neben größeren Werten auch kleinere geben kann, sollte man sich an die Vorgaben der Hersteller halten, die in den Katalogen angegeben sind.

Die Vorteile von LS-Schaltern sind sehr vielfältig. Gegenüber Sicherungen ist hier der geringere Platzbedarf, die Freiauslösung sowie die Wiedereinschaltbarkeit anzuführen. Darüber hinaus bewirkt die elektromagnetische Schnellauslösung in der Abschaltcharakteristik B spätestens ab 5 I_n innerhalb von weniger als 0,1 s eine zuverlässige Abschaltung, was im Zusammenhang mit dem Fehlerschutz als sehr positiv anzusehen ist. Außerdem gibt es im Handel verschiedene Zusatzeinrichtungen für LS-Schalter, wie Hilfsschalter, Arbeitsstromauslöser, Unterspannungsauslöser oder auch Signalkontakte. Nicht zuletzt gibt es mehrpolige Ausführungen mit denen es unter anderem möglich ist, in mit Oberwellen belasteten Drehstromkreisen (s. Abschnitt 3.8) den Neutralleiter in den Überlastschutz mit einzubeziehen. Dabei ist der Neutralleiterkontakt bei der Einschaltung voreilend und bei der Ausschaltung nacheilend.

Ein nicht unerheblicher Nachteil soll nicht verschwiegen werden, nämlich dass das thermische Auslöseverhalten von LS-Schaltern, im Gegensatz zu Schmelzsicherung, doch stark von der Umgebungstemperatur abhängig ist. Da die Bezugstemperatur 30 °C beträgt, sinkt bei höheren Umgebungstemperaturen die Belastbarkeit, und es kann schon deutlich unterhalb des Bemessungsstroms zu einer Abschaltung kommen. Dies wirkt sich aber auf die Kurzschlussselektivität praktisch nicht aus.

3.7.3 Leitungsschutzschalter oder Leistungsschalter → Leitungsschutzschalter

Wie in Abschnitt 3.7.2 schon erwähnt, gibt es im Verlauf der Ausschaltkennlinien von LS-Schaltern bei großen Kurzschlussströmen kaum einen Unterschied, sodass hierbei auch keine Selektivität bestehen kann. Bild 3.54 zeigt den Prinzipverlauf von Auslösekennlinien bei gleicher Auslösecharakteristik aber unterschiedlichen Nennströmen. Zwar weisen die I^2t-Durchlasswerte (s. Abschnitt 3.7.2) zwischen LS-Schaltern verschiedener Bemessungsströme gewisse Unterschiede auf, die für große Ströme in Bild 3.54 nicht ersichtlich sind. Dies führt aber i.d.R. noch nicht zur Selektivität. Schließlich wird im Kurzschlussfall nach Ablauf der Auslösezeit (s. Bild 3.49 in Abschnitt 3.7) die Mechanik des Schalters in Bewegung gesetzt, d.h., dass ab der Eigenzeit der Ausschaltvorgang nicht mehr zu stoppen ist. Nur bei relativ kleinen Kurzschlussströmen, z.B. 200 A, kann unter Umständen zwischen 2 LS-Schaltern mit unterschiedlichen Nennströmen Selektivität bestehen. Die konkreten Selektivitätsbedingungen kann man beim Hersteller erfragen. Da der Kennlinienverlauf von Leistungsschaltern ähnlich dem eines Leitungsschutzschalters ist, besteht auch hier meistens nur für kleine Kurzschlussströme Selektivität. Allerdings weisen Leistungsschalter noch einige Besonderheiten auf, sodass in Selektivitätsfragen wiederum die Datenblätter der Hersteller zu Rate gezogen werden müssen.

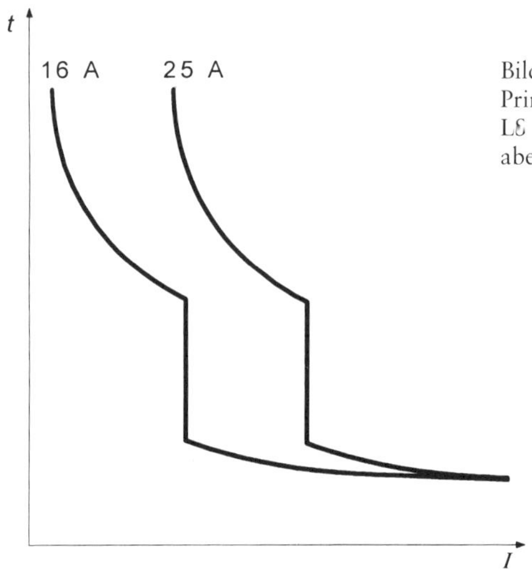

Bild 3.54
Prinzipverlauf der Auslösekennlinien zweier LS-Schalter gleicher Abschaltcharakteristik, aber unterschiedlicher Bemessungsströme

Um die Vorteile von Leitungsschutzschaltern (s. Abschnitt 3.7.2) überall, also auch bei großen Kurzschlussströmen, nutzen zu können, gibt es spezielle, kurzzeitverzögerte LS-Schalter. Sie werden 1-polig und 3-polig gebaut und sind im Handel unter dem Namen Hauptsicherungsautomat oder auch selektiver Hauptleitungsschutzschalter (SH-Schalter; SLS) erhältlich. Das Bemessungsschaltvermögen beträgt mindesten 25 kA, und von daher sind sie bestens zum Einsatz auf dem Hauptstromversorgungssystem geeignet (s. Abschnitt 2.2.1.3). Außerdem ist ihre strombegrenzende Eigenschaft so groß, dass durch ein SLS auch der Backup-Schutz zu nachgeordneten LS-Schaltern realisiert wird.

3.7.4 Leistungsschalter oder Leitungsschutzschalter → Schmelzsicherung

Bei großen Anlagen und im industriellen Bereich ist der Einsatz von Leistungsschaltern an der Speisestelle durchaus üblich. Solche Schalter sind stark strombegrenzend und haben darüber hinaus ähnliche Vorteile wie Leitungsschutzschalter (s. Abschnitt 3.7.2). Außer der Tatsache, dass es Leistungsschalter mit Bemessungsströme bis in den kA-Bereich gibt, bieten einige zusätzlich noch die Einstellbarkeit des thermischen und teilweise auch des Kurzschlussauslösestroms. Da der Prinzipverlauf der Auslösekennlinien von Leitungsschutz- und Leistungsschalter ähnlich ist, können die nachfolgenden Betrachtungen auf beide Betriebsmittel übertragen werden. Allerdings kommt es in der elektrischen Anlagenschutztechnik selten vor, dass ein LS-Schalter vor einer Schmelzsicherung angeordnet ist. Dies ist schon eher bei einem kurzzeitverzögertem Leitungsschutzschalter, einem sog. selektiven Hauptleitungsschutzschalter (SH-Schalter, s. Abschnitt 3.7.3) zu erwarten. Bild 3.55 zeigt neben der betrachteten Anordnung auch den prinzipiellen Verlauf der Auslösekennlinien eines Leistungsschalters und einer Schmelzsi-

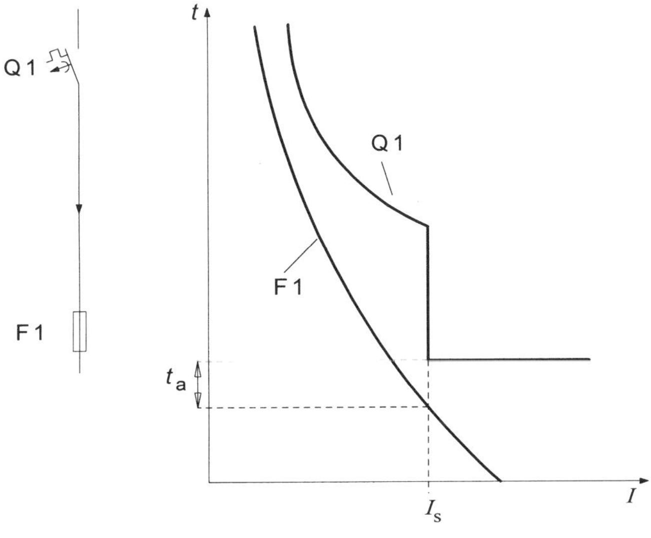

Bild 3.55
Prinzipverlauf der Auslösekennlinien von Leistungsschalter und Sicherung

cherung. Der Verlauf der Kennlinien ist praktisch identisch mit Bild 3.53 aus Abschnitt 3.7.2, nur dass die Anordnung sich geändert hat. Es zeigt sich, dass, solange sich die Kennlinien nicht berühren, im Überlastbereich, also im Bereich des thermischen Auslösers, vollständige Selektivität möglich ist. Bei Kurzschlussströmen ab I_s muss im Allgemeinen der Bemessungsstrom der Sicherung wesentlich kleiner sein als der des Leistungsschalters, bzw. der Zeitabstand $t_a \geq 0{,}1$ s betragen, damit auch hier Selektivität gegeben ist. Der in Bild 3.55 betrachtete Leistungsschalter besitzt übrigens einen kurzverzögerten Überstromauslöser.

3.8 Belastung des Neutralleiters durch Oberschwingungsströme

Der vermehrte Einsatz von elektronischen Schaltungen, die heute selbst in vielen Haushaltsgeräten üblich sind, führt verstärkt zu einer Verzerrung der Netzspannung. Ursache dafür sind oft die nichtlinearen Strom-Spannungs-Kennlinien der eingesetzten Bauteile. Der gesamte Komplex der Netzrückwirkungen durch entsprechende elektrische Verbraucher, der zu den verschiedensten Störungen bis hin zur Zerstörung von Betriebsmitteln führen kann, wird hier nicht näher betrachtet. Nur ein Aspekt dieser Problematik wird beleuchtet. Es geht dabei um die Tatsache, dass trotz symmetrischer Belastung eines Drehstromsystems (s. Abschnitt 3.8.1) im Neutralleiter ein nennenswerter Stromfluss stattfindet. Dieser zumeist nicht sinusförmige Strom kann im Allgemeinen nur mit einem Echteffektivwertmesser (TRMS) gemessen werden. Bei ungünstigen Verhältnissen ist der Effektivwert dieses Neutralleiterstroms größer als der Strom in den Außenleitern (s. Abschnitt 3.8.3). Dies kann natürlich zu einer Überlastung der Leitung oder des Kabels führen (s. Abschnitt 3.6). Da schon ab Außenleiterquerschnitten >16 mm², Starkstromkabel einen reduzierten PEN-Leiterquerschnitt aufweisen dürfen, kann der durch Oberschwingungsströme hervorgerufene Strom sogar einen PEN-Leiterabbrand hervorrufen. Außer einer akuten Brandgefahr kann dies, vor allem durch Überspannungen, zur Zerstörung von Verbrauchern führen. Dies kann auch den Verlust des Schutzleiters und somit eine zusätzliche Gefährdung bedeuten. Um die Oberschwingungsproblematik besser verstehen zu können, ist es allerdings notwendig, einige Grundzüge der Oberwellenanalyse zu betrachten (3.8.2).

3.8.1 Symmetrisch und unsymmetrisch belastete Drehstromsysteme

3 sinusförmige Spannungsquellen, deren gleich große Spannungen jeweils um 120° verschoben sind, werden bei einer Stern- oder Dreiecksschaltung bekanntlich als Drehstromsystem bezeichnet. In Bild 3.56 ist ein Ausschnitt der Spannungsverläufe dargestellt.

Außer der Tatsache, dass dadurch die Leiterzahl für den Energietransport gegenüber 3 unabhängigen Wechselstromsystemen auf 3 bzw. 4 begrenzt wird,

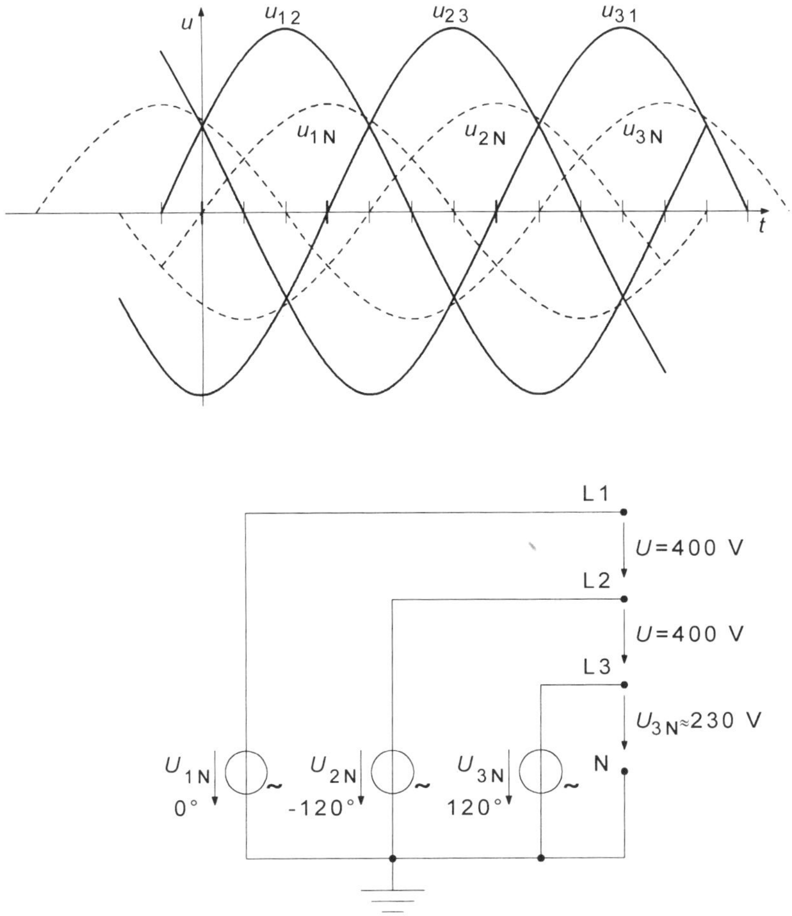

Bild 3.56 Darstellung der Spannungsverläufe unseres Drehstromsystems

kann teilweise bei gleicher Leistungsübertragung auch ein reduzierter Leiterquerschnitt eingesetzt werden. Wichtiger jedoch ist, dass ein magnetisches Drehfeld und eine von der Zeit unabhängige Leistung möglich ist. All diese Vorteile haben dazu geführt, dass die öffentlichen Stromversorgungsnetze als Drehstromsysteme aufgebaut sind.

Von einer symmetrischen Belastung wird gesprochen, wenn die Effektivwerte und die Phasenverschiebungswinkel (Winkel zwischen Strom und Spannung) aller 3 Außenleiterströme gleich sind. Bei sinusförmigen Strömen bedeutet das, dass der Strom im Neutralleiter 0 A beträgt. Bild 3.57 zeigt hierzu die Zusammenhänge. Da der Strom im Neutralleiter nach dem Knotenpunktsatz von Kirchhoff sich aus der Summe der Teilströme ergibt, würde eine zeitabhängige Addition der Ströme im dargestellten Liniendiagramm als Ergebnis immer 0 liefern. In Bild 3.57 ist sowohl die komplexe Schreibweise dieser Summe als auch die Zei-

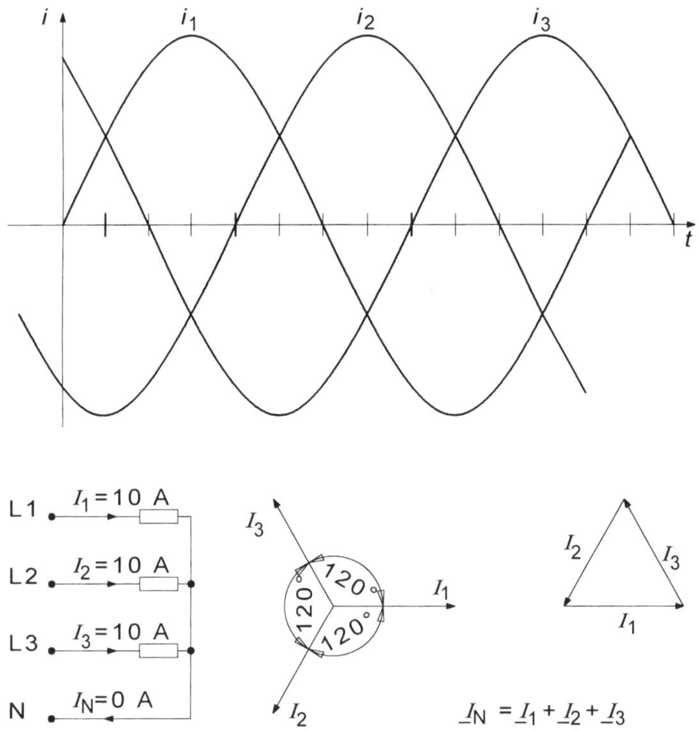

Bild 3.57 Symmetrisch belastetes Drehstromsystem

geraddition abgebildet. Auch hierbei ergibt der Wert der Summe 0 A, und somit wäre der Anschluss des Neutralleiters bei dieser Belastung nicht notwendig.

In einem unsymmetrisch belasteten System führen die unterschiedlichen Außenleiterströme zu einer Strombelastung im Neutralleiter. Bild 3.58 zeigt hierzu ein Beispiel, das verdeutlicht, dass trotz gleich großer Ströme in den 3 Außenleitern, aufgrund der unterschiedlichen Phasenlage ein Neutralleiterstrom vorhanden ist. Im konkreten Beispiel würde die Zeigeraddition zu einem Neutralleiterstrom von ungefähr 7,3 A führen, also rund 73 % des Außenleiterstroms. Diese 73 % könnten bei größeren Strömen und reduziertem PEN-Leiterquerschnitt schon eine unzulässig hohe Belastung des PEN-Leiters darstellen. Zwar ist das gewählte Beispiel für die Praxis untypisch, was aber keineswegs bedeutet, dass bei unsymmetrischer Belastung, z. B. einer Verteilerzuleitung, nicht ähnliche oder sogar noch höhere Neutralleiterbeastungen möglich sind.

Eine ordnungsgemäße Planung der Elektroinstallation muss versuchen, extrem ungleiche Belastungen durch eine entsprechende Aufteilung der Verbraucher auf die einzelnen Außenleiter zu vermeiden. Andererseits wird es gerade im Wohnungsbau schwierig, exakte Vorgaben des Verbraucherverhaltens zu berücksichtigen, sodass eine Querschnittsreduktion des PEN-Leiters nicht zur Anwendung kommen sollte. Bei einer Installation im industriellen Bereich, bei dem der domi-

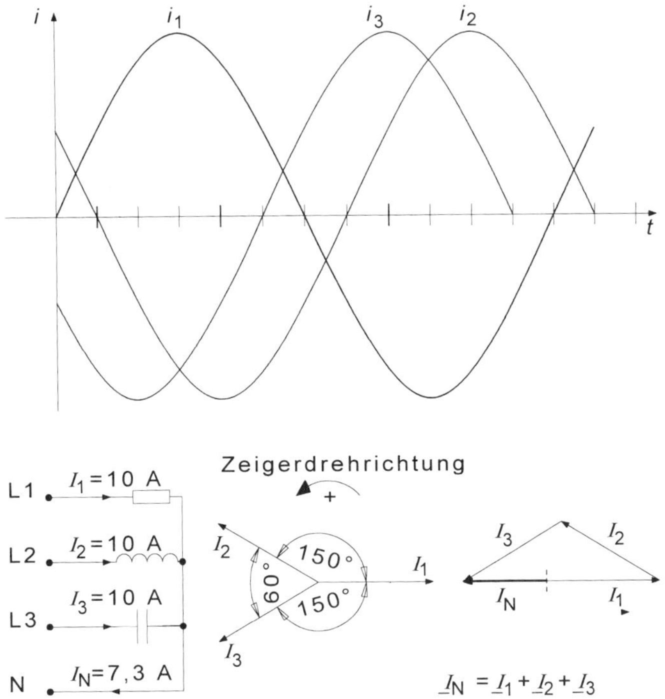

Bild 3.58 Unsymmetrische Belastung eines Drehstromsystems

nierende Lastanteil aus symmetrischen Drehstromverbrauchern wie z. B. Drehstromasynchronmotoren besteht, scheint eine entsprechende Querschnittsreduktion eher möglich. Es sollte aber berücksichtigt werden, dass Stromoberschwingungen zu einer noch größeren Strombelastung im PEN-Leiter führen kann, sodass sich unter Umständen auch hier eine Querschnittverkleinerung negativ auswirkt (s. Abschnitt 3.8.3).

3.8.2 Grundschwingung und Oberschwingungen

Sinusförmige Schwingungen, die auch als harmonische Schwingungen oder einfach als «Harmonische» bezeichnet werden, können durch bestimmte Kenngrößen beschrieben werden. Diese sind die Periodendauer T, der Spitzenwert u_s und der Nullphasenwinkel φ_u. Der von der Zeit abhängige Momentanwert $u_{(t)}$, kann beliebige Werte zwischen $-u_s$ und $+u_s$ annehmen. Bild 3.59 verdeutlicht die entsprechenden Größen anhand einer Spannungskurve. Der Kehrwert der Periodendauer ist die Frequenz f, deren Zahlenwert die Anzahl der Schwingungen pro Sekunde angibt.

In Bild 3.60 ergibt die zeitgenaue Addition der gestrichelten Funktionen, die etwas eigentümlich aussehende, mit einer dickeren Linienstärke dargestellte Kur-

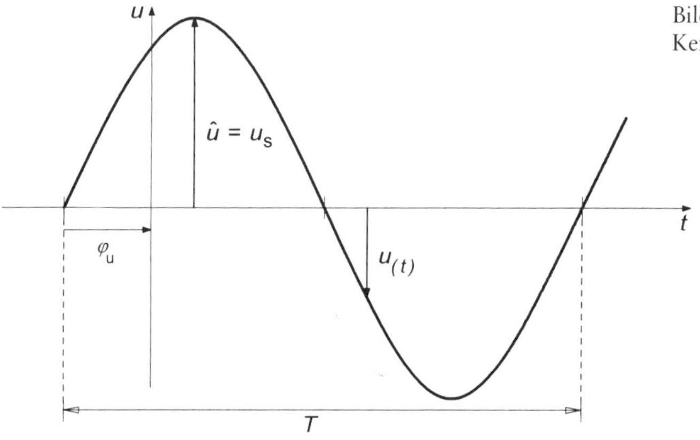

Bild 3.59
Kenngrößen einer Sinuskurve

ve. Praktisch hat jede gestrichelte Linie für sich genommen sinusförmigen Verlauf. Sie unterscheiden sich jedoch in ihrer Amplitude, der Frequenz und dem Nullphasenwinkel. Mit Hilfe einer harmonischen Analyse, die auch Fourier-Analyse genannt wird, ist es möglich nichtsinusförmige, periodische Funktionen in sinusförmige Teilschwingungen zu zerlegen. Im Grunde genommen ist es wie bei einem Mosaik oder einem Puzzle, bei dem sich das ganze «Bild» aus einzelnen Teilbildern ergibt, nur dass jetzt das Ganze wieder in einzelne Teile zerlegt werden soll. Ohne nun auf dieses Verfahren genauer eingehen zu wollen, sei darauf hingewiesen, dass die Frequenzen dieser Teilschwingungen ganzzahlige Vielfache

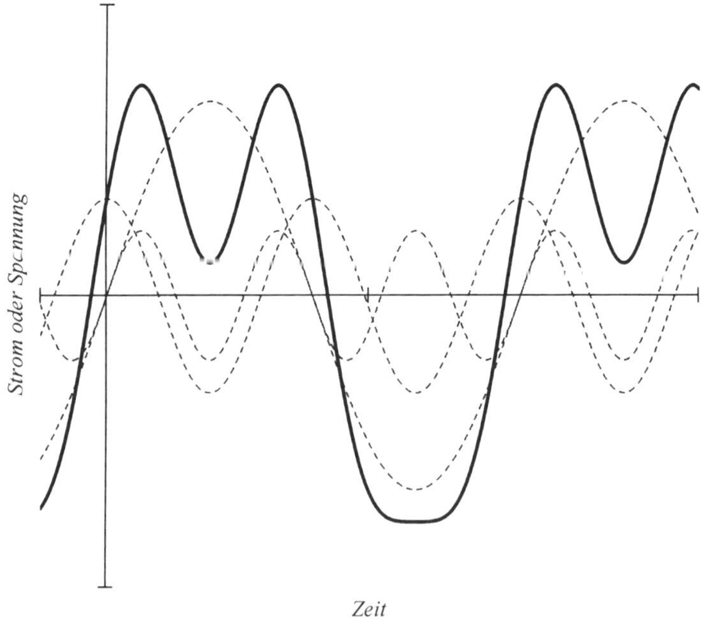

Bild 3.60 Addition harmonischer Schwingungen

einer Grundfrequenz sind und die 1. Teilschwingung Grundschwingung genannt wird. Die anderen sind die Oberschwingungen (Oberwellen).

Betrachtet man die Steuerung einer Glühlampenleistung mit einem Dimmer, also eine Phasenanschnittsteuerung mit Ohm'scher Last, so kann der nichtsinusförmige Strom nach Fourier in einzelne sinusförmige Ströme zerlegt werden. In Bild 3.61 sind neben der Netzspannung u, und dem Strom i, auch noch die Grundschwingung i_1 dieses Stroms dargestellt. Diese Grundschwingung besitzt die gleiche Frequenz wie die Netzspannung. Man erkennt, dass wegen dem Steuerwinkel α auch ein Verschiebungswinkel φ zwischen u und i_1 auftritt. Diese Verschiebung des Stroms führt dazu, dass neben der Wirkleistung P auch noch eine Grundschwingungsblindleistung Q_1 vorhanden ist. Zu dieser Blindleistung addiert sich noch die Verzerrungsleistung D, die sich aus dem Produkt der Effektivwerte von Netzspannung und aller Stromoberwellen ergibt. Diese Verzerrungsleistung ist eine Leistung, deren arithmetischer Mittelwert 0 ist. Sie ist also eine reine Blindleistung, die sich allerdings nicht in kapazitiv oder induktiv einteilen lässt. Bild 3.62a veranschaulicht diese Leistungskurve als Produkt von $U \cdot I_2$. I_2 ist dabei der Effektivwert der 1. Stromoberschwingung, und diese Oberschwingung hat die doppelte Frequenz der Netzspannung. Spannung und Stromoberschwingung sind in Bild 3.62a gestrichelt abgebildet, während die Kurve der Verzerrungsleistung mit durchgezogener Linie dargestellt ist.

Der Grundschwingungsverschiebungsfaktor $\cos\varphi_1 = P/(U \cdot I_1)$ ist also nur bei reinen Sinusgrößen identisch mit dem Leistungsfaktor $\lambda = P/S$. Die gesamte Blindleistung eines mit Stromoberwellen versehenen Verbrauchers ergibt sich aus der Gleichung $Q^2 = (Q_1)^2 + D^2$. Es ist somit die geometrische Summe aus Grundschwingungsblindleistung Q_1 und der Verzerrungsleistung D. Die Scheinleistung S kann mit der Formel $S^2 = P^2 + Q^2$ beschrieben werden. Bild 3.62 b versucht diesen Sachverhalt geometrisch zu verdeutlichen.

Da i.d.R. die Spitzenwerte der Stromoberwellen mit höheren Frequenzen immer kleiner werden, tragen diese nur noch wenig zur Verzerrungsleistung und somit auch zur Scheinleistung bei. Bei einer Oberschwingungsanalyse können deshalb Harmonische mit Frequenzen ab dem 20-fachen der Grundfrequenz mei-

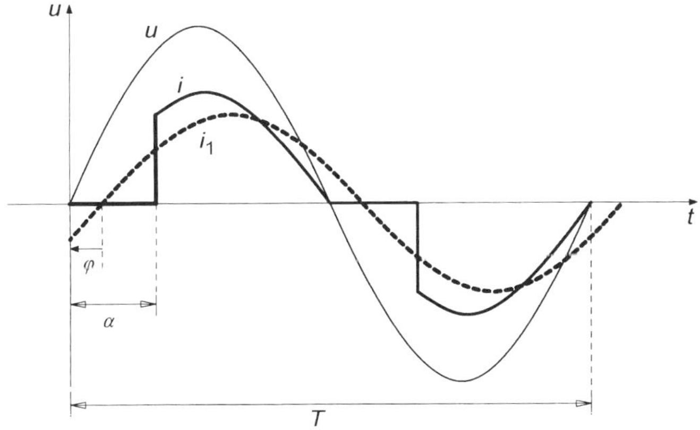

Bild 3.61
Darstellung der Netzspannung des Stroms, inklusive seiner Grundschwingung, beim Phasenanschnitt einer Ohm'schen Last

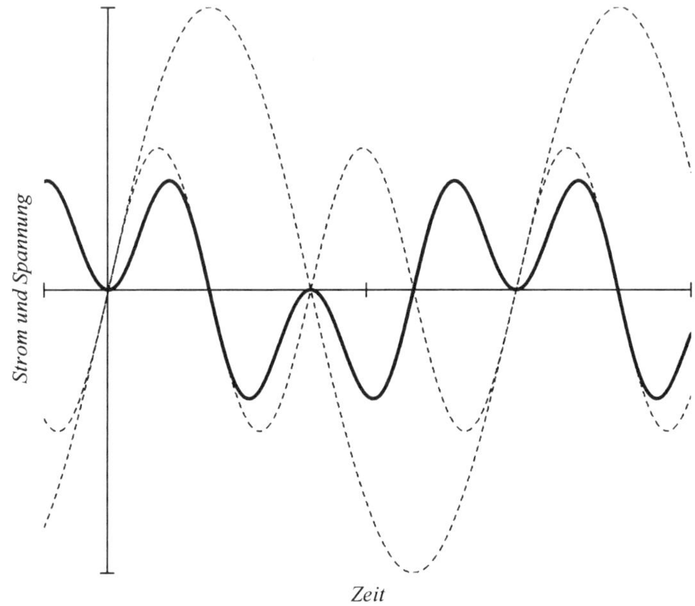

Bild 3.62a Verlauf der Kurve aus $u \cdot i_2$

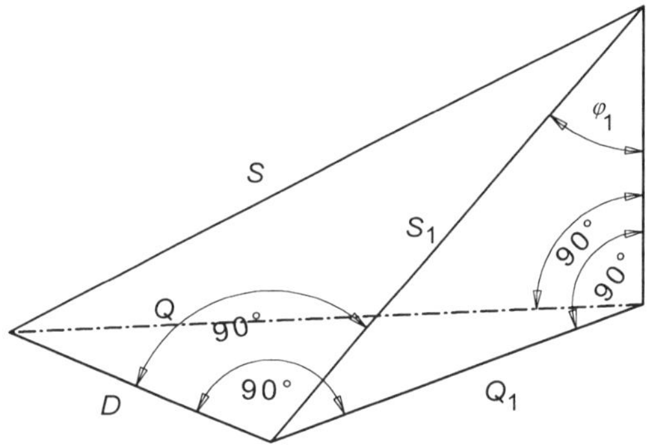

Bild 3.62b Geometrische Darstellung der Wechselstromleistungen bei Oberschwingungen

stens vernachlässigt werden. Da die Oberschwingungsströme an den Impedanzen des Netzes entsprechende Spannungsänderungen hervorrufen, wird durch sie die Netzspannung verzerrt. Durch diesen Vorgang verliert die Spannung ihren sinusförmigen Verlauf. Dadurch werden Betriebsmittel, die ja für eine sinusförmige Spannung gebaut werden, in ihrem Verhalten beeinflusst und teilweise auch gestört. Um negative Auswirkungen klein zu halten bzw. zu vermeiden, müssen Maßnahmen gegen einen zu großen Oberschwingungsgehalt getroffen werden. Dazu gibt es z.B. Grenzwertvorgaben der TAB (s. Abschnitt 2.1.1.3), und unter Umständen ist der Einbau von Filtern notwendig.

Hier helfen vor allem moderne, aktive Netzfilter. Das Grundprinzip dieser aktiven Filter wird in Bild 3.62c beschrieben. Es wird nämlich dem Oberschwin-

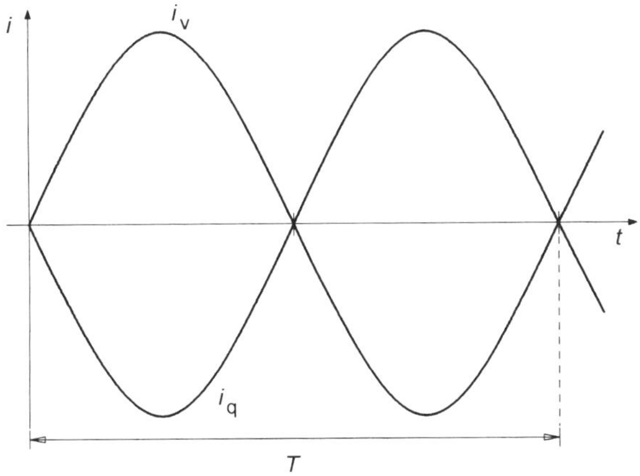

Bild 3.62c Prinzip der Oberschwingungskompensation durch einen Gegenstrom

gungsstrom i_v, ein gleichgroßer, aber um 180° verschobener Strom i_q entgegengesetzt. Der technische Aufwand ist natürlich recht groß, sodass solche Netzfilter noch relativ teuer sind. Der Vorteil ist aber, dass nicht nur eine dynamische Kompensation der Stromoberschwingungen, sondern auch des Grundschwingungsblindstroms möglich ist (s. Abschnitt 3.9). Da die Oberschwingungen auch und gerade für haustechnische Kommunikations- und Computeranlagen Probleme bereiten können, ist der Einsatz von entsprechenden Filtern in Banken und Bürogebäuden durchaus empfehlenswert. Meist haben sich die höheren Entstehungskosten schon nach einigen Jahren amortisiert, da die zu schützenden Anlagen zuverlässiger und störungsfreier funktionieren.

Zum Schluss dieses Abschnittes soll nicht verschwiegen werden, dass es außer Oberschwingungen auch noch sog. Zwischen- oder Interharmonische gibt. Das sind Sinusschwingungen, deren Frequenzen nicht ganzzahlige Vielfache der Grundschwingungsfrequenz sind. Sie treten z. B. bei Schwingungspaketsteuerungen auf. Liegen die Frequenzen unter der Grundfrequenz, so werden diese Zwischenharmonische auch Unterschwingungen genannt.

3.8.3 Oberschwingungsströme und Neutralleiterstrom bei symmetrischer Belastung

In Abschnitt 3.8.1 wurden die Sachverhalte für symmetrische Belastung bei Sinusgrößen besprochen. Das dort getroffenen Resümee, dass bei symmetrischer Last die geometrische Summe der Außenleiterströme sich zu 0 addiert, gilt jetzt nicht mehr. Denn die nach Abschnitt 3.8.2 dargestellten Oberschwingungen ergeben zumeist einen von 0 verschiedenen Summenwert, so dass jetzt mit einem Neutral- oder PEN-Leiterstrom gerechnet werden muss. Die Verhältnisse soll Bild 3.63 verdeutlichen. Um eine einfachere Betrachtung zu ermöglichen, werden hier die Außenleiterströme als rechteckförmige Impulse abgebildet. Die Schraffur soll

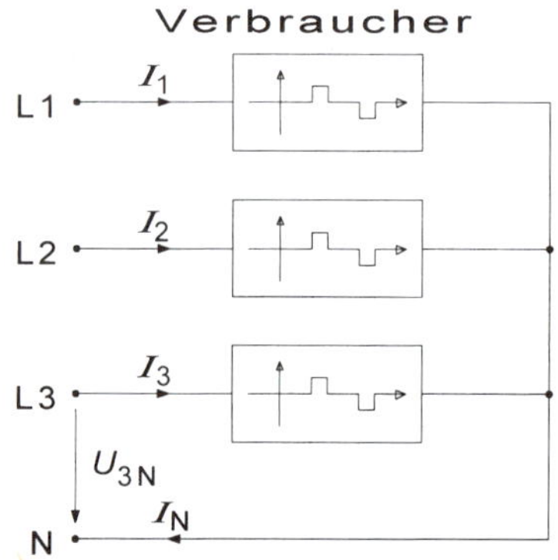

Bild 3.63
Impulsförmige Ströme im Drehstromsystem

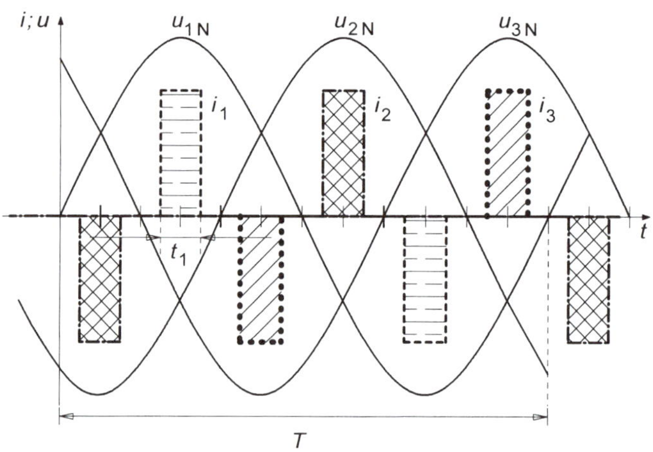

dabei eine leichtere Unterscheidung der einzelnen Teilströme ermöglichen. Es zeigt sich, dass die Addition der Augenblickswerte niemals den Wert 0 ergibt. Man kann die Sache auch von der Seite betrachten, dass während der Zeit t_1 in der i_1 fließt, kein weiterer Außenleiterstrom vorhanden ist und somit ein Rükkfluss nur über einen anderen Leiter erfolgen kann. Daraus folgt die Tatsache, dass jetzt im Neutralleiter ein Strom fließen muss. Seinen Kurvenverlauf zeigt Bild 3.64. Der Effektivwert des in diesem Beispiel fließenden Neutralleiterstroms ist übrigens $\sqrt{3}$-mal so groß als der eines Außenleiterstroms.

Ein Beispiel, das an den Haaren herbeigezogen wurde? Nun, die exakte Rechteckform des Stroms ist sicherlich nicht praxisgerecht. Aber nach Abschnitt 3.8.2 lässt sich jedes periodische Signal in sinusförmige Teilschwingungen zerlegen, so auch die Rechteckform. Das bedeutet aber, dass Teile der Oberschwingungsströme sich zu einem Neutralleiterstrom aufaddieren können und somit Verhältnisse nach Bild 3.64 vom Grundsatz her doch möglich sind. So gibt es tatsächlich bei älteren elektronischen Vorschaltgeräten (EVG) größere Neutralleiterströme, trotz symmetrischer Aufteilung. Und natürlich sind vergleichbare Vorgänge auch für die Zukunft nicht auszuschließen. Deshalb sollte in der heutigen Zeit kein redu-

Bild 3.64
Verlauf des Neutralleiterstroms zu Bild 3.63

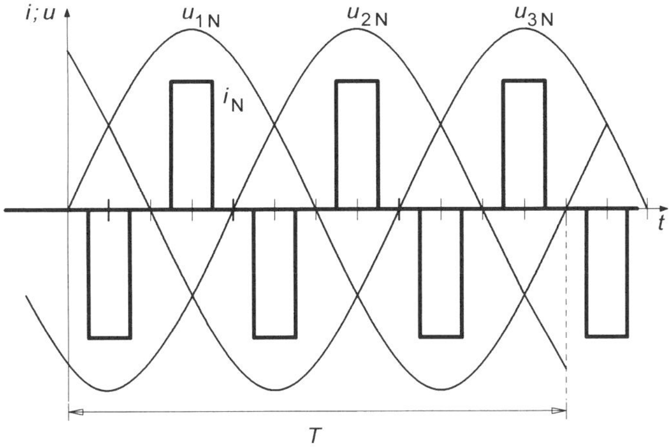

zierter PEN-Leiterquerschnitt mehr zum Einsatz kommen. Im TN-System ist es deshalb besser, auch aus Gründen der elektromagnetischen Verträglichkeit (EMV), schon die Hauptleitung 5-adrig auszuführen, d.h., es sollte schon ab der Einspeisung ein TN-S-System installiert werden.

3.9 Blindleistungskompensation

Das Thema Blindleistungskompensation wird meistens schon im Rahmen der elektrotechnischen Grundlagen behandelt. Trotzdem werden hier noch einmal kurz die wichtigsten Zusammenhänge erläutert. Dabei wird vom sinusförmigen Verlauf der Spannung und des Stroms ausgegangen, sodass die Scheinleistung S über die Formel beschrieben werden kann:

$$S^2 = P^2 + Q^2$$

mit:
P von einem elektrischen Verbraucher aufgenommene Wirkleistung
Q zwischen Verbraucher und Erzeuger pendelnde Blindleistung

In Bild 3.65 werden diese Verhältnisse bei einer unkompensierten und einer kompensierten Anlage dargestellt. Man sieht, dass nur der Anlagenteil, der in Energieflussrichtung betrachtet vor der Kompensationseinrichtung liegt, von einem Teil der Blindleistung entlastet wurde. Ein Zeigerdiagramm der Leistungen, wie es Bild 3.66 enthält, macht noch einmal den Sachverhalt deutlich. Die Kompensationsblindleistung Q_c ist somit die Differenz $Q_1 - Q_2$. Bei einer konstanten Wirkleistung P lässt sich Q_c mit Gl. 3.18 berechnen.

$$Q_c = P \cdot (\tan \varphi_1 - \tan \varphi_2) \qquad \text{(Gl. 3.18)}$$

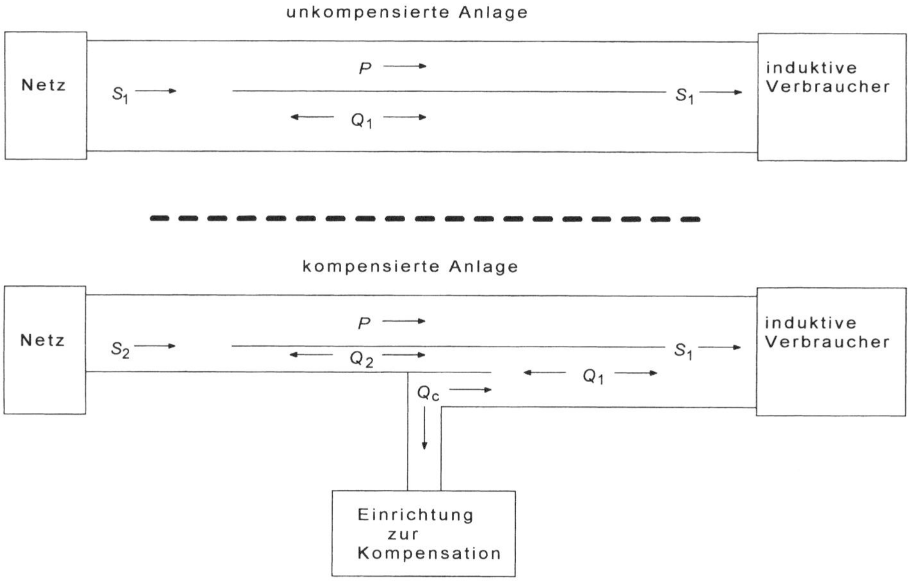

Bild 3.65 Prinzipverhältnisse einer unkompensierten und kompensierten elektrischen Anlage

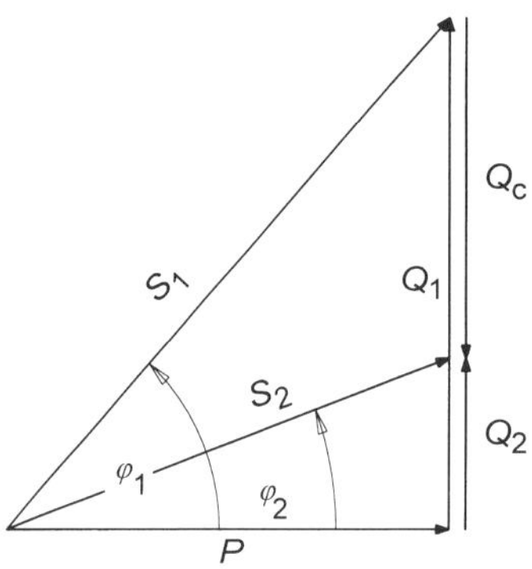

Bild 3.66
Zeigerdiagramm der Leistungen bei Kompensation

Da durch die Kompensation auf der Speiseseite der Strom kleiner wird, ist es möglich, noch zusätzliche Lasten anzuschließen. Unter der Vorraussetzung, dass dabei die Scheinleistung S_1 konstant bleiben soll, ergibt sich das Zeigerdiagramm aus Bild 3.67. Darin steht der Index z für die Größen der zusätzlichen Last. Theoretisch ist es möglich, bis auf einen Verschiebungsfaktor $\cos\varphi_2 = 1$ zu kompensieren. Dann wäre $S_1 = P_1 + P_z$. Neben der Tatsache, dass im Allgemeinen eine so große Kompensation recht teuer ist, können dabei kritische Resonanzerscheinungen wie Spannungs- und Stromerhöhung auftreten. Deshalb wird der Verschiebungsfaktor in aller Regel auf < 1 induktiv gehalten, z. B. zwischen 0,9 ... 0,95.

Die Kompensation kann mit Kondensatoren, Filtern oder Synchronmaschinen erfolgen. Dabei wird von einer Einzelkompensation gesprochen, wenn ein einzelner Verbraucher über eine eigene Kompensationseinrichtung verfügt. Diese ist in

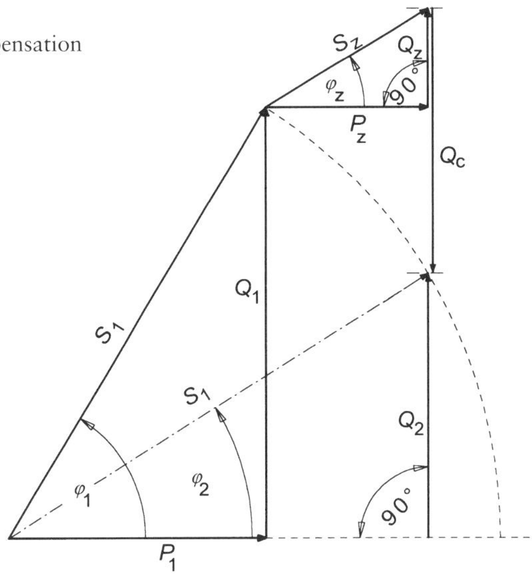

Bild 3.67
Lasterweiterungsmöglichkeit durch Kompensation

aller Regel in der Nähe des Verbrauchers eingebaut, wodurch die entsprechende Zuleitung unter Umständen einen kleineren Querschnitt und/oder einen kleineren Spannungsfall und geringeren Leistungsverlust aufweist (s. Abschnitt 3.5). Teilweise können dadurch auch noch Kosten bei den Schaltgeräten eingespart werden. Diese Art der Kompensation ist meistens nur bei größeren Verbrauchern, die möglichst im Dauerbetrieb betrieben werden, sinnvoll. In der Wohnungsinstallation wird die Einzelkompensation aber auch bei Entladungslampen mit induktivem Vorschaltgerät (Drossel) angewendet. Hierbei muss darauf geachtet werden, dass bei einer Parallelkompensation das Signal der Tonfrequenz-Rundsteueranlage des Verteilungsnetzbetreibers (VNB) gestört werden kann. Bei einer Reihenkompensation auf $\cos\varphi = 1$ besteht Resonanz, und es fließt ein wesentlich größerer Strom, der unter anderem die Drossel zerstören kann.

Nach den technischen Anschlussbestimmungen (TAB) ist die Kompensation dieser Entladungslampen erst ab einer bestimmten Lampenleistung pro Außenleiter und Kundenanlage notwendig. Bisher lag diese Leistung bei 130 W. Nach der TAB 2000 sind es jetzt 250 W (s. Abschnitt 2.1.1.3). Diese neue TAB macht auch erst ab einer Leistung von 5 kVA für die Beleuchtung entsprechende Vorgaben über die Art der Kompensation.

Soll eine Einzelkompensation stattfinden, so bietet sich hier die Duoschaltung an. Sie besteht aus der Parallelschaltung zweier Lampen mit einem induktiven und einem kapazitiven Zweig. Dabei wird nur ein Kondensator in Reihe mit einer Drossel geschaltet. Dessen Kapazität C ist so dimensioniert, dass in dieser Lampe ungefähr Bemessungsstrom fließt. Dies wird dadurch erreicht, dass der kapazitive Blindwiderstand X_c etwa doppelt so groß ist wie der induktive Blindwiderstand X_L. Der Gesamtstrom dieser beiden Lampen ist mit der angelegten Netzspannung nahezu phasengleich ($\cos\varphi \approx 1$) und ungefähr genauso groß wie der Betriebsstrom einer einzelnen Lampe. Über die Leuchten-, Lampen- oder Kondensatorhersteller, lassen sich entsprechende Tabellen für die Auswahl dieser Kondensatoren beziehen. Da bei dieser Reihenschaltung am Kondensator eine höhere Spannung als die 230-V-Netzspannung auftritt, muss die Kondensatorbemessungsspannung, je nach Kapazität, zwischen 420…440 V betragen.

Bei der Einzelkompensation von Drehstromasynchronmotoren (DASM) muss eine Selbsterregung durch eine zu große Kompensationsleistung vermieden werden. Diese könnte sonst zu einer Überspannung und zum Weiterlaufen des Motors nach der Abschaltung führen. Bei Hebezeugen wäre dieser Nachlauf fatal, und die Kondensatorbatterie muss deshalb über ein eigenes Schaltorgan verfügen. Bild 3.68 zeigt dazu eine mögliche Prinzipschaltung. Um eine Selbsterregung und die damit verbundene Überspannung an den Motorklemmen bei normalen DASM-Anwendungen zu verhindern, darf die Kondensatorleistung nur 90 % der Leerlaufblindleistung des Motors betragen. Da meistens nur die Bemessungsleistung P_n (Nennleistung) der Maschine bekannt ist, kann man sich für die notwendige Kondensatorleistung an den groben Richtwerten aus Tabelle 3.11 orientieren. Unter Umständen werden auch noch von Seiten eines Verteilungsnetzbetreibers andere Vorgaben gemacht, an die man sich bei der Planung dann halten kann.

Da im Allgemeinen Motoren gegen Überlast geschützt werden, ist darauf zu achten, dass durch die Kompensation der Strom in der Zuleitung kleiner ist als

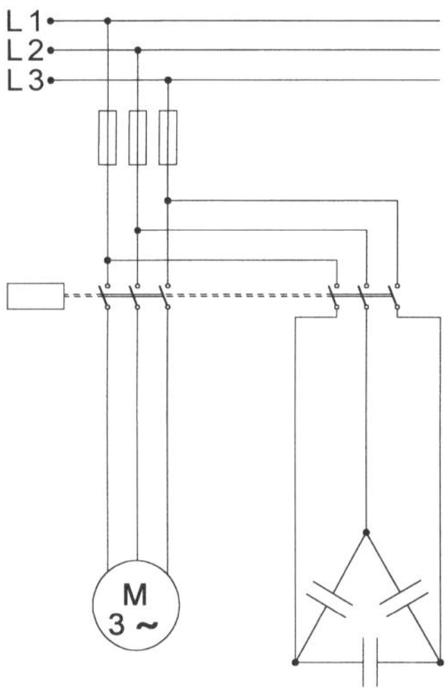

Bild 3.68
Prinzipschaltung zur Verhinderung der Selbsterregung eines Drehstromasynchronmotors

Tabelle 3.11
Richtwerte der Kondensatorleistung bei der Einzelkompensation von Drehstromasynchronmotoren am Niederspannungsnetz

P_n (kW)	Q_c (%) von P_n
bis 3	50
bis 10	45
bis 29	40
>29	35

der Bemessungsstrom. Dies ist bei der Anordnung bzw. für den Einstellstrom eines Überlastrelais zu beachten, da sonst kein ausreichender Schutz besteht.

Eine weitere Kompensationsart ist die Gruppenkompensation. Hier wird z.B. eine Gruppe von Entladungslampen möglichst gleichmäßig auf die 3 Außenleiter aufgeteilt. Es handelt sich also um eine Sternschaltung mit Neutralleiter. Dieser Gruppe kann z.B. an der Unterverteilung die Kompensationseinrichtung zugeordnet werden. Da die Kondensatorbatterie jetzt in Dreiecksschaltung betrieben werden kann, ergibt sich die gleiche kapazitive Blindleistung bei nur $^1/_3$ der entsprechenden Strangkapazität in Sternschaltung. Die Gruppenkompensation hat somit den Vorteil, dass die zu verwendende Kondensatoreneinheit meistens günstiger ist, als bei der Einzelkompensation. Allerdings sind die Leitungen zu den einzelnen Verbrauchern dabei nicht vom Blindstrom befreit. Wichtig ist auch, dass die Gruppe als Ganzes eingeschaltet wird, da nur so die vorgegebenen Bedingungen eingehalten werden.

Bei der Zentralkompensation wird die entsprechende Kompensationseinrichtung meistens der Hauptverteilung (HV) zugeordnet. Sie bietet im Allgemeinen den Vorteil der Regelbarkeit und somit der Anpassung des Verschiebungsfaktors an die betrieblichen Gegebenheiten. Außerdem wird durch sie kapazitive Blindleistung gegenüber der Einzel- oder Gruppenkompensation gespart. Dies ergibt sich durch den Gleichzeitigkeitsfaktor, da ja immer nur Teile der induktiven Lasten eingeschaltet sind. Allerdings muss auch hierbei, wie bei allen Parallelkompensationen, das Tonfrequenz-Rundsteuersignal beachtet werden. Dies kann mit Hilfe von Tonfrequenzsperren geschehen. Es sind Parallelschwingkreise, die bei Resonanz als Sperrkreis arbeiten. Praktisch sind es kleine Transformatoren, deren Ausgangswicklung mit einem Kondensator belastet sind. Bild 3.69 zeigt hierzu ein Beispiel. Nach alter TAB musste bei Frequenzen des Rundsteuersignals von mehr als 250 Hz Rücksprache beim zuständigen VNB gehalten werden. Nach neuer TAB gilt dies bei >300 Hz und auch nur, wenn andere Schaltungen als die durch die TAB vorgegebenen eingesetzt werden sollen.

Da der Blindwiderstand eines Kondensators mit zunehmender Frequenz stark sinkt, bedeutet das nicht nur Probleme für das Rundsteuersignal, sondern die große Kapazität der Zentralkompensation wirkt wie ein Saugkreis für Stromoberschwingungen (s. Abschnitt 3.8.2). Prima mag man denken, dann verschwinden

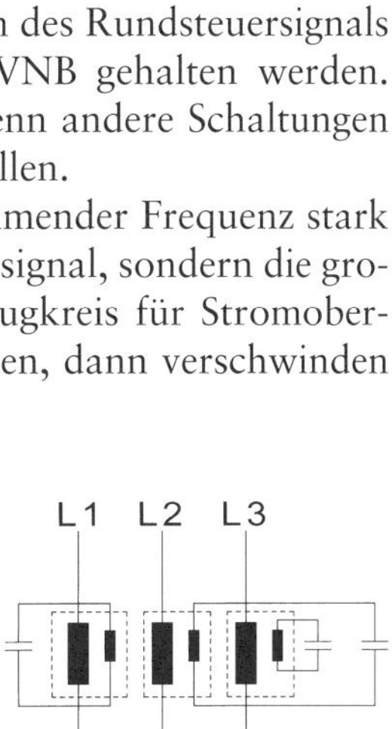

Bild 3.69
Tonfrequenzsperren vor den Kompensationskondensatoren

die Oberwellen doch! Ja, nur mit dem Nachteil, dass die Kompensationskondensatoren thermisch zerstört werden können. Denn jeder Kondensator besitz auch einen Ohm'schen Verlustwiderstand, und bekanntlich ist $I^2 \cdot R$ die Wirkleistung P. Und die kann bei großem Effektivwert I die Kondensatorbatterie derart erwärmen, dass die Lebensdauer der Kondensatoren deutlich sinkt und sogar Defekte bis hin zum Totalausfall auftreten können. Außerdem können die Kondensatoren zusammen mit den Induktivitäten der Anlage Schwingkreise bilden. Falls die Resonanzfrequenz dieser Schwingkreise mit einer Oberschwingungsfrequenz identisch ist, können Überspannungen bzw. Überströme Betriebsmittel stören oder gar zerstören. Um all diese negativen Auswirkungen zu vermeiden, können vor die Kompensationseinrichtung Drosseln gesetzt werden. Man spricht dann von einer verdrosselten Kompensationsanlage.

Nun ist die Sache mit der Verdrosselung keineswegs einfach. Es ist nämlich nicht jede Anlage gleich. Bei der einen ist besonders die 5. (250 Hz), bei der anderen vielleicht die 11. (550 Hz) Oberschwingung des Stroms stark ausgeprägt. Deshalb sollte bei Unklarheiten der Sachverstand namhafter Hersteller von Kompensationseinrichtungen herangezogen werden. Und eine Netzanalyse kann, natürlich nur bei fertigen Anlagen, hier helfen doch erhebliche Folgekosten zu vermeiden. Auch der Einsatz von aktiven Netzfiltern ist eine Überlegung wert (s. Abschnitt 3.8.2).

In großen Anlagen gibt es praktisch alle Arten der Kompensation, sodass man hier von einer gemischten Kompensation sprechen kann. Hier werden dann alle Vorteile der Einzel-, Gruppen- und Zentralkompensation genutzt.

Der Einschaltstrom von Kondensatoren kann sehr große Werte annehmen. Dies gilt vor allem in Anlagen mit großer Kurzschlussleistung, also für Netze mit kleiner Innenimpedanz. Bei der parallelen Zuschaltung zu schon bereits vorhandenen Kondensatoren kann der Einschaltstrom fast das 180-fache des Bemessungsstroms erreichen. Dieser Strom kann durch vorgeschaltete Induktivitäten oder auch durch Vorwiderstände reduziert werden. Eine mögliche Schaltung mit Vorwiderständen zeigt Bild 3.70. Durch die Frühschließer im Strang der Vorwiderstände werden die Kondensatoren etwas vorgeladen, wodurch der Einschaltstrom deutlich kleiner wird. Im Zusammenhang mit dem Überstromschutz muss beachtet werden, dass die Kondensatoren für das 1,3-fache des Nennstroms ausgelegt sein müssen und unter Berücksichtigung der Leistungstoleranz bei Leistungskondensatoren von 15 % mit einem Strom von $\approx 1{,}5 \cdot$ Bemessungstrom gerechnet werden muss. Natürlich müssen auch die Leitungen und Schaltgeräte dafür ausgelegt sein. Da die richtige Auslegung des Überlast- und Kurzschlussschutzes direkt von der verwendeten Kondensatoreinheit abhängt, ist es sinnvoll, sich in diesen Fragen an den Hersteller der Kondensatorbatterie zu wenden. I. d. R. werden die Kompensationseinrichtungen sowieso komplett verdrahtet und mit den entsprechenden Schaltgeräten und Sicherungen versehen geliefert.

Zum Schluss sei noch erwähnt, dass für eine rasche Entladung der Kondensatoren gesorgt werden muss. Im Regelfall bedeutet das, dass spätestens nach 1 min der Abschaltung die Spannung auf $U_R \leq 50$ V abgefallen sein muss (siehe VDE 0560 Teil 8 vom Mai 2002 unter 4.4). Falls dies nicht über die angeschlossenen

Bild 3.70
Begrenzung des Einschaltstroms durch Vorwiderstände

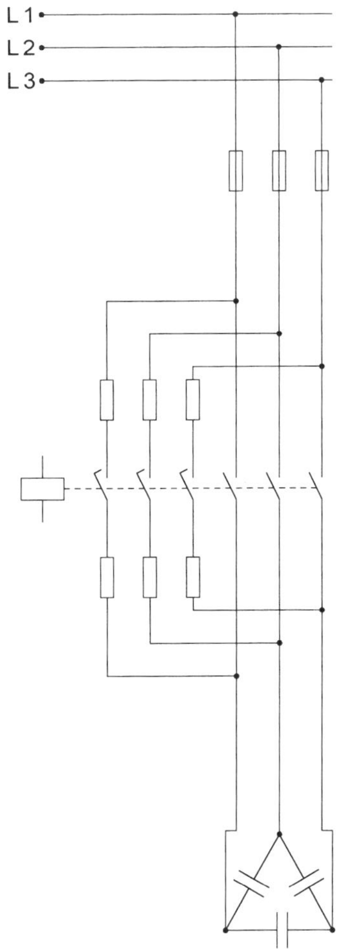

Verbraucher möglich ist, müssen entsprechende Entladewiderstände eingesetzt werden. Unter Umständen ist auch der Einsatz von Schnellentladewiderständen notwendig. Da es in diesem Buch nicht um den Bau von Kompensationseinrichtungen geht, sondern nur um deren Einsatz, sollte man sich auch über dieses Thema beim Hersteller der Kondensatorbatterie erkundigen. Die Entladevorrichtung muss übrigens im Allgemeinen auf dem Leistungsschild der Kondensatoreinheit angegeben werden.

3.10 Funktion, Auswahl und Einsatz von Fehlerstromschutzeinrichtungen (RCDs)

Das Prinzip eines RCD (residual current protective devices) beruht, in Verbindung mit einem Summenstromwandler, auf der elektromagnetischen Induktion. In Bild 3.71 wird dies verdeutlicht. Solange die beiden Ströme nahezu gleich groß sind, sind auch die magnetischen Flüsse ϕ_{L1} und ϕ_N gleich. Da sie entgegengesetzte «Drehrichtungen» haben, stellt sich im Eisenring praktisch kein resultierender Fluss ϕ_{res} ein. Dadurch ist die Spannung der Induktionsspule $U = 0$ V. Sobald die Ströme ungleich und somit ihre Differenz ungleich 0 ist, wird im Eisenring ein resultierender magnetischer Wechselfluss fließen. Nach dem Induktionsgesetz ergibt sich somit an den Leiterenden der auf dem Ring angebrachten Spule eine Spannung, deren Betrag $U > 0$ V ist (oder auch $U < 0$ V). Die Spannung U ergibt sich also aufgrund einer Differenzstromerfassung durch den Summenstromwandler, dessen Prinzip hier nur sehr vereinfacht dargestellt ist.

Es gibt nun 2 grundsätzliche Möglichkeiten dieses Differenzstromprinzip bei RCDs zu nutzen. Entweder es wird ohne oder mit einer Hilfsspannungsquelle gearbeitet. Bei den folgenden Ausführungen geht es ausschließlich um RCDs ohne eine solche Hilfseinrichtung, also um die sog. «Fehlerstromschutzeinrichtungen» (FI).

In Bild 3.72 wird der prinzipielle Verlauf des Fehlerstroms I_f bei einem Körperschluss im TT-System dargestellt. Man sieht hier ebenfalls den grundsätzlichen Aufbau eines 2-poligen Fehlerstromschutzschalters. Seine elektromechanische Funktion lässt sich mit der Prüftaste Pr erproben, da bei Betätigung dieser Taste ein Strom über den Widerstand R fließt, der wie ein Fehlerstrom den FI zum Auslösen bringen soll. Um hierbei eine sichere Abschaltung einzuleiten, darf der Widerstand R so ausgelegt sein, dass beim Testen max. das 2,5-fache des Bemessungsdifferenzstroms $I_{\Delta n}$ fließt ($I_{\Delta n}$ wird auch als Bemessungsfehlerstrom oder

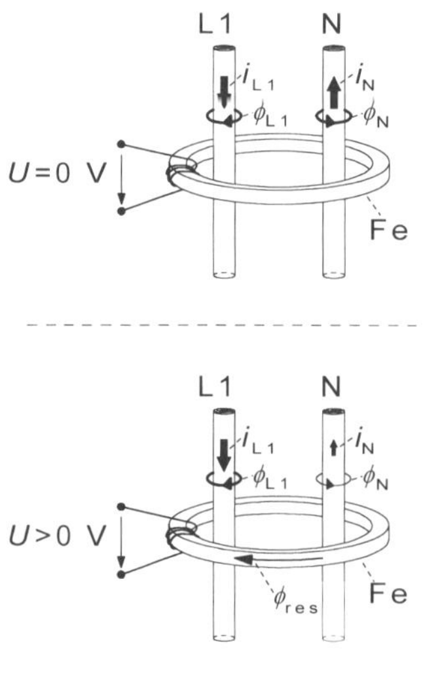

Bild 3.71
Prinzip der Differenzstromerfassung

Bild 3.72
Prinzipaufbau eines 2-poligen Fehlerstromschutzschalters und möglicher Weg eines Fehlerstroms

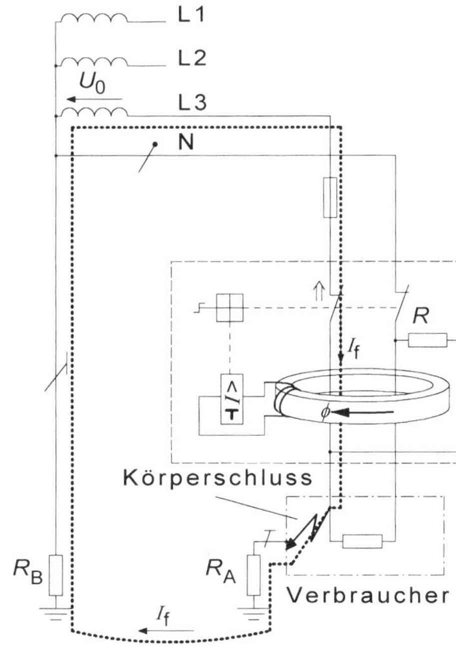

Nennfehlerstrom bezeichnet). Da dies ein reiner Funktionstest des Schalters ist, muss die Schutzmaßnahme selbst immer zusätzlich geprüft werden.

Das Problem bei diesen RCDs ohne Hilfsspannungsquelle ist, dass teilweise eine sehr hohe Auslöseempfindlichkeit gefordert wird, auf der anderen Seite aber auch eine hohe Betriebssicherheit, also Fehlauslösungen möglichst nicht stattfinden sollen. Dies bedeutet bei einem Schalter mit $I_{\Delta n}$ = 30 mA, dass er bei sinusförmigen Fehlerstrom I_f < 15 mA noch nicht auslösen darf, während er spätestens bei I_f > 30 mA abschalten muss. Die Stromdifferenz ist also relativ klein, und es werden somit an die Fertigungstoleranzen hohe Anforderungen gestellt. Was die langjährige Zuverlässigkeit moderner Fehlerstromschutzeinrichtungen betrifft, können zuverlässige Aussagen erst in späteren Jahren gemacht werden. Tatsache ist, dass Untersuchungen, die in den 80er und 90er-Jahren stattfanden, teilweise Störungen bei bis zu über 4 % der Schalter aufgedeckt haben. Falsch wäre es jetzt, den FI deshalb zu verbannen, aber über dieses Thema und die daraus zu ziehenden Konsequenzen nachzudenken, ist sicherlich berechtigt. Da die gängigen Überstromschutzorgane, also Schmelzsicherung und Leitungsschutzschalter, eine praktisch 100 %ige Abschaltzuverlässigkeit besitzen, ist im Zusammenhang mit dem Fehlerschutz i.d.R. das TN-System zu bevorzugen (s. Abschnitt 3.3). Als *Zusatzschutz* kann dann die Fehlerstromschutzeinrichtung ihre Vorteile der hohen Auslöseempfindlichkeit voll ausspielen, denn es sollte dabei nicht vergessen werden, dass ein 10- oder 30-mA-Schalter selbst bei direktem Berühren im Niederspannungsnetz einen wirksamen Schutz gegen Herzkammerflimmern darstellt (s. Abschnitt 3.2).

Unabhängig von solchen Überlegungen gibt es VDE-Bestimmungen, Richtlinien des VdS (s. Abschnitt 2.1.1.6) oder auch Vorschriften der Berufsgenossenschaften nach denen der Einsatz eines FI vorgeschrieben ist. Tabelle 3.12 gibt hierzu einen Überblick, der jedoch keinen Anspruch auf Vollständigkeit hat.

Für den Elektroplaner gibt es somit für verschiedene Anwendungsbereiche eindeutige Vorgaben, und man ist gut beraten, sich daran zu halten. Dabei sollte beachtet werden, dass im Zusammenhang mit dem vorbeugenden Brandschutz heute ein FI mit $I_{\Delta n} \leq 300$ mA als wirksam angesehen wird und deshalb einem mit $I_{\Delta n} = 500$ mA vorzuziehen ist. Da aber selbst bei einem Fehlerstrom von 300 mA unter ungünstigen Bedingungen ein Brand nicht ausgeschlossen werden kann, ist es teilweise auch sinnvoll einen FI mit einer höheren Empfindlichkeit einzusetzen. So fordern die Schadensversicherer in feuergefährdeten Bereichen bei Deckenheizungen mit Flächenheizelementen ein Bemessungsdifferenzstrom von $I_{\Delta n} \leq 30$ mA.

Die Tendenz zu empfindlicheren Fehlerstromschutzeinrichtungen bringt zwar ganz allgemein einen erhöhten Schutz, bereitet aber in Bezug auf die Betriebssicherheit einer elektrischen Anlage auch Probleme. So können Spannungs- und damit verbundene Stromspitzen Fehlauslösungen hervorrufen. Teilweise tritt dieses Problem im Zusammenhang mit Schalthandlungen von Betriebsmitteln mit Kapazitäten gegen Erde, wie auch beim Schalten von größeren Beleuchtungsanlagen mit elektronischen Vorschaltgeräten auf. Aber auch bei Gewitterferneinwirkungen kommt es zu solchen ungewollten Abschaltungen. Diese nicht gewünschten Auslösungen sind teilweise auf die mangelnde Stoßstromfestigkeit von unverzögerten, also normalen FIs zurückzuführen. Die Stoßstromfestigkeit beträgt mindestens 250 A und solche FIs werden teilweise auch als bedingt stoßstromfest bezeichnet. Zur Prüfung dieser Festigkeit wird das Betriebsmittel mit einem normierten Impulsstrom belastet. Da Stromimpulse eine hohe Induktionsspannung hervorrufen, kann durch sie die Auslösespule beeinflusst werden.

Fehlauslösungen durch Impulsströme lassen sich durch den Einsatz von kurzzeitverzögerten Fehlerstromschutzeinrichtungen deutlich reduzieren. Diese FIs besitzen gegenüber unverzögerten Fehlerstromschutzeinrichtungen ein leicht verzögertes Auslöseverhalten. Sie dürfen bei einer Impulszeit von ≤ 10 ms nicht ansprechen, besitzen aber beim Bemessungsdifferenzstrom eine max. Abschaltzeit von $\leq 0{,}3$ s. Somit sind sie, bei gleichem $I_{\Delta n}$, ein vollwertiger Ersatz für FIs mit unverzögertem Auslöser. Die zur Zeit auf dem deutschen Markt erhältlichen kurzzeitverzögerten Fehlerstromschutzeinrichtungen sind teilweise mit einem **G**, **K** oder einem **V** im Quadrat gekennzeichnet. Dass diese Betriebsmittel mehr kosten, versteht sich von selbst. Zur Zeit beträgt der Preisunterschied gegenüber einem unverzögertem ungefähr das 2-fache.

Bei den bisher besprochenen FIs besteht bei einer Reihenschaltung keine Selektivität. Hierfür eignen sich nur spezielle, mit einem **S** im Quadrat gekennzeichnete, selektive Fehlerstromschutzeinrichtungen, deren Stoßstromfestigkeit ≥ 3 kA beträgt. Diese selektiven Schalter dürfen bei einem Fehlerstrom I_f von 500 A bis zu einer Zeit von 40 ms nicht auslösen (Nichtauslösezeit). Dies entspricht genau der höchstzulässigen Abschaltzeit der anderen Bauarten bei ebenfalls $I_f = 500$ A.

Tabelle 3.12 Übersicht einiger Anwendungsbereiche von Fehlerstromschutzeinrichtungen

Forderung nach	Anwendungsbereich		$I_{\Delta n}$ in mA
DIN VDE 0100-470	Steckdosen im Freien mit $I_n \leq 20$ A		≤30
DIN VDE 0100-482; VdS 2033	Feuergefährdete Betriebsstätten		≤30 bzw. ≤300
VdS 2023	Bauliche Anlagen, die vorwiegend aus brennbaren Baustoffen bestehen		≤30 bzw. ≤300
DIN VDE 0100-551	Niederspannungs-Stromerzeugungsanlagen		≤30
DIN VDE 0100-559	Vorführstände für Leuchten		≤30
DIN VDE 0100-701	Bis auf wenige Ausnahmen alle Stromkreise in Räumen mit Bade-/Duschwanne		≤30
DIN VDE 0100-702	I.d.R. Stromkreise im Bereich 2 von begehbaren Becken		≤30
DIN VDE 0100-704	Z.B. Steckdosen auf Baustellen	$I_n \leq 32$ A	≤30
Berufsgenossenschaft BGI 608 (BG F&E)		$I_n > 32$ A	≤500
DIN V VDE V 0100-0705	Elektrische Anlagen in landwirtschaftlichen und gartenbaulichen Betriebsstätten	i.Allg.	≤300
		Steckdosen	≤30
VdS 2067	Elektrische Anlagen in der Landwirtschaft	Brandschutz	≤300
		Steckdosen	≤30
		Hauptschalter einer Hauptverteilung	≤300 selektiv
DIN VDE 0100-706	Festangebrachte Betriebsmittel der Schutzklasse II in leitfähigen Räumen mit begrenzter Bewegungsfreiheit		≤30
DIN VDE 0100-708	Steckdosen auf Campingplätzen		≤30
DIN VDE 0100-710	Medizinisch genutzte Bereiche: z.B. Steckdosenstromkreise mit $I_n \leq 32$ A in Bereiche der Gruppe 2		≤30
DIN VDE 0100-711	Ausstellungen, Shows und Stände: z.B. Steckdosenstromkreise mit $I_n \leq 32$ A		≤30
DIN VDE 0100-721	Steckdosengruppen an Bootsliegeplätzen		≤30
DIN VDE 0100-739	Empfehlung für Steckdosen in bestimmten Räumen von Wohnungen, wie z.B. Küchen und Hobbyräumen		≤30
DIN VDE 0100-753	Fußboden- und Decken-Flächenheizungen		≤30

Da die Auslösekennlinien Toleranzen aufweisen, muss zur Erfüllung der Selektivität noch die Bedingung $I_{\Delta nS} \geq 3\ I_{\Delta n}$ erfüllt werden. Darin ist $I_{\Delta nS}$ der Bemessungsfehlerstrom der vorgeschalteten selektiven Fehlerstromschutzeinrichtung und $I_{\Delta n}$ der des nachgeschalteten unverzögerten oder auch kurzzeitverzögerten FIs.

Das Auslöseverhalten aller bisher besprochener RCDs ist außer von der Stromhöhe auch von der Stromart abhängig. Das bedeutet, dass bei pulsierenden Gleichfehlerströmen, wie sie z.B. bei einer Einweggleichrichterschaltung ohne Glättung auftreten können, die Auslösetoleranzen größer sind. So darf nach den gültigen Baunormen der FI bei solchen Fehlerströmen schon bei $I_f < 0{,}5\ I_{\Delta n}$ auslösen, während eine Abschaltung erst spätestens bei $1{,}4\ I_{\Delta n}$ erfolgen muss. Dieses Verhalten erklärt sich aus dem schon besprochenen Funktionsprinzip einer Fehlerstromschutzschaltung, also dem Induktionsgesetz in Verbindung mit einem Summenstromwandler. Durch den Gleichstromanteil im Fehlerstrom wird die wirksame Stromdifferenz unter Umständen kleiner, und der Eisenkern des Summenstromwandlers kann in den Bereich der magnetischen Sättigung gelangen. Beides kann die Auslöseempfindlichkeit negativ beeinflussen. Theoretisch lösen deshalb ältere FIs des Typs «AC» nur bei reinen sinusförmigen Wechselströmen aus. Nach [3.8] ist zwar das Risiko der Beeinflussung durch Gleichstromanteile vernachlässigbar klein, aber im Handel dominiert seit vielen Jahren der Typ «A». Dieser nach Bild 3.73 gekennzeichnete FI wird als «pulsstromsensitiv» bezeichnet. Er schaltet auch bei bestimmten Gleichstromanteilen ab. Voraussetzung dabei ist, dass der Fehlerstrom entweder Nulldurchgänge oder doch immer wieder Werte gegen 0 aufweist. Ein Beispiel hierzu ist ebenfalls in Bild 3.73 enthalten. Ist die Welligkeit des Fehlerstroms relativ klein und sind somit Nullwerte nicht möglich, oder handelt es sich gar um reine Gleichströme, dann wird auch bei einer pulsstromsensitiven Fehlerstromschutzeinrichtung keine sichere Abschaltung erfolgen. Da nach DIN VDE 0100-300 bei der Planung einer elektrotechnischen Anlage im Rahmen der Verträglichkeit von elektrischen Betriebsmitteln auch Gleichstromanteile in Wechselströmen berücksichtigt werden müssen, gibt es seit einiger Zeit sog. allstromsensitive FIs (Typ B), die praktisch alle Formen von Fehlerströmen beherrschen. Sie besitzen 2 in Serie angeordnete Wandlersysteme, wovon das eine einem Pulsstromsensitiven ohne

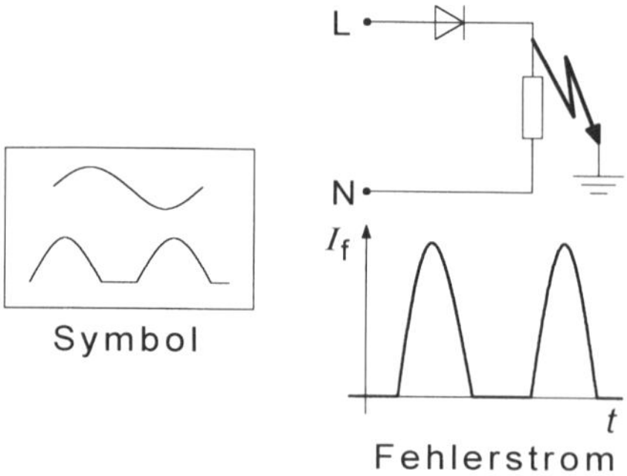

Bild 3.73
Kennzeichnung eines pulsstromsensitiven FI und mögliche Form des Fehlerstroms, der eine Auslösung bewirkt

Hilfsspannungsquelle entspricht. Das andere verfügt über eine netzspannungsabhängige Elektronik, die speziell für den Gleichstromanteil im Fehlerstrom ausgelegt ist. Diese, für universelle Fehlerströme einsetzbare Fehlerstromschutzeinrichtung, ist nach Bild 3.74 gekennzeichnet und kostet im Moment ungefähr das 3fache gegenüber einem pulsstromsensitiven FI, der ansonsten die gleichen Bemessungsdaten besitzt. Die Zukunft wird zeigen, ob dieser teure Schutzschalter sich durchsetzen wird, wobei dem Planer klar sein sollte, dass er sich durch seinen Einsatz auf jeden Fall auf der sicheren Seite befindet.

Die Möglichkeit der negativen Beeinflussung von pulsstromsensitiven Fehlerstromschutzschaltern durch zu große Gleichstromanteile bedeutet, dass Stromkreise mit Verbrauchern, die solche Fehlerströme produzieren können, streng genommen nicht über solche FIs geführt werden dürfen. Bild 3.75 zeigt deshalb die mögliche Anordnung verschiedener Fehlerstromschutzeinrichtungen in einer elektrischen Anlage. Der selektive FI dient dem vorbeugenden Brandschutz der abgehenden Leitungen und kann auch noch als eine Art Hauptschalter für den nachgeschalteten Anlagenteil eingesetzt werden.

Um eine hohe Verfügbarkeit einer elektrischen Anlage zu erzielen, sollte der Einsatz der gesamten Anlage über eine einzige Fehlerstromschutzeinrichtung vermieden werden, womöglich noch mit hoher Auslöseempfindlichkeit. Da jedes elektrische Betriebsmittel und jeder elektrische Verbraucher zulässige Ableitströme besitzt, kann bei einer entsprechenden Auslastung der Anlage die Summe der

Bild 3.74
Kennzeichnung einer allstromsensitiven Fehlerstromschutzeinrichtung

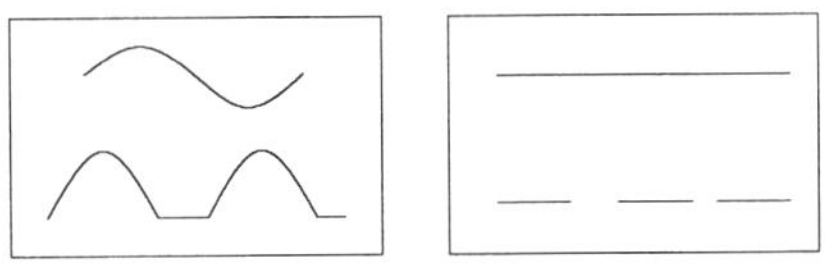

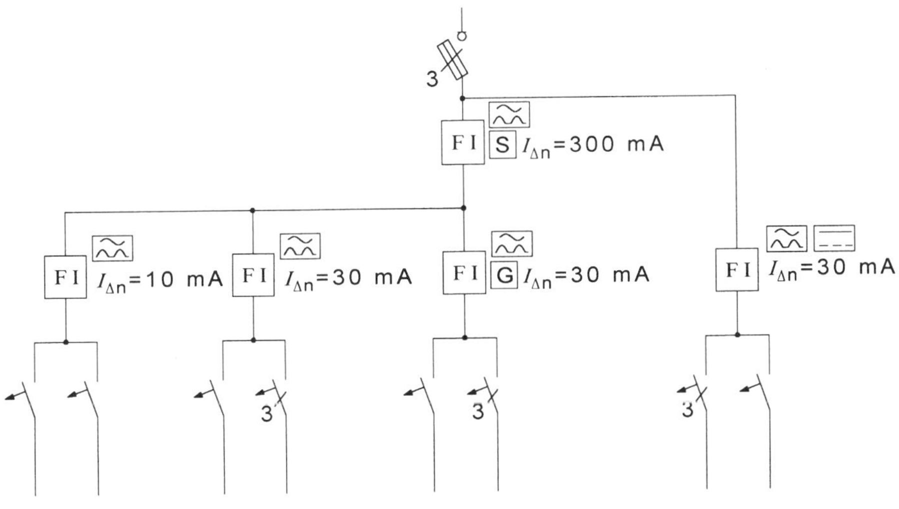

Bild 3.75 Aufbau einer Anlage mit Fehlerstromschutzeinrichtungen unter Beachtung von Gleichstromanteilen und teilweiser Selektivität

Ableitströme den FI zur Auslösung bringen. Will man dies vermeiden und trotzdem einen möglichst großen Schutz realisieren, ist der Einbau von mehreren FIs, wie in Bild 3.75 dargestellt, unvermeidlich. Angesichts der Tatsache, dass «normale» Fehlerstromschutzschalter in den letzten Jahren deutlich im Preis gesunken sind, sollte dies eigentlich keine allzu großen Probleme bereiten. Fehlerstromschutzschalter, die mit der Zahl –25 in einer Schneeflocke gekennzeichnet sind, müssen nach Baunorm bei einer Umgebungstemperatur von –25…+40 °C sicher funktionieren. Dies ist bei Einsätzen im Freien, z.B. auf Baustellen, wichtig, aber auch unter Einbaubedingungen in einem Stromkreisverteiler zu beachten. Da aufgrund der Wärmeströmung die Temperatur im oberen Teil einer Verteilung meistens am größten ist, ist der Einbau eines FI im unteren Teil empfehlenswert (s. auch Abschnitt 2.2.2.4).

Dass die Schaltkontakte einer Fehlerstromschutzeinrichtung nur max. bis zum Bemessungsstrom belastet werden dürfen, sollte eigentlich selbstverständlich sein, da nur so eine dauerhafte Schutzwirkung und Zuverlässigkeit erzielt wird. Die Bestimmung des Bemessungsstroms des FI muss unter Berücksichtigung der abgehenden Stromkreise und des Gleichzeitigkeitsfaktors (s. Abschnitt 2.1.2.2) erfolgen und sollte eine Reserve von mindestens 20 % enthalten. Fehlerstromschutzeinrichtungen müssen auch gegen zu große Kurzschlussströme geschützt werden, wobei für die Planung der max. Nennstrom der Vorsicherung aus den Katalogangaben der Hersteller zu erfahren ist. Der Platzbedarf von FIs beträgt i.d.R. für 2-polige 2 Teilungs- oder Platzeinheiten (TE oder PL; 1 TE = 17,5 mm) und für eine 4-polige Ausführung 4 Teilungseinheiten. Eine allstromsensitive Fehlerstromschutzeinrichtung benötigt im Allgemeinen den Platz von 2 4-poligen FIs und somit sind für sie mindestens 8 Platzeinheiten einzuplanen.

3.11 Schutzklassen und Schutzarten von elektrischen Betriebsmitteln

Eine Klassifizierung elektrischer Betriebsmittel und Verbraucher hinsichtlich Schutz gegen elektrischen Schlag ist die sog. Schutzklasse. Insgesamt gibt es 4 Schutzklassen, von denen die Schutzklasse 0 seit Jahrzehnten in Deutschland nicht mehr angewendet wird. Sie besteht praktisch nur aus der Basisisolation, also der direkten Isolierung unter Spannung stehender Teile. Die berührbaren leitfähigen Teile besitzen keine Möglichkeit, den Schutzleiter (PE) anzuschließen.

Geräte, die zusätzlich zur Basisisolation noch über ein leitfähiges Gehäuse (Körper) mit Schutzleiteranschluss verfügen, zählen zur Schutzklasse I. Dieser Schutzleiteranschluss ist oft mit dem Symbol «a» aus Bild 3.76 gekennzeichnet. Schließt man bei ihnen den PE nicht an, würden sie praktisch den Betriebsmitteln der Schutzklasse 0 gleichgestellt. Im Falle eines Isolationsfehlers könnte das Gehäuse ein gefährliches Potenzial annehmen. Deshalb ist es bei flexiblen Anschlussleitungen so wichtig, den PE-Anschluss so herzurichten, dass beim Versagen der Zugentlastung der Schutzleiter als letzte Ader auf Zug beansprucht wird.

Bild 3.76
Symbol zur Kennzeichnung des Schutzleiteranschlusses (**a**) und von Schutzklassen (**b** + **c**)

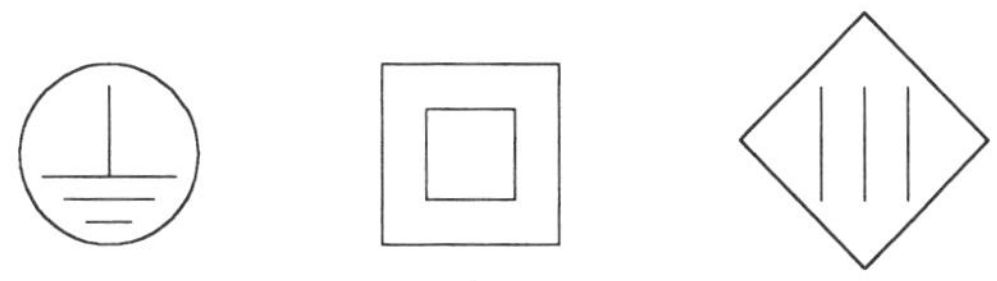

Bei Betriebsmitteln der Schutzklasse II ist die Isolation so beschaffen, dass im Isolationsfehlerfall nur ein sehr kleiner Berührungsstrom zum Fließen kommt. Dies wird z.B. bei Leitungen des Typs NYM durch eine zusätzlich zur Aderisolation (Basisisolierung) aufgebrachte Mantelisolation erreicht. Möglich ist aber auch eine verstärkte Isolation. Im Allgemeinen muss der Isolationswiderstand von Betriebsmitteln der Schutzklasse II mindesten 2 MΩ betragen. Betriebsmittel der Schutzklasse II sind normalerweise mit dem Symbol «b» aus Bild 3.76 gekennzeichnet. Im Zusammenhang mit Schaltanlagen und Verteilern ist wichtig, dass leitfähige, berührbare Teile auch im Inneren des Verteilers i.d.R. nicht mit dem Schutzleiter verbunden werden dürfen. Dies muss z.B. beim Einsatz von Reihenklemmen beachtet werden. Soll in einem schutzisolierten Verteiler eine Hutschiene als PE-Leiter genutzt werden, muss eine deutliche Kennzeichnung erfolgen. Eine Möglichkeit hierzu ist Symbol «a» aus Bild 3.76. Außerdem muss diese Schiene gegen andere berührbare, leitfähige Teile isoliert werden. Falls die Verteilerkonstruktion eine solche Isolierung nötig macht, bieten die Hersteller entsprechende Isolierstücke an, die Sie dann unbedingt mitbestellen müssen.

Das bisher Gesagte schließt meistens auch den Einsatz von Metallverschraubungen, wie sie für Leitungseinführungen benutzt werden, aus. Durch diese wäre eine Spannungsverschleppung nach außen möglich, und deshalb müssen Isolierstoffverschraubungen zum Einsatz kommen. Werden all diese Grundsätze nicht beachtet, verliert das Betriebsmittel seine Schutzklasse, und demnach ist das Symbol für die Schutzisolation unkenntlich zu machen.

Geräte, die ausschließlich mit Schutzkleinspannung betrieben werden, zählen zur Schutzklasse III. Sie tragen im Allgemeinen das Symbol «c» aus Bild 3.76. Die Schutzwirkung gegen elektrischen Schlag beruht hier im Wesentlichen auf der kleinen Spannung. Demnach sind solche Betriebsmittel für max. 50 V bei Wechsel- und 120 V bei Gleichspannung ausgelegt.

Alle elektrischen Betriebsmittel können an ihrem Einbau- oder Verwendungsort den verschiedensten Umgebungseinflüssen ausgesetzt sein. Hierzu zählt unter anderem die Umgebungstemperatur und die Sonneneinstrahlung, die Luftfeuchte und somit auch Nebel, Regen bis hin zur Überflutung oder einem Erdbeben. Die Anwesenheit von Nutztieren kann zu äußeren Druckbeanspruchungen führen. Das Vorhandensein von bestimmten Pflanzen kann durch Schimmelbefall Belastungen mit sich bringen. Die charakteristischen Eigenschaften elektrischer Betriebsmittel unter Berücksichtigung der äußeren Einflüsse sind z.B. in DIN VDE 0100-510 in einem informativen Anhang aufgeführt. Hiernach bedeutet **AD2** das Auftreten von Tropfwasser. Da diese Art der Klassifizierung sich bisher in Deutschland noch nicht durchgesetzt hat, wird darauf nicht weiter eingegangen.

Wichtig ist, dass durch die Wahl der richtigen Schutzart die Funktion sowie der sichere Umgang mit dem elektrischen Betriebsmittel bei den zu erwartenden äußeren Einflüssen gewährleistet ist. Im Allgemeinen bedeutet das für den Elektroplaner, dass er den richtigen IP-Code, dessen Bedeutung sich aus DIN VDE 0470-1 ergibt, auswählen muss. IP 68 heißt, dass es sich um ein staubdichtes Betriebsmittel handelt, das zum dauerhaften Untertauchen im Wasser geeignet ist. Es wäre ein Trugschluss, würde aus dieser Kennzeichnung abgeleitet, dass dieses Betriebsmittel auch ohne Probleme und unter allen klimatischen Bedingungen im Freien einsetzbar ist. Schon oft genug ist dabei durch Kondenswasser eine kritische Situation entstanden. Deshalb gibt es auf der einen Seite die Bemühungen einer Klassifizierung, wie oben schon erwähnt, auf der anderen Seite haben große Firmen, wie z.B. Siemens, oft auch hausinterne Vorschriften, um solche Problemen in den Griff zu bekommen.

Einen groben Überblick der Bedeutung einzelner Zahlen beim IP-Code gibt Tabelle 3.13. Bleibt in Normen der Schutzgrad freigestellt, so wird statt der Zahl ein X angegeben. IP 5X bedeutet demnach, dass zwar der Schutz gegen gefährliche Staubablagerungen vorgeschrieben ist, jedoch für den Wasserschutz keine Vorgaben gemacht werden. Beim Fremdkörper- und Berührungsschutz schließt

Tabelle 3.13 Überblick der Bedeutung von Zahlen beim IP-Code in Anlehnung an DIN EN 60529 (VDE 0470 Teil 1) vom September 2000

Zahl	1. Zahl		2. Zahl
	Schutz gegen das Eindringen von Fremdkörpern	*Berührungsschutz gegen den Zugang zu gefährlichen Teilen*	*Schutz gegen das Eindringen von Wasser*
0	ist nicht gegeben	ist nicht gegeben	ist nicht gegeben
1	mit einem Durchmesser von 50 mm	mit dem Handrücken	bei senkrecht fallenden Tropfen
2	mit einem Durchmesser von 12,5 mm	mit dem Finger	bei bis zu 15° schräg fallenden Tropfen
3	mit einem Durchmesser von 2,5 mm	mit einem Werkzeug	bei Sprühwasser (Regengeschützt)
4	mit einem Durchmesser von 1 mm	mit einem Draht	bei Spritzwasser
5	mit einem Durchmesser von 1 mm und zusätzlich staubgeschützt	mit einem Draht	bei Strahlwasser
6	mit einem Durchmesser von 1 mm und zusätzlich staubdicht	mit einem Draht	bei starkem Strahlwasser
7	–	–	bei zeitweiligem Untertauchen in Wasser
8	–	–	bei dauerhaftem Untertauchen in Wasser

die größere Zahl alle kleineren Schutzgrade mit ein. Dies bedeutet, dass IP 2X automatisch auch IP 1X enthält. Beim Wasserschutz gilt diese Regel nur bis IP X6. Daraus folgt, dass IP X7 keinen Stahlwasserschutz einschließt. Falls dies doch zutrifft, muss eine Doppelkennzeichnung erfolgen. Ist ein elektrisches Betriebsmittel sowohl für ständiges Untertauchen als auch für starkes Strahlwasser geeignet, so wird es mit **IP X6/IP X8** gekennzeichnet.

Bei der Codierung kann hinter die Zahl für den Wasserschutz noch ein zusätzlicher Buchstabe eingefügt werden. Dieser erweitert oder ersetzt die Angaben bezüglich des Berührungsschutzes. Das bedeutet, dass z.B. durch besondere Abdeckungen der Berührungsschutz gegen den Zugang zu gefährlichen Teilen höherwertiger ist, als dies durch die 1. Zahl ausgedrückt werden kann. Oder es besteht ein bestimmter Berührungsschutz, obwohl der Fremdkörperschutz mit einem X gekennzeichnet ist. In Tabelle 3.14 ist die Bedeutung der möglichen Buchstaben angegeben. Nach diesem zusätzlichen Buchstaben bietet die Norm noch die Angabe eines ergänzenden Buchstabens, deren inhaltliche Zuordnung ebenfalls in Tabelle 3.14 enthalten ist. Bisher spielen sowohl der zusätzliche als auch der ergänzende Buchstabe in der elektrischen Installationspraxis des Wohnungsbaus keine große Rolle. Natürlich kann sich das in den nächsten Jahren noch ändern.

Außer dem IP-Code gibt es auch noch einen IK-Code. Hierbei handelt es sich um eine Klassifizierung von Schutzgraden gegen äußere mechanische Beanspruchungen. Die Prüfung erfolgt mit bestimmten Schlagelementen, und der IK-Code steht dann unter anderem auch für eine entsprechende Beanspruchungsenergie. Da man diese Art der Codierung im Moment für die in diesem Buch relevanten Betriebsmittel noch nicht verwendet, wird auf eine genauere Darstellung verzichtet.

Tabelle 3.14 Übersicht über den zusätzlichen und den ergänzenden Buchstaben beim IP-Code in Anlehnung an DIN EN 60 529 (VDE 0470 Teil 1) vom September 2000

zusätzlicher Buchstabe	**Berührungsschutz gegen den Zugang zu gefährlichen Teilen mit**
A B C D	dem Handrücken dem Finger einem Werkzeug einem Draht
ergänzender Buchstabe	Bedeutung des ergänzenden Buchstabens
H M S W	Hochspannung bei der Wasserprüfung sind bewegliche Teile in Betrieb bei der Wasserprüfung befinden sich bewegliche Teile im Stillstand bestimmte Wetterbedingungen

3.12 Installationsbestimmungen für Räume besonderer Art

Besondere Umgebungsbedingungen können dazu führen, dass ein erhöhtes Risiko für Menschen im Umgang mit elektrischen Verbrauchern besteht. Dies kann sich dadurch ergeben, dass der Körperwiderstand relativ kleine Werte, z.B. wegen einer großflächigen Berührung über die Haut, annehmen kann (s. Abschnitt 3.12.1 und auch 3.2). Das Vorhandensein von Nutztieren ist bei der Installation einer elektrischen Anlage ebenfalls zu beachten.

Aber auch eine feuergefährdete Betriebsstätte ist unter anderen Gesichtspunkten zu installieren, als dies für eine Anlage im Freien gilt.

All diesen Themen widmet sich die Gruppe 700 der DIN VDE 0100 (s. Abschnitt 2.1.1.1). Die nachfolgenden Abschnitte beschäftigen sich mit 3 solcher besonderen Sachverhalte. Da die Anforderungen an die Elektroinstallation solcher Bereiche zumeist eine hohe Sicherheitsrelevanz aufweisen, muss sich der Elektroplaner immer genau an die gültigen Vorgaben halten. Deshalb sei an dieser Stelle noch einmal darauf hingewiesen, dass in einem Fachbuch immer nur der Momentanstand von Normen berücksichtigt werden kann.

3.12.1 Räume mit Badewanne und/oder Duschwanne nach DIN VDE 0100-701

Verfolgt man aufmerksam die verschiedensten Beiträge in den einschlägigen Fachzeitschriften der Elektroinstallation, so kommt man nicht umhin festzustellen, dass gerade das Thema Installation von Bädern in Wohnungen immer wieder Fragen aufwirft. Deshalb muss natürlich in einem Buch, das sich schwerpunktmäßig mit der Planung von elektrischen Anlagen in Wohngebäuden beschäftigt, diese Angelegenheit aufgegriffen werden. Vorweg kann man sicherlich feststellen, dass aufgrund der besonderen Umgebungsbedingungen in einem Raum mit Bade- oder Duschwanne ein Mensch erhöhter Gefahren durch die Elektrizität ausgesetzt ist. Dies ergibt sich schon alleine dadurch, dass die menschliche Hautimpedanz mit zunehmender Feuchtigkeit sowie durch eine größere Kontaktfläche sinkt. Geht man für normale Umgebungsbedingungen bei Wechselspannung (AC) von einer dauernd zulässigen Berührungsspannung von 50 V aus, so kann bei einer Gesamtkörperimpedanz von 1 kΩ eine Körperstrom von 50 mA fließen (s. Abschnitt 3.2). Sinkt die Körperimpedanz aufgrund von Feuchtigkeit und großer Kontaktfläche auf die Hälfte, also 0,5 kΩ, so steigt der Strom auf 100 mA an. Bei entsprechender Stromflusszeit bedeutet dies, dass die Gefahr von Herzkammerflimmern deutlich gestiegen ist. Deshalb beträgt innerhalb einer Badewanne die max. zulässige Spannung nur 12 V (AC) oder 30 V (DC), noch dazu als Schutzkleinspannung (SELV) und nur in Verbindung mit bestimmten Betriebsmitteln. Das wiederum bedeutet, dass der Körperwiderstand auf 240 Ω absinken kann und trotzdem «nur» 50 mA fließen.

Doch nun zu den wesentlichen Sachverhalten, die bei der Elektroinstallation eines Bades beachtet werden müssen. Zunächst ist der Raum in besondere Schutzbereiche eingeteilt, in denen nur ausgesuchte Schutzmaßnahmen zulässig

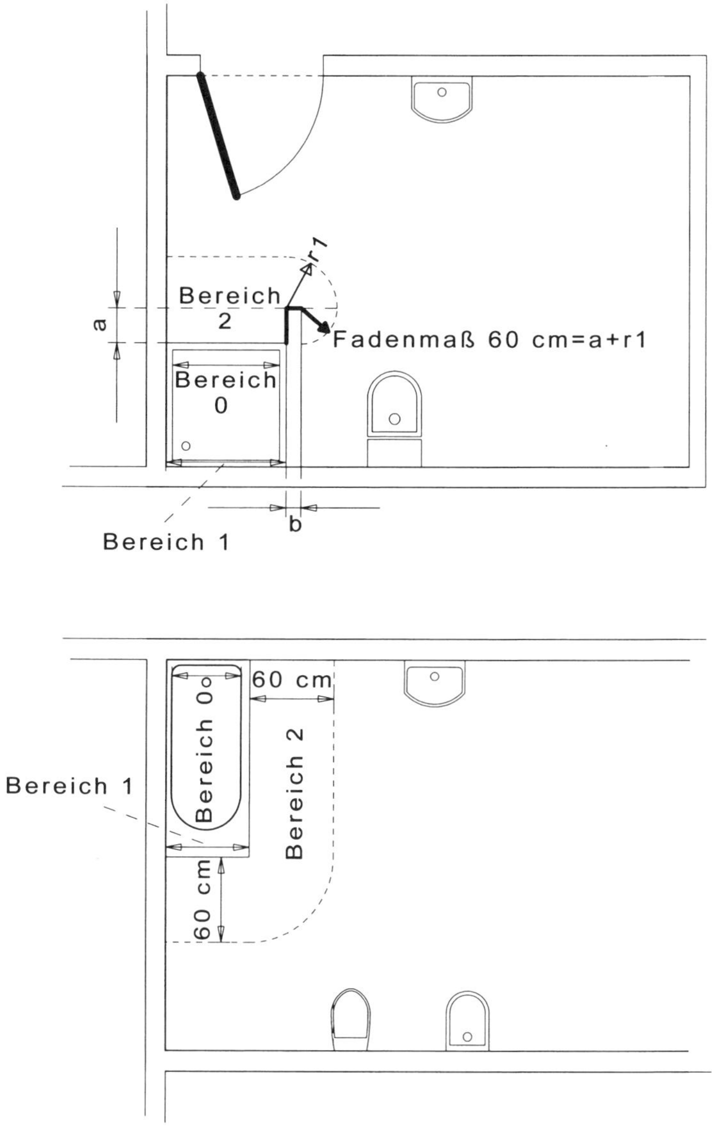

Bild 3.77 Darstellung der Schutzbereiche in einem Raum mit Bade- und/oder Duschwanne

sind. Der Bereich **0** ist der Wanneninnenraum, also dort, wo der Mensch im Wasser liegt. Bei Duschen ohne Wanne entfällt der Bereich 0. Die anderen Bereiche werden durch den Fußboden und die waagerechte Fläche in **2,25 m** Höhe über dem Fertigfußboden begrenzt. Der Bereich **1** befindet sich über dem Bereich **0** und unter der Wanne (s. Bild 3.78). Er reicht bis zur Außenkante der Wanne und bei gemauerten Wannen bis zu den Innenkanten der Wanne. Bis 60 cm vom Bereich **1** entfernt ist alles Bereich **2**. Bei Duschen ohne Wanne reicht der Bereich

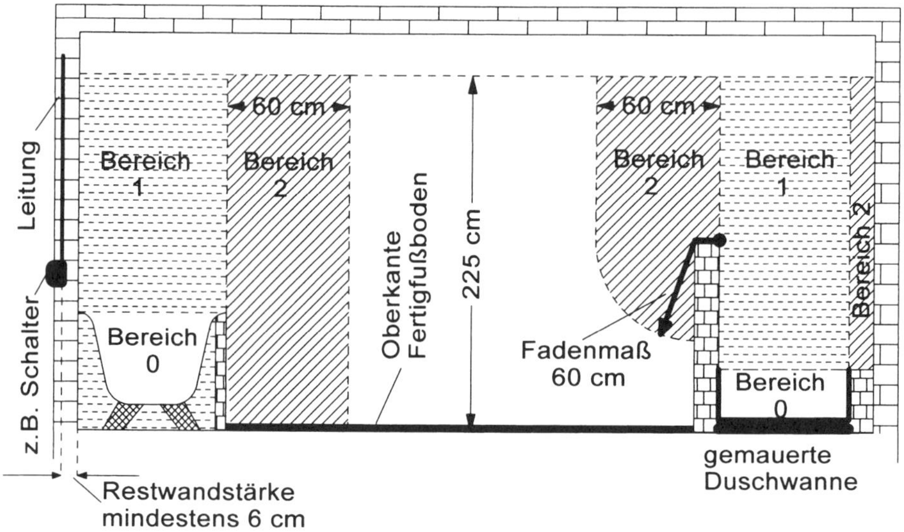

Bild 3.78 Darstellung der Schutzbereiche im Schnittbild eines Raums mit Bad- und/oder Duschwanne

1 bis 120 cm vom Mittelpunkt der festen Wasseraustrittsstelle. Dadurch entfällt der Bereich 2.

Die Bereiche werden durch Türen, Fenster, Wände, Decken und festangebrachte Abtrennungen begrenzt. In Bild 3.77 wird die Einteilung des Raums dargestellt. Da in der einen Abbildung neben der Duschwanne eine gemauerte Trennwand, die bis zur Decke reicht, vorhanden ist, wird die Länge **a** und die Mauerdicke **b** bei den Bereichen durch ein sog. Fadenmaß, das in dem gezeigten Beispiel 60 cm beträgt, berücksichtigt. Ist die Abmauerung nicht mindestens 225 cm vom Fertigfußboden hoch, so wird bezüglich des Übergreifens ebenfalls ein Fadenmaß von 60 cm ab der Innenseite dieser Wand (von der Wanne aus betrachtet; s. Bild 3.78) herangezogen.

Bild 3.78 zeigt die Einteilung der Bereiche noch einmal aus einer anderen Perspektive.

Im Bereich **0** darf nur SELV mit $U_n \leq 12$ V (AC) bzw. 30 V (DC) verwendet werden, wobei ganz allgemein auch bei SELV der Schutz gegen direktes Berühren immer gegeben sein muss (siehe auch 3.2). Die Stromquellen für diese SELV-Stromkreise sind außerhalb der Bereiche 0 und 1 anzubringen. Verbrauchsmittel, z.B. die Beleuchtung eines Whirlpools, müssen für den Bereich 0 vom Hersteller ausdrücklich zugelassen, fest angeschlossen und fest angeordnet sein. Installationsgeräte sind im Bereich 0 nicht zugelassen.

Als Verbrauchsgeräte dürfen im Bereich 1 nur ortsfeste Wassererwärmer, Abluftgeräte, Whirlpooleinrichtungen, Abwasserpumpen und Kleinspannungsverbrauchsgeräte, z.B. Leuchten, installiert werden. Die max. Nennspannung für SELV- und PELV-Geräte und deren Stromkreise beträgt 25 V (AC) bzw. 60 V (DC). Die notwendigen Stromquellen für diese Kleinspannungsstromkreise dürfen nicht im Bereich 0 und 1 errichtet werden. Verbindungs- und Anschlussdosen für alle im Bereich 1 zugelassenen Verbrauchsmittel dürfen ebenfalls dort eingesetzt werden. Für die Kleinspannungsstromkreise sind alle Installationsgeräte zulässig, also auch Steckdosen.

Im Bereich 2 sind im Prinzip alle Verbrauchsmittel einsetzbar. Hinsichtlich notwendiger Verbindungs- und Anschlussdosen gibt es jedoch eine Einschränkung. Diese sind nur für dieselben Verbrauchsmittel wie sie auch für den Bereich 1 zulässig sind, also z.B. ortsfeste Wassererwärmer, zugelassen. Ein Vorteil für kleine Bäder ist die Möglichkeit, dass Rasiersteckdosen-Einheiten nach VDE 0570 Teil 2-5 nun auch im Bereich 2 verwendet werden dürfen. Andere Niederspannungssteckdosen, also z.B. Schutzkontaktsteckdosen, sind nur außerhalb der Bereiche zu installieren.

Alle Stromkreise eines Raums für Bade- oder Duschwanne sind in der Regel als Zusatzschutz über Fehlerstromschutzeinrichtungen (RCDs) mit $I_{\Delta n} \leq 30$ mA zu führen. Ausnahmen sind Schutztrennungs-Stromkreise mit 1 Verbraucher, SELV- und PELV-Stromkreise, sowie Stromkreise, die ausschließlich der Versorgung von fest angeschlossenen Wassererwärmern dienen. Die Schutzmaßnahme Schutztrennung mit mehreren Verbrauchern ist verboten.

Natürlich müssen die Betriebsmittel in den einzelnen Bereichen bestimmte Schutzarten aufweisen. Im Bereich 0 ist mindestens IP X7 vorgeschrieben. Für die Bereiche 1 und 2 müssen die Betriebsmittel mindestens den Schutzgrad IP X4 aufweisen. Selbstverständlich muss eine höhere Schutzart gewählt werden, wenn z.B. zur Reinigung mit Strahlwasser gearbeitet wird und die elektrischen Betriebsmittel dadurch einer erhöhten Belastung ausgesetzt sind. Dies dürfte jedoch im normalen Wohnungsbau seltener der Fall sein.

Baderäume in Wohnungen und Hotels werden nach DIN VDE 0100-200 zu den trockenen Räumen gerechnet. Daraus ergibt sich die Tatsache, dass die Betriebsmittel außerhalb der Bereiche 0, 1 und 2 normalerweise keinen Wasserschutz benötigen. Dies ist bei öffentlichen Badeeinrichtungen sicherlich anders zu beurteilen. Der Elektroplaner ist hier gut beraten, wenn er sich beim Auftraggeber erkundigt, ob mit dem auftreten von Strahlwasser zu rechnen ist. Teilweise ist nämlich ein Schutz gegen starkes Strahlwasser, also IP X6, sicherlich sinnvoll. Bei Verwendung von Hochdruckreinigern müssen bestimmte Betriebsmittel eventuell an etwas geschütztere Stellen installiert werden.

Im Wohnungsbau bereitet die Installation von Steckdosen öfter Probleme, da etliche Bäder entweder sehr klein sind, oder aber die Anordnung von Bade- und Duschwanne ist so ungünstig, dass eine sinnvolle Montage außerhalb der Bereiche nicht möglich ist. Zwar sind im Bereich 2 jetzt Rasiersteckdosen zugelassen, die jedoch nur für kleine Leistungen (meistens 100 W) geeignet sind. Oft möchten Mieter in diesem Bereich auch einen Fön einsetzen, und das geht nur über eine Schutzkontaktsteckdose. Hier sind eigentlich die Architekten und Bauplaner gefordert, denn nach DIN 18 015 Teil 1 sind sie gehalten, die Schutzbereiche zu beachten. Ein Elektroplaner und vor allem der Errichter der elektrischen Anlage kann nämlich sonst in große Schwierigkeiten geraten, ganz einfach deshalb, weil der Platz fehlt. Und eines muss hier klar gesagt werden: Die Installation einer

Schutzkontaktsteckdose im Bereich 2 ist, auch wenn sie in einem Badezimmerschrank eingebaut ist, nicht zulässig. Denn es soll unter anderem durch den etwas größeren Abstand zur Wanne der Benutzung von ortsveränderlichen Betriebsmitteln im Schutzbereich 0 entgegengetreten werden. Und es ist müßig hierüber eine Abstandsdebatte zu führen, zumal die 60 cm schon seit mindestens 1958 in Deutschland Gültigkeit haben. Also halten Sie sich daran!

Bei der Kabel- und Leitungsverlegung, wie auch bei Installationsgeräten, muss eine Restwandstärke von mind. 6 cm beachtet werden (s. Bild 3.78). Diese dient zur Abgrenzung der Bereiche gegen die allgemeine Elektroinstallation der Wohnung bzw. des Gebäudes. Ist diese Wandstärke aus bautechnischen Gründen nicht gegeben (z.B. bei Leichtbauwänden in Ständerbauweise), dürfen dort nur Leitungen/Kabel verlegt werden, die der Schutzmaßnahme SELV, PELV bzw. Schutztrennung entsprechen, oder diese Leitungen/Kabel enthalten einen mit der Verbraucheranlage verbundenen Schutzleiter und sind durch Fehlerstrom-Schutzeinrichtungen (RCDs) mit $I_{\Delta n} \leq 30$ mA geschützt.

Bei Aufputzinstallation oder hinter Verkleidungen sowie Unterputzinstallation bis 6 cm Verlegtiefe im Baderaum selbst, dürfen nur Leitungen/Kabel verlegt werden, wenn sie der Versorgung von in diesen Räumen angebrachten elektrischen Betriebsmitteln dienen. Handelt es sich hierbei nicht um SELV, PELV oder Stromkreise der Schutztrennung, so müssen die Leitungen/Kabel einen mit der Verbraucheranlage verbundenen Schutzleiter enthalten.

Bei elektrischen Betriebsmitteln, die über der Wannenoberkante montiert sind, müssen die Leitungen/Kabel senkrecht von oben oder rückseitig von hinten herangeführt werden. Sind sie unter der Wannenunterkante angebracht, so sind die Leitungen/Kabel senkrecht von unten oder ebenfalls rückseitig von hinten heranzuführen.

Stegleitungen dürfen in Wänden, Decken und Abtrennungen usw. die die Bereiche 0, 1 und 2 begrenzen bis zur Verlegtiefe von 6 cm nicht eingebracht werden.

Da bei der Unterputzinstallation die Zuleitung zu Wandleuchten grundsätzlich in Wanddosen, dem sog. Schiffchen, enden muss, kann es im Bereich 2 zu Problemen kommen. Sinn der Wanddose ist, bei einer Nichtnutzung des Leuchtenauslasses, das Leitungsende sicher unter einem Deckel verwahren zu können. Dies gilt vom Grundsatz her natürlich auch für die Elektroinstallation in einem Bad. Die Dose darf aber formal nicht im für Leuchten zulässigen Bereich 2 montiert werden. Da aber die Waschtischleuchte oft dort angeordnet werden soll, kann man sich für einen Kompromiss entscheiden. Es wird eine Wanddose gesetzt, der Errichter sollte aber die Leitung einführen, ohne den Mantel zu entfernen. So ist ein ordentlicher Leuchtenanschluss möglich, aber die Leitung könnte auch sicher verstaut werden, falls kein Anschluss erfolgen soll. Da diese Dose keine entsprechende Schutzart aufweist, muss die nicht genutzte Zuleitung von der Stromversorgung abgeklemmt werden. Diese Lösung erscheint den Autoren sicherer, als auf die Wanddose zu verzichten, mit dem Erfolg, dass unter Spannung stehende Leitungen z.B. hinter einen Spiegel gequetscht werden. Aber auch hier gilt das Zauberwort «Eigenverantwortung», denn Normen können niemals jeden Einzelfall abdecken.

Als Fußbodenflächenheizungen sind nur isolierte Heizleitungen nach DIN VDE 0253 oder bestimmte elektrische Flächenheizelemente zulässig. Außer bei SELV müssen die Heizelemente einen metallenen Mantel/Umhüllung besitzen. Diese Umhüllung wird dann mit dem Schutzleiter des versorgenden Stromkreises und somit mit dem zusätzlichen Potenzialausgleich verbunden.

Beim zusätzlichen Potenzialausgleich werden leitfähige Teile für Frisch- und Abwasser, Heizung/Klima und Gas miteinander elektrisch leitend verbunden. Dieser Potenzialausgleich sollte möglichst nahe an der Einführung der fremden leitfähigen Teile in den Baderaum stattfinden. Der Leiter, aus üblicherweise 4 mm^2 Cu, muss mit der PE-Schiene im Installationsverteiler oder der Hauptpotenzialausgleichsschiene verbunden werden. Es handelt sich um einen **zusätzlichen**, sprich örtlichen Potenzialausgleich, der auf jeden Fall ausgeführt werden muss. Dies gilt auch dann, wenn z.B. das metallene Heizungsrohr im Keller schon eine Verbindung zum Schutzleiter aufweist, es muss trotzdem im Regelfall **zusätzlich** in den Potenzialausgleich im Bad mit einbezogen werden.

Da eine metallische Bade- oder Duschwanne formal nicht zu den fremden leitfähigen Teilen zählt (bringt kein externes Potenzial in den Raum), muss diese nach der gültigen Norm nicht in den zusätzlichen Potenzialausgleich einbezogen werden. Von einigen Elektrofachkräften wird dies sogar mit elektrotechnischen Sicherheitsgrundsätzen begründet, da es Fehlerkonstellationen gibt, wie der in die Wanne gefallene Fön, bei denen durch die PE-Verbindung eventuell ein erhöhtes Gefahrenpotenzial entstehen kann. Dem muss entgegengehalten werden, dass z.B. ein Erdschluss auf der Netzversorgungsseite zu einem Schutzleiterpotenzial führt, das unter ungünstigen Bedingungen für einen Menschen in der Badewanne auch gefährlich wird (s. Abschnitt 3.3 und Abschnitt 3.4). Nur mit dem Unterschied, dass diese Gefahr für den Benutzer nicht sichtbar ist, zumal in seiner Anlage ja kein Fehler vorhanden ist. Die Autoren dieses Buches sind deshalb der Ansicht, dass eine Metallwanne auf jeden Fall mit dem zusätzlichen Potenzialausgleich verbunden werden soll, was nach DIN VDE 0100-701 auch keineswegs verboten ist.

3.12.2 Anlagen im Freien und Räume mit feuchten und nassen Bereichen

Bei Anlagen im Freien, also z.B. auf Höfen, Gärten, Bauplätzen oder an Gebäudeaußenwänden, muss zwischen geschützten und ungeschützten Anlagen unterschieden werden. Eine Toreinfahrt kann demnach geschützt, also mit einer Überdachung, oder auch ungeschützt ausgeführt sein. Dies hat nach DIN VDE 0100-737 für die Schutzart Bedeutung (s. Abschnitt 3.11). Zu den feuchten und nassen Räumen zählen unter anderem Groß-, Spül- und Waschküchen, Backstuben, Kühl- und Pumpenräume, aber auch unbelüftbare oder unbeheizte Keller. Soll in Räumen der Fußboden, die Wände oder auch Einrichtungsgegenstände zu Reinigungszwecken abgespritzt werden, so sind sie sicherlich auch als feucht und nass einzustufen. Dies trifft z.B. auf Duschecken oder auch Wagenwaschräume zu.

Grundsätzlich müssen elektrische Betriebsmittel so ausgewählt werden, dass sie bei den äußeren Bedingungen nicht nur ordnungsgemäß funktionieren, sondern es dürfen auch keine Gefahren davon ausgehen. Sowohl in feuchten und nassen Bereichen als auch in geschützten Anlagen im Freien muss deshalb als Schutzart mindestens IP X1 gewählt werden. Bei ungeschützten Anlagen im Freien ist zumindest der Schutz gegen Regen zu gewährleisten, so dass hier mindesten IP X3 zum Einsatz kommen muss. In Bereichen, in denen mit Strahlwasser gerechnet wird, aber die elektrischen Betriebsmittel üblicherweise nicht direkt angestrahlt werden, reicht IP X4 aus. Die Einschätzung hierüber ist allerdings nicht immer einfach. Ist nun in einer komplett gefliesten Waschküche mit Bodenablauf damit zu rechnen, dass außer dem Fußboden auch Wände und vielleicht sogar noch die Decke mit einem Wasserschlauch abgespritzt werden? Werden dabei dann auch die elektrischen Betriebsmittel, wie z. B. die Leuchten, direkt mit dem Wasserstahl zu Reinigungszwecken bearbeitet? Nun, für die Waschküche im Wohnhaus kann die Frage vielleicht verneint werden, um aber sicher zu gehen, ist es besser man fragt beim Auftraggeber nach.

Da mittlerweile Hochdruckreiniger zu recht günstigen Preisen zu erwerben sind, hat ihre Verbreitung auch im Privathaushalt zugenommen. Diese Geräte erzeugen einen Druck von über 100 bar (10^7 Pa) bis teilweise 200 bar ($2 \cdot 10^7$ Pa), und es kann bei direktem Anstrahlen selbst bei IP X6 noch Probleme geben. Wobei dies dann weniger ein Wasser- als vielmehr ein Druckproblem darstellt, da hierbei doch sehr große Kräfte auf das Betriebsmittel einwirken. Für solche extremen Bedingungen muss dann unter Umständen ein zusätzlicher mechanischer Schutz, z. B. durch ein Druckblech, geschaffen werden. Natürlich darf dieser zusätzliche Schutz den einwandfreien Betrieb des elektrischen Betriebsmittels nicht behindern. Dies sind aber oft Dinge, die bei der Planung nicht immer eindeutig lösbar sind. Meistens muss hier der Errichter, natürlich im engen Kontakt zum Planer oder der Bauleitung, eine praxisgerechte Lösung finden.

Unterschätzt werden oft auch Probleme, die sich durch Kondenswasser in den Betriebsmitteln ergeben können. Ein Schaltschrank in der Schutzart IP 65 benötigt im Freien i. d. R. einen «Klimastutzen» zur Belüftung oder eine elektrische Beheizung, da durch die großen Temperaturschwankungen sich im Inneren in erheblichem Maße Schwitzwasser bilden kann. Dies führt nicht nur zu Betriebsstörungen, sondern kann die Isolation derart negativ beeinflussen, dass durch verstärkte Kriechstrombildung sogar ein Brand möglich wird. Betriebsmittel können aber auch durch ätzende Dämpfe oder durch z.B. Küchendünste Schaden nehmen. In Bereichen wo dies der Fall ist, müssen unter Umständen Metallteile einen zusätzlichen Korrosionsschutz bekommen.

Aber nicht nur die Betriebsmittel sind durch äußere Einflüsse «bedroht», sondern der Mensch selbst ist bei der Benutzung von elektrischen Betriebsmitteln in den besprochenen Bereichen durch z. B. reduzierten Körperwiderstand gefährdet. So ist es im Sommer eher typisch, dass man sich im Garten auch ohne Schuhe und nur leicht bekleidet aufhält. Wenn dann jemand einen elektrischen Rasenmäher oder die elektrische Heckenschere einsetzt und dabei ins Schwitzen kommt, sinkt seine Hautimpedanz, und es kann im Fehlerfall ein größerer Körperstrom zum

Fließen kommen. Deshalb muss bei Steckdosen bis 20 A Bemessungsstrom, von denen zu erwarten ist, dass sie zur Versorgung von tragbaren Betriebsmitteln im Freien benutzt werden, der Schutz durch automatische Abschaltung über eine Fehlerstromschutzeinrichtung mit $I_{\Delta n} \leq 30$ mA realisiert werden. Somit sind hiervon nicht nur Außensteckdosen betroffen, also Steckdosen im Garten, auf Terrassen (Freisitz) oder auch einem Balkon, sondern es obliegt der Einschätzung des Planers, welche anderen Steckdosen, also solche die im Inneren eines Gebäudes angeordnet sind, noch hierunter fallen. Zu vermuten ist dies sicherlich bei Steckdosen in Garagen, zumal dann, wenn die Garagen ein Standardmaß aufweisen, und selbst das Aussaugen des Fahrzeugs praktisch nur im Freien möglich ist. Unter Umständen trifft es aber auch auf die Steckdose zu, die im Keller, neben der Tür die ins Freie führt, installiert werden soll. Dies ist sicherlich auch immer noch davon abhängig, wo und wie viele Außensteckdosen vorhanden sind. Die Problematik der unterschiedlichen persönlichen Beurteilung, welche Innenraumsteckdosen über einen FI mit $I_{\Delta n} \leq 30$ mA zu führen sind, lässt sich natürlich leicht lösen, indem einfach alle Steckdosen über diese Fehlerstromschutzeinrichtung geführt werden. Nur kann dies wiederum Fragen der Betriebssicherheit aufwerfen (s. Abschnitt 3.10), bzw. es können sich auch Kostennachteile ergeben, da jetzt sicherlich kein 2-poliger FI, sondern ein 4-poliger notwendig wird. Bei gleichen Bemessungsdaten beträgt der Preisunterschied im Schnitt ≈ 20…30 €, und dies kann sich bei einer größeren Wohnungsanlage schon wettbewerbsnachteilig auswirken. Es trifft natürlich erst recht dann zu, wenn aus Gründen der Betriebssicherheit mehrere Fehlerstromschutzeinrichtungen pro Wohnung eingeplant werden. Trotzdem sollte man versuchen, den verstärkten Einsatz von RCDs zu forcieren, denn als Zusatzschutz sind diese Einrichtungen uneingeschränkt zu befürworten.

3.12.3 Landwirtschaftliche Betriebe nach DIN VDE 0100-705 und unter Berücksichtigung der VdS-Richtlinien

Die DIN VDE 0100-705 stammt aus dem Jahr 1992 und wird nicht mehr in allen Punkten als zeitgemäß angesehen. Für Deutschland wurde deshalb eine besondere Vornorm herausgebracht, die aber ausdrücklich nicht die noch gültige alte Norm ersetzt. Die Vornorm DIN V VDE V 0100-0705: 2003-04 wurde erstellt, um gegenüber den Anforderungen der noch gültigen DIN VDE 0100-705: 1992-10 aussagekräftigere und hilfreichere Anforderungen für den Errichter bereitzustellen. Sie gibt insofern den neueren Stand der technischen Errichtungsanforderungen in Deutschland wieder und berücksichtigt teilweise die VDS-Richtlinien und bestimmte gesetzliche Regeln.

Um im folgenden Text mögliche Unterschiede der alten Norm zur Vornorm aufzuzeigen, werden abweichende Normvorgaben der noch gültigen DIN VDE 100-705: 1992-10 jeweils in einer Klammer (DIN VDE 0100-705: ...) wiedergegeben.

Der Anwendungsbereich der DIN V VDE V 0100-0705 betrifft elektrische Anlagen in landwirtschaftlichen und gartenbaulichen Betriebsstätten sowie teilweise auch in dazugehörigen Wohnungen und Nebenräumen (DIN VDE 0100-705: landwirtschaftliche Anwesen, aber keine Wohnungen). Hierunter fallen z.B. Ställe, Heuböden oder auch Speicher für Düngemittel. Bei der Planung der Elektroinstallation müssen, neben dieser VDE-Bestimmung, auch die Auflagen der Landwirtschaftlichen Berufsgenossenschaft «Elektrische Anlagen und Betriebsmittel VSG 1.4» und die VdS-Richtlinien (z.B. VdS 2057 und VdS 2065; s. auch Abschnitt 2.1.1.6) beachtet werden.

In den betreffenden Betriebsstätten gibt es sowohl feuchte und nasse Bereiche als auch Anlagen im Freien (s. Abschnitt 3.12.2) und es gibt Stellen, bei denen mit einer erhöhten Brandgefahr gerechnet werden muss. Darüber hinaus sind auch Anlagenteile mit Intensivtierhaltung vorhanden, bei denen zusätzliche Besonderheiten zu beachten sind. Nachfolgend werden die wichtigsten und vor allem die vom Üblichen abweichenden Installationsregeln, die für landwirtschaftliche Betriebe und bei Intensivtierhaltung gelten, besprochen.

Die bisherige Forderung auf eine besondere Begrenzung der maximal dauernd zulässigen Berührungsspannung entfällt (DIN VDE 0100-705: Wechselspannung (AC) 25 V und bei Gleichspannung (DC) 60 V). Auch in den neuen VDS-Richtlinien sind diese kleineren Grenzwerte nicht mehr enthalten. Dies hat damit zu tun, dass im TN-System die Forderung nach einer so kleinen Berührungsspannung Probleme bereitet, da im Falle des Erdschlusses eines Außenleiters auf der Netzversorgungsseite die Spannung am Betriebserder nur auf 50 V begrenzt werden muss (s. Abschnitt 3.3). Dieses Potenzial bringt der PEN-Leiter des Verteilungsnetzbetreibers (VNB) mit in die Verbraucheranlage. Zwar wird über den Hauptpotenzialausgleich die tatsächliche Berührungsspannung kleiner, aber um wie viel ist erst einmal ungewiss und somit lässt sich strenggenommen im TN-System die 25-V-Grenze nicht einhalten. Dies würde bedeuten, dass nur ein TT-System in Betracht gezogen werden kann, wenn man davon ausgeht, dass das IT-System im landwirtschaftlichen Bereich nicht zur Anwendung kommt. Die in diesem Zusammenhang stehenden Fragen werden ausführlich in Abschnitt 3.3 behandelt, und es muss darauf hingewiesen werden, dass durch die Installation als TT-System keineswegs alle Probleme beseitigt werden. Ganz im Gegenteil entstehen dadurch zusätzliche, nämlich die Abhängigkeit von der sicheren Funktion einer Fehlerstromschutzeinrichtung RCD, wozu unter den Abschnitten 3.3 und 3.10 Aussagen gemacht werden. Deshalb sollen in Österreich auch landwirtschaftliche Betriebe als TN-Systeme aufgebaut werden, da dort nach einer Nullungsverordnung von 1998 grundsätzlich das TN-System zu bevorzugen ist.

Abschließend wird festgestellt, dass es in Fachbüchern immer noch vorkommen kann, so auch in [10], dass das TT-System mit Fehlerstromschutzeinrichtung, wegen den angesprochenen Fragen, fälschlicherweise als einzige Alternative für landwirtschaftliche Betriebsstätten angesehen wird.

Unabhängig vom Netzsystem müssen die Spannungsunterschiede zwischen Schutzleitern und fremden leitfähigen Teilen möglichst klein gehalten werden, und es ist neben einem umfassenden Hauptpotenzialausgleich ein zusätzlicher, sehr umfangreicher Potenzialausgleich notwendig. Das bedeutet, dass alle gleichzeitig berührbaren Körper von elektrischen Betriebsmitteln und entsprechende fremde leitfähige Teile elektrisch leitend miteinander verbunden werden müssen. Dies gilt vor allem im Stand-, Liege- und Melkbereich der Tiere, wobei hier zusätzlich noch eine Potenzialsteuerung eingesetzt wird (DIN VDE 0100-705: nur Empfehlung für Potenzialsteuerung im Fußboden). Hierzu werden im Fußboden vorhandene Baustahlmatten oder die Bewehrung von Güllekellern mit dem zusätzlichen Potenzialausgleich elektrisch leitend verbunden. In der Vornorm wird ein Beispiel für eine Potenzialsteuerung in einem Milchviehstall gezeigt. Im Fußboden werden z.B. Baustahlmatten mit einer Maschenweite von ca. 15 cm und einem Durchmesser von ungefähr 8 mm möglichst nahe der Oberfläche eingelegt, untereinander und mit dem zusätzlichen Potenzialausgleich elektrisch gut leitend verbunden. Über den Potenzialausgleich und die Potenzialsteuerung ist eine Dokumentation (Verlegeplan) zu erstellen.

Potentialausgleichsleiter müssen nach DIN V VDE V 0100-0705 aus feuerverzinktem Bandstahl, mindestens 30 mm × 3,5 mm oder aus feuerverzinktem Rundstahl, mit mindestens 8 mm Durchmesser, bestehen (DIN VDE 0100-705: Material und Querschnitte nach DIN VDE 0100-540, z.B. mindestens 2,5 mm² Cu mechanisch geschützt oder 4 mm² Cu ungeschützt).

Aus Korrosionsgründen und aufgrund der teilweise rauen Umgebungsbedingungen, die gerade in landwirtschaftlichen Anwesen verstärkt gegeben sind, hat sich der Einsatz von feuerverzinktem Stahl bewährt. Dieses Material war übrigens in den 80er Jahren nach VDE schon einmal vorgeschrieben.

Aus Gründen des vorbeugenden Brandschutzes beträgt für Endstromkreise der zulässige Bemessungsdifferenzstrom einer Fehlerstromschutzeinrichtung maximal 300 mA (DIN VDE 0100-705: $I_{\Delta n} \leq 0{,}5$ A) und es ist sinnvoll, auch zu schutzisolierten Betriebsmitteln in den Leitungen nach dem RCD den Schutzleiter mitzuführen. Er erfüllt hierbei die Funktion eines Überwachungsleiters für Fehlerströme. Für Steckdosenstromkreise ist ein $I_{\Delta n} \leq 30$ mA vorgeschrieben.

Alle nicht geerdeten aktiven Leiter der elektrischen Anlage müssen durch eine einzige, entsprechend gekennzeichnete Trennvorrichtung allpolig vom Netz getrennt werden können (DIN VDE 0100-705: nicht vorgeschrieben). Bei größeren Anlagen sollten entsprechende Einrichtungen einzelnen Gebäuden oder auch Gebäudeabschnitten zugeordnet werden. Fehlerstrom-Schutzeinrichtungen (RCDs) gelten als Trennvorrichtung. Können, z.B. wegen Gleichfehlerströmen, RCDs oder Leistungsschalter mit entsprechendem Fehlerstromschutz nicht eingesetzt werden, dann darf man auch Differenzstrom-Überwachungsgeräte (RCM) einbauen, wenn deren Versorgungsspannung vom speisenden Netz unabhängig ist.

Nach VdS 2067: 2001-08 ist jede Verteilung mit einem Hauptschalter zu versehen. Sind eine oder mehrere Unterverteilungen einer Hauptverteilung zugeordnet, so muss nach dieser VdS-Richtlinie eine selektive Einrichtung zum Fehlerschutz mit $I_{\Delta n} \leq 0{,}3$ A in der Hauptverteilung vorgesehen werden.

Dass auch bei Fehlerstromschutzeinrichtungen auf die Selektivität geachtet werden muss, sollte heutzutage selbstverständlich sein. Ein ähnlicher Aufbau der

Anlage, wie er in Bild 3.75 aus Abschnitt 3.10 dargestellt wird, ist empfehlenswert. Die RCDs müssen mindesten Pulsstromsensitiv sein (s. Abschnitt 3.10, Bild 3.73). Sind Temperaturen unter 0 °C zu erwarten, sind RDCs für -25 °C einzusetzen.

Die Schutzeinrichtungen für Überlast und Kurzschluss sind immer am Stromkreisanfang anzuordnen.

Bei Beleuchtungsanlagen und Stromkreisen für 2-polige Steckdosen sind nach VdS nur Leitungsschutzschalter mit einem Bemessungsstrom von maximal 16 A zugelassen. Leitungsschutzschalter nach DIN VDE 0641, Leistungsschalter nach DIN VDE 0660-101 oder auch kombinierte LS/FI-Schutzeinrichtungen müssen ebenfalls nach VdS für Verbraucher- und Steckdosenstromkreise, bis zu einem Bemessungsstrom von 63 A, benutzt werden. Durch die Vorgabe von Schutzschaltern sind Fehlhandlungen, wie sie bei Schmelzsicherungen möglich sind, praktisch ausgeschlossen. Überstrom- und Fehlerstromschutzeinrichtungen dürfen nur in Verteilungen zur Anwendung kommen.

Not-Aus-Einrichtungen sind nicht in der Reichweite von Tieren zu installieren, und ihre Zugänglichkeit darf auch durch die Anwesenheit von Tieren nicht behindert werden. Außerdem ist beim Anbringungsort darauf zu achten, dass bei der Betätigung der Not-Aus-Taster die Tiere nicht in Panik geraten. Hier ist also auf jeden Fall eine Absprache mit dem Anlagenbetreiber zu empfehlen, da er im Regelfall eine sinnvolle und praxisgerechte Anordnung kennt. Das Gleiche gilt auch für die Leitungs- und Kabelverlegung, denn diese dürfen, um Beschädigungen zu vermeiden, für Nutztiere ebenfalls nicht erreichbar sein. Die feste Installation ist mit Kunststoffmantelleitungen oder mit Kunststoffkabel auszuführen. Bei der Erdverlegung (Verlegeplan nicht vergessen) in befahrenen Bereichen beträgt die Mindestverlegetiefe nach DIN V VDE V 0100-0705 0,6 m (DIN VDE 0100-705: keine Angabe). Sollen Anlagen nicht über eine Erdverlegung verbunden werden, so beträgt die Mindesthöhe einer abgespannten Leitung in befahrenen Bereichen 5 m. Zur Verwendung kommen hier ausschließlich selbsttragende Leitungstypen, wie z.B. NYMT, die allerdings heutzutage schwer zu besorgen sind.

Da in landwirtschaftlichen Anwesen Nagetiere vorkommen, sind gegen zu erwartende Beschädigungen Vorkehrungen zu treffen. Deshalb sind nach VdS 2067: 2001-08 Kabel- und Leitungssysteme vorzugsweise unter Putz zu verlegen, und Wand- und Deckendurchbrüche sollten, auch aus brandschutztechnischen Gründen, wieder verschlossen werden. Vor allem sind solche Systeme nicht an unübersichtlichen Stellen, z.B. in Hohlräumen, zu verlegen. Bei der Verwendung von Rohren und Kanälen ist darauf zu achten, dass Nagetiere nicht eindringen können. Dies erreicht man durch den Einsatz von Stopfbuchsen oder Verschraubungen, also durch geschlossene Systeme.

Sind bei beweglichen Leitungen mechanische Belastungen nicht auszuschließen, so ist nach VdS-Richtlinie die schwere Gummischlauchleitung NSSHÖU einzusetzen.

Die Mindestschutzart von elektrischen Betriebsmitteln einer landwirtschaftlichen oder gartenbaulichen Betriebsstätte ist DIN V VDE V 0100-0705 IP44, wobei bei abweichenden Betriebsbedingungen sich niedrigere oder auch höhere Schutzarten ergeben können (DIN VDE 0100-705: für die Umhüllung von bestimmten Schalt- und Steuergeräten gilt: bei Staub mindestens IP 5X). In feuergefährdeten Bereichen, in denen Staub auftreten kann, gilt nach VdS mindestens IP 54. Im Bild 9 der VdS 2067: 2001-08 wird für Motoren (elektrische Maschinen) ebenfalls die Schutzart IP 54 dargestellt. Da durch überhitzte Motoren Brandgefahren ausgehen, sind unter Umständen sogar zusätzliche Schutzabdeckungen gegen Staubablagerungen notwendig, und die Motoren müssen gegen unzulässige Erwärmung geschützt werden. Die dazu notwendige Schutzeinrichtung, z.B. ein Überlastrelais mit thermischem Auslöser, ist in der Nähe der Maschine zu installieren und darf bei nicht dauernd beaufsichtigten Motoren nur manuell rückstellbar sein. Bei nichtautomatischem Stern-Dreieck-Anlauf muss dieser Schutz auch in der Sternschaltung wirken.

Einen zulässigen, aber teueren Schutz gegen zu hohe Betriebstemperaturen bietet sicherlich ein sog. Motorvollschutz, also festeingebrachte Kaltleiter-Temperaturfühler mit entsprechender Auslöseelektronik.

Ganz allgemein sollten nach VdS nur geschlossene elektrische Betriebsmittel verwendet und auf nicht brennbaren Gebäudeteilen montiert werden. Ist dies nicht möglich, so sind solche Betriebsmittel bis zu Bemessungsströmen von 63 A mindestens auf 1,5 mm dicke Isolierstoffunterlagen, z.B. Hartpapier auf Phenolharz-Basis PF CP 204, zu montieren. Handelt es sich zur Befestigungsfläche hin um offene Zählertafeln oder Kleinverteiler, so sind sie vollflächig durch eine Unterlage von der Befestigungsfläche zu trennen. Ein hierzu geeignetes Material sind 12 mm dicke Fibersilikatplatten. In bestimmten Fällen, z.B. wenn der Schutz gegen Kurzschluss nicht ausreichend realisiert werden kann und eine Leitung auf brennbarem Material montiert ist, ist sogar eine lichtbogenfeste Unterlage durch VdS vorgegeben, z.B. eine 20 mm dicke Fibersilikatplatte.

Bei der Leuchtenmontage sind die Herstellerangaben sowohl hinsichtlich der Anbringung und der Abstände zu brennbaren Teilen als auch der Schutz vor mechanischen Belastungen zu beachten. Im Regelfall müssen Leuchten eines der Zeichen aus Bild 3.79 tragen. Besteht in feuergefährdeten Bereichen auf Leuchten eine Gefährdung durch brennbare Staubablagerung, so dürfen nach DIN V VDE V 0100-0705 nur Leuchten (z.B. Strahler) mit der Doppel-F-Kennzeichnung oder der D-Kennzeichnung eingesetzt werden. Besteht eine D-Kennzeichnung, so muss die Leuchte einschließlich der Lampe auch noch der Schutzart IP 54 entsprechen. Ist der Betriebszustand von Leuchten vom Einschaltort aus nicht einsehbar (z.B. Heuboden), so muss nach VdS 2067: 2001-08 dieser Zustand z.B. durch eine Kontrolllampe an diesem Ort angezeigt werden.

Bild 3.79 Kennzeichnung von Leuchten

Da Steckvorrichtungen mechanischen Belastungen ausgesetzt sein können, sollten sie nach der VdS-Richtlinie möglichst in Nischen angebracht werden und sie dürfen nicht mit brennbaren Stoffen in Berührung kommen. Bei gleicher Bemessungsspannung sind auch nur gleiche Bauarten der isolierstoffgekapselten Steckvorrichtungen zugelassen. Drehstromsteckvorrichtungen müssen 5-polig sein und es empfiehlt sich für solche Steckdosen noch einen Schalter zu installieren.

Von elektrischen Wärmegeräten können erhebliche Brandgefahren ausgehen. Deshalb sind die Herstellerangaben strikt zu beachten und vor allem bei Wärmestrahlern beträgt der Mindestabstand zu Tieren und brennbaren Baustoffen 0,5 m.

In feuergefährdeten Räumen, z.B. Scheunen, Tennen und Stallungen, ist der Betrieb, der Anschluss und die Einführung von Elektrozaunanlagen untersagt.

Muss die Versorgung von Nutztieren mit Luft, Licht und Futtermitteln wegen geschlossener Räume über technische Einrichtungen erfolgen (sog. Intensivtierhaltung), so müssen noch zusätzliche Dinge beachtet werden (DIN VDE 0100-705: keine besonderen Anforderungen bei Intensivtierhaltung). Hierzu zählt, dass die elektrische Anlage DIN VDE 0100-560, also einer Sicherheitsstromversorgung, entsprechen muss. Daraus lässt sich erkennen, dass der Einsatz einer Ersatzstromversorgungsanlage mit automatischer Umschaltung sinnvoll ist. Allerdings darf der Antrieb eines Generators nach VdS 2067: 2001-08 auch durch die Zapfwelle eins Traktors erfolgen. Die Stromkreise der Lüftungsanlage sind für sich alleine über mindestens eine eigene, selektive Fehlerstromschutzeinrichtung zu führen. Dadurch soll verhindert werden, dass diese Anlagen durch Fehler in anderen Betriebsmitteln zu einem Ausfall der Lüftung führen. In diesem Zusammenhang ist noch der Einsatz einer Gefahrenmeldeanlage mit optischen und akustischen Signalgebern vorgeschrieben. Natürlich darf diese Melde- und Überwachungsanlage nicht von der Netzspannung abhängig sein. Die Meldung muss beim Ausfall der Lüftungsanlage sowie bei zu hoher Temperatur im Stall dort erfolgen, wo sie auf jeden Fall auch registriert wird, z.B. im Wohnhaus.

Da Blitzeinschläge und ganz allgemein Überspannungen die Stromversorgung gefährden, ist in der Regel nach VdS ein äußerer und innerer Blitzschutz zu realisieren. Dies wird nach VdS 2067: 2001-08 auch ohne Intensivtierhaltung empfohlen.

Anhang

Liste der DIN- und VDE-Normen auf die Bezug genommen wird

Diese Aufzählung hat keinen Anspruch auf Vollständigkeit.

Auszüge aus DIN-Normen mit VDE-Klassifikation sind wiedergegeben mit Erlaubnis des DIN Deutsches Institut für Normung e.V. und des VDE Verband der Elektrotechnik Elektronik Informationstechnik e.V. Maßgebend für die Verwendung der Normen sind deren Fassungen mit dem neuesten Ausgabedatum, die bei der VDE-VERLAG GmbH, Bismarckstr. 33, 10625 Berlin und der Beuth Verlag GmbH, Burggrafenstr. 6, 10787 Berlin erhältlich sind.

DIN VDE 0100: Elektrische Anlagen von Gebäuden mit Schwerpunkt in den Teilen
- 300: Bestimmungen allgemeiner Merkmale, 1996-01
- 410: Schutz gegen elektrischen Schlag, 1997-01
- 520: Kabel- und Leitungssysteme, 2003-06
- 540: Erdung, Schutzleiter, Potenzialausgleichsleiter, 1991-11
- 550: Steckvorrichtungen, Schalter und Installationsgeräte, 1988-04
- 559: Leuchten und Beleuchtungsanlagen, 1983-03
- 701: Räume mit Badewanne oder Dusche, 2002-02
- 705: Landwirtschaftliche und gartenbauliche Anwesen, 1992-10
- 739: Zusätzlicher Schutz bei direktem Berühren in Wohnungen durch Schutzeinrichtungen mit $I_{\Delta n} \leq 30$ mA in TN- und TT-Netzen, 1989-06

DIN VDE 102: Kurzschlussströme in Drehstromnetzen, 2002-07

DIN V VDE V 0100-0705: Elektrische Anlagen in landwirtschaftlichen und gartenbaulichen Betriebsstätten, 2003-04

DIN EN 60 865-1 (VDE 0103): Kurzschlussströme – Berechnung der Wirkung, 1994-11

DIN EN 60 204-1 (VDE 0113 Teil 1): Elektrische Ausrüstung von Maschinen; Allgemeine Anforderungen, 1998-11

DIN VDE 0276-603: Energieverteilungskabel mit Nennspannungen U_0/U 0,6/1 kV, 2005-01

DIN EN 60 529 (VDE 0470 Teil 1): Schutzarten durch Gehäuse (IP-Code), 2000-09

DIN EN 61 558 (VDE 0570): Sicherheit von Transformatoren, Netzgeräten und dergleichen
Teil 1: Allgemeine Anforderungen und Prüfungen, 1998-07
Teil 2-2: Besondere Anforderungen an Steuertransformatoren, 1998-10
DIN EN 60 309-1 (VDE 0623 Teil 1): Stecker, Steckdosen und Kupplungen für industrielle Anwendung; Allgemeine Anforderungen, 2000-05
DIN EN 60 269 (VDE 0636): Niederspannungssicherungen
Teil 10: Allgemeine Anforderungen, 1999-11
Teil 201: Zusätzliche Anforderungen an Sicherungen zum Gebrauch durch Elektrofachkräfte bzw. elektrotechnisch unterwiesene Personen, 2004-10
Teil 301: Zusätzliche Anforderungen an Sicherungen zum Gebrauch durch Laien, 2003-06
DIN VDE 0641-11: Leitungsschutzschalter für den Haushalt und ähnliche Anwendungen, 2005-04
DIN EN 60 439-4 (VDE 0660 Teil 501): Niederspannungs-Schaltgerätekombinationen; Besondere Anforderungen an Baustromverteiler (BV), 2005-06
DIN VDE 0660-504: Niederspannungs-Schaltgerätekombinationen; Besondere Anforderungen an Niederspannungs-Schaltgerätekombinationen, zu deren Bedienung Laien Zutritt haben – Installationsverteiler, 2002-05
DIN 1053-1: Mauerwerk; Teil 1: Berechnung und Ausführung, 1996-11
DIN 1960: VOB Verdingungsordnung für Bauleistungen;
Teil A: Allgemeine Bestimmungen für die Vergabe von Bauleistungen, 2002-12
DIN 1961: VOB Verdingungsordnung für Bauleistungen;
Teil B: Allgemeine Vertragsbedingungen für die Ausführung von Bauleistungen, 1998-05
DIN 4102: Brandverhalten von Baustoffen und Bauteilen
Teil 1: Baustoffe; Begriffe, Anforderungen und Prüfungen, 1998-05
DIN 4102: Brandverhalten von Baustoffen und Bauteilen
Teil 2: Bauteile; Begriffe, Anforderungen und Prüfungen, 1977-09
DIN EN 12 464-1: Beleuchtung von Arbeitsstätten, Teil 1, Arbeitsstätten von Innenräumen, 2003-03
DIN 5035 Teil 2: Beleuchtung mit künstlichem Licht; Richtwerte für Arbeitsstätten in Innenräumen und im Freien, 1990-09
DIN 18 012: Hausanschlussräume, 2000-11
DIN 18 013: Nischen für Zählerplätze, 1981-04
DIN 18 014: Fundamenterder, 1994-02
DIN 18 015: Elektrische Anlagen in Wohngebäuden
Teil 1: Planungsgrundlagen, 2002-09
Teil 2: Art und Umfang der Mindestausstattung, 2004-08
Teil 3: Leitungsführung und Anordnung der Betriebsmittel, 1999-04
DIN 18 025: Barrierefreies Wohnen Teil 1, 1992-12; Teil 2, 1992-12
DIN 18 382: VOB Verdingungsordnung für Bauleistungen;
Teil C: Allgemeine Technische Vertragsbedingungen für Bauleistungen (ATV);

Nieder- und Mittelspannungsanlagen mit Nennspannungen bis 36 kV, 2002-12

DIN 18 384: VOB Verdingungsordnung für Bauleistungen; Teil C: Allgemeine Technische Vertragsbedingungen für Bauleistungen (ATV); Blitzschutzanlagen, 2000-12

DIN 43 870: Zählerplätze
- Teil 1: Maße auf Basis eines Rastersystems, 1991-02
- Teil 2: Funktionsflächen, 1991-03
- Teil 3: Verdrahtungen, 1985-06

DIN 48 175-1: Dachständer-Hauseinführungen, Normalausführung, Schutzart IP 40, für Starkstrom-Freileitungen mit Nennspannungen bis 1000 V, 1978-12

DIN 48 175-2: Dachständer-Hauseinführungen, Sonderausführungen, Schutzart IP 54, für Starkstrom-Freileitungen mit Nennspannungen bis 1000 V, 1978-12

Mathematische Zeichen

Zeichen	Bedeutung
$=$	gleich, z.B.: $1 = 3 - 2$
$\approx$	ungefähr, z.B. $1{,}3456 \approx 1{,}35$
$>$	größer als, z.B. $1 > 0$
$<$	kleiner als, z.B. $0 < 1$
$+$	plus, z.B. $2 + 3 = 5$
$\cdot$, $\times$	mal, z.B. $3 \cdot 2 = 6$, $3 \times 2 = 6$
Σ	Summe, z.B. $\Sigma f = f_1 + f_2 + \ldots + f_n$
sin	Sinus, z.B. $\sin(30°) = 0{,}5$
tan	Tangens, z.B. $\tan(45°) = 1$
cos	Kosinus, z.B. $\cos(60°) = 0{,}5$
$\neq$	ungleich, z.B. $2 \neq 3 + 1$
$\rightarrow$	daraus folgt, $x = 2 - 3 \rightarrow x < 0$
$\sqrt{\ }$	Quadratwurzel, z. B. $\sqrt{4} = \pm 2$
$\geq$	größer oder gleich, z.B. $x \geq 2$
$\leq$	kleiner oder gleich, z.B. $x \leq 2$
$-$	minus, z.B. $2 - 3 = -1$
: , /	geteilt durch, z.B. $6 : 2 = 3$, $6/2 = 3$
1,3 = 1.3	Punkt statt Komma

Elektrotechnische Symbole

- Schutzkontaktsteckdose
- Schutzkontaktsteckdose, dreifach
- Drehstromsteckdose
- Antennensteckdose
- Fernmeldesteckdose
- Leuchte
- Leuchte mit Schalter
- Leuchte mit Entladungslampe
- Leuchte mit Leuchtstofflampe
- Ausschalter
- Serienschalter
- Wechselschalter
- Kreuzschalter
- Leuchttaster
- Wäschetrockner
- Waschmaschine
- Backofen
- Elektroherd
- Gefriergerät
- Infrarotstrahler
- Mikrowellenherd
- Elektrogerät, allgemein
- Durchlauferhitzer
- Geschirrspülmaschine
- Speicherheizgerät
- Motor
- Stromstoß-Fernschalter

- Taster
- Spannungsquelle, ideal
- Stromquelle, ideal
- Widerstand
- Induktivität
- Kapazität
- Batterie, Akku
- Erde
- Schutzleiter, PE
- Neutralleiter, N
- PEN-Leiter, PEN, Nullleiter
- Sicherung, allgemein
- Leitungsschutzschalter
- NH-Sicherung, Größe 00, 25 A
- Schraubsicherung, dreipolig
- Fehlerstromschutzeinrichtung
- Rastschalter
- Taster
- Stromwandler
- Verteiler
- Kilowattstundenzähler, 2 Zählwerke, Doppeltarifzähler

Literaturverzeichnis

[2.1] LOIDILLER, M.: *Sicherheitsanforderungen für Antennen und Kabelnetze.* Berlin: VDE-Verlag, 2005.

[3.1] Zentralverband der Deutschen Elektrohandwerke: Kalkulationshilfe für die elektro- und informationstechnischen Handwerke. Frankfurt: Wirtschaftsförderungsgesellschaft der Elektrohandwerke (WFE) mbH, 2000.

[3.2] HEINBOLD, L., Stubbe, R.: *Kabel und Leitungen für Starkstrom.* Erlangen: Publicis-MCD-Verlag, 1999.

[3.3] DIN VDE 0276-603. *Energieverteilungskabel mit Nennspannungen U_0/U · 0,6/1 kV.* Berlin: VDE-Verlag, 2000.

[3.4] DIN VDE 0298-4. *Verwendung von Kabeln und isolierten Leitungen für Starkstromanlagen.* Berlin: VDE-Verlag, 1998.

[3.5] VDE 0113 Teil 1. *Elektrische Ausrüstung von Maschinen.* Berlin: VDE-Verlag, 1998

[3.6] BÖNING, W.: *Einführung in die Berechnung elektrischer Schaltvorgänge.* Berlin: VDE-Verlag, 1992.

[3.7] RÜFFER, K.: *Schalten von Elektromotoren.* Berlin: Verlag Technik, 1990.

[3.8] BIEGELMEIER, G.: *Schutz in elektrischen Anlagen.* Berlin: VDE-Verlag, 1998.

[3.9] HOPPMANN, W.: *Die bestimmungsgemäße Elektroinstallations-Praxis.* Heidelberg: Pflaum Verlag, 1995.

[3.10] SCHMOLKE, H., VOGT, D.: *Potenzialausgleich, Fundamenterder, Korrosionsgefährdung.* Berlin: VDE-Verlag, 2004.

Stichwortverzeichnis